Kompaktkurs Verkaufen im B2B

Olaf Esters

Kompaktkurs Verkaufen im B2B

Das 12-Wochen-Training für Neu- und Quereinsteiger im Technischen Vertrieb

Springer Gabler

Olaf Esters
Essen, Deutschland

ISBN 978-3-658-15677-0 ISBN 978-3-658-15678-7 (eBook)
https://doi.org/10.1007/978-3-658-15678-7

Die Deutsche Nationalbibliothek verzeichnet diese Publikation in der Deutschen Nationalbibliografie; detaillierte bibliografische Daten sind im Internet über http://dnb.d-nb.de abrufbar.

Springer Gabler

Lektorat: Manuela Eckstein

Springer Gabler ist ein Imprint der eingetragenen Gesellschaft Springer Fachmedien Wiesbaden GmbH und ist ein Teil von Springer Nature
Die Anschrift der Gesellschaft ist: Abraham-Lincoln-Str. 46, 65189 Wiesbaden, Germany

Tomorrow is the most important thing in life. Comes into us at midnight very clean. It's perfect when it arrives and it puts itself in our hands. It hopes we've learned something from yesterday.

John Wayne

Der morgige Tag ist das Wichtigste im Leben. Er kommt zu uns um Mitternacht – ganz rein. Er ist makellos, wenn er ankommt und gibt sich in unsere Hände. Er hofft, dass wir vom Gestern etwas gelernt haben.

John Wayne

Vorwort

Als ich nach einem betriebswirtschaftlichen Studium auf dem harten Asphalt der Vertriebsrealität ankam, wurde mir schnell klar, dass ich zwar Marketing studiert, aber keinen blassen Schimmer davon hatte, wie ich die Leistungen einer Firma an den Mann oder die Frau bringen sollte. Die Werkzeuge des Vertriebs und das Handwerkzeug des Verkäufers werden in den Schulen, Fachhochschulen und auch an den Universitäten selten gelehrt – weder in den Wirtschaftswissenschaften, noch weniger in Fakultäten wie Ingenieurswissenschaften, Medizin, Soziologie, Psychologie, IT oder anderen. Und auch auf der Handwerksseite mit Gesellenprüfung und Meisterschule ist das Vermitteln von Verkaufs-Know-how oftmals nur ein Randthema.

Hinzu kommt, dass in vielen Verkaufsbüchern meiner Meinung nach Marketing- und Vertriebstechniken miteinander vermischt werden. Dabei kommen Marketingtechniken in der täglichen Praxis für Verkäufer nicht vor. In meiner jahrelangen verkäuferischen Praxis habe ich es selten erlebt, dass ein Vertriebsmitarbeiter die Positionierung oder das Pricing eines Produktes selbst gestalten konnte. Auch die Öffentlichkeitsarbeit oder das Internetmarketing kommen selten aus der Vertriebsabteilung. Oft sind dies die Hoheitsgebiete der Marketing- und PR-Abteilungen, die Produkte werden von der Technik in Zusammenarbeit mit den Produktmanagern entwickelt und die Preise vom Management oder vom Markt vorgegeben. Sie als Verkäufer haben ganz andere Aufgaben und Rollen im Wertschöpfungsprozess eines Unternehmens. Sie müssen sich, Ihr Unternehmen, Ihre Produkte und Dienstleistungen an bestehende Kunden oder neue Interessenten verkaufen. Besser gesagt: Sie müssen Ihre Kunden und Interessenten von sich *überzeugen!*

Neue Themen wie Digitalisierung, Big Data, E-Commerce oder Multichannel-Strategien verändern das Berufsbild des technischen Verkäufers rasant. Waren Verkäufer vor drei Jahrzehnten noch selbstständige Samurai, die als Einzelkämpfer für wechselnde Arbeitgeber Aufträge im Markt akquirierten, haben wir es heute mit strategischen Vertriebsteams zu tun, die im Zusammenspiel mit anderen Fachabteilungen Marktanteile gewinnen. Der technische Verkäufer ist heute ein Spezialist in einem Orchester verkäuferischer Instrumente. Unterstützt durch spezialisierte Vertriebssoftware und komplexen Vertriebsprozessen, welche die vielfältigen Verkaufswege erst beherrschbar machen.

Trotz aller Veränderungen bin ich mir sicher, dass es auch im 21. Jahrhundert auf den einzelnen Vertriebsmitarbeiter ankommt. Denn trotz aller technischer Unterstützung sind es die Menschen, die den Hörer in die Hand nehmen, neue Interessenten akquirieren, durch Argumentationen zu Kunden machen und bei Problemen als Ansprechpartner zur Verfügung stehen. Software und IT sind oftmals nur unterstützend und selten komplementär zu verstehen.

Die Oxford-Professoren Carl Benedikt Frey und Michael A. Osborne haben 2013[1] zusammen mit der Unternehmensberatung Deloitte das Automatisierungspotenzial von 702 Berufen analysiert – und wie groß die Gefahr ist, dass der Beruf künftig von Maschinen ersetzt wird (Frey und Osborne 2013). Demnach sind bis 2030 rund 47 % der Arbeitsplätze in den USA durch die voranschreitende Automatisierung gefährdet. Für sicher vor der Automatisierung halten die Forscher vor allem jene Jobs, die besonders menschliche Fähigkeiten verlangen – zum Beispiel Menschenkenntnis, Verhandlungsgeschick oder Überzeugungskraft.

Als Faustformel gilt: Je höher das aktuelle Gehalt und je mehr Ausbildung der Beruf benötigt, desto geringer sind die Chancen einer schnellen Automatisierung. Berufe im Vertrieb (Einkauf, Berufs- und Handelsvertrieb) gelten daher als sehr sicher. Sales Engineers sind nur zu 0,0041 % technisch zu ersetzen, Sales Manager zu 0,013 %. Es gilt immer noch der alte Verkäufergrundsatz: Menschen kaufen von Menschen!

Warum entscheiden sich die Menschen aber nun für den Beruf des Verkäufers? Laut einer Studie der Haufe Akademie im Jahr 2013 entscheiden sich dreiviertel aller Verkäufer für den Beruf, weil sie den Kontakt zu Menschen lieben (78,10 %). Jeder Zweite genießt die freie Zeiteinteilung (51,65 %) und das gute Grundgehalt (47,93 %), ein Drittel freut sich über gute Provisionen (30,58 %) und die Möglichkeit, mal raus zum Kunden zu kommen (29,75 %).

[1]Frey C B, Osborne, M A (2013) The Future of Employment: How Susceptible are Jobs to Computerisation? http://enliza.es/SECCIONES_1/1_EL%20FUTURO%20DEL%20TRABAJO/RECURSOS/The_Future_of_Employment_OMS_Working_Paper.pdf. Zugegriffen: 25. Februar 2018.

Danach kommen dann schnellere Entwicklungsmöglichkeiten (26,03 %) und Firmenwagen sowie andere Vergünstigungen (25,01 %) (DVS Vertriebsmonitor 2013/2014, S. 9).[2]

Damit Sie diese Beweggründe in vollen Zügen genießen können, ist es Ziel dieses Buches, Ihnen als technischen Verkäufer einen ersten, umfassenden Einblick in Ihre spannende Aufgabe zu vermitteln – sozusagen eine 360-Grad-Sicht auf das moderne Berufsbild des Sales-Executive als Schnittstelle zwischen Kunden, Hersteller und Vertriebsabteilung.

Als technischer Verkäufer werden in diesem Buch alle verkaufenden Berufe bezeichnet, die im Business-to-Business (kurz B2B) -Bereich tätig sind. Unabhängig davon, ob sie Maschinen, Dienstleistungen, technische Lösungen, Software oder produzierte Güter vertreiben. Dabei wendet sich dieses Buch nicht nur an junge Verkäufer, die gerade nach der Ausbildung oder dem Studium im Vertrieb angeheuert haben, sondern bietet auch Quereinsteigern, wie wir sie sehr oft im technischen Vertrieb erleben, und dem erfahrenen Verkaufsprofi, der sein Vertriebswissen überprüfen möchte, viele Anregungen und Einblicke in die heutige Arbeit des professionellen B2B-Vertriebs.

Das Buch basiert auf drei Säulen:

- Wissenschaftlich fundierte Theorien
- Beispiele aus der Vertriebspraxis
- Tipps und Tricks für die Umsetzung

Zur einfacheren Lesbarkeit schreibe ich in diesem Buch in der männlichen Form. Selbstverständlich sind Frauen und Männer immer gleichberechtigt angesprochen. Ich kenne viele hervorragende Verkäuferinnen und ermutige jede Frau, im Vertrieb zu arbeiten. Mit Einfühlungsvermögen, Empathie oder Kommunikationsfähigkeit, womit sich männliche Kollegen oftmals schwertun, können sie sehr gut neue Kunden für ihre Arbeitgeber gewinnen. Ein attraktives Einkommen und damit finanzielle Unabhängigkeit, zeitliche Flexibilität und hohe Freiheitsgrade sind gute Gründe, um eine Karriere im Vertrieb in Erwägung zu ziehen.

Alle Kapitel sind so angelegt, dass sie einzeln gelesen werden können, aber eben auch aufeinander aufbauend ein komplettes Verkaufstraining ergeben.

---

[2]Deutsche Verkaufsleiter Schule (2013/2014) DVS Vertriebsmonitor 2013/2014. Ergebnisbericht der Online-Umfrage der DVS – Deutsche Verkaufsleiter-Schule zum Thema „Motivation im Vertrieb", Haufe Akademie, https://www.haufe-akademie.de/downloadserver/FB/DVS-Vertriebsmonitor-2013.pdf. Zugegriffen: 25. Februar 2018.

Wenn Sie Vorschläge, Ideen, Verbesserungen oder einfach ein Lob loswerden wollen, freue ich mich, wenn wir uns über die sozialen Netzwerke wie Facebook oder meiner Webseite austauschen. Ich diesem Sinne wünsche ich Ihnen viel Spaß beim Lesen!

Essen
im Frühjahr 2018

Ihr
Olaf Esters

Danksagung

Ein Buch ist oft eine Gemeinschaftsproduktion und selten das Werk eines Einzelnen. Dank gehört den Menschen, die durch ihre Unterstützung und ihr Engagement dieses Buch zum Leben erweckt haben. Besonderer Dank gilt meinen Kindern Svenja und Nils und meiner Lebensgefährtin, die mich viele Wochenenden hinter dem Computer versteckt ertragen mussten. Danke auch an viele Freunde, die mir den Mut gaben, mit dem Buch auf dem richtigen Weg zu sein.

Danke an die (wechselnden) Mitglieder der aiesec-Lokalkomitees in Nordrhein-Westfalen. Diese führen seit mehreren Jahren mit mir als Referent Vertriebstrainings durch. In diesen Trainings sind viele Ideen des Buches entstanden. Ohne diese jungen Menschen wäre die Idee eines systematischen Vertriebstrainings nie umgesetzt worden. Allen Teilnehmern sage ich an dieser Stelle Danke für ihre Unterstützung, für den Mut, den sie mir gaben, und für die Ideen, die zu diesem Werk führten. Ich wünsche Ihnen allen viel Spaß beim Lesen und freue mich auf den gemeinsamen Austausch für neue Geschichten und Ideen im Vertrieb.

Ihr
Olaf Esters

Inhaltsverzeichnis

Über den Autor

Olaf Esters Der studierte Wirtschaftswissenschaftler und Direktmarketing-Fachwirt Olaf Esters arbeitet seit über 20 Jahren in Vertrieb und Management. Nach seiner Ausbildung als Schilder- und Lichtreklamefachmann studierte er Wirtschaftswissenschaften mit Schwerpunkt Marketing und Personalwesen an der Universität Essen. Danach ging es zum Direktmarketing-Studium an die Bayerische Akademie für Werbung und Marketing in München.

Sein beruflicher Werdegang führte ihn von der Geschäftsführung einer Werbeagentur in den Vertrieb von IT- und Software-Lösungen. Er ist Experte für Business-Intelligence-Anwendungen und vermittelt IT-Lösungen für die Bereiche Unternehmenssteuerung, Datenanalyse, Planung, Reporting und Konsolidierung.

Seit 2010 arbeitet er als Redner, Trainer und Coach für die Themen Führung und Vertrieb. Durch den besonderen Blick auf die Möglichkeiten moderner IT verbindet er als Vertriebstrainer die klassischen Vertriebstechniken mit den Chancen moderner Digitalisierung.

Kontakt: olaf.esters@esters-management.de

1 Erste Woche: Willkommen im Vertrieb!

Wenn man einen Tag nicht übt, merkt man es selbst,
wenn man zwei Tage nicht übt, merken es die Kollegen,
wenn man drei Tage nicht übt, merkt es das Publikum.
Musiker-Weisheit

Zusammenfassung

Der Vertrieb ist die Schnittstelle zwischen Kunden und Unternehmen. Ein Verkäufer muss die Anforderungen des Kunden mit den Möglichkeiten des Unternehmens vergleichen und diese zusammenbringen. Aufgrund der gestiegenen Erwartungen der Kunden wird eine systematische Aus- und Weiterbildung für den Vertrieb immer wichtiger. Die Ausbildung zum technischen Verkäufer verläuft in diesem Buch in zwölf aufeinander aufbauenden Stufen, die aber auch einzeln betrachtet werden können. Anhand eines realen Beispiels werden die Anforderungen an den Vertrieb erklärt.

Franks erster Tag in der Vertriebsabteilung. Der Vertriebsleiter stellte ihm seine neuen Kollegen und Kolleginnen vor. Im persönlichen Gespräch erklärte man ihm, dass er viele Freiheiten hätte, aber schlussendlich an den Ergebnissen seiner Arbeit gemessen würde. Wie sollte er das verstehen? Er fragte sich auch, wie sich seine neue Aufgabe definieren würde. Woraus besteht die Tätigkeit eines Verkäufers? Womit beschäftigt sich der Vertrieb eigentlich den ganzen Tag? Wenn Frank „Verkaufen" erklären sollte, kam er schnell an seine Grenzen. Da musste es doch eine einfache Definition geben!

O. Esters, *Kompaktkurs Verkaufen im B2B*,
https://doi.org/10.1007/978-3-658-15678-7_1

Die Vorurteile gegenüber dem Vertrieb sind hinlänglich bekannt: Die Verkäufer im technischen Vertrieb haben weniger Ahnung als die Kollegen aus der Entwicklung und Beratung, fahren aber größere Autos. Sie verdienen viel Geld, arbeiten aber nur halbtags. Sie trinken immer nur Kaffee (oder Tee) mit Kunden, ohne etwas Produktives zu leisten. Die Leistung des Verkäufers ist schwer zu messen, weil immer die anderen an den Misserfolgen schuld sind.

Lassen Sie diese Vorurteile einmal so stehen und schauen Sie sich das Berufsbild des Verkäufers genauer an. Aus meiner Sicht gehört der Vertrieb zu den komplexesten aller Disziplinen im Unternehmen, denn es wird von den Verkäufern eine enorme Bandbreite an Fähigkeiten erwartet, die man so vielleicht nur noch in der Geschäftsführung vorfindet.

Wie wir später noch feststellen werden, ist ein Verkäufer die Schnittstelle zwischen Kunden und Unternehmen und muss beide Seiten verstehen, um die Anforderungen jeweils zu übersetzen. Die meisten Vertriebsmitarbeiter im technischen Vertrieb arbeiten sehr hart (50 bis 60 h pro Woche sind nicht unüblich), sind fast permanent erreichbar, viel auf den Autobahnen dieser Welt unterwegs und einem enormen psychischen Druck ausgesetzt. Denn, anders als ihre Kollegen in der Entwicklung und Beratung, verdienen sie ein Teil ihres Gehaltes erst, wenn sie Erfolg haben. Ob sich dieser Erfolg einstellt, ist oftmals ungewiss. Im Extremfall arbeitet ein Vertriebsmitarbeiter viele Monate an einem großen Kundenangebot. Kommt der Auftrag rein, hat der Verkäufer sein Einkommen vervielfacht und wird gefeiert. Kommt der Auftrag nicht, rutscht der Verkäufer auf das vereinbarte Fixum hinunter und erhält für den Zeitraum keine Provision. Hinzu kommt die fehlende Anerkennung und im äußersten Fall sogar die Sorge einer Kündigung wegen Erfolgslosigkeit.

Die psychische Belastung eines Verkäufers ist daher oft sehr groß. Einige Verkäufer suchen Hilfe in ihrer Sprachgewandtheit. Eine bekannte Redewendung macht dies deutlich: „Verkäufer in der Not, redet Kunden tot.“.

Ich habe in vielen Beratungsgesprächen oftmals festgestellt, dass zwei Seiten der Medaille zum Vertriebserfolg beitragen:

- Die Organisation des Vertriebs und der Kundengewinnung im Unternehmen.
- Die Einstellung und Ausbildung des Verkäufers selbst.

Grund für eine schlechte Performance waren selten das Marktpotenzial, das Produkt oder die angebotenen Dienstleistungen. In den meisten Fällen waren es firmeninterne Strukturen und Prozesse, Verkaufsskepsis im Management oder unmotivierte und schlecht ausgebildete Verkäufer, welche unter ihren Möglichkeiten blieben.

Hinzu kommt, dass Vertriebsmitarbeiter eine sensible Gattung Mitarbeiter sind. Bei ihrer Arbeit benötigen sie ein organisiertes, strukturiertes und verlässliches Umfeld. Verkäufer erwarten von ihren Arbeitgebern:

- Klare Aufgabenbeschreibungen für ihre Position
- Realistische Erwartungen seitens des Managements
- Eine klare Vertriebsausrichtung aller Fachabteilungen
- Eine Vertriebsstrategie, welche Kunden man wie ansprechen möchte
- Eine Wertschätzung der geleisteten Arbeit
- Langfristige Arbeitsplatzsicherheit

Unternehmen tun gut daran, ihrem Vertrieb eine klare Organisationsstruktur zu bieten, in denen Verkäufer langfristig Kunden werben können. Aber auch Verkäufer müssen ihren Teil zum Unternehmenserfolg beitragen. Top-Verkäufer sollten folgende Fähigkeiten mitbringen:

- Verkäuferische Erfahrung
- Produktwissen/Fachwissen
- Vertriebswissen
- Menschenkenntnis
- Erfahrung mit Verkaufsprozessen
- Erfahrung mit psychologischen Verkaufstechniken
- Hohen Arbeitseinsatz
- Überzeugung von sich, dem eigenen Unternehmen und Angebot

Dieses Buch dient dem Verkäufer als eine Art Grundausbildung für den technischen Vertrieb. Sammelt man die gewünschten Fähigkeiten eines Verkäufers durch den Arbeitgeber, so zeichnet sich folgendes Berufsbild ab:

Fachliche Kompetenz
Produktwissen:

- Marktkompetenz
- Wettbewerbsanalysen
- Markt und Zielgruppen
- Kundenprobleme verstehen und umsetzen

Kommunikative Fähigkeiten:

- Fragetechniken
- Abschlusstechniken
- Texten, Schreiben
- Einwandbehandlung

Soziale Kompetenz:

- Menschen verstehen und mögen
- Schneller Beziehungsaufbau
- Vertrauen gewinnen

Verkäuferische Fähigkeiten:

- Präsentationssicher
- Verhandlungssicher
- Verkaufsstrategien
- Verkaufsprozesse
- Software-Kenntnisse (Anwendung)

Persönlichkeit:

- Eigene Persönlichkeit entwickeln
- Einfühlungsvermögen
- Kundenbeziehungen schnell aufbauen
- Persönlichkeitsmerkmale

Diese Liste ist und kann nicht vollständig sein, da das Berufsbild des Verkäufers je nach Branche, individuellen Anforderungen und Situationen unterschiedlich ist. Von einem Verkäufer in einem Konzern werden andere Fähigkeiten erwartet als von einem Vertriebsmitarbeiter in einem Handwerksbetrieb.

Wie umfangreich die Anforderungen an den Vertrieb geworden sind, zeigt Abb. 1.1, in der die Verkaufsfähigkeiten systematisiert und hierarchisiert sind.

All diese Erkenntnisse zeigen aber auf, dass eine systematische Aus- und Weiterbildung für den Vertrieb in der heutigen Zeit wichtiger wird. In einem Zeitalter, in denen die Produkte immer vergleichbarer werden, die Märkte stets schneller und der technologische Vorsprung oft nur wenige Jahre hält, ist der Verkäufer die entscheidende Ressource. Die Leistung des Verkäufers macht den Unterschied, ob sich ein Kunde bei gleichen Produkten für Anbieter A oder B entscheidet.

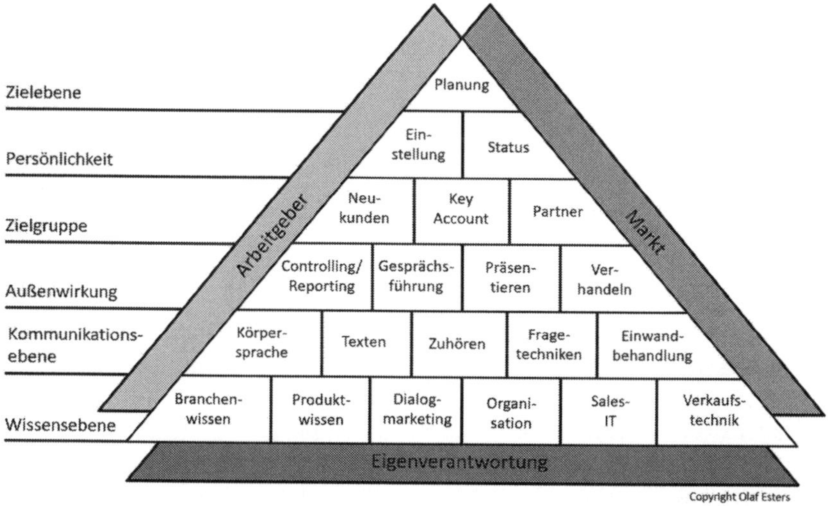

Abb. 1.1 Die Vertriebspyramide: Kenntnisse und Fähigkeiten im Vertrieb

Wie kann eine systematische Ausbildung aussehen?
Eine systematische Vertriebsausbildung sollte auf Stufen aufbauen. Auf der ersten Stufe steht die fachliche Ausbildung des Verkäufers. Diese ist durch den Hersteller im Hinblick auf angebotene Leistungen, Produkte, Lösungen und Märkte zu leisten. Diese fachlichen Fähigkeiten sollten regelmäßig überprüft und aktualisiert werden.

Parallel sollte sich eine verkäuferische Aus- und Weiterbildung anschließen, in der die verkäuferischen, prozesstechnischen, kommunikativen und persönlichen Fähigkeiten eines Verkäufers entwickelt werden. Verkaufen muss (endlich) als ein Ausbildungsberuf verstanden werden, der systematisch erlernt werden kann. Der Verkäufer im Unternehmen ist viel zu wichtig und auch viel zu teuer, als dass ein Unternehmen sich allein auf die Fähigkeiten des angeworbenen Mitarbeiters verlassen kann.

Viele Menschen machen diese Techniken aus dem „Bauch" heraus richtig. Diese Menschen bezeichnet der Volksmund oftmals als „geborener Verkäufer". Es zeigt sich in der Praxis aber, dass dies nur ein kleiner Prozentsatz aller Verkäufer ist. Der überwiegende Teil an Verkäufern muss sich das Verkaufswissen durch Schulungen, Ausbildung und Praxistraining anlernen und anlesen.

In diesem Buch begleiten wir Frank, einen Neueinsteiger im technischen Vertrieb. Frank arbeitete nach seiner Ausbildung mehrere Jahre als Techniker in der Abteilung Installation und Service eines mittelständischen technischen Unternehmens. Frank fiel seinen Vorgesetzten durch seine offene und kommunikative Art schnell positiv auf. Er kommt mit Menschen sehr gut aus, bringt den Kunden Respekt entgegen, ist bei seinen Kollegen beliebt und hat ein gutes Verständnis für die Produkte, die Anforderungen und Bedürfnisse der Kunden. Nachdem einige Mitarbeiter aus dem Vertrieb das Unternehmen verlassen haben, kam Franks Vorgesetzter auf ihn zu und fragte, ob er sich vorstellen könnte, in den Vertrieb zu wechseln. Ein höheres Einkommen, ein Firmenwagen und gewisse Freiheiten wurden ihm in Aussicht gestellt.

Frank hat keine Ausbildung im Vertrieb, hat die Arbeit der Kollegen aber schon oft begleitet. Er traut sich den Verkauf zu, denn er arbeitete gerne mit Menschen. Doch was ihm fehlt, ist eine fundierte Ausbildung im Vertrieb.

In diesem Buch führen wir Frank und damit Sie, liebe Leser, Schritt für Schritt an Ihre (neue) Aufgabe im Vertrieb heran. Da die Probezeit im Vertrieb international zwischen drei und sechs Monaten dauert, haben wir uns entschlossen, einen zwölfwöchigen Vertriebskurs zu entwickeln. Wenn Sie neu im Vertrieb sind, arbeiten Sie jede Woche ein Kapitel durch, so besitzen Sie nach drei Monaten die Kenntnisse eines professionellen technischen Verkäufers. Wenn Sie schon im Vertrieb arbeiten, können Sie selbstverständlich jedes Kapitel auch einzeln bearbeiten. Das sind Ihre Lerneinheiten:

- Erste Woche: Willkommen im Vertrieb
- Zweite Woche: Rolle und Organisation des Vertriebs
- Dritte Woche: IT-Werkzeuge des Vertriebs
- Vierte Woche: Markt, Strategie und Positionierung
- Fünfte Woche: Wie Kunden denken
- Sechste Woche: Kommunikationstechniken für Top-Verkäufer
- Siebte Woche: Verstehen, was Kunden wollen
- Achte Woche: Einstellung des Top-Verkäufers
- Neunte Woche: Neukundenakquisition
- Zehnte Woche: Verkaufsgespräche erfolgreich führen
- Elfte Woche: Verhandlungen sicher führen
- Zwölfte Woche: Reporting und Dokumentation

Nach diesen zwölf Wochen hat ein neuer Vertriebsmitarbeiter alle wichtigen Stationen durchlaufen. Er kennt sich mit den wesentlichsten Software-Werkzeugen aus, weiß, wie seine Kunden denken, weiß, wie er seine eigene Einstellung optimiert und hat den klassischen Vertriebszyklus – von der Erstansprache neuer Kunden bis zur Abschlussverhandlung – durchgespielt. Am Ende hält er die Ergebnisse fest und berichtet an seine Vorgesetzten.

1.1 Warum haben Sie sich für Vertrieb entschieden?

„Warum haben Sie sich für einen Beruf im Vertrieb entschieden?“ Dies ist eine in Bewerbungsgesprächen gern gestellte Frage. Anstatt schnell zu antworten, kommen viele Gefragte dann ins Philosophieren. Die meisten Verkäufer sind „Quereinsteiger“, die aus anderen Berufen in den Verkauf wechselten. Bei mir war es so, dass ich in meiner Ausbildung zum Schilder- und Lichtreklamefachmann durch mein sicheres Auftreten gegenüber Kunden und meine extrovertierte Art auffiel. Schnell wurde ich in den Verkauf versetzt. Aber ich fühlte mich im Vertrieb auch wohl, denn Vertrieb bietet viele Annehmlichkeiten und Vorteile gegenüber dem klassischen Innendienst:

- Vertriebsmitarbeiter arbeiten als Unternehmen im Unternehmen. Sie verwalten eigene Vertriebsgebiete und führen eigene Kundenstämme. Dadurch entsteht ein sehr hoher Freiheitsgrad in der eigenen Arbeit.
- Der Beruf ist sehr abwechslungsreich und vielfältig. Neben Produktwissen benötigt der Vertriebsmitarbeiter auch Kenntnisse über Kommunikation, Verkaufstechniken, Marketing und vielem mehr.
- Vertrieb arbeitet mit Menschen, zum Beispiel Interessenten, Kunden und Partner. Von daher ist die Hauptaufgabe eines Verkäufers immer die Kommunikation: Reden, Sprechen, Schreiben.
- Verkäufer in technischen Unternehmen haben eine Querschnittsfunktion und sind Netzwerker. Sie arbeiten mit allen Abteilungen des Unternehmens zusammen. Um ein Angebot zu erstellen, kommt es vor, dass sie mit allen Abteilungen von der Entwicklung über die Produktion bis zur Logistik und dem Aftersales-Service zusammenarbeiten müssen.
- Vertrieb hat eine wesentliche strategische Komponente. Der Vertriebler arbeitet wie ein Schachspieler und muss sich immer die nächsten Schritte und Züge überlegen, um seinen Interessenten zum Abschluss zu bewegen.
- Außendienstmitarbeitern stehen oftmals Firmenwagen zur beruflichen und privaten Nutzung zur Verfügung. Dies bedeutet: permanente Flexibilität und geringere private Kapitalbindung und damit auch ein höheres privates Einkommen.
- Im Vergleich mit vergleichbaren Funktionen kann der Vertrieb ein höheres Einkommen erzielen. Die Höhe des Einkommens ist vom Vertriebsmitarbeiter durch die Provision selbst beeinflussbar.

Aber jede Medaille hat zwei Seiten. In meinen vielen Jahren als Verkaufstrainer wurden mir von Vertriebsmitarbeitern auch viele persönliche Grenzen beschrieben:

- Ein hoher Freiheitsgrad bedeutet auch gute Selbstorganisation, aber nicht jeder Mensch kann sich gut organisieren.
- Von Verkäufern wird ein hohes Maß an intrinsischer Motivation (Eigenmotivation) gefordert. Ist diese nicht vorhanden, kann es für den Mitarbeiter schwer werden.
- Um sich sicher zu fühlen, werden viele Verkäufer zu Spezialisten auf einem Gebiet. Damit kommen sie dem internen Experten sehr nahe. Ihre Aufgabe ist aber das Verkaufen, nicht das Beraten.
- Verkäufer sind gerne beim Kunden und führen Verkaufsgespräche. Teammeetings, Dokumentation, interne Abstimmung, Reporting an Vorgesetzte werden oftmals als unangenehme und damit vermeidbare Pflichten angesehen.
- Verkäufer arbeiten dann hart und unerbittlich, wenn sie den Erfolg wollen, ihre Position gesichert werden muss und sie sich ihre Reputation und das Gehalt erkämpfen müssen.
  - Die erste Krisengefahr besteht, wenn der Erfolg sich einstellt und die Provisionen steigen. Veränderungen und Anstrengungen werden vermieden. Nun kann ein junges, hungriges Vertriebsteam den alten Platzhirschen gefährlich werden.
  - Die zweite Gefahr besteht, wenn der Arbeitgeber oder die Branche aus guten wirtschaftlichen Zeiten in eine Krise rutschen. Viele Verkäufer tun sich dann schwer, auf gewohnte Provisionen zu verzichten. Vor allem, wenn die privaten Fixkosten das Grundgehalt übersteigen.
- Erfolgreiche Verkäufer sind oftmals Einzelkämpfer, die sich mit Teams schwertun. Die Loyalität gegenüber dem Arbeitgeber oder die Zusammenarbeit mit Kollegen wird auf ein Mindestmaß reduziert.

▶ Nach dem Umsatz ist vor dem Umsatz.

Vertrieb hat auch eine dunkle Seite der Macht. Betrachten Sie einmal die unangenehmen Seiten der verkäuferischen Tätigkeiten, dann stellen Sie schnell fest, dass der Beruf des Verkäufers vielleicht nicht für jeden Mitarbeitertyp der passende ist:

- Willkommen im wahren Leben: Sie lernen schnell den Zusammenhang zwischen Auftrag und Geld auf dem Konto kennen. Also Ursache und Wirkung. Ich habe manchmal den Eindruck, dass diese Wirkungsbeziehungen den Mitarbeitern in Konzernen, Behörden oder Verwaltungen nicht unbedingt bekannt sind.

- Je nach Branche kämpfen Verkäufer noch mit dem Vorurteil des „Klinkenputzers". Dies ist meiner Erfahrung nach im technischen Vertrieb weniger der Fall, kann aber auch vorkommen.
- Die Höhe der Ziele wird in einigen Organisationen vom Management festgelegt. Als Verkäufer sind Sie für die Umsetzung verantwortlich. Wenn Sie mehr Wert auf Freizeit legen, Ihre Ziele aber nur durch enormen persönlichen Einsatz erreichbar sind, stehen Sie im Konflikt.
- Sie dürfen nicht schüchtern sein: Neue Menschen ansprechen und überzeugen, mit Einkäufern verhandeln und auch Ansprechpartner sein, wenn es mal nicht rund läuft, sollte Ihnen nichts ausmachen.
- Im technischen Vertrieb können Kaufentscheidungen sehr lange dauern. Wochen, Monate oder Jahre benötigen Kunden, um sich für ein Produkt oder Anbieter zu entscheiden. Diese langen Verkaufszyklen sind psychisch sehr anstrengend, da sie hierdurch über Monate keine Erfolgserlebnisse erzielen.
- Verkäufer sind auch abhängig von der Leistungsfähigkeit des Arbeitgebers und der angebotenen Produktpalette. Ein unbekannter Arbeitgeber mit geringem Marketingbudget und schlechten Produkten ist für einen Verkäufer viel schwerer zu verkaufen als die Produkte eines führenden Anbieters mit großer Bekanntheit und einem guten Markenruf.
- Sie müssen Druck aushalten können. Als Verkäufer sind Sie aber immer alleine (persönlich) für die Zielerreichung verantwortlich, Ihr Arbeitgeber bietet oft nur eine Art „Vertriebsrahmen", in dem Sie Ihre Arbeit erledigen können.
- Einzelkämpfer sein heißt auch: Keine Teamarbeit! Für viele Menschen, die gerne im Team arbeiten, ein einsamer Job.
- Nach dem Umsatz ist vor dem Umsatz: Wenn Sie einmal einen guten Monat erwirtschaftet haben, können Sie sicher sein, in der nächsten Periode beginnt die Jagd wieder von vorne.
- Auch im Vertrieb gilt: Der Erfolg hat viele Väter und Mütter, der Misserfolg nur einen: Und das sind Sie! Damit müssen Sie lernen umzugehen, dass Sie im Falle der Zielverfehlung oftmals alleine dastehen.
- Sie können viel Geld verdienen, müssen dafür aber auch sehr hart arbeiten.

Wenn Sie diese Liste durchgehen und sich dennoch sagen: *„Ich habe mich bewusst für den Vertrieb entschieden"*, dann gratuliere ich Ihnen. Sie erleben in den nächsten Jahren das wahre Leben, werden sich persönlich deutlich weiterentwickeln und können viel Geld verdienen. Wenn das mal keine spannenden Aussichten sind.

1.2 Der Weg über die Brücke

Eine Definition von Vertrieb zu finden, ist nicht einfach. Wissenschaftlich gesprochen, beinhaltet Vertrieb alle Tätigkeiten eines Unternehmens, die dazu führen, die angebotenen Dienstleistungen und Waren einem Dritten (Kunden, Endverbraucher oder Wiederverkäufer) zur Verfügung zu stellen. Damit ist der Vertrieb die Schnittstelle zwischen den Absatzmärkten und den Abnehmern. Außerdem ist Vertrieb Teil des Marketingmix, das aus Produktpolitik, Preispolitik, Kommunikationspolitik und Vertriebspolitik besteht (Homburg 2016, S. 163).

Dirk Kreuter, einer der bedeutendsten Vertriebstrainer Deutschlands, definiert Verkaufen wie folgt: *„Verkaufen bedeutet Menschen – also Kunden – zu motivieren, Entscheidungen – also Kaufentscheidungen – zu treffen.“* (s. Kreuter o. J.).

Ich habe meine eigene Definition von Vertrieb:

▶ Vertrieb bewegt Kunden, altes Verhalten aufzugeben und neues Verhalten anzunehmen. Damit bildet Vertrieb die Brücke zwischen der Welt des Kunden und der Welt des Unternehmens und motiviert Kunden, diese Brücke zu überqueren.

Diese Definition bildet meiner Meinung nach die Situation im B2B-Vertrieb sehr gut ab. Ich möchte das an einem kleinen Beispiel deutlich machen.

Beispiel

Stellen Sie sich vor, Ihre Kunden und Sie leben alle auf verschiedenen Inseln. Jede Insel ist eine eigene Welt, in der Sie und Ihre Kunden sich bewegen. Jede Insel hat seine eigene Topografie und geografische Gegebenheiten, und unterschiedliche Werte, Bräuche und Traditionen. Also hat jede Insel eine eigene Kultur. Eine der vielen Inseln bewohnen Sie mit Ihrem Unternehmen. Auf Ihrer Insel hat man neue Techniken erfunden, die es auf den anderen Inseln (noch) nicht gibt. Ihre Insel ist die Welt Ihres Arbeitgebers, die anderen Inseln sind die Ihrer Kunden. Auf den Inseln Ihrer Kunden benutzt man noch das *alte Verhalten*. Auf Ihrer Insel setzt man schon das *neue Verhalten* ein. Unter *altem Verhalten* bezeichnen wir das Verhalten ohne Ihr Produkt, Ihre Lösung oder Beratung, denn Ihr Angebot soll ja das Leben des Kunden in irgendeiner Form verändern. Das *neue Verhalten* bezeichnet das Verhalten mit Ihrem Produkt oder Dienstleistung. Nun ist es Ihre Aufgabe als Verkäufer, den Bewohnern der anderen Inseln Ihre Welt näher zu bringen (siehe Abb. 1.2).

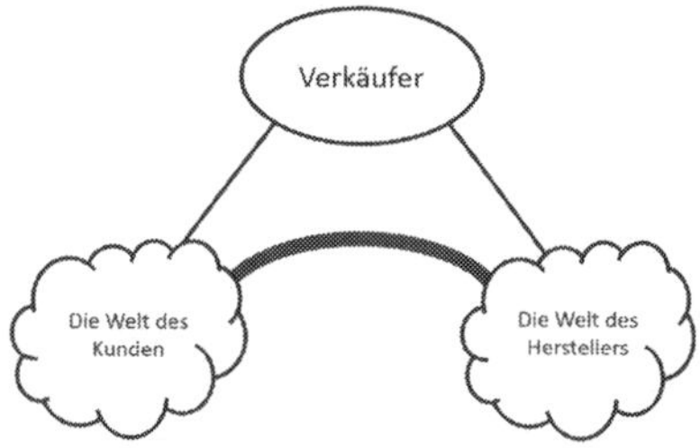

Abb. 1.2 Vertrieb verbindet die Welt des Kunden mit der Welt des Arbeitgebers

Dieses Bild finde ich ganz besonders passend für die Aufgabe des B2B-Verkäufers, denn daraus ergeben sich viele interessante Aspekte. Auf jeder Insel (Kunde und Arbeitgeber) spricht man eine eigene, eventuell andere Sprache. Bei Ihrem Arbeitgeber nutzt man andere Fachwörter als bei Ihrem Kunden. Bei Ihrem Kunden hat man andere Begriffe für Abläufe, Abteilungen oder Prozesse. Ihre Aufgabe ist es nun, diese Welt des Kunden zu verstehen und zu erforschen, um eine Verbindung herzustellen.

- Jeder Kunde hat eigene Wertevorstellungen.
- Jeder Kunde hat eigene Erfahrungen.
- Jeder Kunde hat eine eigene Topografie und damit besondere Begebenheiten.
- Jeder Kunde hat eine eigene Kultur und ein politisches Statement.
- Jeder Kunde hat eigene Kommunikationsmethoden.

Nun stellen Sie sich weiter vor: Zwischen diesen beiden „Welten" des Kunden und Ihres Unternehmens liegt ein tiefer Graben. In dem Graben fließt ein reißender Fluss. Der Fluss des Scheiterns. Darüber führt eine Brücke und verbindet die beiden Welten. Die Überquerung der Brücke ist ein Symbol für den Kaufentscheidungsprozess Ihres Kunden. Ihr Kunde muss diese Brücke überqueren, um sein Verhalten zu ändern. Dabei schaut er in den Abgrund des Scheiterns und hat selbstverständlich die Sorge, dass er nicht das findet, was er erhofft. Zweifel und Entscheidungsängste kommen in ihm auf. Ihre Aufgabe als Verkäufer ist es nun, Ihren Kunden dazu zu bewegen, diese Brücke zu überqueren und auf der neuen Insel Glück und Wohlstand oder – für die Techniker unter uns – neue Techniken, Wissen oder Rohstoffe zu finden.

▶ Verkäufer machen Menschen Mut, diesen Weg zu gehen und damit alte Gewohnheiten zu verlassen und neue Welten zu erfahren. Anders gesprochen: Verkäufer machen Kunden Mut, Kaufentscheidungen zu treffen.

Diese beiden Metaphern (Brücke und Insel) haben große Analogien zum Verkauf: Sie müssen Kunden Ihre Insel durch Beschreibungen und Erfahrungsberichte bildhaft machen.

Wenn Ihre Kunden vor der „Brücke" stehen (also der Kaufentscheidung) und in die tiefe Schlucht schauen, spüren sie natürlicherweise noch einmal Ängste und suchen Begründungen, warum sie nicht darüber gehen wollen (Einwände). Ihre Aufgabe als Verkäufer ist es, hier an der Seite der Kunden zu stehen und Ihren Kunden während des Übergangs zu begleiten.

Betrachten Sie sich als Reiseleiter, der seine Kunden auf dem Weg zur neuen Insel begleitet. Als „Reiseleiter" erklären Sie neue Kulturen und deren Geschichte, als „Dolmetscher" übersetzen Sie und als „Freund" stehen Sie Ihren Kunden immer zur Seite. Solange, bis die Inselbewohner (Mitarbeiter aus Support, Produktion, Service oder anderen Bereichen) Ihren Kunden übernehmen. Dann ist Ihre Aufgabe als Verkäufer erfüllt.

▶ Verkäufer sind die Reiseleiter Ihrer Kunden im Kaufentscheidungsprozess.

Vertriebswege

Um sich im technischen Vertrieb zurechtzufinden, muss man die Komplexität des Vertriebs erst einmal transparent machen. Heute verfügen fast alle Unternehmen im B2B-Bereich über verschiedene Vertriebskanäle. Die bekanntesten sind:

- Direktvertrieb (sogenannter einstufiger Vertrieb)
- Indirekter Vertrieb (sogenannter mehrstufiger Vertrieb)

Beim direkten Vertrieb unterscheiden wir heute zwischen dem persönlichen Verkauf von Außen- und Innendienst und dem Internetvertrieb über Webshop-Systeme.

Zum Direktvertrieb zählen auf der einen Seite alle eigenen Verkaufsaktivitäten:

- Vertriebsgesellschaften und Niederlassungen
- Außendienst über Festangestellte, Handelsvertreter oder Reisende
- Telefonverkauf des Herstellers durch eigene oder externe Callcenter
- Kommissionsverkauf (die Ware bleibt Eigentum des Herstellers)
- Direktvermietung (direktes Leasing, Charter, Software as a Service (SaaS))

Immer stärker wird der Direktvertrieb durch Internetaktivitäten unterstützt, wozu gehören:

- Internetshops
- Handelsplattformen

Zum indirekten Vertrieb gehören alle Aktivitäten, in denen ein weiterer Wiederverkäufer auf eigene Rechnung als Dritter agiert:

- Handelsverkauf (freie Handelsvertreter und Vertragshändler)
- Großhandel
- Franchising
- Indirektes Leasing
- Indirekte Vermietung (Batering)
- Wiedervermarktung
- Couponing

In diesem Buch geht es in erster Linie um den klassischen Außendienstmitarbeiter im technischen Vertrieb, da er in der Wirtschaft eine wesentliche Säule für eine erfolgreiche Marktdurchdringung darstellt.

Resümee

Die Anforderungen an den technischen Verkäufer werden immer komplexer. Technische Entwicklungen von IT-Systemen, vergleichbare Produkte und internationaler Wettbewerb lassen den Verkäufer oftmals zur entscheidenden Ressource werden. Eine systematische und umfassende Ausbildung ist für den Vertrieb daher immer wichtiger. Dieses Buch versucht in zwölf aufeinander aufbauenden Stufen das komplexe Berufsbild des technischen Verkäufers abzubilden. Ziel ist eine umfassende, moderne Verkaufsausbildung für den technischen Vertrieb.

Literatur

Homburg C (2016) Grundlagen des Marketing-Managements, 5. Überarbeitete Aufl. Springer Gabler, Wiesbaden

Kreuter D (o. J.) Vorträge. https://dirkkreuter.com/vortraege/. Zugegriffen: 25. Febr. 2018

Zweite Woche: Rolle und Organisation des Vertriebs 2

Zusammenfassung

In diesem Kapitel lernen Sie die Aufgabe des Vertriebs in Unternehmen. Sie erfahren, wie sich verschiedene Organisationsformen von Unternehmen auf Ihre Vertriebstätigkeit auswirken und wie sich die Vertriebsorganisation im digitalen Zeitalter verändern muss, um erfolgreich zu arbeiten. Zuletzt erfahren Sie, welche technische Grundausstattung für den Arbeitsplatz eines Verkäufers wichtig ist, wie Sie Ihren Arbeitsplatz oder Ihr Homeoffice optimal für die Vertriebsarbeit nutzen und sich selbst für Ihre Vertriebstätigkeit disziplinieren.

Der Vertriebsleiter gab Frank ein Organigramm des Betriebs in die Hand. Darin war seine neue Position eingezeichnet. Neben dem Außendienstteam, zu dem er nun gehörte, gab es noch Key Account, Bit-Management, Pre Sales, Aftersales und Online-Vertrieb. Das Organigramm regelte klar die Zuständigkeiten und Entscheidungswege. Frank wollte bei Entscheidungen seine Vorgesetzten nicht übergehen. Von daher war es für ihn wichtig zu verstehen, wer was in seiner neuen Abteilung entscheiden konnte.

Vertriebsabteilungen werden in vielen technischen Unternehmen immer größer und komplexer. Schaut man sich ein Unternehmens-Organigramm an, ist der Vertrieb eine gleichwertige Abteilung neben Forschung und Entwicklung, Buchhaltung, Produktion und alle anderen Abteilungen eines Unternehmens.

Kommt man aus einem technischen Unternehmen, haben wir sogar noch eine weitere Herausforderung: Der Vertrieb ist die letzte Stufe eines langen Entwicklungs- und Produktionsprozesses, der die entwickelten Produkte „nur" noch verkaufen muss. Hier steht der Verkäufer als letztes Glied am Ende der Wertschöpfungskette zum Endkunden.

O. Esters, *Kompaktkurs Verkaufen im B2B*,
https://doi.org/10.1007/978-3-658-15678-7_2

Und dies ermöglicht uns auch schon eine Umkehr der Sichtweise: Aus Sicht der Kunden ist der Vertrieb das Gesicht des Unternehmens und erster Ansprechpartner. Der Kunde sieht weder die Forschung- oder Entwicklungsabteilung, selten die Produktion, wenn pünktlich gezahlt wird auch nicht die Buchhaltung und im günstigsten Fall auch nicht das Management. Der Kunde sieht in den meisten Fällen nur den Vertrieb und vertriebsnahe Bereiche, wie Service, Beratung oder Logistik.

▶ Vertrieb ist die Schnittstelle zwischen Kunden und Unternehmen.

Der Vertrieb ist daher die Schnittstelle zwischen der Außenwelt des Unternehmens, dem Interessenten, Partner oder Kunden und der Organisation des Unternehmens.

Während das Marketing das Bild des Unternehmens beim Kunden prägt, sind die Verkäufer der erste persönliche Kontakt des Kunden zum Anbieter. Das Marketing übernimmt den ersten Teil des Weges (Markenbekanntheit, Öffentlichkeitsarbeit, Branding), der Vertrieb den zweiten Teil des Weges bis zum Abschluss. Marketing und Vertrieb haben daher traditionell große Überschneidungen. Ich empfehle beiden Seiten, voneinander zu lernen und eine gemeinsame Verkaufsstrategie zu entwickeln. Vor allem in Unternehmen mit geringem Marketingbudget ist das von zwingender Bedeutung, um die Effektivität zu steigern.

2.1 Der Vertrieb als Teil der Unternehmensorganisation

Die organisatorische Einordnung des Vertriebs in der Organisationsstruktur hat auch immer Einfluss auf Ihren Handlungsspielraum und Ihre Tätigkeit. Organisationen benötigt man in Unternehmen, um die Komplexität, die in einem vielschichtigen Unternehmen auftritt, so zu strukturieren, dass effizient und produktiv produziert werden kann. Anders ausgedrückt, Organisationen zeigen auf, wer mit wem zusammenarbeitet und wer an wen berichtet. Ziel ist es, so effizient und effektiv wie möglich zu arbeiten.

Die meisten Organisationsformen sind an den Teilaufgaben (Abteilungen) und Arbeitsgängen orientiert. Eine Teilaufgabe ist der Vertrieb, welcher entweder als eigene Abteilung im Unternehmen auftritt oder dezentral in regionalen Standorten Aufgaben übernimmt. Andererseits kann der Vertrieb auch als Teil eines Wertschöpfungsprozesses dargestellt werden. Bei der sogenannten Sales-Supply-Chain (Vertriebskettenoptimierung) werden die Prozessschritte von der Anfrage bis zum Aftersales dokumentiert und strukturiert. Ziel ist es, die Qualität über den gesamten Vertriebsprozess sicherzustellen.

Wie Ihr Vertrieb in Ihrer Organisation eingeordnet ist, ist deshalb interessant, weil es viel über den Stellenwert des Verkaufs in Ihrer Organisation, die Chancen für Ihre Rolle als Vertriebsmitarbeiter, aber auch die Probleme an Unterstützung und Ressourcen deutlich macht.

Die Aufbauorganisation Ihres eigenen Unternehmens finden Sie im Organigramm, welches in Ihrem Unternehmen für jeden Mitarbeiter einsehbar sein sollte. Ein Organigramm ist die Visualisierung der Strukturen in einem wirtschaftlichen System. Es zeigt in Form einer Pfeilgrafik die Strukturen der einzelnen Abteilungen in einem Unternehmen. Einfacher ausgedrückt: Welche Aufgabe hat welcher Mitarbeiter zu erfüllen? Wer arbeitet mit wem zusammen? Wer berichtet an wen?

2.1.1 Linienorganisation

Die Linienorganisation ist in der Praxis die am häufigsten anzutreffende Organisationsform. Vor allem im Mittelstand erfreut sie sich großer Beliebtheit, bietet sie doch klare, einfache und schnell verfügbare Strukturen. Wir unterscheiden in der Praxis Einliniensystem, Mehrliniensystem und Stab-Liniensystem.

Da dies ein Buch für technische Verkäufer und keines für angehende Betriebswirtschaftler ist (was sich aber in vielen Fällen überschneidet), möchte ich hier die verschiedenen Linienorganisationen nur kurz erklären.

Einliniensystem

Beim Einliniensystem ist jeder Mitarbeiter nur einem Vorgesetzten unterstellt. Damit ist sie die straffste aller Organisationsformen (Olfert 2015a, S. 156), weil eine Anweisung der Geschäftsführung direkt an die darunterliegenden Abteilungen geht. In unserem Fall (s. Abb. 2.1) wird dies die Vertriebsleitung sein. Die Vertriebsleitung wiederum delegiert die Anweisungen an die darunterliegenden Vertriebsmitarbeiter weiter.

Das Einliniensystem geht zurück auf Henri Fayol, der es in seinem 1916 erschienenen Hauptwerk *Administration industrielle et generale (Allgemeine und industrielle Verwaltung)* zunächst als „allgemeines Verwaltungsprinzip" beschrieb (Fayol 1929, S. 26).

Vorteil des Einliniensystems:

- Klare Zuweisungen,
- Einfacher Aufbau
- Straffe, übersichtliche Organisation ohne Kompetenzüberschneidungen
- Eindeutige Kommunikationswege
- Vorgesetztenorientierter Entscheidungsprozess
- Gute Kontrolle und Ordnung durch Einhaltung des Dienstweges

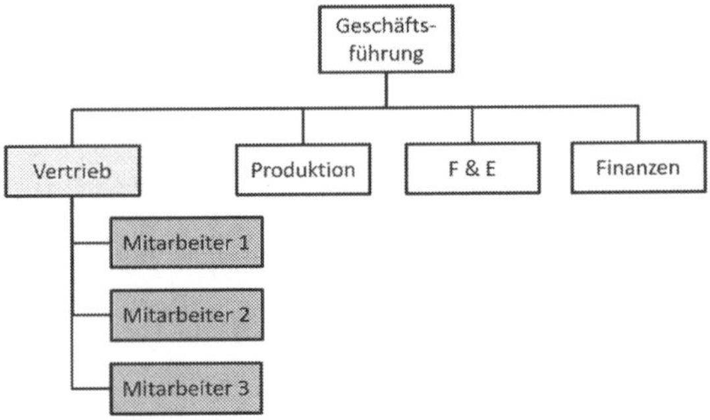

Abb. 2.1 Das Einliniensystem

Nachteile des Einliniensystems können sein:

- Es stößt schnell an seine Grenzen, wenn die Leistungspanne oder die Organisation zu groß wird.
- Dadurch viel Arbeit für übergeordnete Einheiten (Manager).
- Lange Entscheidungswege.
- Es ist wenig dynamisch und kann sich schlecht auf Veränderungen einstellen.
- Problem der Informationsfilterung (Stille-Post-Effekt) bei langen Entscheidungswegen.

Durch seine Einfachheit und Klarheit finden Sie das Einliniensystem in vielen Unternehmen wieder. Für Sie als Verkäufer bedeutet ein Einliniensystem, dass Sie sich bewusst machen müssen, wo Sie sich im System befinden: Wer ist Ihr Vorgesetzter? Was ist Ihre Stellenbeschreibung? Wie weit gehen Ihre Befugnisse? Wie laufen Entscheidungsprozesse ab? Je genauer Sie dies in Ihrem Unternehmen erkennen und verstehen, desto sicherer bewegen Sie sich durch das Einliniensystem. Sie kennen ihre Befugnisse und wissen, ab wann Sie Ihren Vorgesetzten fragen müssen. Es gibt klare Regeln, an die Sie sich halten können, aber auch müssen. Wenn Sie klare Regeln und Zuständigkeiten lieben, ist diese Organisationsform für Sie die richtige.

2.1.2 Mehrliniensystem

Das Problem des Einliniensystems ist, dass jeder Vertriebsmitarbeiter nur einem Vorgesetzten zugeteilt werden kann. Dies kann zu Problemen führen, wenn wir bedenken, dass ein technischer Verkäufer auf der einen Seite seine Vertriebsaufgaben und -ziele erfüllen, auf der anderen Seite aber auch fachliche Aufgaben und Inhalte berücksichtigen muss. Oder wenn der Vertriebsmitarbeiter auf der einen Seite einem Niederlassungsleiter als direkten Vorgesetzten und dem Vertriebsleiter als fachlichen Vorgesetzten unterstellt ist. Hier stößt die Einlinienorganisation an ihre Grenzen.

Frederick Winslow Taylor (s. Olfert 2015b, S. 113) entwickelte das Mehrliniensystem, in dem ein Vertriebsmitarbeiter nicht nur dem Vertriebsleiter als direkten Vorgesetzten, sondern auch der Fachabteilung unterstellt ist (s. Abb. 2.2). Damit ist ein Mitarbeiter im Vertrieb mehrfach unterstellt und kann von mehreren übergeordneten Stellen Weisungen erhalten. Das Mehrliniensystem wird auch Mehrlinienorganisation oder Funktionssystem genannt und ist Vorläufer der Matrixorganisation, welches dieses Prinzip der Mehrfachunterstellung weiter spezialisiert.

Durch die im Mehrliniensystem praktizierte Mehrfachunterstellung wird das „Prinzip des kürzesten Weges" realisiert (Olfert 2015b, S. 158). Verkäufer A informiert sich bei Vertriebsleiter 1 über Konditionen von Produkt 1, bei Vertriebsleiter 2 über Konditionen von Produkt 2 und bei Vertriebsleiter 3 über Konditionen von Produkt 3, um dann ein Systemangebot abzugeben.

Vorteile des Mehrliniensystems:

- Spezialisierung der Funktionslinien
- Direkte Weisungs- und Informationswege in einem System
- Betonung der Fachautorität
- Mitarbeiterkontrolle durch mehrere Vorgesetzte
- Einzelweisungen durch kompetente Vorgesetzte
- Größere Dynamik bei Angestellten und Führungskräften

Abb. 2.2 Das Mehrliniensystem

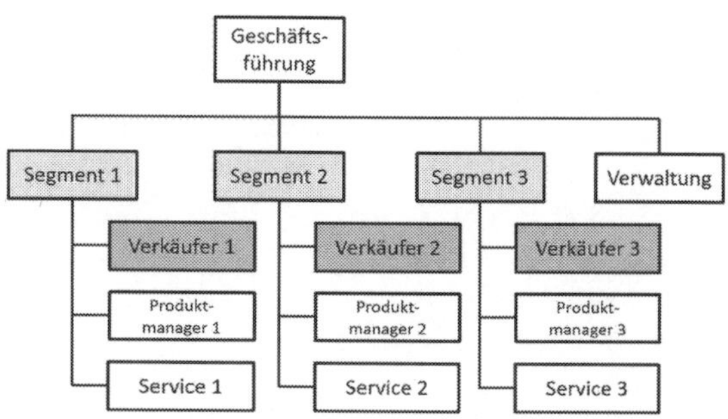

Nachteile des Mehrliniensystems:

- Unklare Zuständigkeiten, Weisungen und Verantwortlichkeiten,
- leichtere Fehlerleugnung,
- schwierige Kommunikationswege bei Schwierigkeiten zwischen den Vorgesetzten,
- Durchsetzen von einheitlichen Unternehmenszielen wird erschwert,
- Konfliktpotenzial durch Mehrfachunterstellung der Mitarbeiter.

Für Sie als Verkäufer bedeutet die Arbeit in einem Mehrliniensystem, dass Sie mehr kommunizieren müssen. Nehmen wir einmal an, Sie müssten für einen Kunden ein Angebot aus zwei Produkten schreiben. Für Produkt 1 ist Vertriebsleiter 1 zuständig, für Produkt 2 Vertriebsleiter 2. Nun müssen Sie Ihre Aufgaben und Entscheidungen immer einteilen: VL 1 oder VL 2? Spannend wird es, wenn der Kunde auf die Gesamtsumme einen Nachlass haben möchte. Wen fragen Sie nun? Was ist, wenn der VL 1 Ihnen den Nachlass genehmigt, der zweite Vertriebsleiter aber nicht?! Was ist, wenn die beiden Vertriebsleiter nicht gut miteinander kommunizieren können und alles über Sie laufen lassen.

Im Laufe der Zeit werden Sie Erfahrungen sammeln und Regeln aufstellen. Zu Ihrer Sicherheit empfehle ich Ihnen, die Entscheidungen immer schriftlich einzuholen, damit Sie bei Unstimmigkeiten auf die Entscheidung des einen oder anderen Vorgesetzten verweisen können. Schwierig wird es, wenn Ihr Unternehmen die Zuständigkeiten im Management nicht klar geregelt haben, dann kann es sein, dass Sie zum Spielball zwischen den politischen Strömungen werden. Eine gute Dokumentation aller Entscheidungen hilft Ihnen dann, sich aus der Schusslinie zu bringen.

2.1.3 Matrixorganisation

Die Matrixorganisation ist die dritte, sehr verbreitete Organisationsform. Sie gehört zu den Gattungen der Mehrlinienorganisationen. Die Organisationsform ist nach zwei gleichberechtigten Dimensionen (zum Beispiel Verrichtung und Produkte) aufgeteilt (Olfert 2015b, S. 153). Die Mitarbeiter sind zeitgleich in zwei Weisungsbeziehungen: Sie sind zum Beispiel den Leitern der verrichtungsbezogenen Abteilungen Vertrieb/Absatz und gleichzeitig den objektbezogenen Produktmanagern unterstellt (s. Abb. 2.3).

Die Matrixorganisation ist im technischen Vertrieb weit verbreitet, löst sie doch eine typische Herausforderung einer Mehrprodukt- oder Mehrmarkenstrategie.

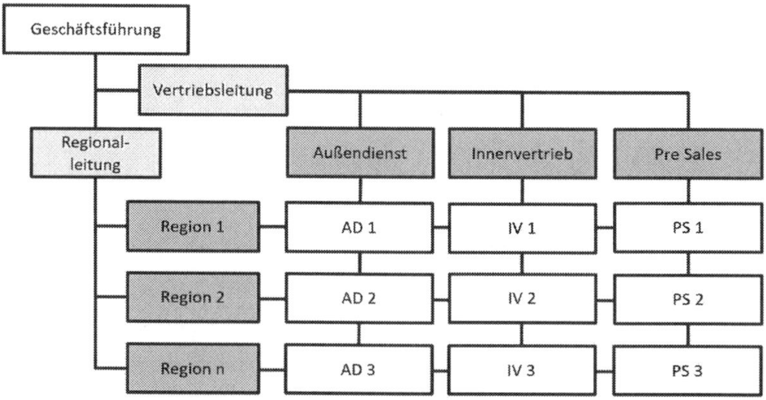

Abb. 2.3 Die Matrixorganisation

Ist die Vertriebsorganisation nach Regionen und Gebieten eingeteilt, so kann es vorkommen, dass Sie in Ihrem Gebiet alle Produkte und Dienstleistungen Ihres Arbeitgebers vertreiben. Um die fachliche Expertise über jedes Produkt zu haben, benötigen Sie aber die Unterstützung und Zusammenarbeit mit Experten, wie den jeweiligen Produktmanagern. So ergibt sich eine 1:n-Beziehung zwischen einem Gebietsbeauftragten und mehreren Produktmanagern.

Vorteile der Matrixorganisation:

- Sehr flexibel
- Intensive Kommunikation
- Bessere Entscheidungen und kreative Problemlösungen möglich
- Höhere Mitarbeitermotivation möglich
- Gute Organisation bei komplexen heterogenen Produktstrukturen
- Entlastung des Top-Managements

Nachteile der Matrixorganisation:

- Hohes Konfliktpotenzial durch Mehrfachunterstellung, unklare Zuweisungen, Machtkämpfe, Verantwortungsverschiebung
- Entscheidungen dauern oft viel länger
- Hoher Kommunikationsaufwand und damit erzeugte Kosten
- Im Eskalationsfall kein klarer Instanzenweg
- Unübersichtlichkeit
- Konsensorientiert, nicht lösungsorientiert

Damit die Matrixorganisation funktioniert, bedarf es aber konsequenter Kommunikation und klarer Absprachen. Die doppelten Weisungsbeziehungen, die Abstimmung zwischen sehr vielen Personen auf Vertriebs- und Produktmanagementseite bedürfen klarer Anweisungen und regelmäßigem Austausch.

Für Sie als Verkäufer ist die Matrixorganisation sehr praktisch. Auf der einen Seite haben Sie einen Ansprechpartner für Ihre verkäuferischen Fragen und Entscheidungen, auf der anderen Seite haben Sie für die verschiedenen Produkte und Dienstleistungen, die Sie verkaufen, fachliche Unterstützung. Es ist nur wichtig, dass Sie sicherstellen, immer die neuesten Informationen zu erhalten.

Am besten ist es, beide Seiten verpflichten sich auf eine Hol- und Bringschuld. Die Produktmanager verpflichten sich dazu, regelmäßig über die Entwicklungen in ihrem Bereich zu berichten (Bringschuld). Sie als Vertriebsmitarbeiter suchen aber auch abwechselnd durch Meetings, Telefon, E-Mail oder persönlichen Kontakt den Austausch zu den Produktmanagern, damit Sie immer über neue Entwicklungen und Trends informiert sind (Holschuld).

Mein Tipp: Ritualisieren Sie diesen Austausch. Planen Sie mit den Produktmanagern zusammen Jour Fixes (feste Termine), in denen Sie sich kurz austauschen. Sie benötigen die Informationen gegenüber Ihren Kunden und Partnern und sollten immer aktuell informiert sein.

2.1.4 Divisions- oder Spartenorganisation

Diese Organisationsform ist der Linienorganisation sehr ähnlich. Anstelle von Abteilungen finden sich aber unterhalb der Linien verschiedene Divisionen. Das können völlig verschiedene Dienstleistungsbereiche innerhalb einer Unternehmensgruppe sein. Jeder dieser Divisionen hat dann seinen eigenen Vertrieb, der mit den anderen Vertriebsorganisationen nichts gemeinsam hat. Bei sehr heterogenen Produkten und Dienstleistungen der einzelnen Geschäfte kann dies durchaus Sinn machen, jeden Vertrieb individuell aufzustellen (s. Abb. 2.4).

Die Spartenorganisation ist durch das Stabliniensystem geprägt (Olfert 2015b, S. 160). Sie kann wie folgt aufgebaut sein:

- Produktorganisation
- Regionalorganisation
- Kundenorganisation

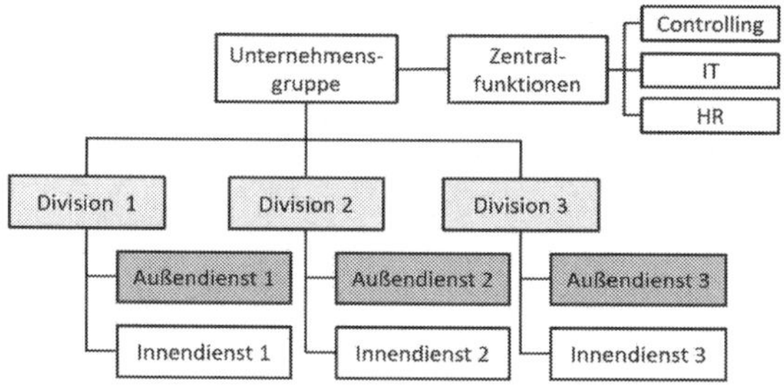

Abb. 2.4 Die Spartenorganisation

Vorteile der Spartenorganisation sind:

- Eindeutiger Verantwortungsbereich
- Klare Zuständigkeiten
- Dezentralisierung von Routineentscheidungen
- Flexibilität und Reaktionsfähigkeit
- Transparenz und Übersichtlichkeit
- Leistungsmotivation durch kleine Teams

Nachteile der Spartenorganisation sind:

- Eigenleben der Sparten
- Spartenegoismus
- Anstreben der Spartenziele anstelle eines übergeordneten Unternehmenszieles
- Kompetenz- und Hierarchieprobleme
- Mehrfacharbeiten bei gleichen Tätigkeiten
- Bedarf von mehr Führungskräften

Für Sie als Vertriebsmitarbeiter bedeutet die Arbeit in einer solchen Organisationsform, dass Sie durch Workshops, Arbeitsgruppen oder einen persönlichen Erfahrungsaustausch dafür sorgen müssen, dass über die Sparten hinweg ein Austausch im Vertrieb entsteht. Wenn Ihre Vorgesetzten nicht für den vertriebsfachlichen Austausch sorgen, sollten Sie den persönlichen Kontakt zu den Kollegen suchen und ihn regelmäßig aufbauen. So nutzen Sie die Erfahrungen der anderen Divisionen und heben vielleicht sogar Cross-Selling-Potenzial.

Ziel der traditionellen Organisationsformen ist es immer, die Komplexität der Realität abzubilden und zu strukturieren. Wer darf was wann entscheiden? Je größer und komplexer die Organisationsstruktur ist, desto kreativer werden oftmals die Organigramme.

Der Weltmarktführer Würth versucht der Komplexität des Marktes mit einer fraktalen Organisationsstruktur entgegen zu treten (Venohr 2006, S. 79). Fraktal ist ein vom Mathematiker Benoît Mandelbrot 1975 geprägter Begriff (lateinisch fractus „gebrochen“, von lateinisch frangere, (in Stücke zer-)„brechen“), der bestimmte natürliche oder künstliche Gebilde oder geometrische Muster bezeichnet (Wikipedia 2017). Die Logik hinter der fraktalen Organisation, wie bei Würth lautet: Aufgrund der zunehmenden Dynamik der Umwelt und steigenden Kundenanforderungen müssen sich Unternehmen immer schnell an sich verändernde Rahmenbedingungen anpassen. Hierarchisch aufgebaute Organisationsformen benötigen aufgrund der vielen Genehmigungsebenen eine zu lange Reaktionszeit, erhöhen die Fehleranfälligkeit vieler Managemententscheidungen und reduzieren die Markt- und Kundennähe. Gesucht wird eine Struktur höherer Ordnung, die diese Probleme beseitigt. Fraktale Strukturen sind ein überlegenes Organisationsmodell in komplexen und dynamischen Umwelten, da die ständige Anpassung an die Umwelt und die Nutzung aller Mitarbeiterpotenziale immer zu der jeweils besten Lösung führen (Venohr 2006, S. 80).

2.1.5 Organisationsformen aus Kundensicht

In der Kurzform haben wir nun die wichtigsten Organisationsformen beschrieben und aufgezeigt, welche Auswirkungen diese für Sie als Verkäufer haben. Organisationsformen sind die Rahmenbedingungen, unter denen Sie Ihre Arbeit verrichten müssen.

Doch aus Kundensicht haben alle bisher genannten Organisationsformen einen wesentlichen Kritikpunkt: Sie sind schlichtweg „falsch“ herum. An oberster Stelle der klassischen Organisationsformen steht immer die Geschäftsführung. Bei ihr laufen alle Fäden zusammen und dort stehen die letzten Entscheidungen an.

Betrachten wir das Unternehmen aber aus Kundensicht, so steht der Kunde an oberster Stelle und der Vertrieb ist darunter der erste Ansprechpartner (s. Abb. 2.5).

Viele moderne Unternehmen haben erkannt, dass die klassischen Organisationsformen sie im harten Wettbewerb heute lähmen anstatt zu unterstützten. Wenn sie schnell und flexibel auf den Markt reagieren müssen, benötigen sie Organisationsformen, in denen die wichtigsten Mitarbeiter die sind, welche den meisten Kontakt mit den Kunden haben. Dies ist zumeist der Vertrieb.

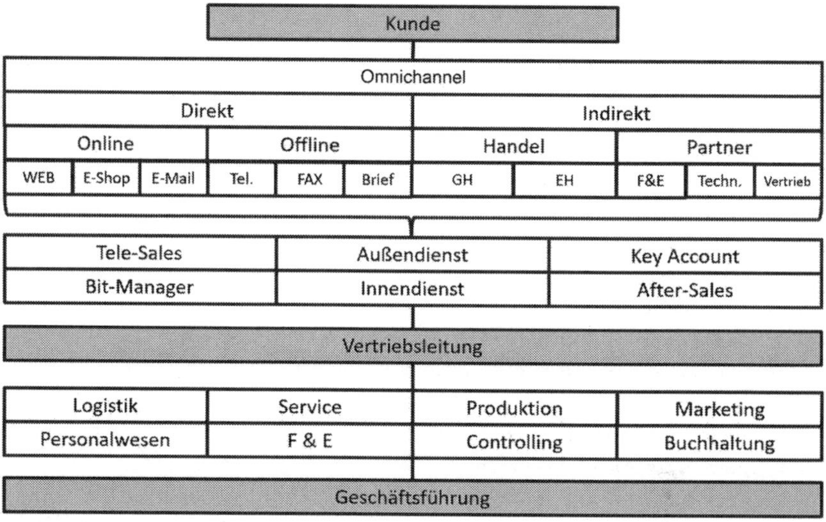

Abb. 2.5 Unternehmensorganisation aus Sicht des Kunden

Machen Sie doch einfach einmal einen Test. Versuchen Sie bei einem großen Konzern den Vorstandsvorsitzenden an das Telefon zu bekommen, um eine Angebot über eine Standard-Leistung zu erhalten. Sie werden schnell feststellen: Das wird schwierig! Und wenn Sie den Vorstandsvorsitzenden am Hörer haben, ist immer noch die Frage, ob er Ihnen bei einem Angebot helfen kann. Er wird Sie sicher an einen kompetenten Kollegen im Vertrieb verweisen.

Mit dieser Kundenausrichtung beschäftigt sich der Düsseldorfer Unternehmensberater Edgar K. Geffroy seit den 80er-Jahren des letzten Jahrhunderts. Er bezeichnet diese konkrete Form der Managementlehre zur Kundenorientierung im Marketing als Clienting. Geffroy vertritt damit eine extreme Ausrichtung des Unternehmens auf die Bedürfnisse des Marktes, insbesondere der Kunden eines Kunden auf den Vertrieb, somit der Produktpolitik und Unternehmenskultur und der Mitarbeiterführung im Sinne eines heute als Stakeholder bezeichneten Ansatzes (Geffroy 2015, S. 10).

Ziel des Ansatzes ist es, die Kundenzufriedenheit durch vermehrte Serviceorientierung, schnellere Reaktionsfähigkeit und individuellere Kundenprodukte und -lösungen zu steigern.

Für Sie als Vertriebsmitarbeiter, und damit als Mitarbeiter mit dem meisten Kundenkontakt, ist diese Ausrichtung Ihres Unternehmens sehr schnell erkennbar:

- Erhalten Ihre Kunden einen Single-Point-of-Contact, das heißt einen einzigen Ansprechpartner?
- Können Sie in einem CRM-System erkennen, wie die Kundenhistorie aussieht, welche Aktionen (Angebote, Projekte, Verkäufe) mit dem Kunden schon gefahren wurden?
- Besuchen Sie Ihre Kunden regelmäßig oder rufen Sie diese im Rahmen von Servicegesprächen an?
- Gibt es eine Besuchsplanung?
- Messen Sie die Kundenzufriedenheit durch Checklisten, Kundenzufriedenheitsanrufen nach Verkaufsgesprächen?
- Und nicht zuletzt: Wie schnell können Sie bei eskalierenden Gesprächen auf die internen Fachkapazitäten zurückgreifen?

Um die Kundenzufriedenheit zu erhöhen, sollten Sie als Vertriebsmitarbeiter nicht nur Ihre direkten Vorgesetzten kennen, sondern mittelfristig auch herausbekommen, welche Mitarbeiter auf bestimmten Fachgebieten Experten sind. Diese Informationen dienen Ihnen, um die sogenannte informelle Organisationsstruktur aus Sicht Ihres Kunden und Ihrer Zielgruppe zu verstehen.

2.1.6 Informelle Organisationsstruktur

Wir haben zuvor die formellen Organisationsstrukturen besprochen. Diese sind die offiziellen, von der Geschäftsführung festgelegten Weisungsrichtlinien. Daneben gab es schon immer auch die informellen Organisationsstrukturen. Diese zeichneten sich dadurch aus, dass jemand auf einem Gebiet so viel Know-how oder Informationen besitzt, dass er von der Gruppe inoffiziell als „Experte" akzeptiert wird.

Das Bremer Forschungsinstitut nextpractice hat unter der Leitung des verstorbenen Prof. Dr. Peter Kruse in Studien festgestellt, dass diese informellen Organisationsstrukturen in neuen Unternehmen eine immer größere Bedeutung besitzen. Durch die gestiegene Komplexität des Berufslebens, durch die enorme Informationsvielfalt im Internet und durch die schnelle Reaktion der Unternehmen auf sich verändernde Umweltbedingungen, sind formelle Organisationsstrukturen immer stärker unter Bedrängnis. Sie sind einfach zu starr und unflexibel, um auf sich ändernde Umweltbedingungen zu reagieren (Kruse 2005, S. 13).

Hier entwickelt sich eine flexible Organisationsstruktur, die projektabhängig den Informationsbroker, den Experten auf oder für ein Gebiet, für dieses Projekt zum Vorgesetzten macht. Einfacher ausgedrückt: Derjenige, der sich mit einem Thema auskennt, ist der Chef dieses Projektes. Statistische Untersuchungen des Instituts haben dann ergeben, dass die Arbeitswelt heute geteilt ist: 50 % aller Entscheider wünschen sich klare, eindeutige und nachvollziehbare Strukturen, 50 % glauben an flexible Organisationsstrukturen.

Dieses Vorgehen stellt das Unternehmen und damit auch Sie als Vertriebsmitarbeiter vor neuen Herausforderungen. Denn so kann es passieren, dass Ihr Arbeitgeber Sie aufgrund Ihres Engagements und Expertenwissens auf einem Gebiet zum Projektleiter macht, obwohl Sie eigentlich Verkäufer sind. Dies erlebe ich oft bei der Implementierung und Nutzung von IT-Systemen: Es findet sich in der Gruppe der Anwender immer einen, der sich besonders für das IT-System interessiert. Schnell wird dieser zum informellen Projektleiter dieser Produkteinführung gemacht, unabhängig von Status und offiziellen Hierarchien.

Für Sie im Vertrieb bedeutet das:

- Stellen Sie sich als neuer Mitarbeiter nicht nur innerhalb Ihrer Abteilung vor, sondern bitten Sie Ihren Vorgesetzten, dass Sie eine Zeit lang (zwei Stunden oder bei größeren organisatorischen Einheiten auch einen Tag) die Abteilungen, mit denen Sie eng zusammenarbeiten, besuchen und sich als neuer Kollege/in vorstellen dürfen.
- Wenn Ihr Unternehmen kein Mentoring-Programm besitzt, suchen Sie sich einen erfahrenen Kollegen und bitten Sie ihn, Ihnen die wichtigsten Personen, die wichtigsten Abläufe und informellen Strukturen Ihres Arbeitsgebers zu erklären. Lernen Sie die Leute kennen, die auf dem Papier wenig zu sagen haben und in der Praxis alles.
- Hinterlassen Sie in allen Abteilungen einen positiven Eindruck. Überraschen Sie die Kollegen, die Sie kennengelernt haben mit einem kleinen Geschenk. Blumen, Süßigkeiten, einem Glücksbringer, einem Obstkorb. Wichtig ist, dass die Menschen schnell Ihren Namen, Ihr Gesicht und Ihre Position mit einem guten Eindruck (positive Emotionen) verbinden.
- Stellen Sie sich mit einer Begrüßungs-E-Mail im Unternehmen vor. Schreiben Sie ein paar Zeilen über Ihren beruflichen und privaten Lebensweg. Vielleicht finden Sie im Unternehmen jemanden, der ähnliche Hobbys hat. So haben Sie sofort ein persönliches Gesprächsthema.
- Halten Sie zu wichtigen Kollegen regelmäßig Kontakt. Speichern Sie deren Telefonnummer in Ihr Mobilfunkgerät ein und rufen Sie zwischendurch einfach einmal an. Führen Sie Small Talk und bieten Sie Ihre Hilfe an, wenn sie benötigt wird. Bauen Sie so in guten Zeiten Ihr eigenes Netzwerk auf, das Ihnen in schwierigen Zeiten nützlich sein kann.

- Vergessen Sie nicht die Jahresgrüße: Ob Weihnachten, Neujahr, Ostern, Urlaub, Hochzeit oder zur Geburt eines Kindes: Sie gratulieren immer von Herzen.
- Wenn Ihnen Ihr Netzwerk dann wirklich einmal genutzt hat, bedanken Sie sich zuerst persönlich und dann in aller Öffentlichkeit für die gute Zusammenarbeit.
- Loben Sie engagierte Mitarbeiter auch bei Ihren Vorgesetzten. Ihr Kollege/-in wird sich freuen, wenn mal jemand seinen Einsatz wertschätzt und nicht einfach als gegeben hinnimmt.

2.2 Inside-out- und Outside-in-Unternehmen

Eine andere, sehr interessante Einordnung von Unternehmen ist die nach der vertrieblichen Ausrichtung eines Unternehmens. In einigen Unternehmen fühlt man sich als Vertriebsmitarbeiter willkommen und verstanden, in anderen hat man das Gefühl, das Vertrieb und Marketing eine Fremdsprache ist, die Geschäftsführung kein Verständnis für Vertriebs- und Marketingaufgaben hat.

Dahinter stehen zwei völlig unterschiedliche Vertriebskulturen: „Inside-out“ und „Outside-in“.

Inside-out
Als „Inside-out“ bezeichnet man Unternehmen, in denen Produktentwicklung, Engineering und Techniker bestimmen, was produziert und verkauft wird. Marketing und Vertrieb sind nachfolgende Abteilungen und müssen „nur“ noch verkaufen, was für sie entwickelt wurde. In diese Gruppe fallen meist technische und wissenschaftlich orientierte Unternehmen. Typische Vertreter dieser Kategorie sind Maschinen- und Anlagenbauer, Schweißunternehmen, Ingenieurfirmen, Softwarehersteller, viele Unternehmen aus dem Business-to-Business-Bereich.

Outside-in
Unter „Outside-in“ versteht man Unternehmen, in denen Vertrieb und Marketing bestimmen, welche Leistungen oder Produkte ein Unternehmen entwickelt und anbietet. Das Marketing erforscht durch Marktforschung, was die Kunden fordern und wohin sich der Trend entwickelt. Das Engineering entwickelt dann Produkte, abgestimmt auf diese Nachfrage. Oder der Vertrieb entwickelt zusammen mit dem Kunden ein Produkt, welches danach erst von der Produktion angefertigt wird. Typische Vertreter dieser Kategorie sind Autohersteller, Mobilfunkanbieter, viele Unternehmen aus dem Konsumentenmarkt.

Für die Arbeit des Verkäufers und die Kommunikation zwischen Vertrieb und dem Unternehmen hat die Unterscheidung zwischen den beiden Vertriebskulturen wesentliche Auswirkungen:

Fangen Sie in einem Unternehmen an, in dem die Technik das Sagen hat („Inside-out"), legen Sie den Fokus in Ihren Kundengesprächen auf den technischen Nutzen, die Produktivitätssteigerung und die Effektivität Ihrer Leistungen. Nutzen Sie dazu Kommunikationstechniken wie das Paraphrasieren (technisches Zuhören) oder die aus dem amerikanischen kommende SPIN-Technik. Wichtig ist, die technischen Innovationen Ihres Produktes und die Gemeinsamkeiten in der Entwicklung hervorzuheben. Sprechen Sie den Kunden in der „Sie-Form" und etwas langsamer als gewohnt an, benutzen Sie eine technisch, wissenschaftliche Sprache und begründen Sie immer Ihre Aussagen.

Treffen Sie auf Unternehmen, in denen Marketing und Vertrieb führend sind („Outside-in"), nutzen Sie in der Kommunikation mit Kunden Kommunikationstechniken, wie das aktive und passive Zuhören und setzen Verkaufstechniken wie AIDA (Attention, Interest, Desire, Action) oder der fünf Phasen-Technik dieses Buches ein. Ihre Sprache sollte emotional und engagiert wirken. Sie reden leidenschaftlich und schnell. Im Kundengespräch erläutern Sie die Chancen in gemeinsamen Projekten und stellen die enormen Umsatzpotenziale heraus. Ihre Sprache kann von Superlativen und Adjektiven durchsetzt sein. Sie sprechen in der Wir-Form und machen den Erfolg des Auftrags zur Chefsache. Referenzen und Storytelling runden Ihre Kommunikation ab.

2.3 Organisation eines Verkäufers

Neben der externen Organisationsstruktur des Unternehmens ist die eigene Organisation genauso wichtig. Vor allem der Vertrieb ist hier sehr gefordert, da es – anders als zum Beispiel in der Produktion – im Vertrieb wenig eindeutige Prozesse gibt und viele Akquiseschritte variabel gestaltet werden können.

2.3.1 Die technische Ausstattung eines Verkäufers

Zur Grundausstattung bzw. den Arbeitsmitteln eines Verkäufers gehören Visitenkarten, E-Mail-Adresse, Postfächer und Arbeitsplätze. Auch die weitere Ausstattung eines im technischen Bereich tätigen Verkäufers ist in vielen Unternehmen sehr ähnlich:

- Ein Mobiltelefon mit einer Flatrate in das Festnetz und alle Mobilfunknetze. Bei Abschluss mehrerer Verträge lohnen sich Rahmenverträge mit einem Anbieter. Prüfen Sie vor dem Vertragsabschluss, ob Sie auch international telefonieren können. Gerade in den grenznahen Regionen, in Unternehmen mit internationalem Kontakt oder bei Geschäfts- und Urlaubsreisen ins Ausland kann es schnell zu unnötigen Roaming-Gebühren kommen. Dies ist durch einen geeigneten Vertrag im Vorfeld abzuklären.

- Der Arbeitgeber kann Ihnen aufgrund seiner Weisungsbefugnis im Arbeitsvertrag oder mit einer Dienstanweisung verbieten, während der Arbeitszeit privat zu telefonieren. Klären Sie daher ab, ob Sie Ihr Mobiltelefon privat nutzen dürfen. Halten Sie das Ergebnis schriftlich fest. So sind Sie auf der juristisch sicheren Seite.
- Viele Mitarbeiter schalten ihr Mobilfunkgerät nicht aus und sind dadurch permanent erreichbar. Ergebnis ist das Fehlen einer arbeitsfreien Zeit, wenn das Telefon nachts im Bett wegen einer SMS oder E-Mail klingelt. Dies ist vor allem in internationalen Unternehmen eine große Herausforderung. Eine Vertriebskollegin prägte den Satz: *„Irgendwo auf der Welt ist immer acht Uhr morgens."* Schützen Sie sich selbst, in dem Sie das Mobiltelefon in der Freizeit ausschalten oder in dem Sie Ihren Arbeitgeber bitten, eine klare Verhaltensrichtlinie für die Benutzung des Mobiltelefons festzulegen. Nutzen Sie Ihre Freizeit um sich zu erholen und auszuspannen. Ihr Job ist stressig genug.
- Nutzen Sie ein professionelles Headset für das Telefon und/oder den Computer. Lange Telefonate oder Skype-Konferenzen sind effektiver, wenn die Hände frei sind. So können Sie zuhören, zeitgleich mitschreiben, am Computer recherchieren oder einfach entspannt dasitzen.
- Ihr Firmenwagen ist abhängig von Ihrem individuellen Arbeitsvertrag. Unabhängig von der Finanzierung müssen Sie den Wagen mit einem Prozent des historischen Listenpreises versteuern (Ein-Prozent-Regel) oder ein Fahrtenbuch schreiben. Wenn Sie unsicher sind, welche Abrechnung für Sie sinnvoll ist, informieren Sie sich bei Ihrem Steuerberater.
- Wenn Ihr Arbeitgeber eine einheitliche Firmenwagenpolitik für alle Firmenwagenberechtigten festlegt, besteht für den Arbeitgeber der Vorteil, dass die Fahrzeuge zwischen den Vertriebsmitarbeitern schnell und einfach ausgewechselt werden können. Beim Einsatz von beliebten Volumenmodellen, die einen guten Wiederverkauf ermöglichen, können sogar noch finanzielle Einsparungen entstehen.
- Bei den Sonderausstattungen bin ich ein großer Freund sicherheitsrelevanter und fahrerunterstützender Sonderausstattungen. Anstelle einer Lederausstattung empfehle ich Winterreifen, Navigationssystem, Freisprecheinrichtung, gutes Licht, bequeme Sitze, Abstandshalter, Müdigkeitserkennung, Spurhalteassistent oder Einparkhilfe. Bedenken Sie bitte, dass Sie im Außendienst oftmals viele Tausend Kilometer pro Jahr fahren und auch nach einem anstren-

genden Kundentermin sicher zuhause ankommen möchten. Ich persönlich kann mich mit dem autonomen Fahren sehr gut anfreunden. Kundenanfragen beantworten während einen das Auto nach Hause fährt.

- Tankguthaben: Beim Tanken im Außendienst erfreuen sich Tankkarten großer Beliebtheit: Diese ermöglichen dem Verkäufer an teilnehmenden Tankstellen bargeldlos zu bezahlen und freigegebene Dienstleistungen, wie Verbrauchsmittel (zum Beispiel Öl, Frostschutz oder Reinigung) über eine Karte abrechnen zu lassen. Für den Arbeitgeber bieten Tankkarten den Vorteil, dass Sie monatlich eine Rechnung erhalten, in der alle auf der Dienstreise mit den Fahrzeugen benötigten Serviceleistungen mit Mehrwertsteuerausweis nach Mitarbeiter abgerechnet sind.
- Ein Computer: Computer sind heute in vielen Unternehmen das Arbeitswerkzeug des Verkäufers. Für den Innendienst mit festen Arbeitsplätzen lohnt sich ein Desktop-PC, mit großem Bildschirm und ergonomischer Tastatur. Achten Sie auf die Arbeitsplatz-Ergonomie. Ein zu tief stehender Computerbildschirm führt langfristig zu Verspannungen im oberen Rückenbereich, die dann zu Kopfschmerzen und Müdigkeit führen können. Achten Sie daher frühzeitig auf eine ergonomische Haltung am Arbeitsplatz.
- Der Außendienst erhält oftmals ein Notebook. Bildschirmgröße und technische Ausstattung sind Geschmacks- und auch Budgetsache. Ich persönlich bevorzuge einen kleinen, leichten Computer mit einer mittleren technischen Ausstattung und einer langen Akkulaufzeit, da ich viel in der Bahn, im Auto als Beifahrer oder in wechselnden Büros an meinem Rechner arbeite. Ich kenne aber auch Kollegen, die eine große Bildschirmdiagonale bevorzugen, da sie keinen externen Bildschirm anschließen. Ich denke, dass heute jeder auf dem Markt seine individuellen Lösungen findet.

Dies ist die Grundausstattung eines Außen- und Innendienstmitarbeiters. Natürlich kann diese Ausstattung durch viele weitere technische Hilfsmittel individuell erweitert werden. Dazu gehören zum Beispiel ein Beamer für Präsentationen vor größeren Gruppen, Musterkoffer, Tablet für die Online-Präsentation und vieles mehr. Die Ausstattung wird je nach Branche, Unternehmen, Zielgruppe und Produktspektrum schwanken.

2.3.2 Der Arbeitsplatz eines Verkäufers

Der moderne Arbeitsplatz eines Außendienstmitarbeiters im Büro unterscheidet sich zumeist nicht sonderlich von dem eines Innendienstmitarbeiters. Dennoch wollen wir hier auf zwei Besonderheiten eingehen: Homeoffice-Regelung und die Atmosphäre am Arbeitsplatz.

Homeoffice

Viele Außendienstmitarbeiter arbeiten weit von der Firmenzentrale entfernt. Ihre Aufgabe ist es, diese Regionen für den Auftraggeber zu erschließen und neue Kunden zu gewinnen. Durch die Homeoffice-Regelung spart sich der Arbeitgeber die Kosten für ein angemietetes Büro und ermöglicht seinen Vertriebsmitarbeitern Familie und Arbeit besser in Einklang zu bringen.

Für den Vertriebsmitarbeiter bietet das Homeoffice einige Vorteile: Der Weg zwischen Heim und Büro ist auf ein Minimum reduziert. Man kann zwischendurch mal arbeiten und bringt Familie und Beruf sehr gut in Einklang.

Das Homeoffice-Modell bietet den Mitarbeitern die Möglichkeit, konzentriert zu arbeiten und trotzdem durch moderne Medien, wie E-Mail, Skype oder Mobiltelefon gut vernetzt zu sein.

Doch das Homeoffice hat auch seine Nachteile: Für viele Menschen ist es schwer, zwischen Beruf und Privatleben zu unterscheiden, wenn man keine räumliche Trennung hat. Das Büro im Schlafzimmer ist für einige Menschen schwer auszuhalten, wenn direkt nebenan die Bügelwäsche liegt. Die Ablenkungen können im Homeoffice vielfältig sein: Der Postbote, der mal eben ein Päckchen für den Nachbarn abgibt, Freunde und Verwandte, die mal eben auf einen Kaffee zu Besuch kommen, Kinder, die ihre Zeit einfordern, Unordnung, welche einen nicht zur Ruhe kommen lässt.

Darüber hinaus fehlt vielen Mitarbeitern der Austausch mit den Kollegen. Die Arbeit im Homeoffice kann, trotz aller modernen Kommunikationsmedien, sehr einsam sein. Einen Kaffee mit den Kollegen trinken, die neuesten Firmennachrichten mitbekommen oder mal eben ein Büro weiter mit dem Einkauf die aktuellsten Konditionen diskutieren, ist nicht möglich.

Darüber hinaus unterliegen Sie im Homeoffice keiner zeitlichen Beobachtung. Während Ihr Büro klare Arbeitszeiten hat, zum Beispiel von 08:00 Uhr bis 17:00 Uhr, ist Ihr Homeoffice rund um die Uhr geöffnet. Es ist schwer, nicht auch noch samstags einige Mails zu beantworten, wenn das eigene Büro im Pyjama zu erreichen ist. Denn das Homeoffice ist nicht automatisch die bessere Alternative. Dies ergab 2017 eine Studie der ILO. Die Forscher untersuchten die Arbeitsbedingungen von Angestellten in 15 Ländern. In ihrer Analyse teilten sie die Angestellten, die vom Homeoffice aus arbeiteten, in drei Gruppen ein:

1. Menschen, die ihre Arbeit sowohl von zu Hause als auch im Büro verrichten;
2. sogenannte hochmobile Mitarbeiter, die überall, nur nicht im Büro arbeiten;
3. und Angestellte, die regelmäßig zu Hause arbeiten.

Diese drei Gruppen verglichen sie mit Angestellten, die ausschließlich im Büro sitzen. Die Ergebnisse überraschten. Alle drei Gruppen der Telearbeiter waren anfälliger für Krankheiten und Unwohlsein als diejenigen, die ohne Ausnahme im Büro arbeiteten. Danach leiden 42 % der hochmobilen und der regelmäßig von zu Hause aus arbeitenden Gruppen an Schlafstörungen. Bei den Büroarbeitenden sind es nur 29 %. Ähnlich schlecht ist die Stressbilanz derjenigen, die von überall ausarbeiten. 41 % der hochmobilen Angestellten klagten über Stress – deutlich mehr als die Büroarbeiter. In dieser Gruppe fühlte sich nur jeder Vierte wegen seiner Arbeit unter Stress (welt.de 2017). Kurz zusammengefasst: Homeoffice ist produktiver, Büroarbeit macht glücklicher.

Damit das mobile Arbeiten Sie nicht erschöpft und erfolgreich wird, sollten Sie einige Regeln beachten, die es Ihnen erleichtern, Privatleben mit Beruf im Homeoffice zu vereinbaren:

- Betrachten Sie das Homeoffice wie eine ausländische Botschaft im eigenen Land: Vier Quadratmeter Büroraum im privaten Refugium.
- Idealerweise richten Sie sich einen separaten Raum als Büro ein. Gästezimmer, Keller oder Dachgeschossausbauten eignen sich hervorragend. In vielen Wohnungen muss aber eine Ecke im Schlaf- oder Wohnzimmer ausreichen. Achten Sie darauf, dass dieses „Büro" professionell ausgestattet wird, denn schließlich wollen Sie hier Höchstleistungen erbringen und müssen bis zu acht Stunden am Tag konzentriert arbeiten. Wenn Sie sich an Ihren heimischen Schreibtisch setzen, setzen Sie sich in Wirklichkeit an Ihren Arbeitsplatz. Das heißt: Sie sind so angezogen, als wenn Sie im Büro wären, Sie benehmen sich so, als wenn Sie im Büro wären und Sie disziplinieren sich so, als wenn Sie im Büro wären.
- Selbstdisziplin: Setzen Sie sich klare Zeiten, von wann bis wann Sie arbeiten. Kommunizieren Sie diese Zeiten an Ihre Familie und Freunde. Machen Sie genau so regelmäßig Pausen, als wenn Sie im Büro wären. Wir neigen dazu, entweder zu viele Pausen zu machen, weil uns keiner direkt kontrolliert, oder keine Pausen zu machen, weil wir diese schlichtweg vergessen. Nehmen Sie sich klare Zeiten für Erholungen vor und halten Sie diese auch ein.
- Kommunizieren Sie Ihrer Familie und Freunden klar und deutlich: Ich verdiene an diesem Schreibtisch das Geld! Bitten Sie Ihren Partner/-in darum, dafür zu sorgen, dass Sie nicht gestört werden. Aus eigener Erfahrung weiß ich: Auch Kleinkinder können lernen, wenn Mama oder Papa am heimischen Schreibtisch sitzen, wollen sie nicht gestört werden, weil sie arbeiten!
- Wenn Sie dennoch zu sehr abgelenkt werden, greifen Sie zu drastischeren Maßnahmen: Bitten Sie Ihren Telefonanbieter um zwei Telefonnummern: eine als privaten Anschluss und eine für den geschäftlichen Anschluss. Schalten Sie während Ihrer Arbeitszeit das private Telefon auf stumm. Arbeiten Sie während der Arbeitszeit nur mit dem Firmentelefon und in der Freizeit nur mit

dem privaten Anschluss. Schließen Sie die Zimmertür und öffnen Sie nicht die Haustür, wenn jemand klingelt. Wenn Sie im Büro wären, könnten Sie dem Postboten auch nicht öffnen.

- Sorgen Sie für eine gute technische Ausstattung. Dazu gehören ein Headset, das Sie von Außengeräuschen abschirmt, eine externe Tastatur und Bildschirm mit ansprechender Größe, ein ergonomischer Bürostuhl, ein gutes Telefon, bei Bedarf mit Anrufbeantworter oder Umleitungsfunktion auf Ihr Mobiltelefon.
- Nutzen Sie eine Meeting-Software für Konferenzen mit Kollegen. Vereinbaren Sie hier feste Termine und halten Sie diese ein.
- Berichten Sie jeden Abend aktiv Ihrem Vorgesetzten von Ihrer Tagesleistung, zum Beispiel in Form einer E-Mail oder eines Anrufs. Berichten Sie kurz, welche Aufgaben Sie heute erledigt und welche Erfolge Sie zu verzeichnen haben, welche Herausforderungen Sie in Ihrem Job sehen. Der Bericht sollte kurz und prägnant gehalten sein. Er dient Ihnen dazu, Ihre tägliche Arbeit noch einmal zu reflektieren, bevor Sie die Arbeitszeit beenden, andererseits kann sich Ihr Vorgesetzter ein Bild davonmachen, was Sie am Tag leisteten. Meiner Erfahrung nach sind Vorgesetzte froh, wenn sie regelmäßig einen Überblick über die Arbeitsleistung ihrer Mitarbeiter erhalten.
- Seien Sie regelmäßig im Büro Ihres Arbeitgebers. Nehmen Sie sich dort Zeit für Gespräche mit Kollegen und tauschen Sie sich aus. Nutzen Sie diese Zeit für das Networking, um Neues zu erfahren oder an Ihren Vorgesetzten zu berichten. Für Homeoffice-Arbeiter ist Bürozeit Meetingzeit!

2.3.3 Die Atmosphäre am Arbeitsplatz

Der Arbeitsplatz des Verkäufers sollte sich von den anderen Berufsgruppen unterscheiden. Im Wesentlichen geht es darum, dass Sie frei telefonieren können und alle wesentlichen Daten im Griff haben.

Idealerweise arbeiten Sie mit mehreren Bildschirmen und haben immer Ihr CRM und eventuell noch Ihr E-Mail-Programm auf. Ihr CRM-Tool ist das Herz Ihrer Tätigkeit und zeigt Ihnen, was Sie heute zu tun haben (tägliche To-do-Liste). Auf dem zweiten Monitor haben Sie weitere Programme geöffnet, wie zum Beispiel das Internet, um schnell zu recherchieren.

Ein Whiteboard ermöglicht Ihnen, Aufgaben und Ideen schnell aufzuschreiben. Dort können Sie auch mit Kollegen an neuen Konzepten arbeiten. Immer öfter ist das Whiteboard in der Cloud und steht allen Teammitgliedern zur Verfügung.

Ein kleiner Kosmetikspiegel erinnert Sie immer daran, dass Sie vor einem Telefonat lächeln sollten.

Fotos von den Angehörigen oder Liebsten sind weit verbreitet. Viel besser sind aber Fotos von Dingen und Zielen, die Sie sich von Ihrem erfolgreichen Provision kaufen werden: Das Bild eines schnellen Autos, der Ozeandampfer, den Sie mit Ihrer Lebensgefährtin besuchen wollen, das Bild einer einsamen Insel, die Sie mit der nächsten Provision ansteuern.

Ich hatte immer eine Liste mit Kundennamen, auf die ich als Verkäufer sehr stolz war. Wenn ich mal an mir zweifelte, las ich diese Liste einfach laut vor. Der Effekt war beeindruckend, mein Selbstwertgefühl stieg sofort an.

Wichtige Unterlagen wie Preislisten, Produktlisten und vieles haben Sie in greifbarer Nähe. So vorbereitet kann es am privaten Arbeitsplatz losgehen.

Resümee

Das Wissen darüber, wie ein Arbeitgeber organisiert ist, wie Entscheidungsprozesse ablaufen und wo man wichtige Informationen erhält, erleichtert dem technischen Verkäufer seine Verkaufsaktivitäten. Verkäufer sind Netzwerker, die von Informationen leben. Das Verständnis der eigenen Position und der Rolle im Wertschöpfungsprozess Ihres Unternehmens hilft Ihnen, die Anforderungen zwischen Ihren Kunden und Ihrem Arbeitgeber besser abzustimmen.

Je größer das Unternehmen ist, für das Sie arbeiten, je komplexer die angebotenen Leistungen, desto wichtiger ist Ihre Kenntnis über die Entscheidungsprozesse in Ihrem Unternehmen. Nur so setzen Sie Kundenwünsche, Konditionen oder Vertriebsunterstützung für mehr Umsatz durch.

Aber bevor Sie Kunden und Kollegen führen, müssen Sie sich selbst führen. Eine der größten Herausforderungen ist dabei die Selbstorganisation im Homeoffice. Hier werden Ihnen viel Disziplin und Organisation abverlangt.

Literatur

Fayol H (1929) Allgemeine und industrielle Verwaltung. Oldenburg, München

Geffroy Edgar K (2015) Herzenssache Kunde – die sieben Schlüssel zu einzigartigem Kundenerfolg mit Clienting. Redline, München

Kruse P (2005) Next practice - Erfolgreiches Management von Instabilität- Veränderung durch Vernetzung, 2. Aufl. Gabal, Offenbach

Olfert K (2015a) Organisation, 17. Aufl. NWB, Herne

Olfert K (2015b) Kompakt-Training Organisation, 7. Aufl. NWB, Herne

Venohr B (2006) Wachsen wie Würth. Campus, Frankfurt

Welt.de (2017) „Studie entlarvt das Homeoffice als gesundheitsschädlich", Welt.de, 17.02.2017. https://www.welt.de/wirtschaft/article162144837/Studie-entlarvt-das-Home-Office-als-gesundheitsschaedlich.html. Zugegriffen: 26. Febr. 2018

Wikipedia (2017) Fraktal. https://de.wikipedia.org/wiki/Fraktal. Zugegriffen: 6. Febr. 2018

Dritte Woche: IT-Werkzeuge des Vertriebs

3

Zusammenfassung

Die Arbeit des technischen Verkäufers wird heute immer mehr durch spezialisierte Software unterstützt. In diesem Kapitel erhalten Sie einen Überblick über die wichtigsten Software-Anwendungen für den technischen Vertrieb. Dazu gehören ERP-Anwendungen, CRM-Systeme, Software für das Verwalten von Varianten und zum Erstellen von Angeboten, Business-Intelligence-Applikationen zur Vertriebsanalyse, -planung und Reporting der Verkaufszahlen. Sie optimieren damit die Vertriebsprozesse, verwalten Kundendaten, führen Vertriebsplanungen durch, bauen Dashboard-Lösungen auf oder analysieren große Datenmengen.

Nachdem Frank seine Arbeitsplatzausstattung als neuer Verkäufer erhalten und sich einen Überblick über die verschiedenen Abteilungen verschafft hatte, erhielt er einen Termin mit der IT-Abteilung. Das Unternehmen war sehr fortschrittlich und nutzte speziell zur Vertriebssteuerung entwickelte Softwarelösungen. Einige Software- und IT-Anwendungen waren ihm als Berater schon bekannt, andere waren für ihn neu und wohl speziell für Vertrieb und Marketing angeschafft worden. Es war spannend zu sehen, welche Speziallösungen seine Arbeit als Verkäufer unterstützen würden.

Die IT- (Informationstechnologie) Grundausstattung eines Vertriebsmitarbeiters sind die gängigen Office-Programme: Excel, Word, PowerPoint und Outlook. In fast allen Personalanzeigen zu technischen Verkäufern werden Kenntnisse in diesen vier Programmen vorausgesetzt oder gewünscht.

O. Esters, *Kompaktkurs Verkaufen im B2B*,
https://doi.org/10.1007/978-3-658-15678-7_3

In der Zwischenzeit ist die Welt der für den Vertrieb entwickelten Speziallösungen deutlich weiterentwickelt und deckt den kompletten Vertriebsprozess ab.

Diese Gruppe der IT-Programme fasse ich hier unter dem Oberbegriff Sales-IT zusammen. Die Anzahl der Anbieter und IT-Lösungen für den Vertrieb ist in den letzten Jahren sehr ansehnlich geworden. Viele Funktionen sind ähnlich oder überschneiden sich. Aus diesem Grund konzentriere ich mich in diesem Abschnitt auf die aus meiner Sicht wichtigsten Segmente. Die Auswahl ist nicht vollständig und umfassend und sollte auch immer vom interessierten Leser kritisch überprüft werden. Für mich ist es wichtig, dass Sie einen grundlegenden Überblick über die aktuellen Entwicklungen und Einsatzgebiete professioneller Sales-IT haben.

Sales-IT gibt es als Teil eines größeren Software-Paketes, wie ERP-Lösungen, oder als standardisierte Speziallösungen. Darüber hinaus besteht für den interessierten Anwender auch die Möglichkeit, eine IT-Lösung speziell auf die eigenen Ansprüche und Anforderungen programmieren zu lassen. Es ist immer im Einzelfall zu entscheiden, welche Anwendung für die spezifische Aufgabe die passende ist (s. Abb. 3.1).

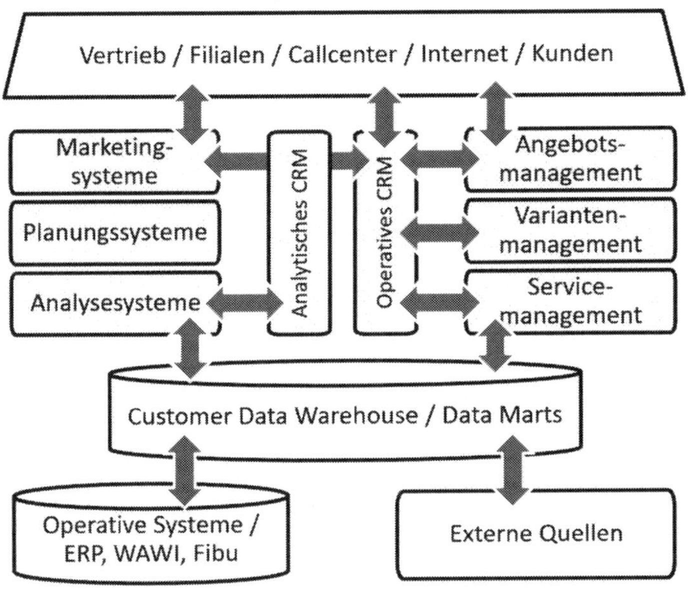

Abb. 3.1 Sales-IT-Architektur

Aus meiner jahrelangen Erfahrung im IT-Vertrieb möchte ich an dieser Stelle auf einen Kundenwunsch aufmerksam machen, den ich in der Praxis immer wieder antreffe und welcher die Auswahl einer passenden IT-Lösung erschwert:

▶ Kunden suchen oft die „eierlegende Wollmilchsau", die alles kann.

Diese gibt es auch in der IT-Branche (noch) nicht. Jede Software ist in seinem Kern für eine bestimmte Aufgabe entwickelt worden. Oftmals hat sich das Leistungsspektrum im Laufe der individuellen Software-Evolution mit jedem Upgrade erweitert, aber der USP (Unique Selling Proposition – engl. für einzigartigen Produktvorteil) jeder IT-Lösung bleibt im Kern der Gleiche.

Ein einfaches Beispiel verdeutlicht das Dilemma: Fast jede professionelle Business-Software kann Berichte ausgeben. Wenn es aber darum geht, standardisierte Berichte für eintausend Empfänger zu bestimmten Zeiten in definierter Form und Design automatisiert zur Verfügung zu stellen, kommt nur spezialisierte Reporting-Systeme aus dem Business-Intelligence-Umfeld infrage.

Daher sollten sich die Auftraggeber und Projektverantwortlichen für Sales-IT in einem Unternehmen immer drei Fragen stellen:

1. Was wollen Sie mit dem Einsatz der Software erreichen? (Ziel)
2. Welche Anforderungen und Restriktionen müssen berücksichtigt werden? (Budget, User-Anzahl, Schnittstellen, vorhandene Systeme)
3. Was sind Funktionen, die Sie haben müssen, die Sie gerne hätten und die Sie später vielleicht einmal benötigen? (must have, nice-to-have, optional)

Diese drei Fragen sollten vorab geklärt werden, um effektiv und erfolgreich ein IT-Projekt aufzusetzen. Doch wofür setzen Sie Sales-IT nun ein? Sales-IT unterstützt Sie bei folgenden Vertriebsaufgaben:

- Kundendaten verwalten sowie Marketingaktionen planen und durchführen
- Vertriebsprozesse steuern
- Kalkulieren und berechnen
- Angebote erstellen
- Varianten managen
- Verkaufsdaten der Vergangenheit analysieren
- Forecast erfassen und berichten
- Dokumente verwalten
- Umsätze planen und visualisieren
- Alle relevanten Informationen visualisieren und an die Entscheidungsträger berichten

In den folgenden Abschnitten werden verschiedene Systeme vorgestellt, abgegrenzt und eingeordnet. Diese Liste kann nicht vollständig sein, sondern ist immer eine subjektive Auswahl. Dabei lege ich auch Wert darauf, dass Sie nicht nur die Vorteile und Möglichkeiten der Systeme kennenlernen, sondern auch deren Grenzen.

3.1 Vertriebsfunktionen in ERP-Systemen

ERP ist eine Abkürzung für Enterprise-Ressource-Planning (ERP) und bezeichnet allgemein eine integrierte betriebswirtschaftliche Standard-Software, mit der sich betriebswirtschaftliche Aufgaben aus den verschiedenen Bereichen eines Unternehmens (wie Finanzen, Produktion, Logistik, Personalwesen) IT-gestützt bearbeiten lassen (Hesseler und Görtz 2007, S. 2).

Damit ist die Kernaufgabe eines ERP-Systems, die Produktionsprozesse eines Unternehmens abzubilden. Im Laufe der technischen Entwicklungen sind viele weitere Funktionen hinzugekommen. Heute umfasst der Leistungsumfang eines ERP-Systems die gesamte Wertschöpfungskette eines Unternehmens. Dazu gehören Produktion, Einkauf und Beschaffung, Finanzwesen, Personalwesen, Logistik, Marketing und Handel und nicht zuletzt der Vertrieb.

Weltweit gibt es im Markt mehrere Tausend ERP-Anwendungen. Diese werden nach Branche und Unternehmensgröße unterschieden. Das Software-Portal Softselect listet alleine für den deutschen Markt über 363 Anbieter und Hersteller von ERP-Lösungen auf (www.softselect.de, Stand: 17.01.2018).

Die vertriebsunterstützenden Funktionen reichen von „nicht vorhanden" bis zu umfangreichen Vertriebsfunktionen im Bereich der Planung, der Datenanalyse, des Dashboarding, der Kundenverwaltung bis hin zur Angebotserstellung. Aus diesem Grund ist es schwer, an dieser Stelle eine generische Aussage über die Vertriebsfunktionen eines ERP-Systems zu machen. Ich empfehle Ihnen, bei Ihrem ERP-Anbieter nachzufragen und zu eruieren, welche vertriebsunterstützenden Funktionen das eingesetzte ERP-System Ihnen bietet.

Um festzustellen, wie gut und umfangreich die im ERP angebotenen vertriebsunterstützenden Lösungen sind, empfehle ich Ihnen den Leistungsumfang eines Spezialanbieters als Benchmark (Vergleichswert) zu nehmen und beide Systeme gegenüberzustellen. Erfüllt das ERP-System Ihre Anforderungen an die Vertriebsunterstützung, sollte dieses erste Wahl sein, da die Integration der Systeme so gewährleistet ist. Reichen die von Ihrem ERP-Anbieter bereitgestellten Funktionen nicht aus, weil Sie mehr Funktionen erwarten, stellen Sie sich eine eigene Best-of-Breed-Lösung zusammen. Achten Sie darauf, dass die Schnittstellen zwischen Ihrem ERP-System (Datenausgabe) und Ihrer Vertriebslösung (Datenimport) im Vorfeld der Installation einmal zwischen den Experten besprochen werden. Dann sollte einem erfolgreichen Einsatz nichts mehr im Wege stehen.

3.2 Systeme für Kundendaten und Marketingaktionen (CRM-System)

Wir beginnen mit dem typischen Vertriebswerkzeug überhaupt: Der Kundendatenbank. Schon jeher haben Verkäufer die Namen Ihrer Kunden, die Adressen, die gekauften Produkte und Mengen in Karteikarten oder Büchern zusammengetragen. So konnte man auch Jahre später noch nachlesen, welche Produkte wann an welchen Kunden in welcher Menge und Qualität ausgeliefert wurden. Außerdem war es sicher schon damals unangenehm, wenn man Herrn Mayer mit Herrn Meier verwechselte oder seine Adresse oder Postleitzahl nicht richtig zuordnete.

Aus diesen Karteikarten entwickelte sich die elektronische Kundendatenbank, welche heute nicht nur die Stammdaten des Kunden, sondern die langfristigen Beziehungen zum Kunden in den Mittelpunkt stellt. Diese Anwendungen erhielten den Oberbegriff: Kunden-Beziehungsmanagement-Systeme (im englischen Customer-Relationship-Management-Systeme, kurz CRM). Diese elektronischen Kundendatenbanken beherrschen heute viel mehr, als einfach nur die Stammdaten eines Kunden zu verwalten.

CRM ist nämlich auch eine Philosophie. Martin Hubschneider definiert CRM als eine bereichsübergreifende Unternehmensstrategie, die auf den systematischen Aufbau und die Pflege dauerhafter und profitabler Kundenbeziehungen zielt (Hubschneider und Sibold 2007, S. 13).

Laut einer Studie der Osnabrücker Unternehmensberatung CMX Consulting aus dem Jahre 2014 setzen rund 70 % aller mittelständischen Unternehmen ein CRM-System ein. Jedes zweite Unternehmen vertraut dabei einem spezialisierten CRM-System, jedes sechste Unternehmen nutzt das im ERP-integrierte CRM-System (Felten 2014, S. 20).

Die Idee hinter einer CRM-Lösung ist eine konsequente Ausrichtung hin zum Kunden und die systematische Gestaltung der Kundenbeziehungsprozesse über den gesamten Lebenszyklus. Dabei steht in erster Linie die Dokumentation und Verwaltung der Kundenbeziehung im Vordergrund.

Die Vision der CRM-Entwickler ist eine komplette Rundumsicht (360-Grad-Sicht) auf den Kunden. Angefangen bei einer einheitlichen Verwaltung der Kundenstammdaten über alle an der Wertschöpfung beteiligten Mitarbeiter (Innendienst, Außendienst, Logistik, Service, Beratung, Produktion) über die

Zuordnung aller kundenspezifischen Dokumente (Angebote, Aufträge, Rechnungen, Kündigungen), aller Kommunikationsdaten (Anrufe, E-Mails, Briefe), der erbrachten Leistungen (Produkte, Service, Wartung) bis hin zu den Marketingaktionen (Mailing, Kampagnen, Messebesuche).

Zu den erhobenen Stammdaten gehören z. B. Anrede, Vor- und Zuname des Ansprechpartners, Position, Anschrift, Kontaktdaten, Liederadressen, Telefon, E-Mail und alle weiteren Grundinformationen. Darüber hinaus wird die gesamte Kundenkommunikation in Form von Anrufen, Schrift- und E-Mail-Verkehr, Präsentationen und abgegebener Angebote oder angenommener Angebote im historischen Verlauf dokumentiert.

Alleine diese ersten Vertriebsfunktionen bieten Ihnen als Verkäufer ein großes Entwicklungs- und Analysepotenzial. Durch den konsequenten Einsatz eines CRM-Systems ergeben sich für Sie als Verkäufer viele Vorteile:

- Sie brauchen sich keine Firmennamen mehr zu merken, alle sind in der Kundendatenbank gespeichert.
- Sie erhalten jeden Morgen Ihre To-do-Liste, die Sie abarbeiten können.
- Sie erkennen sofort die gesamte Kundenhistorie und müssen sich diese nicht erst zusammensuchen.
- Sie haben alle Dokumente mit dem entsprechenden Kundensatz verknüpft.
- Sie analysieren Cross- oder Up-Selling-Potenzial.
- Sie sehen offene Angebote und Verkaufspotenziale und haben eine Gesprächsgrundlage mit dem Management.

Auch die Vertriebsleitung und Geschäftsführung partizipiert sehr stark durch die Einführung eines CRM-Systems.

- Die Vertriebsleitung hat eine komplette Übersicht über die Aktivitäten aller Vertriebsmitarbeiter.
- Die Vertriebsleitung hat eine Übersicht über das Verkaufspotenzial (Forecast) und die realisierten Umsätze.
- Die Vertriebsleitung kann die Kunden und deren Potenzial analysieren und klassifizieren.
- So ergeben sich für die Vertriebsleitung Informationen zur systematischen Marktbearbeitung mit den verschiedenen Zielgruppen (was wird an wen verkauft).
- Auf Basis dieser Informationen kann das Marketing den individuellen Informationsbedarf verschiedener Zielgruppen identifizieren und entwickelt Kampagnen für Neukunden, Interessenten, Messebesucher, Seminarteilnehmer und andere Zielgruppen.

Moderne CRM-Systeme dokumentieren auch alle Aktivitäten des Aftersales. Im Idealfall dokumentiert jeder Mitarbeiter mit Kundenkontakt, welche Supportleistungen vom Kunden zu welchem Zeitpunkt in Anspruch genommen wurden, welche Störungen oder Wünsche Inhalt der Supportanfragen waren und ob die Supportanfragen erfolgreich beendet werden konnten.

Auf Basis aller zur Verfügung stehender Informationen im CRM kann das Marketing zusammen mit dem Vertrieb zielgruppenspezifische Kampagnen entwickeln und so Kunden in der Phase Ihres Lebenszyklus abholen. So können Interessenten zu Kunden umgewandelt werden, was im Fachjargon als Konversion (Umwandlung, Umkehr) bezeichnet wird. Für CRM-Anwender ergeben sich dadurch die Chance, über Up- und Cross-Selling das maximale Potenzial aus dem einzelnen Kunden zu schöpfen.

Neben dieser umfassenden Stichtagssicht auf den Kunden, die vor allem eine Bestandsanalyse der Kundensituation beschreibt, unterstützen CRM-Systeme auch den Vertriebsprozess mit innovativen technischen Lösungen. Der Vertriebsprozess, auch als Sales-Supply-Chain bezeichnet, beginnt mit der Neukundengewinnung und endet mit der Beobachtung von sozialen Beziehungen der angesprochenen Kontaktpersonen. Der Vertriebsprozess beginnt zum Beispiel mit der automatischen Erfassung einer Visitenkarte über die Foto-Funktion des Mobiltelefons, geht über den automatischen Dublettenabgleich, Vervollständigung der Stammdaten durch eine Onlineabfrage bis hin zur App auf dem Mobiltelefon des Verkäufers, in dem alle Informationen angezeigt und jederzeit aktualisiert werden können.

Auch für die Eigentümer oder Anteilseigner einer Firma bieten CRM-Systeme große Vorteile: Durch den Einsatz eines professionellen CRM-Systems kann der Firmenwert (Goodwill) eines Unternehmens gesteigert werden. Der Firmenwert bezeichnet die immateriellen Vermögenswerte im Unternehmen. Ein Firmenwert wird durch verschiedene Faktoren bestimmt, darunter oftmals auch das realisierte und erwartete Kundenpotenzial. Ist das Kundenpotenzial ausführlich dokumentiert und für den Käufer jederzeit nachvollziehbar und überprüfbar (zum Beispiel im Rahmen einer Due-Diligence-Prüfung), so kann ein potenzieller Käufer den Wert des Unternehmens genauer bewerten.

Durch den Einsatz eines CRM-Systems ist das Unternehmen zusätzlich geschützter gegenüber Fluktuation von Mitarbeitern, wie sie immer wieder vorkommen. Vor noch nicht allzu langer Zeit „gehörten" die Kunden dem Verkäufer, der sie bei Arbeitsantritt mitbrachte und bei Trennung wieder mitnahm. Ein Verkäufer betrachtete seine Kundenliste als sein „Kapital", welches er neben seiner Arbeitsleistung dem Arbeitgeber für den Zeitraum der Anstellung zur Verfügung stellte. Heutige Unternehmen machen sich unabhängig vom einzelnen Vertriebsmitarbeiter und bauen eine eigene Kundendatenbank auf, in der alle Interessenten und Kunden historisiert dokumentiert sind. Bei Fluktuation im Vertrieb werden neue Mitarbeiter durch den professionellen Einsatz eines CRM-Systems deutlich schneller eingearbeitet, und erhalten innerhalb einer kurzen Zeit eine Übersicht über das Potenzial ihrer Vertriebsgebiete.

Professionelle CRM-Lösungen gibt es heute als klassische Desktop-Lösung auf einem firmeneigenen Server, immer beliebter sind aber auch sogenannte Cloud-Lösungen. Dabei werden die IT-Infrastruktur und die Software von einem externen IT-Dienstleister betrieben und vom Kunden als Service genutzt. Die User arbeiten mit einem internetfähigen Computer sowie über einen Webbrowser in der Software. Durch einen passwortgeschützten Zugang loggen sich die Nutzer ein und sehen ihren persönlichen Arbeitsbereich und ihre Kunden und Interessenten. Für die Nutzung zahlt der User eine monatliche Mietgebühr, die je nach Lizenzmodell abhängig von der Anzahl der User, Anzahl der genutzten Module und den genutzten Leistungsumfang sind.

Was Sie bei der Einführung eines CRM beachten sollten

Bei der Einführung eines professionellen CRM-Systems gibt es einige Hürden zu beachten. Auf der einen Seite technischer Natur, auf der anderen Seite menschlicher Natur. Drei Hürden möchte ich hier exemplarisch aufzeigen:

Hohe Komplexität durch eine vielschichtige Integration

CRM-Systeme können aus Vertriebssicht das zentrale Steuerungsinstrument werden. Man sollte nur vorsichtig sein, den Versuch zu starten, die Wünsche aller Abteilungen in einem CRM abzubilden. Dadurch verliert das CRM schnell seine Leichtigkeit und Flexibilität. Der Minimumfaktor ist hier der Vertriebsmitarbeiter, der die im Verkaufsgespräch gewonnenen Informationen über den Kunden in das System eingeben muss.

Um die Vision einer 360-Grad-Rundumsicht auf den Kunden zu verwirklichen, benötigt ein CRM-System viele Informationen aus anderen betrieblichen IT-Systemen. Dazu gehören ERP-Systeme, Warenwirtschaft, Factoring-Systeme, Buchhaltung, BI-Systeme und viele mehr.

Dies bedingt eine Vielzahl von Schnittstellen und die Integration in vielen Bereichen. Je mehr Schnittstellen, desto komplexer wird die Installation. Von daher sollte die Installation eines CRM-Systems immer nach dem Motto funktionieren: So viel wie nötig, so schlank wie möglich. Weniger ist hier oftmals mehr.

Die Pflege und Dokumentation aller Geschäftstätigkeiten in der Firma
Doch die meisten Informationen eines CRM-Systems entstehen in der täglichen Vertriebstätigkeit: Kontaktinformationen, Gesprächsberichte, Angebote, Verkaufs-Wahrscheinlichkeiten und vieles mehr werden vom Vertrieb im Gespräch mit dem Kunden entwickelt und müssen dann dokumentiert werden. Dies erfolgt zumeist schriftlich, wobei es heute auch schon Ansätze gibt, über Spracherkennungsprogramme Informationen zu erfassen.

Die große organisatorische Herausforderung besteht darin, alle mit dem System arbeitenden Nutzern so zu disziplinieren, dass sie regelmäßig alle Kundeninformationen dokumentieren. In der Praxis hat sich gezeigt, dass selbst bei engagierten Unternehmen immer eine Nutzergruppe von zehn bis 20 % sich der Arbeit mit dem CRM-System verweigern. Dies kann verschiedene Ursachen haben, oft genannt wird der erhöhte Arbeitsaufwand, das Gefühl der Überwachung durch die Geschäftsführung, die hohe Transparenz in der Arbeit oder einfach nur die Bequemlichkeit und Vergesslichkeit, die gegen eine kontinuierliche Nutzung des CRM-Systems sprechen.

Von daher ist es wichtig, dass Sie die Arbeit mit und an Ihrem CRM ritualisieren. Viele kleine Schritte sind effizienter als ein großer Schritt. Nach einem Verkaufsgespräch fünf Minuten das Gespräch im CRM dokumentieren ist einfacher, als einmal im Monat einen Tag lang alles nachzutragen. Dokumentieren Sie daher nach jedem Verkaufsgespräch, Kundentelefonat oder Schriftverkehr zügig alle Informationen im CRM-System. So lebt Ihr CRM-System auf.

Die Akzeptanz durch Geschäftsführung und Mitarbeiter
Für den einzelnen Vertriebsmitarbeiter bedeutet das CRM in der täglichen Vertriebstätigkeit vor allem Mehrarbeit. Um die zuvor beschriebenen positiven Effekte zu erzielen, ist es daher wichtig, dass ein CRM als Erstes von der Geschäftsführung gefordert, akzeptiert und gelebt wird. Wenn das Management des Unternehmens nicht hinter dem CRM steht, ist es schwer, das System in der Organisation durchzusetzen. CRM-Systeme müssen als Chance und strategischer Faktor für die vertriebliche Ausrichtung des Unternehmens erkannt werden.

Ob ein neuer Vertriebsmitarbeiter mit dem CRM-System arbeitet, entscheidet sich schon bei der Einstellung neuer Mitarbeiter. Während bestehende Mitarbeiter einen Vergleich zwischen der Zeit vor und nach der Einführung des CRM machen können, setzen neue Mitarbeiter den Einsatz des CRM als gegeben voraus. Jetzt ist es sehr wichtig, dass das Management keine Zweifel am Sinn und Nutzen des Systems aufkommen lassen und das CRM als wichtiges Steuerungsinstrument platzieren.

Um dies durchzusetzen, hilft eine regelmäßige Kontrolle der Aktualität aller eingegebenen Werte und Berichte. Aus meiner Erfahrung ist es wichtig, dass Sie als Vertriebsmitarbeiter regelmäßig, zum Beispiel zu einem monatlichen Jour fixe, Ihr CRM-System aktualisieren und die Einträge in dem Wissen Ihrer Vertriebskollegen abgleichen. Vergleichen Sie die Performance Ihrer Kollegen mit Ihrer, diskutieren Sie die typischen Kennzahlen oder erörtern Sie interessante Forecast-Situationen. Durch diesen Austausch entsteht ein Gemeinschaftsgefühl, in dem alle die Vorteile des Systems als Team erkennen. Durch den Eintrag in das CRM sollten dem Vertriebsmitarbeiter aber keine Nachteile, sondern Vorteile entstehen. Zum Beispiel können Sie vertraglich vereinbaren, dass Provisionen nur auf einen Umsatz ausgezahlt werden, wenn dieser im CRM-System ordentlich erfasst wurde.

Fazit
Insgesamt ist ein CRM-System mehr als eine Kundendatenbank. Mit CRM-Systemen richten sich Unternehmen am Markt aus. Für den einzelnen Vertriebsmitarbeiter bietet das CRM enorme Arbeitserleichterung, denn es ermöglicht die Potenzialanalyse des eigenen Vertriebsgebietes, die Historisierung der Verkaufsgeschäfte und die Entwicklung neuer Marketing- und Verkaufsaktionen.

3.3 Systeme zur Unterstützung der Angebotserstellung (CPQ)

CRM-Systeme verwalten die Kundendaten und managen die Beziehung zu diesen. Ein weiterer großer Tätigkeitsbereich für Vertriebs-Software ist das Konfigurieren und Erstellen von Angeboten.

Der Markt für Angebots- und Variantenmanagement-Software wurde von der Gartner Group in die relativ junge Software-Gruppe mit dem Namen Configure (Konfigurieren), Price (Preise), Quote (Angebote) – kurz CPQ – eingeteilt. In CPQ werden IT-Anwendungen eingeordnet, welche sich mit der Kalkulation von Produkten und Varianten, der Erstellung aller benötigten Dokumente (Angebote, Aufträge, technische Zeichnungen, Lieferscheine und Stücklisten bis hin zu Gebrauchsanweisungen) beschäftigen.

An CPQ-Lösungen erfüllen folgende Anforderungen:

- Produktkonfiguration
- Webkonfiguration
- Angebote erstellen
- Qualitätssicherung
- Prozesssteuerung
- Kundenorientierung
- Kalkulation
- Delegation
- Integration in vorhandene IT-Landschaft
- Internationalen Vertrieb

Produkt- oder Variantenkonfiguration

Viele von uns kennen CPQ-Anwendungen aus dem Bereich des Automobilkaufs: Auf den Internetseiten eines Automobilherstellers können Sie sich ein Modell, die Motorart, die Leistung, die Zusatzausstattungen wie Farben, Dekore und vieles mehr selbst zusammenstellen (konfigurieren). Dabei achtet die Software im Hintergrund darauf, dass der Motor mit den gewählten Optionen produzierbar ist, der Gesamtpreis kalkuliert und ein Beispielbild angezeigt wird. Das Ergebnis ist ein individuell für Sie zusammengestelltes Produkt, welches sich im Angebot wiederfindet.

Diese Variantenkonfiguration übernehmen heute CPQ-Systeme, mit denen beliebige Produkte und Dienstleistungen konfiguriert werden können. Diese Konfigurationssysteme können nicht nur vom Vertrieb, sondern auch von den Kunden, Partnern oder Zulieferern angewendet werden. So verlagern diese Systeme bisher klassische Vertriebsaufgaben, wie die Kalkulation und Berechnung von Angeboten, in Richtung Partner und Kunden.

Diese Anwendungen unterstützen einige markttechnische Entwicklungen, wie die massenfertige Losgröße 1, wie sie durch den 3-D-Druck möglich wird. Unter Losgröße versteht man die Auflagenhöhe. Eine Losgröße 1 bezeichnet ein einmal hergestelltes Produkt.

Trend für diese Entwicklung sind immer individuellere Kundenwünsche und neue technische Möglichkeiten, wie dem 3-D-Druck. Stellen Sie sich einmal vor, ein Kunde benötigt von Ihnen ein Ersatzteil, das Sie nicht mehr im Programm haben. Sie können dies aber durch einen 3-D-Drucker erstellen. Das Teil kostet wenige Euro. Ohne Software müssen Sie die technischen Daten einlesen, ein Angebot kalkulieren, den Auftrag einholen, den 3-D-Drucker einrichten und drucken. Schnell überschreiten Ihre Kosten den Warenwert. Wenn Sie dies als massentauglichen Service anbieten wollen, geht dies nur mit einem automatisierten Prozess.

Webkonfiguration

Immer mehr Konfiguratoren werden Kunden im Web zur Verfügung gestellt. In vielen Branchen, wie dem Bausektor (Konfiguratoren von Garagen oder Balkonen), in der Automobilindustrie (Fahrzeugkonfigurator), in der Druckindustrie (Broschüren) oder im Maschinen- und Anlagenbau finden Sie Konfiguratoren, auf der Interessenten und Kunden ihre Produkte individuell konfigurieren können. Aus Vertriebssicht hat ein Konfigurator auf der Internetseite viele entscheidende Vorteile:

- Zeitersparnis, da der Kunde die Eingabe der Parameter übernimmt
- Einsetzen der spielerischen Komponente (selbst Konfigurieren macht Spaß)
- Gewinnung neuer Kunden, durch ein Leistungsversprechen
- Nutzung von Cross-Selling-Potenzialen
- Kunden werden durch den Verkaufsprozess geführt (Guided Selling)
- Internationale Erreichbarkeit durch Mehrsprachigkeit
- Informationsgewinnung durch freiwillige Auskünfte des Kunden
- Massentaugliche Losgröße 1

Zeitersparnis

Mit CPQ-Lösungen werden Angebote in Unternehmen schneller, einfacher und vor allem fehlerfreier erstellt, als es mit einfachen Office-Programmen oft der Fall ist.

In komplexen Branchen, wie dem Maschinen- und Anlagenbau arbeiten vielfach mehrere Abteilungen und verschiedene Mitarbeiter parallel an einem Angebot. Dies ist zum Beispiel dann der Fall, wenn eine Abteilung das Angebot führend erstellt (zum Beispiel der Vertrieb) und andere Abteilungen Informationen beisteuern (Entwicklung, Logistik). Ein formal und kalkulatorisch richtiges Angebot ist der Ausgangpunkt einer gesamten Prozesskette und sollte daher in seiner Bedeutung nicht unterschätzt werden (s. Abb. 3.2).

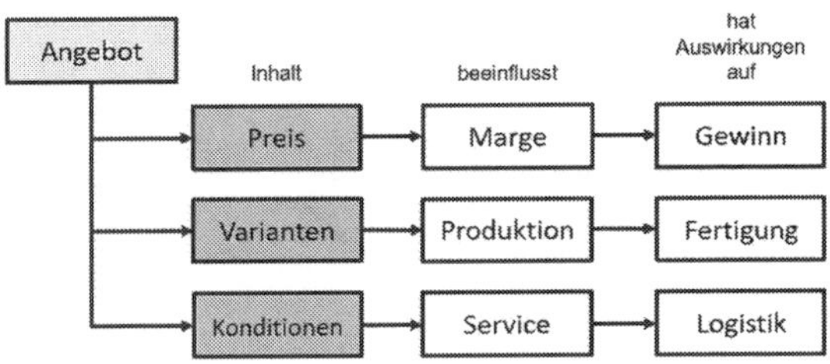

Abb. 3.2 Angebot als Start einer Prozesskette

CPQ-Systeme sind eine Wissensdatenbank für den Verkauf. Alle für die Erstellung eines Angebotes wichtigen Informationen finden sich auf einem gemeinsamen Server. Durch das parallele Arbeiten an einem Dokument können Abstimmungsprozesse deutlich verkürzt und damit beschleunigt werden. Im Endergebnis sind Angebote oftmals schneller erstellt.

Prozesssteuerung

Durch ein CPQ-System wird im ersten Schritt der Angebotsprozess, schlussendlich aber auch der gesamte Produktionsprozess gesteuert. Wie geht das? Betrachten Sie das Angebot nicht als Teil des Verkaufsprozesses, sondern als Anfang einer Wertschöpfungskette. Dann wird deutlich, dass in der Erstellung des Angebotes die Grundlagen für den gesamten Produktionsprozess gelegt werden. Ein Fehler im Angebot heißt immer auch: Ein Fehler in der Produktion! (s. Abb. 3.2)

Durch die im System hinterlegten Regeln und Formeln, wird die Fehlerquote komplexer Angebote deutlich reduziert. Das System erstellt darüber hinaus Produktions- und Materiallisten auf Basis der konfigurierten Lösungen.

Gerade, wenn man in der Kalkulation und Margenberechnung wenig Spielraum hat, können Fehler in der Angebotserstellung zu dramatischen Folgen für das Unternehmen führen. Hier nenne ich einige Beispiele:

- Fehlkalkulation der Servicekosten, wie Speditionskosten führen zu Margenverlust.
- Unrichtige Konfiguration eines Produktes (Teile die fehlen) führen zu erheblichen Nachbesserungen oder Regressansprüchen.
- Kalkulation neuer Produkte. Ihr Kunde möchte ein neues Produkt, das es so noch nicht gab. Wenn Sie hier etwas anbieten, was nicht produziert werden kann, führt dies zu Unzufriedenheit auf allen Seiten.

So gesehen ist das Angebot der Beginn der gesamten Wertschöpfungskette eines Unternehmens. Die formale und inhaltliche Richtigkeit ist wesentlich für den gesamten Produktionsprozess.

Kundenorientierung

Konfiguratoren entlasten nicht nur den Vertrieb, sie geben dem Interessenten und Kunden auch die Möglichkeit, sich sein individuelles Produkt zu kalkulieren. Dies unterstützt die Customer Experience (Kundenerfahrungen) oder Customer Journey (die Kundenkontakte).

Bei einem Online-Konfigurator kann der Kunde rund um Uhr (24/8) sich seine individuellen Produkte zusammenstellen. Dabei wird er durch den gesamten Vertriebsprozess geführt und alle benötigten Dokumente erstellt. Dem Kunden werden das Unternehmen und sein Leistungsversprechen transparent und damit vertrauenswürdig.

Kalkulation
Auf Basis des individuell konfigurierten Produktes, werden die Komponenten miteinander kalkuliert. So errechnet ein CPQ-System immer den richtigen, weil individuell kalkulierten Preis. Grundlage sind hinterlegte Preislisten, aber auch Mengenangaben und Abhängigkeiten. Durch diese Formeln können Angebote kalkuliert und die Preise zusammen errechnet werden.

Delegation
Darüber hinaus unterstützt das System den Workflow-Prozess, in dem alle an den Angeboten beteiligten Abteilungen gleichzeitig an einem Dokument arbeiten können. Der Freigabeprozess wird durch Workflow-Prozesse unterstützt, welche wiederum viel Zeit einsparen.

Aus den Systemen heraus werden dann die Angebote als Dokument in den gängigen Formaten (Word, PDF und vieles mehr) erstellt. Dabei unterstützen die Systeme durch Übersetzungstabellen, den Transfer des Angebotes in fremde Sprachen.

Internationalisierung
Konfiguratoren sind dann sehr sinnvoll, wenn Produkte oder Leistungen international angeboten werden. Durch die Zentralisierung des Vertriebswissens (Knowledge-Database) kann sichergestellt werden, dass auch in sprachlich fremden Absatzmärkten die richtigen Produkte in der richtigen Qualität angeboten werden.

Werden für die Angebote standardisierte Textblöcke verwendet, ist es dem Management ein leichtes, ein fremdsprachiges Angebot in die eigene Sprache zu übersetzen.

Damit hilft ein CPQ-System, neue Märkte in fremden Regionen zu erschließen.

Integration von CPQ-Systemen in vorhandene Systeme
Wichtige Bedingung moderner CPQ-Systeme ist die Integration in die vorhandene IT-Landschaft, insbesondere ERP-Systeme oder CRM-Systeme. So werden Dokumente, Angebotswahrscheinlichkeiten (Forecast) ins CRM übertragen, Stücklisten aber ins ERP.

Formen eines CPQ-Systems

CPQ-Systeme findet man in drei Formen:

1. Als Teil einer ERP-Lösung
2. Als eigenständige, spezialisierte Software
3. Als selbst programmierte Individual-Lösung

Zusammenfassend ist zu sagen, dass CPQ-Systeme die logische Erweiterung des CRM-Systems sind und dafür sorgen, dass vom Verkäufer detaillierte Angebote erstellt werden können. CPQ-Systeme werden in den nächsten Jahren eine steigende Rolle einnehmen. Denn durch CPQ-Systeme wird die Komplexität der professionellen Angebotserstellung deutlich vereinfacht und damit jedem Mitarbeiter im Unternehmen zugänglich gemacht.

3.4 Systeme für die Vertriebsanalyse (Business Intelligence)

Die Vertriebsanalyse ist ein Teilbereich der Business Intelligence und beschäftigt sich mit der Erkenntnis über alle Vertriebsaktivitäten der Vergangenheit. Im Gegensatz zur Planung betrachtet die Vertriebsanalyse die zurückliegenden Zeiträume. Im Grunde genommen geht es um die Beantwortung der Frage: Was hat wer wann in welcher Qualität und Quantität (Menge) an wen mit welcher Marge verkauft?

Unter „was“ kann das Produkt, die Dienstleistung oder ein bestimmtes Versprechen verstanden werden. Mit „wer“ kann ein Mitarbeiter, eine Filiale, ein Vertriebspartner oder eine andere organisatorische Einheit Ihres Unternehmens gemeint sein. Auch das „wen“ meint nicht nur den Endkunden, sondern beinhaltet auch die Frage nach den Vertriebswegen, Märkten, Ländern und vieles mehr. Unter Marge verstehen man auch den Umsatz, Deckungsbeitrag, den Gewinn oder Rendite eines Geschäftes.

In vielen Firmen entstehen heute in den eingesetzten IT-Lösungen sehr viele Informationen (Daten). Vor allem in den ERP-Systemen, Warenwirtschaftsprogrammen oder CRM-Systemen, finden Sie für den Vertrieb wichtige Informationen. Wenn Sie sich einfach einmal vor Augen führen, dass in einem mittelständischen Unternehmen pro Jahr schon mehrere Millionen Datensätze anfallen, dann wird Ihnen schnell bewusst, dass über die Zeit viele Informationen zur Analyse bereitstehen. Informationen, die einem Vertriebsmitarbeiter wertvolle Antworten auf die Fragen nach dem WAS an WEN geben.

Die Datenanalyse hat in den letzten Jahren deutlich an Bedeutung gewonnen. Ein Grund liegt darin, dass in den letzten Jahren die IT-Systeme immer leistungsfähiger wurden, sodass seit Anfang der 2000er-Jahre immer mehr Daten für Vertriebsanalysen zur Verfügung stehen.

Seit diesem Zeitraum gibt es auch neue leistungsfähige Technologien, welche die Analyse von Vertriebsdaten auch für den Mittelstand einfach und schnell zur Verfügung stellen. Einen enormen Teil an der Entwicklung hat die „in-memory"-Technologie beigetragen, welche die Analyse von Massendaten im internen Arbeitsspeicher eines Computers ermöglicht.

Heute ist die Vertriebsanalyse und die Analyse von Massendaten eine eigene Branche.

Die Vertriebsanalyse soll bei folgenden Fragestellungen helfen:

- Bisherige Erfolge und Misserfolge erklären
- Neue Märkte erkennen
- Neue Kunden finden
- Bessere Renditen erzielen

Bei der Analyse der Vertriebsinformationen in einem Unternehmen treffen wir auf einige Herausforderungen:

1. **Massendaten:** Die Menge an Daten wird in vielen Unternehmen immer größer. In Unternehmen der Telekommunikationsbranche oder der Spedition gehen die in einem Monat produzierten Datensätze in die Milliarden. Mit der Menge an Informationen stößt auch die eingesetzte Software oftmals an seine technischen Grenzen. Spezielle Programme und Datenbank-Lösungen sollten eingesetzt werden.
2. **Einheitlichkeit:** Bevor man etwas analysiert, muss man sich erst einmal einig sein, dass alle das Gleiche meinen. Einheitliche Definitionen von gemeinsam benutzten Begriffen ist eine wesentliche Voraussetzung für eine erfolgreiche Vertriebsanalyse. So können einfache Begriffe wie „Umsatz" in den verschiedenen Abteilungen unterschiedlich definiert werden. Zum Beispiel meint der Vertrieb den Gesamtumsatz, das Management aber nur den fakturierten Umsatz. Schon haben Sie eine oftmals nicht unerhebliche Diskrepanz.
3. **Viele Informationen in verschiedenen Vorsystemen:** Die für die Vertriebsanalyse benötigten Daten liegen oftmals in verschiedenen Systemen und müssen in einem ersten Schritt zusammengetragen werden. Dabei können folgende Herausforderungen auftauchen:

- Wo liegen die Informationen?
- In welcher Qualität stehen die Informationen zur Verfügung?
- Gibt es die gleichen Informationen vielleicht in verschiedenen Systemen? Wenn ja, welche Informationen sind richtig?
- Wie arbeiten diese Informationen zusammen?

Ein einfaches Beispiel: Der monatlich ermittelte Umsatz kann auf der einen Seite durch die Addition der Verkäufe im CRM-System, durch die Warenveränderungen in der Warenwirtschaft oder durch die Fakturierung in der Buchhaltung errechnet werden. Ein Begriff, drei verschiedene Größen. Welche ist nun die für die Vertriebsanalyse passende?

4. **Schnittstellen:** Die Daten müssen nun aus den unterschiedlichen Quellen für die Vertriebsanalyse zusammengetragen werden. Da dies sich regelmäßig wiederholend passieren soll, kommt einer händischen Datenübertragung meist keine große Bedeutung zu. Schnittstellen müssen mit der IT besprochen und eingerichtet werden. Dies ist eine weitere technische Herausforderung für das Vertriebscontrolling.

   Um die Daten regelmäßig in gleiche Qualität und Quantität vorzufinden, werden von vielen IT-Abteilungen Datenlager eingerichtet (Data-Warehouses oder der kleinere Bruder für die Fachabteilung: Data-Staging-Areas). In diesen Data-Warehouses finden sich alle Informationen vereinheitlicht für die weitere Bearbeitung vor. Dies ist aber ein sehr technisches IT-Thema und gehört für den Vertrieb nur am Rande erwähnt. Wenn Sie solch ein Data-Warehouse haben, erleichtert das die Arbeit des Vertriebscontrollings meist deutlich, wenn es nicht vorhanden ist, muss diese Arbeit dann in den Schnittstellen und in der Konzeption gemacht werden.
5. **Die richtigen Fragen:** Das Allerwichtigste für die Vertriebsanalyse ist aber das Stellen der richtigen Fragen. Die Qualität unserer Fragen gibt am Ende den Ausschlag über die Qualität unserer Antworten. Von daher sollte sich ein Vertriebsleiter, Vertriebsmitarbeiter und ein Controller immer mit der Suche nach der richtigen Fragen beschäftigen. Diese hat den größten Einfluss über die Wirksamkeit der Vertriebsanalyse.

3.5 Systeme für die Vertriebsplanung

Die Unternehmensplanung ist Teil einer Business-Intelligence-Strategie eines Unternehmens. Die Vertriebsplanung ist Teil der Unternehmensplanung (s. Abschn. 12.3). Die Herausforderung in der Vertriebsplanung ist vielfältig:

- Die zeitliche Ebene über mehrere Perioden hinweg
- Die Anzahl verschiedener Segmente, Länder und Niederlassungen
- Die Anzahl der planenden Mitarbeiter
- Die Anzahl der beplanten Produkte und Varianten
- Die betriebswirtschaftliche Komplexität in den Berechnungen (Marge)
- Verschiedene Varianten (Szenarien) durch unterschiedliche Marktbedingungen

Je nach Umfang und Größe der Planung können unterschiedliche Software-Anwendungen eingesetzt werden. Die am häufigsten eingesetzte Planungslösung für die Vertriebsplanung ist Microsoft Excel. Die Vorteile von Excel sind eine schnelle Verfügbarkeit, geringe Zusatzkosten und leichte Handhabung. Excel ist aber kein dezidiertes Planungssystem. Excel wurde als Tabellenkalkulationsprogramm entwickelt und kann für Kalkulationen eingesetzt werden. Daher hat es für komplexe Berechnungen einige Schwächen:

1. Die Dateneingabe, die Formel und die Speicherung finden in Excel auf einer Ebene statt. Dies entspricht nicht mehr dem aktuellen Stand der Technik. Moderne IT-Systeme verfügen über eine Three-Tier-Architektur, in der die drei Aufgaben (Speicherung, Datenverarbeitung und Anzeige der Daten) getrennt angezeigt werden.
2. Excel ist kein Datenbanksystem und kann nicht gleichzeitig von mehreren Leuten bedient werden.
3. Es gibt keine vordefinierte Planungslogik. Die Planungslogik (was geplant werden soll) muss immer vom Anwender selbst erstellt werden. Damit ist Excel immer nur so gut, wie der Anwender, welcher Excel mit Formeln und Logik befüllt.

Die zuvor genannten Gründe gelten selbstverständlich auch für andere Fachlösungen, die oftmals mit Excel umgesetzt werden (Personalwesen, Reporting, Analyse und vieles mehr). Für die Vertriebsplanung gibt es am Markt in der Zwischenzeit viele spezialisierte Anwendungen, welche über eine moderne IT-Architektur verfügen, oder sogar über eine moderne multidimensionale Datenhaltung.

Business-Intelligence-Lösungen

Die professionellen Lösungen für die Vertriebsplanung werden in der IT-Sprache in dem Bereich der Business Intelligence eingeordnet. In diesem Bereich werden aber auch die nachfolgend besprochenen Lösungen für Reporting und Datenanalyse (s. Kap. 12) eingeordnet. Leider ist dies in der IT-Terminologie etwas unklar beschrieben.

Wie auch bei vielen anderen Sales-IT-Lösungen finden Sie Anwendungen für die Vertriebsplanung in drei verschiedenen Anwendungen:

1. Als Teil einer ERP-Lösung.
2. Als Teil einer spezialisierten Planungssoftware. Dies ist vor allem im Mittelstand sehr beliebt, bringen diese IT-Lösungen durch viel Planungslogik ready-to-use mit.
3. Selbst erstellt mit einer offenen Planungssoftware auf OLAP-Technologie. Diese Lösungen bieten viel Planungsfunktionalitäten, die Logik und Prozesse für die Vertriebsplanung können aber individuell erstellt werden. Diese Systeme bieten höchste Flexibilität.
4. Als selbst programmierte Individual-Lösung. Diese Lösungen sind in der Praxis nicht mehr so weit verbreitet, da das Mehr an Individualität einhergeht mit großer Abhängigkeit von der IT und Entwicklung. Vertriebscontroller benötigen aber schnelle, flexible Systeme, die vom Anwender selbst bedient werden können.

3.6 Systeme für das Reporting von Vertriebsdaten

Um Entscheidungen zu treffen, benötigen Geschäftsführer, Vertriebsleiter und alle anderen Manager die richtigen Informationen in passender Qualität zum korrekten Zeitpunkt. Aber nicht nur diese, auch jeder Vertriebsmitarbeiter, wie Key Account Manager, Sales Manager und Tele-Sales, müssen ihre Zahlen kennen. Diese Aufgabe übernimmt das Vertriebsreporting.

Das Reporting der Vertriebsdaten ist eine weitere, interessante Aufgabe des Sales-IT. In kleinen, mittelständischen Unternehmen reichen sicher E-Mail, Word und Excel-Tabellen, um ein regelmäßiges Reporting an Entscheider und Vertriebsverantwortliche zu gewährleisten. Hier ist Disziplin und Kontinuität die wichtigste Herausforderung.

In großen Unternehmen oder Konzernen reichen diese Mittel aber nicht mehr aus. Das Reporting wird für das Controlling zu einer komplexen Aufgabe, welche viel Zeit und damit Ressourcen in Anspruch nimmt. Im Abschn. 12.1 befassen wir uns ausführlich mit den Erscheinungsformen des Vertriebsreporting.

Die Systeme zum Vertriebsreporting sind vergleichbar mit denen aller schon genannten Sales-IT-Lösungen. Reporting-Systeme findet man in vier Formen:

1. Als Teil einer ERP-Lösung. Viele ERP-Lösungen bieten Berichtsfunktionen. Vielleicht reichen Ihnen diese schon aus.
2. Als Teil einer Vertriebsplanungs- oder Vertriebsanalyse-Software. Beide Anwendungen bringen immer auch Berichtsfunktionen mit.

3. Als eigenständige, spezialisierte Software. Es gibt Software, die sich ausschließlich mit dem Bereitstellen von Berichten an große Empfängerkreise beschäftigt.
4. Als selbsterstellte Individual-Lösung. Vielfach auf Basis von Office-Programmen und in Kombination mit einem Sharepoint-Server.

Selbstverständlich kann die zuvor durchgeführte Auflistung der Software-Tools für den Vertrieb nicht vollständig sein. Sie gibt Ihnen einen ersten Überblick, welche IT-Werkzeuge Sie bei Ihrer Arbeit unterstützen.

Bei allen Sales-IT Lösungen ist es wichtig, dass Sie vorab Ihre Anforderungen genau definieren. Je genauer Sie wissen, was Sie benötigen, desto besser finden Sie die für Sie passende Lösung.

Resümee

Als Verkäufer sollten Sie wissen, mit welchen IT-Lösungen es der Vertrieb zu tun hat. Auch der Vertrieb ist gerade dabei sich zu digitalisieren. Aus diesem Grund sind bestimmte Fachbegriffe für Verkaufsprofis unumgänglich. Nur wenn Sie wissen, was es an IT-Anwendungen gibt, können Sie beurteilen, ob Ihnen diese Lösungen im Vertrieb helfen.

Literatur

Felten C (2014) Lötschert, U; Hoffman, C; Schiller, M: CRM-Studie 2014. Eigen, Osnabrück

Hesseler M, Görtz M (2007) Basiswissen ERP-Systeme, Auswahl, Einführung & Einsatz betriebswirtschaftlicher Standard-Software. W3L, Herdecke Witten

Hubschneider M, Sibold K (Hrsg) (2007) CRM – Erfolgsfaktor Kundenorientierung, 2. Aufl. Haufe, Freiburg

Vierte Woche: Markt, Strategie und Positionierung

4

Zusammenfassung

Nach den internen Rahmenbedingungen, wie der Organisationsstruktur, sollten Sie als technischer Verkäufer auch die externen Rahmenbedingungen kennen und prüfen. Dazu gehören die volkswirtschaftlichen Marktdaten, die rechtlichen Rahmenbedingungen, das Ihnen zugewiesene Verkaufsgebiet, die angesprochene Zielgruppe sowie das Marktpotenzial sind wichtige Parameter Ihres Erfolges. Sie entscheiden auch darüber, wie erfolgreich Sie als Verkäufer werden können.

Frank erhielt von seinem Vertriebsleiter ein Vertriebsgebiet zugewiesen. Es war flächenmäßig kleiner als die der anderen, dafür aber dichter besiedelt. Er hätte auch ein größeres, aber ländlicheres Gebiet haben können. Frank fragte sich, wie er erkennen konnte, ob das Vertriebsgebiet überhaupt genug Potenzial für seine Umsatz- und Ertragsziele bot. Denn das Gebiet war schließlich die erste Grundlage seines Verkaufserfolgs.

4.1 Vertriebsgebiete einteilen

Beschäftigt ein Unternehmen nur einen Vertriebsmitarbeiter, ist die Potenzialanalyse relativ einfach: Dem Vertriebsmitarbeiter gehören alle Interessenten, Anfragen, Angebote und Abschlüsse aus dem gesamten Verkaufsgebiet.

Sobald aber mehr als ein Vertriebsmitarbeiter beschäftigt wird, muss man teilen. Und Teilen ist schon seit Kain und Abel eine schwere, weil oft als ungerecht empfundene Aufgabe.

Wenn Ihr Vertriebsgebiet nicht gleich so groß ist, dass es ganze Kontinente umfasst, sondern zum Beispiel nur Teile des Bundesgebietes oder eines

O. Esters, *Kompaktkurs Verkaufen im B2B*,
https://doi.org/10.1007/978-3-658-15678-7_4

Bundeslandes, einer Stadt oder bestimmter Straßenzügen, dann sollten Sie sich schon einmal die Frage stellen: Welches Verkaufspotenzial habe ich in meinem Vertriebsgebiet und kann ich damit meine, bzw. die mir vorgegebenen Ziele erreichen?

Die Frage nach dem Potenzial für Ihr Gebiet ist aus mehreren Gründen für Sie sehr wichtig:

1. Die Struktur Ihres Vertriebsgebietes ist die Grundlage Ihrer Vertriebsstrategie und beeinflusst wesentlich Ihre Marktdurchdringungsstrategie. Das Gabler Wirtschaftslexikon bezeichnet die Marktdurchdringung als „Stoßrichtung der Unternehmensaktivitäten, bei der durch Intensivierung des Einsatzes der marketingpolitischen Instrumente der Absatz bereits vorhandener Produkte auf den gegenwärtig bereits bestehenden Märkten erhöht werden soll. Zweck ist die Erhöhung des Marktanteils oder die Vergrößerung des Marktvolumens" (Kirchgeorg o. J.). Dabei werden drei Wege genannt, wie Sie den Marktanteil in Ihrem Gebiet erhöhen können:
   - Erhöhung der Verbrauchsintensität bei bestehenden Kunden,
   - Abwerbung potenzieller Kunden bei Wettbewerbern,
   - Aktivierung von latentem Bedarf.

   Von daher ist es für Sie als Verkäufer wichtig zu wissen: Wie viele Kunden und Handelspartner haben Sie schon in Ihrem Gebiet oder müssen Sie erst einen latenten, das heißt, noch nicht sichtbaren Bedarf wecken? Jedes Gebiet benötigt eine eigene, individuelle Strategie.
2. Das Potenzial Ihres Gebietes kann auch die Anzahl der aktiven Anfragen vom Markt beeinflussen. Sogenannte warme Anfragen vom Markt sind im Vertrieb einfacher zu bearbeiten als neue kalt zu generieren.
3. Das Verkaufspotenzial sollte immer auch Diskussion Ihrer Zielvereinbarung sein. Denn oftmals hängen Zielvereinbarung und Provisionshöhe voneinander ab. Damit beeinflusst die Qualität Ihres Verkaufsgebietes auch die Höhe Ihres Verdienstes.

Ein schönes Beispiel für den Missstand zwischen Verkaufsgebiet und Potenzial finden Sie in den fünf neuen Bundesländern. Flächenmäßig umfassen die fünf neuen Bundesländer fast ein Drittel des gesamten Bundesgebietes.

Wenn Sie aber Produkte oder Lösungen an börsennotierten Unternehmen und Konzernen verkaufen, dann sollten Sie dieses Gebiet lieber gegen ein Gebiet im mittleren oder südlichen Bundesgebiet tauschen. Von den 30 DAX-Konzernen hat nur ein Unternehmen, der Siemens-Konzern, seine Konzernzentrale in Berlin (und München). Alle anderen DAX-Konzerne sind in den alten Bundesländern vertreten. Und selbst hier könnten Sie sich noch einmal auf den Süden und Westen des Landes konzentrieren. Neun DAX-Konzerne haben ihren Sitz in Nordrhein-Westfalen, acht in Bayern (Ahatz 2007).

4.1.1 Kriterien der Gebietsaufteilung

Multinationale Konzerne beschäftigen sich sehr intensiv damit, das Potenzial der Vertriebsgebiete zu erheben und in gleich große Teile aufzuteilen. Dabei stoßen sie schon auf die erste Herausforderung: Nach welchen Kriterien werden Gebiete gerecht aufgeteilt? Das ist gar nicht so einfach. Denn es gibt viele Merkmale, die hier eine wesentliche Rolle spielen. Sie können zum Beispiel wie folgt vorgehen:

- **Bodenfläche:** Man kann die Verkaufsgebiete in flächenmäßig gleich große Teile einteilen. Dies macht aber nur dann Sinn, wenn alle Regionen das gleiche Vertriebspotenzial bieten. Da auf der Welt aber die Gebiete unterschiedlich besiedelt sind, reicht dieses Merkmal für die meisten Unternehmen nicht aus.
- **Bevölkerungsdichte:** Dies ist ein erster Indikator, wie hoch das Potenzial in einem Gebiet sein könnte. Die Logik dahinter: viel Bevölkerung, viel Nachfrage. Allerdings müssen Sie berücksichtigen, dass die Menschen unterschiedlich viel Geld verdienen. Es gibt Gebiete mit hohem Einkommen (zum Beispiel Baden-Württemberg) und Gebiete mit geringem Einkommen (Mecklenburg-Vorpommern).
- **Kaufkraft:** In welchen Gebieten herrscht die meiste Kaufkraft? Das heißt, in welchen Regionen verfügen die Bewohner und deren Unternehmen über so viel Vermögen, dass sie sich Ihre Produkte leisten können? Dass sie sich diese leisten können, heißt aber noch lange nicht, dass sie sich diese auch leisten wollen. Daher fehlt noch eine Kenngröße …
- **Konsumverhalten:** Wo wird Ihr Produkt benötigt und konsumiert? Sollten Sie Zubehör für eine Reederei anbieten, siedeln Sie sich wahrscheinlich eher in Norddeutschland an. Wenn Sie allerdings Automotive-Zulieferer sind, lohnt es sich, nahe den Automobilherstellern seine Zelte aufzuschlagen, und diese sind in West- und Süddeutschland sehr verbreitet.
- **Umsatzpotenzial:** Für Verkäufer ist es oftmals nicht einfach zu verstehen, wie viel Potenzial in ihren Vertriebsgebieten stecken. Abstrakte Kennzahlen, wie das Bruttoinlandsprodukt, sind zwar statistisch richtig, aber für Verkäufer schwer verständlich. Das Unternehmen Würth hat hier eine einfache Antwort gefunden, um die, wie sie sie nennen, „freien Potenziale" zu ermitteln. Das freie, noch zu „erobernde" Potenzial für jede Gesellschaft (und damit Vertriebsmitarbeiter) wird denkbar einfach bestimmt: Das Umsatzpotenzial eines Landes ergibt sich aus der Anzahl der zugelassenen Personenkraftwagen. Diese Zahl ist für die meisten Länder der Welt einfach und aktuell verfügbar und korreliert sehr gut mit der wirtschaftlichen Leistungskraft eines Landes. Würth errechnet daraus Kennzahlen, wie zum Beispiel den „Umsatz pro Pkw". Der Bestwert wird als Benchmark festgelegt und die Gesellschaften

daran gemessen (Venohr 2006, S. 184). So erhalten Sie eine einfache, schnell nachvollziehbare Vergleichsgröße für Ihr Marktpotenzial.

- Aus der Praxis heraus haben sich drei große Einteilungsarten etabliert:
  - **Bundesländer:** Eine erste, sehr grobe Einteilung finden Sie in den Bundesländern. Dadurch teilen Sie die Bundesrepublik Deutschland sehr schnell in 16 Regionen auf. Allerdings sind diese von ihrer Struktur und Kaufverhalten sehr unterschiedlich entwickelt.
  - **Postleitzahlen:** Postleitzahlen oder im englischen auch Code genannt, findet man in vielen internationalen Ländern. Von daher eignet sich diese Regionaleinteilung sehr gut für die Aufteilung von Lieferzonen, Geschäftsstellenbereiche oder Außendienstgebieten. In Deutschland haben wir seit 1993 eine fünfstellige Postleitzahlenstruktur, die für die Gebietsaufteilung im Vertrieb viele Vorteile mitbringt. Die Deutsche Post zählt einige Gründe für Postleitzahlen als Basis für Marktforschung und Außendienststeuerung auf:
    - Postleitzahlen sind eindeutig und flächendeckend: Ein PLZ-Gebiet bildet sich aus der Einfassung aller Briefkästen mit derselben Postleitzahl. Daher lässt sich für fast jeden Punkt eines Landes sagen, welcher Postleitzahl er angehört.
    - Postleitzahlen bilden ein heterogen feinmaschiges Netz und spiegeln damit die wirtschaftlichen Ballungsräume eines Landes wider: In dicht besiedelten Regionen sind die einzelnen PLZ-Gebiete viel kleiner als beispielsweise in unbewohnten Gegenden.
    - Postleitzahlen entsprechen der Topografie: Ihre Grenzen verlaufen in aller Regel entlang von realen Objekten wie Straßen, Flüssen oder Ortsteilen und so gut wie niemals reicht ein PLZ-Gebiet über unüberwindbare Barrieren hinweg, beispielsweise über Flussabschnitte ohne Überquerungen.
    - Postleitzahlen bilden in den meisten Ländern der Erde ein hierarchisches Gebietssystem, das heißt, die ersten Zahlen beschreiben eine gröbere Gebietseinteilung als die vollständige Postleitzahl. Unternehmensaktivitäten können so auf verschiedenen Ebenen ausgewertet werden.
    - Postleitzahlbezogene Informationen können intern wie extern besonders leicht kommuniziert werden. So können beispielsweise Außendienstmitarbeiter oder Handelsvertreter mit PLZ-Listen versehen werden, die „ihren" Zuständigkeitsbereich festlegen. Kunden können bei Kassenbefragungen nach ihrer PLZ befragt oder Lieferzonen nach Postleitzahlen dargestellt werden und so weiter (Wikipedia o. J.a).
- **Nielsen-Gebiete:** Das aus den Niederlanden stammende Marktforschungsunternehmen hat die Bundesrepublik und Österreich zu Zwecken der

Marktforschung und Werbung in verschiedene Regionen aufgeteilt. Basis der Aufteilung sind das Konsumentenverhalten, die Kaufkraft und andere volkswirtschaftliche Kenngrößen. Deutschland ist in sieben sogenannte Nielsen-Gebiete aufgeteilt, Österreich in fünf. Die Nielsen-Gebiete spielen vor allem im Bereich der Werbeträger (Fernsehen, Radio, Medien und Verlage) eine große Rolle.

Darüber hinaus gibt es viele weitere individuelle Faktoren, die Sie bei Ihrer Recherche berücksichtigen sollten. So kann es für ein Bauunternehmen wichtig sein, die Neubauquote zu beachten. Für Kindergärten kann die Geburtenquote eine wichtige Kennzahl darstellen. Alles in allem ist es immer nur ein Versuch, die Gebiete gerecht und gleichmäßig aufzuteilen. Durch zu viele Einflussfaktoren ist die Entscheidung immer mit Unsicherheit behaftet. Und zuletzt ist es immer noch eine individuelle Entscheidung des einzelnen Vertriebsmitarbeiters, was er aus dem Potenzial, das ihm ein Unternehmen zur Verfügung stellt, auch macht. Hier gibt es eine schöne Geschichte:

Zwei Verkäufer wurden von einem Schuhfabrikanten nach Afrika gesandt, um für die Firma zu analysieren, ob in Afrika Verkaufspotenzial besteht.

Der erste Verkäufer meldet sich nach wenigen Tagen. Seine Aussage ist niederschmetternd: „Alle Menschen laufen hier barfuß und ohne Schuhe herum. Hier ist kein Potenzial für Schuhverkäufer." Er bittet den Chef um sofortigen Rückflug.

Der andere Verkäufer meldet sich einen Tag später. Seine Aussage klingt begeistert: „Alle Menschen laufen hier barfuß und ohne Schuhe herum. Hier ist ein Riesenpotenzial für Schuhverkäufer." Er bittet den Chef, länger dableiben zu können und fordert sofort die erste Lieferung.

Internationale Verkaufsgebiete

Auch international tätige Unternehmen müssen ihre Verkaufsgebiete einteilen. Dabei gibt es einige Abkürzungen, welche die internationalen Regionen beschreiben. Eine kleine Auswahl möchte ich hier einmal aufzählen:

- DACH: Als D-A-CH wird das deutschsprachige Vertriebsgebiet zusammengefasst, welches die sprachlich ähnlichen Regionen Deutschland (D), Österreich (A) und Schweiz (CH) zusammenfasst.
- EMEA: EMEA ist eine aus dem angloamerikanischen Raum kommende Abkürzung. Sie bezeichnet ein Verkaufsgebiet, welches Europa (E), den Nahen Osten (engl. Middle East) und Afrika zusammenfasst (Afrika) (Wikipedia o. J.b).

- Benelux: Fasst den Wirtschaftsraum Niederlande, Belgien und Luxemburg zusammen.
- MOEL bezeichnet den Wirtschaftsraum Mittel- und Osteuropäischer Länder. MOE ist die Abkürzung der EU für *mittel- und osteuropäische Länder (MOE-Staaten)*, Bezeichnung für folgende Staaten: Albanien, Bulgarien, Estland, Litauen, Lettland, Polen, Rumänien, Slowakische Republik, Kroatien, Serbien, Slowenien, Tschechische Republik, Ungarn (u. a.) (Weerth o. J.).

Es gibt bestimmt noch viel mehr Abkürzungen für Verkaufsgebiete. Der Kreativität sind da keine Grenzen gesetzt.

Von daher sind die Marktforschungsuntersuchungen nicht nur für Ihre Marketingabteilung, sondern auch für Sie als Vertriebsmanager interessant. Wenn Sie neu in Ihrem Vertriebsgebiet anfangen, aber auch bei langjähriger Verkaufstätigkeit, sollten Sie sich regelmäßig die Zeit nehmen und sich aus einem gewissen Abstand die externen Faktoren Ihres Verkaufsgebietes anschauen. Dabei empfehle ich ein stufenweises Vorgehen.

4.1.2 Makrodaten analysieren

Im ersten Schritt schauen Sie sich erst einmal die Makrodaten Ihres Vertriebsgebietes an. Makro bezeichnet die großen Daten Ihres Vertriebsgebiets. In sieben Schritten analysieren Sie das Potenzial Ihres Vertriebsgebietes:

Welche gesellschaftlichen Bedingungen finden Sie vor?
Dies ist vor allem für internationale Vertriebsgebiete interessant, wo Sie von uns abweichende Gesellschaftsnormen vorfinden. Aber auch innerhalb Deutschlands finden Sie gesellschaftlich große Unterschiede, die in den gesellschaftlichen Bedingungen deutlich werden.

Welche kulturellen Bedingungen finden Sie vor?
Die kulturellen Voraussetzungen sind regional sehr unterschiedlich. Schauen Sie sich nicht nur Ihre Vertriebsgebiete an, sondern sprechen Sie auch mit den Leuten, wie diese leben und welche Historie sie haben. Die Geschichte eines Landes verrät viel über das Denken und Handeln seiner Bewohner. So finden Sie in ländlichen Gebieten, wie Ostwestfalen-Lippe oder Thüringen, eine ganz andere Unternehmerkultur vor, als in dem von der Stahlindustrie und Bergbau geprägten Ruhrgebiet.

Welche rechtlichen Bedingungen und steuerlichen Gesetze sind für Ihren Vertrieb interessant?
Sie sollten wissen, wo es Steuer- oder Rechtsgesetze gibt, die auf Ihren Absatz Einfluss haben können. Diese können den Verkauf Ihrer Produkte behindern oder fördern, je nachdem wie sie gestaltet sind. Lassen Sie sich die rechtlichen Voraussetzungen von einem Juristen und einem Steuerberater erklären und erörtern Sie die Auswirkungen auf Ihre Zielgruppen.

Welche politischen Voraussetzungen gibt es für Ihre Dienstleistung/Produkt?
Das Gleiche gilt auch für die politische Kultur in einem Land. Welche politischen Strömungen sind für Sie förderlich oder hinderlich? Welche politischen Trends können für Ihren Vertrieb relevant werden?

Welche wirtschaftliche Situation finden Sie vor?
Die wirtschaftliche Struktur eines Landes kann entscheidend sein für Ihre Vertriebsstrategie. Besorgen Sie sich daher aktuelle Wirtschaftsdaten über die Wirtschaftsstruktur Ihres Vertriebsgebietes. Diese erhalten Sie bei den statistischen Landes- und Bundesämtern, bei Verbänden und Wirtschaftsvereinen, einzelnen Wirtschaftsförderungsgesellschaften oder im Internet, zum Beispiel auf der Plattform Statista.de.

Welche technologischen Entwicklungen können Ihren Vertrieb beeinflussen?
Sie sollten sich auch einmal über die neuesten technologischen Entwicklungen informieren. Je nachdem, welches Produkt Sie verkaufen, ist es für Sie wichtig, welcher technologische Trend Sie bei Ihrer Arbeit unterstützt oder Sie daran hindert. Besprechen Sie die technologischen Entwicklungen mit Ihrer Entwicklungsabteilung oder mit den Produktmanagern. Lassen Sie sich erklären, wie diese Experten den Trend erleben und was sie sich dabei denken.

Welche ökologischen Trends sind für Ihren Vertrieb wichtig?
Die Bedeutung von ökologischen Trends sollte man nie unterschätzen. Volkswagen hat dies 2015 in den USA am eigenen Leib erlebt. Käufer wollten technisch einwandfreie Autos an den Hersteller zurückgeben, weil sie den versprochenen ökologischen Standards nicht entsprachen (sogenannter Abgasskandal). Der Verdacht, dass Dieselfahrzeuge durch ihre Emissionen krebserregend sein können, erschütterte viele Käufer in dem Glauben, durch den Kauf eines Selbstzünders mit deren niedrigen Verbrauch etwas für die Umwelt zu tun. Ökologische Motive haben bei vielen von uns einen starken Einfluss auf die Kaufentscheidung. Welche ökologische Entwicklung könnte für Ihren Vertrieb Unterstützung bieten?

4.1.3 Mikrodaten analysieren

Nachdem Sie sich die makroökonomischen Rahmenbedingungen analysiert haben, vergleichen Sie diese mit den mikroökonomischen Bedingungen, die Sie vorfinden. Unter Mikroökonomie versteht man die Bedingungen, die Sie in Ihrem Unternehmen vorfinden. Da wir uns in diesem Buch sehr ausführlich mit diesen Fragen auseinandersetzen, sind hier die wichtigsten Schritte kurz zusammengefasst:

1. Wie ist Ihr Unternehmen aufgebaut? Konzern oder inhabergeführtes Familienunternehmen?
2. Wie ist Ihr Unternehmen organisiert? (Organisationsstruktur)
3. Wie lange gibt es das Produkt oder die Dienstleistung schon, welches Sie anbieten?
4. Was ist die Entwicklungsgeschichte Ihres Produktes oder Dienstleistung?
5. Wie viele Kunden hat Ihr Unternehmen? Aktive und passive?
6. Wie hoch ist die Wiederkaufrate?
7. Wie hoch ist die Rate an Neukunden gegenüber Stammkunden?
8. Wie hoch ist der durchschnittliche Bestellwert?
9. Wo (regional) haben Sie die meisten Kunden?
10. Eignen sich diese Kunden als Referenzkunden für Kundenbesuche?
11. Welche Produkte haben diese Kunden gekauft?
12. Welche Produkte haben diese Kunden nicht gekauft?
13. Haben die Kunden Gemeinsamkeiten?

Das sind nur ein Teil der Fragen, die Sie vorab einmal erörtern und diskutieren sollten.

Aus all diesen einzelnen Antworten ergibt sich für Sie ein Gesamtbild aus Marktpotenzial und Marktchancen. Dieses benötigen Sie, um danach Ihre Vertriebsstrategie mit Fakten zu belegen.

4.2 Positionierung

Meiner Erfahrung nach sind die Themen Positionierung, Marktanalyse und Marktdaten in der Praxis oftmals in der Geschäftsführung und im Marketing definiert. Der einzelne Vertriebsmitarbeiter wird in vielen Unternehmen geringe Einflussmöglichkeiten auf die Positionierung der Marke, des Unternehmens oder der Produkte haben. Dies sind Entscheidungen, die durch die Geschäftsführung, der Vertriebsleitung oder der Marketingabteilung vor der Einführung eines Produktes festgelegt und dann dem Vertriebsmitarbeiter kommuniziert werden sollten.

Dennoch sollten Sie als Verkäufer wissen, was unter Positionierung zu verstehen ist und fragen Sie nach, wie Ihr Marketing Ihr Unternehmen oder Produkte positioniert. Die Positionierung bezeichnet im Marketing das gezielte, planmäßige Schaffen und Herausstellen von Stärken und Qualitäten, durch die sich ein Produkt oder eine Dienstleistung in der Einschätzung der Zielgruppe klar und positiv von anderen Produkten oder Dienstleistungen unterscheidet. Dabei geht die Positionierung von der Abbildung des Meinungsbildes zu einem Meinungsgegenstand (zum Beispiel Sach- oder Dienstleistung) in einem psychologischen Marktmodell aus. Diese Modelle zeichnen sich durch eine Kombination marketingtheoretischer, psychologischer und biologischer Erkenntnisse aus (Wikipedia o. J.c). David Ogilvys Definition der Positionierung lautete kurz: „Was das Produkt leistet – und für wen." (Ogilvy 1983, S. 12) Ich würde das noch ergänzen: „Und worin sich Ihr Produkt unterscheidet!"

Lassen Sie sich durch die verantwortlichen Manager in Ihrem Unternehmen erklären, wie diese das Unternehmen, dessen Produkte und Marken bzw. Dienstleistungen, im Markt positioniert sehen. Sie benötigen diese Informationen später für Ihre Kundenansprache. Sie sollten Fragen beantworten wie: *„Welche Zielgruppe sprechen Sie an? Ist Ihr Produkt hoch- oder niedrigpreisig positioniert? In welcher Phase des Lebenszyklus befindet sich gerade Ihr Angebot? In welchem Marktsegment (Nische) sehen Sie Ihr Angebot? Diese Informationen dienen Ihnen im Vertrieb dazu, die richtige Kundenansprache zu wählen."*

Wie wichtig eine gute Positionierung ist, erleben Sie an dem erfolgreichen Erfrischungsgetränk „Punica" des Getränkeherstellers Pepsi. Punica hatte in der Nische der Säfte keine Chance, da es nur 30 % Fruchtgehalt hat. Wenn ich mir eine Flasche Saft kaufe, achte ich meistens auf mindestens 50 % bis 100 % reinen Fruchtsaft. Punica enthält keine Kohlensäure, ist daher auch nicht mit den klassischen Limonaden zu vergleichen. Eine Fanta hat viel mehr Prickelgefühl, als eine vergleichbare Punica, das auf Kohlensäure verzichtet. Was also machen? Die Marketingexperten haben damals ganze Arbeit geleistet und mit einem nicht unerheblichen Werbebudget eine neue Nische erfunden: Die der „lecker-fruchtigen Erfrischungsgetränken mit stillem Wasser". Zusammen mit der „Erfrischungs-Oase" war und ist Punica bis heute unvergleichlich und eindeutig positioniert.

Aber Vorsicht: Die Positionierung einer Marke, eines Unternehmens oder Produktes ist komplex und schwierig. Deshalb seien Sie wachsam und lassen Sie sich kein x für ein u vormachen. Denn Sie als Verkäufer sind dem Kunden oftmals viel näher als die Geschäftsführung und Marketingabteilung und „erleben" live und in Farbe, wie die gedachte Positionierung bei Ihren Kunden ankommt.

Ich habe für Sie ein schönes Beispiel rausgesucht, wie sich „Experten" irren können. In dem Buch „New Positioning" von Jack Trout und Steve Rivkin aus dem Jahre 1996 findet sich eine Textstelle, die sich 20 Jahre später humorvoll liest. Damals war sie aber wahrscheinlich sehr ernst gemeint. Trout schrieb unter dem Stichwort „Produkte, die <<mehr>> können":

> Marketingfachleute reden gerne über den Trend zur ‚Konvergenz', zur Zusammenführung neuer Technologien, aus der wunderbare neue Produkte mit immer mehr Eigenschaften hervorgehen. (Trout und Rivkin nennen einige damals aktuelle Multimediageräte) … Aber die Geräte sind noch einfach, verglichen mit dem, was sich Bill Gates unter der Brieftasche der Zukunft vorstellt: Ein Instrument, das Schlüssel, Kreditkarten, Ausweis, Bargeld, Schreibzeug, Pass und Fotos der Kinder kombiniert und sogar ersetzt. Außerdem soll die Brieftasche ein Satelliten-Navigationssystem enthalten, damit man immer weiß, wo man sich gerade befindet. (Verirren Sie sich oft, Bill?) (Trout und Rivkin 1996).

Die Autoren kommen dann zu ihrem eigenen Resümee: *„Werden sich dies Produkte durchsetzen? Vermutlich nicht. Sie sind zu verwirrend und zu komplex. Die meisten Verbraucher sind nicht einmal in der Lage, einen simplen Videorecorder zu programmieren."* (Trout und Rivkin 1996, S. 31). Aus heutiger Sicht frage ich mich, ob der Videorekorder von 1996 wirklich simpel war, verglichen mit den Möglichkeiten, Filme über Smartphone aufzunehmen?

Was ich damit ausdrücken möchte: Seien Sie bei allen Positionierungen immer skeptisch. Sie als Verkäufer erhalten als Erstes die Rückmeldung, was Ihre Kunden wünschen und wie Sie Ihr Produkt und Dienstleistung sehen. Die Positionierung eines Produktes verändert sich mit dem Markt und mit den Möglichkeiten. Sie müssen dies mitbekommen und das verkaufen, was Ihre Kunden nachfragen.

Um Ihren Verkauf zu steigern, sollten Sie auch weggehen von dem verbreiteten „entweder – oder"-Denken zu einem „sowohl – als auch". Die Marketingleute sehen in vielen Wettbewerbern einen Gegner, den es zu schlagen gilt. Sie denken: Ein Kunde kauft ein Produkt, das wir anbieten, bei einem Wettbewerber, also ist der Kunde für uns verbrannt. In der Realität haben viele Kunden aber die gleichen Produkte von verschiedenen Herstellern. Kunden kaufen oft situativ und wollen hin und wieder auch Abwechslung. Mein Tipp: Sprechen Sie mit Kunden, die Produkte bei Ihnen und Ihrem Wettbewerber beziehen und fragen Sie diese, warum sie das machen und wie sie Ihr Produkt sehen. Daraus ergeben sich oft viele neue Verkaufsmöglichkeiten. Es könnte sein, dass die Kunden von Familienkombis offen sind für Fahrspaß am Wochenende und ein Cabriolet als Zweitwagen in Betracht ziehen. Schon haben Sie eine neue Zielgruppe.

Quelle qualitativer Daten
Basis einer fundierten Analyse sind erst einmal Daten, die vorhanden sind. Es gilt der Merksatz: Nur was Sie messen, können Sie auch optimieren! Viele Informationen über Verkäufe und Vertriebsmitarbeiter und -gebiete werden in internen IT-Programmen gebucht. Informationen zu Umsatz und Absatzdaten liefern Ihnen folgende IT-Programme in Unternehmen:

1. ERP-Anwendungen (Enterprise-Resource-Planning)
2. Warenwirtschaftssysteme (WAWI)
3. Kundendatenbanken, wie Customer Relationship-Modelle (CRM)
4. Systeme für die Angebotserstellung und Konfiguration (CPQ/Configure-Price-Quote-Systeme)
5. Weitere Systeme, die vertriebsrelevante Informationen liefern

Die Vertriebsanalyse ist die Basis weiterer Vertriebsaktivitäten, wie Boni-Programme, Preis- und Konditionengestaltung, Werbeaktionen und vielem mehr.

Resümee
Bevor Sie als Verkäufer starten, sollten Sie sich bewusst werden, welche internen und externen Faktoren Ihre potenziellen Verkaufserfolge beeinflussen. Die Größe Ihres Verkaufsgebietes beeinflusst Ihr Marktpotenzial und dieses Ihre Verkaufsstrategie. Sind Sie als Verkäufer bei einem mittelständischen Hersteller für die DACH-Region zuständig, sollten Sie schauen, dass Sie Ihre Routen sorgfältig planen. Sie werden viele km reisen. Wurden Ihnen aber nur einige Straßenzüge zugewiesen, wie es in der Werbebranche oft der Fall ist, lohnt es sich, gutes Schuhwerk zu erwerben.

Auf der einen Seite gibt es politische und kulturelle Bedingungen sowie Entwicklungen, die einen Einfluss auf Ihr Absatzpotenzial haben. Kennen Sie die wichtigsten Entwicklungen, können Sie diese in Verkaufsgesprächen für die Argumentation Ihrer Produkte und Dienstleistungen einsetzen. Sie sollten sich die Frage stellen: Warum verkaufen wir (Ihr Arbeitgeber) das Produkt jetzt und hier?

Auch interne Faktoren sollen Sie sich als Top-Verkäufer anschauen. Sie verkaufen nicht nur an Ihre Kunden, sondern die Wünsche Ihrer Kunden immer auch intern im Unternehmen. Wichtig ist auch die Positionierung Ihrer

Produkte. Diese beeinflusst wesentlich Ihre Verkaufsstrategie und damit Ihre gesamte Kommunikation und Argumentation. Die dafür geforderten Daten finden Sie oftmals in den IT-Systemen Ihres Unternehmens.

Literatur

Ahatz H (2007) Wo die Dax-Konzerne zu Hause sind, Focus-Online. http://www.focus.de/finanzen/boerse/aktien/tid-7936/boersenlandschaft_aid_138610.html. Zugegriffen: 11. Nov. 2007

Kirchgeorg M (o. J.) Marktdurchdringungsstrategie, Gabler Wirtschaftslexikon. http://wirtschaftslexikon.gabler.de/Archiv/11001/marktdurchdringungsstrategie-v7.html. Zugegriffen: 25. Febr. 2018

Ogilvy D (1983) Ogilvy on advertising. Prion-Verlag, London

Trout J, Rivkin S (1996) New Positioning: Das Neueste zur Business-Strategie Nr 1, Econ, Düsseldorf

Venohr B (2006) Wachsen wie Würth. Campus, Frankfurt

Weerth C (o. J.) MOEL, Gabler Wirtschaftslexikon. http://wirtschaftslexikon.gabler.de/Archiv/12640/moel-v9.html. Zugegriffen: 25. Febr. 2018

Wikipedia (o. J.a) Postleitzahlengebiete. https://de.wikipedia.org/wiki/Postleitzahl. Zugegriffen: 25. Febr. 2018

Wikipedia (o. J.b) EMEA. https://de.wikipedia.org/wiki/EMEA_(Wirtschaftsraum). Zugegriffen: 25. Febr. 2018

Wikipedia (o. J.c) Positionierung. https://de.wikipedia.org/wiki/Positionierung_(Marketing). Zugegriffen: 25. Febr. 2018

Fünfte Woche: Wie Kunden denken

5

Zusammenfassung

Dieses Kapitel beschäftigt sich mit der Dialogmethode und den ungestellten Kundenfragen. Bei jedem Kundengespräch stellt sich ein Kunde immer die gleichen Fragen. Diese Fragen können Sie in Grundfragen, Produktfragen oder Prozessfragen unterteilen. Durch Sammeln und Beantworten der Fragearten können Verkäufer sich auf das Verkaufsgespräch vorbereiten und das Verkaufsgespräch so sicher und erfolgreich in die gewünschte Richtung führen.

Frank nahm einige Termine mit einem erfahrenen Vertriebskollegen wahr. Die Gespräche des Verkäufers waren beeindruckend. Es schien so, dass der Verkäufer die Fragen und Einwände des Kunden schon erwartete. Auf jede Frage, auf jeden Einwand hatte der Verkäufer eine passende Antwort. Das Verkaufsgespräch stockte nie und war immer im Fluss. Frank war beeindruckt.

Wenn man erfolgreichen Verkäufern und Verkaufsprofis bei der Arbeit zusieht, stellt man schnell fest, dass diese ihre Kunden durch den Verkaufsprozess führen. Dabei erahnen sie die Fragen ihrer Kunden oftmals schon, bevor dieser eine Frage stellt oder geben auf Fragen und Einwände des Kunden sofort eine fundierte und passende Antwort. Was aussieht wie eine Leichtigkeit des Seins, ist in Wirklichkeit professionelle Vorbereitung und langjährige, harte Arbeit (wie meistens im Leben).

Eine Technik, die Verkaufsprofis dazu benutzen, ist die, dass sie die Fragen des Kunden vorab schon „erahnen" und sich darauf vorbereiten. So kann ein Verkäufer die Fragen beantworten, noch bevor diese im Verkaufsgespräch auftauchen. Alternativ macht der Verkäufer den Kunden auf diese offenen Punkte aufmerksam (zum Beispiel: *„Sie (Herr Kunde) fragen sich jetzt bestimmt …"*) und führt seinen Gesprächspartner dadurch in die vom Verkäufer gewünschte

O. Esters, *Kompaktkurs Verkaufen im B2B*,
https://doi.org/10.1007/978-3-658-15678-7_5

Gesprächsrichtung. Hinter dieser Technik steht die Dialogmethode von Siegfried Vögele, die ich Ihnen in diesem Kapitel näherbringen möchte.

Die Basis dieses Konzeptes lieferte Siegfried Vögele, Begründer der Dialogmethode, auf der erfolgreiche Vertriebskonzepte wie der Versandhandel, Kundenbindungs- oder E-Commerce-Konzepte basieren. Unternehmen wie Weltbild, Amazon, Zalando, Otto-Versand, aber auch Würth, Apple, Bang und Olufsen und viele mehr setzen heute sehr erfolgreich die Dialogmethode des Frankfurter Professors ein. Siegfried Vögele beschreibt in seinem Buch „Das Verkaufsgespräch per Brief und Antwortkarte" aus dem Jahre 2002 den Ersatz des persönlichen Verkaufsgespräches durch die Medien (Brief, Karte, E-Mail, Prospekt, Angebot) im Verkaufsprozess (Vögele 2002, S. 62).

Diese Technik wurde zunächst entwickelt, um den Mitarbeitern im Direktmarketing (dazu gehören heute auch alle Internetanbieter) ein Konzept an die Hand zu geben, wie sie erfolgreicher per Post verkaufen können. Außerdem ist es eine sehr gute Technik, Verkaufsgespräche mit Konzept und Strategie vorzubereiten. In diesem Buch nennen wir diese Technik die Dialogmethode, der echte Verkaufsdialog und der unechte Verkaufsdialog und entwickeln diese für den Vertrieb weiter.

In über 20 Jahren Vertriebserfahrung konnte ich immer wieder beobachten, dass diese Technik von den erfolgreichsten Vertriebsprofis bewusst, aber oft auch unbewusst angewandt wird. Aus diesem Grund haben wir diese Technik zur Grundlage der von mir entwickelten DKS-Methode gemacht. Meiner Ansicht nach gehört diese Technik zum Grundrepertoire aller Top-Verkäufer.

5.1 Die Dialogmethode

Es ist noch gar nicht so lange her, da lebten die Menschen noch ohne Strom, ohne Medien und ohne Rechtsschutzversicherung. Damals lebte der größte Teil der Bevölkerung noch in Dörfern. Die Männer gingen morgens auf die Jagd oder das Feld, die Frauen kümmerten sich um alles Dörfliche. Kam uns damals jemand Fremdes entgegen, im Wald vielleicht ein Bär, im Dorf eine unbekannte Person, so stellten wir uns sofort die Frage: Freund oder Feind? Gefahr oder Chance?

Ausgehend von den 100.000 Jahren menschlicher Evolution macht unsere moderne, relativ gesittete Welt gerade mal 0,1 % des menschlichen Zeitalters aus. Das sind die Gründe, warum unser Gehirn auch heute noch mit einem Jahrtausende alten Programm und Verhaltensmuster arbeitet. Man kann es auch anders ausdrücken: Unsere Software-Programme im Gehirn sind noch DOS-Programme, während die Hardware und die Umgebung schon auf Android eingestellt sind.

Diese Erkenntnisse bilden die Basis eines der erfolgreichsten Verkaufsmethoden der letzten hundert Jahre: Der Dialogmethode nach Siegfried Vögele.

In den siebziger Jahren forschte der Frankfurter Siegfried Vögele an der Optimierung der Postwurfsendung. Er galt als Pionier des Dialogmarketings und der Werbewirkungsforschung. Die Grundüberlegung seiner Dialogmethode besteht darin, Briefe, Broschüren, Kundenzeitschriften und Kataloge, aber auch in neuerer Form Radio-Spots, Shopping-Sender oder Internetauftritte nach dem Schema des echten, mündlichen Face-to-Face Verkaufsgesprächs zwischen Kunde und Verkäufer abzubilden.

Seine 1980 auf dem internationalen Direktmarketing-Symposium in Montreux vorgestellte Dialogmethode fand international Anklang und gründete eine ganze Ausbildungslinie zum Direktmarketingfachwirt. Zusammen mit der BAW Bayerischen Akademie der Werbung und Marketing in München startete er 1987 das erste deutsche Fachstudium Direktmarketing.

Die Dialogmarketing-Methode, welche zu Beginn nur für Postwurfsendungen entwickelt wurde, bekam durch den Start des Privatfernsehens im Jahr 1984 und der kommerziellen Nutzung des Internets in Deutschland eine immer stärkere Bedeutung. Auch international wurde seine Methode erfolgreich eingesetzt.

Postwurfsendungen, Kataloge, Messeinladungen, Webshops, Shopping-Sender, Tele-Sales-Aktivitäten oder die bekannten: *„Ruf-mich-an!"*-Radiospots basieren alle auf der Dialogmethode.

Die Dialogmethode ermöglicht dem Vertrieb, Verkaufsgespräche professionell vorzubereiten und mit einer Verkaufs- und Gesprächsstrategie in das Verkaufsgespräch einzusteigen.

Das persönliche Verkaufsgespräch gilt bis heute als effektivste Verkaufsmethode, da es das Absatzinstrument mit der höchsten Erfolgsquote darstellt. Kein anderes Verkaufsinstrument kann da mithalten, vor allem, wenn es sich um technisch komplexe Produkte handelt. Bei keinem anderen Verkaufsinstrument erhalten Sie so viele Informationen über die Kaufmotive Ihrer Kunden.

Allerdings ist der Außendienstmitarbeiter auch einer der teuersten Verkaufsmethoden überhaupt. Bei einem Bruttoarbeitslohn von 3000 EUR und vier Kundenbesuchen pro Tag kostet ein Kundenbesuch dem Arbeitgeber rund 69 EUR. In vielen technischen Branchen liegen die Kosten aber viel höher, weil mehr Gehalt oder weniger Termine vereinbart werden.

Dies ist für viele Produkte und Dienstleistungen einfach zu teuer und lässt sich in der Preiskalkulation nicht mehr unterbringen. Auch wenn der persönliche Kontakt zwischen Verkäufer und Kunde das wichtigste Kundenbindungsinstrument ist, die meisten Informationen liefert und die beste Kundenbindung erzeugt, können viele Aufgaben im Verkaufsprozess heute durch Hilfsmethoden ersetzt werden. Dazu gehören:

- Tele-Sales-Aktivitäten im Innendienst
- Informationen in Papierform, wie Broschüren und technische Informationen
- Informationen per Post, wie Einladungen, Prospekte, Angebote und einige mehr
- E-Mails für den schnellen Austausch oder den Ersatz der Briefpost
- Internetaktivitäten jeglicher Form, wie Internetseite, Blog, Kundendialoge, Social Media
- Onlineaktivitäten wie Webinare oder Online-Trainings
- Und vieles mehr …

Jede erfolgreiche Marketingabteilung und jeder erfolgreiche Verkäufer setzen diese Kommunikationswege ein, um ihre Kunden schnell und effektiv über verschiedene Verkaufskanäle zu erreichen. Ein Verkaufsabschluss kann sich über Monate hinziehen und in der Summe aller Verkaufskontakte (sogenannte Touchpoints) aus Anrufen, Postsendungen, E-Mail-Nachrichten, Web-Konferenzen, Internetseitenbesuche und persönlichen Präsentationen vor Ort die Anzahl von zehn Kontakten schnell überschreiten. Es kommt daher darauf an, diese Dialoge so professionell und effektiv wie möglich zu gestalten.

Vögele hat damals das persönliche Verkaufsgespräch eines Verkäufers mit seinem Interessenten oder Kunden genau beobachtet. Dabei stellte er fest, dass der Kunde Fragen stellte, welche vom Verkäufer beantwortet wurden. Oder der Verkäufer stellte Fragen, die der Kunde beantwortete. Manche Fragen werden vom guten Verkäufer sogar provoziert, da er hier eine passende Antwort kannte. Die einzelnen Fragen beginnen mit der Eröffnungsphase und enden mit der Abschlussphase. Dazwischen liegen eine ganze Reihe an Zwischenschritten, wie Interesse wecken, Nutzen präsentieren, Nachfrage analysieren, Sicherheit geben, Gewinn berechnen, Preise erklären, Einwände entkräften und viele mehr.

Bei der Beobachtung vieler Verkaufsgespräche stellten sich schnell Gemeinsamkeiten heraus:

1. Die Fragen wiederholten sich immer wieder. Viele Kunden stellten die gleichen Fragen.
2. Die Fragen konnten verschiedenen Phasen des Verkaufsgesprächs zugeteilt werden.
3. Das Ziel des Verkaufsgespräches ist das „JA" des Kunden zum Abschluss, zum Verkauf.

Ein gutes Verkaufsgespräch zeichnet sich dadurch aus, dass der Verkäufer mit dem Kunden einen Dialog führt, in dem der Verkäufer sogar den geringeren Redeanteil hat. Viele von uns kennen Verkäufer, welche den Kunden totreden, wohl in der Hoffnung, dass dem Kunden keine Einwände gegen den Kauf mehr einfallen.

Dies ist eine veraltete Methode, die nur noch selten funktioniert. Heute sind die Kunden informiert und möchten als gleichwertige Partner auf Augenhöhe behandelt werden. Viele Kunden sind durch das Internet sogar besser informiert als der Verkäufer, kommen daher als gleichwertiger Sparringspartner in den Verkaufsring. Andreas Buhr bezeichnet diesen neuen Kundentypus als Kunde 3.0 (Buhr 2011). Der Kunde hat spezifische Vorstellungen, Erfahrungen und daraus entstehende Fragen, welche er im persönlichen Gespräch mit dem Verkäufer als gleichwertiger Ansprechpartner und Experte diskutieren möchte.

Dabei signalisiert der Kunde immer wieder Kaufsignale (s. Abschn. 10.7.1), bewusst durch seine Sprache oder unbewusst durch seine Körperhaltung. Kaufsignale sind einfache Körpersprache-Signale, die Ihnen als Verkäufer zeigen, dass der Kunde sich mit dem Kauf der Ware beschäftigt. Das häufigste Kaufsignal ist das Kopfnicken, welches ein „Ja" signalisiert. Ihr Kunde überprüft in seinem Gehirn permanent unbewusst Ihre Verkaufsaussagen und stimmt diesen zu (Ja, Kopfnicken) oder stimmt ihnen nicht zu (Nein, Kopfschütteln). Dies passiert unbewusst und lässt sich nur durch strenge Körperbeherrschung vermeiden, wie Sie sie vielleicht bei Poker-Spielern vorfinden.

Die Summenformel

Sie können diese „Ja" und „NEIN" aber auch bei Ihren Kunden bewusst herbeiführen. Ihr erstes Ziel als Verkäufer ist es, mehr „JAs" als „Nein" zu provozieren. Daraus entwickelte sich die Dialogmethode (s. Abb. 5.1).

Als „Ja" bezeichnen wir alle Aussagen, die Ihnen eine Zustimmung des Kunden sicherstellen. „JAs" werden als Verstärker bezeichnet. Sie verstärken die Chance eines Verkaufsabschlusses. Dazu gehören:

- Allgemeingültige Aussagen
- Technische Daten, wenn sie verstanden werden

Abb. 5.1 Die Dialogmethode

$$\sum \text{Ja} > \sum \text{Nein} = \text{JA}$$

Ja: Verbale Verstärker
Beispiel: Gratis, kostenlos, neu…

Nein: Verbale Filter
Beispiel: Kostet, Preis, schwierig, gebraucht…

- Kundenberichte
- Kundennutzen
- Positive Bewertungen
- Positive Testberichte
- Aussagen über die Entstehungsgeschichte
- Garantien
- Zertifikate
- Testimonial-Aussagen (berühmter Personen)
- Bekannte Marken
- Beweise
- Soziales Engagement
- Inhaber-Aussagen
- Expertenstatus
- Qualitätsversprechen
- Hohe Flexibilität
- Geringe technische Anforderungen
- Rabatte
- Nachlässe
- Sondereditionen
- Limitierung
- Persönliche Einsichten über soziale Medien (Facebook, Twitter & Co.)
- Und vieles mehr

Diese Aussagen verstärken den Kaufwunsch langfristig und führen zum erfolgreichen Abschluss.

„NEINs" bezeichnen wir als verbale Filter. Sie hindern Ihren Kunden daran, etwas zu kaufen. Sie stellen eine Hürde dar, die vom Kunden überwunden werden muss. Zu den Filtern gehören:

- Hohe Preise
- Neu am Markt
- Wenig Garantien
- Wenig Erfahrungsberichte
- Geringe Erfahrung
- Hohe technische Anforderungen
- Geringe Flexibilität
- Kaufbedingungen (zum Beispiel Clubzugehörigkeit)
- Abonnement

- Kaufpreis
- Abhängigkeiten
- Schlechte Bewertungen

Wenn Sie es richtigmachen wollen, dann müssen Sie die Dialogmethode aber noch erweitern und sie mit einer Gewichtung (n) bewerten, denn die „JAs“ und „NEINs“ können vom Kunden unterschiedlich bewertet werden:

Summe JA * n > Summe NEIN *n = JA zum Kauf

Das kleine n bezeichnet die Gewichtung einer Zustimmung oder Ablehnung durch den Kunden. Was ich meine, kann an einem einfachen Beispiel erklärt werden:

- Mögen Sie Sportwagen? Ja
- Mögen Sie Ferrari? Ja
- Finden Sie Ferrari toll? Ja
- Können Sie sich einen Ferrari leisten? Nein

Ein schwergewichtetes „NEIN“ kann viele kleine „JAs“ zunichtemachen. Ich als Familienvater kann davon ein Lied singen. Wie oft habe ich mir einen Sportwagen oder ein zweisitziges Cabriolet für meine Frau und mich gewünscht, aber daraus wurde immer wieder ein familientauglicher Kombi. Das NEIN zum Sportwagen war alleine durch den Platzbedarf gegeben (und meist auch durch das Budget).

Aus einem Nein ein Ja machen

Als Verkäufer sollten Sie sich aber auch immer die Frage stellen, wie Sie ein gewichtiges NEIN in ein „JA“ übersetzen können. Wo haben Ihre Kunden ein gewichtiges Nein und wie können Sie dieses in ein Ja überleiten?

Ein schönes Beispiel sind hohe Verkaufspreise. Wenn Ihr Produkt so viel kostet, dass es sich nur wenige Kunden leisten können und Sie Ihre Zielgruppe erweitern möchten, müssen Sie den Preis klein bekommen.

Eine Möglichkeit ist der Rabatt, aber da verlieren Sie Geld. Eine bessere Chance bietet die Ratenzahlung in Form von Leasing, Miete, Abonnementmodellen oder vergleichbaren Finanzierungsmodellen.

Diese Technik wird sehr erfolgreich in der Telekommunikation, Automobilindustrie, IT-Industrie und vielem mehr durchgeführt. Ein wunderschönes Beispiel bietet Ihnen auch hier die Automobilindustrie:

Beispiel

Als mein Vater 1961 sein erstes Auto kaufte, konnten sich nur wenige Menschen ein Auto leisten. Das lag vor allem auch an den hohen Preisen für ein Automobil, welches sofort bezahlt werden musste.

Heute werden viele Autos finanziert. Durch diese Art der Preissplittung sind Autos, obwohl sie heute viel teurer sind als 1960, für viele Menschen erschwinglich geworden. Wir zahlen in kleinen, verträglichen Raten. 30.000 EUR hat man nicht sofort zur Verfügung, aber 200 EUR pro Monat können sich viele Kunden leisten. In der Zwischenzeit werden Autos sogar in Kombination mit Mobilfunkverträgen verkauft, wie bei einem Telekommunikationsunternehmen aus Montabaur 2017.

Der Barverkaufspreis ist ein großes NEIN. Splittet man diesen Preis aber in eine monatliche Rate von zum Beispiel 100 bis 200 EUR, ist diese Summe für viele von uns leicht finanzierbar.

Auch in der Telekommunikation wird diese Methode sehr erfolgreich eingesetzt. Sie zahlen heute als Kunde für einen Handyvertrag keine einmaligen 240 EUR mehr, sondern nur noch 19,90 EUR im Monat. Ein nagelneues Smartphone kostet anstatt rund 500 EUR Kaufpreis nur noch zehn Euro Zuzahlung pro Monat. Dadurch ist die Anzahl der potenziellen Kunden deutlich gestiegen.

Nein als Filter und Stopper im Verkaufsgespräch

Trotzdem ist es für Sie als Vertriebsprofi wichtig, das Gespräch zu steuern, die „Jas“ bewusst einzusetzen und die „NEIN“ dann zu provozieren, wenn sie Ihnen im Verkaufsgespräch helfen.

Setzen Sie „NEINs“ ruhig mal als Stopper ein, um das Gespräch zu steuern oder Ihren Kunden aus seiner Reserve zu locken. Sie können ein „NEIN“ auch als bewussten Filter einsetzen, um zum Beispiel Ihre Zielgruppe zu verkleinern. So können Sie „NEINs“ aus verschiedenen Blickwinkeln sehr positiv einsetzen:

1. Als bewusste Hürde (Filter): Sie verkleinern Ihre Zielgruppe, in dem Sie zum Beispiel den Preis erhöhen. Wer nicht bereit ist, diesen zu zahlen, gehört eben nicht zum elitären Kreis. Dies hat Vorwerk mit dem (recht teuren) Thermomix hervorragend umgesetzt. Wer nicht bereit ist, das Geld zu bezahlen (es gibt keinen einzigen Cent Nachlass) gehört einfach nicht in den illustren Kreis der Thermomix-Anwender. Im Supermarkt gibt es preisgünstige Alternativen. Zum Club gehört man dann allerdings nicht.

2. Als Gesprächs-Stopper: Sie haben sich als Profiverkäufer schon viele „JAs“ abgeholt. Bevor Ihnen Ihr Kunde und Gesprächspartner einschläft, nutzen Sie eine kleine NEIN-Frage mal als Stopper: *„Sie wollen doch auch nicht, dass …? Ich denke, das ist nicht das, was Sie möchten, oder?“* Ihr Kunde antwortet mit NEIN und erläutert Ihnen kurz seine Ansichten. Sie erhalten wichtige Informationen über seine Vorstellungen.

Sie können diese „JAs“ als Verkäufer aber auch bewusst provozieren, in dem Sie allgemeingültige Thesen aufstellen und selbst mit dem Kopf nicken. Wenn Sie dies dezent und subtil machen, wird Ihr Gesprächspartner selbst mit dem Kopf nicken und Ihre Frage bestätigen.

Probieren Sie es an einem einfachen Bespiel aus. Suchen Sie sich einen Gesprächspartner und stellen Sie eine einfache, allgemeingültige Behauptung auf:

„Das Wetter ist heute genau richtig zum Wandern.“ Nicken Sie dabei selbst leicht mit dem Kopf und beobachten Sie Ihren Gesprächspartner: Er wird auch nicken und ja sagen, wenn das Wetter zum Wandern geeignet ist.

Ja-Straße

Wenn Sie genug Fragen stellen, die nur mit JA beantwortet werden können (sogenannte geschlossene Fragen, s. Abschn. 10.4.3), entsteht ein Automatismus, den man als Ja-Straße bezeichnet. Studien haben ergeben, dass nach acht Ja-Antworten die neunte automatisch ein JA ist.

Diese Technik funktioniert bei jungen und alten Menschen sehr gut. Nur Menschen mittleren Alters, die kritisch sind oder in die Gruppe der Gegenteilsortierer fallen, durchschauen diese Technik oder sagen einfach einmal aus Trotz NEIN.

Ein gutes Mittel, um solche Ja-Straßen zu erzeugen, sind sogenannte Vorannahmen, die Sie als Verkäufer bewusst im Verkaufsgespräch einsetzen können. Vorannahmen haben im Vertrieb zwei Wirkungen: Von Ihnen bewusst eingesetzt, bieten sie eine gute Gelegenheit, Ihren Kunden im Gespräch zu führen. Unbewusst eingesetzt sind sie aber vergleichbar mit Vorurteilen und schränken Sie im Vertrieb deutlich ein.

Vorannahmen stellen allgemein gültige Behauptungen auf, die in der Regel allgemein akzeptiert sind:

- Gerade in Ihrer Branche ist es wichtig …
- Sie achten bestimmt darauf, dass …
- Die meisten meiner Kunden achten sehr darauf, dass …
- Heutzutage müssen wir aufpassen, dass …
- Für Sie ist Investitionssicherheit sicher ein wichtiger Grund …

Mit dem einfachen Kopfnicken, vor allem bei so belanglosen Aussagen wie der Freizeitbeschäftigung, verkaufen Sie aber noch keine Maschinen. Dafür benötigen Sie weitere „JAs“ im Verkaufsprozess. Diese erhalten Sie bewusst als Aussage Ihres Kunden oder als Körpersprachensignal (Arme kreuzen, nach vorne legen, Augen bewegen, Kopfhaltung verändern, Haltung der Beine, Haltung des Oberkörpers, zurücklehnen, nach vorne beugen, Bewegung der Hände, Stirnrunzeln und vieles mehr). Nur in seiner Gesamtheit erhalten Sie als Verkäufer ein komplettes Bild über die Stimmungslage Ihres Kunden. Sie erkennen als Verkäufer, ob sich Ihr Kunde dem Kauf nähert oder ob die Fragen ihn davon weiter wegbringen. Ein guter Verkäufer steuert so das Gespräch und nutzt Bejahungen für weitere Erklärungen und fragt bei Verneinungen sofort nach.

Kundenfragen im Verkaufsprozess

Auch die Fragen Ihres Kunden sind Signale. Als Top-Verkäufer erkennen Sie an der Frage, an welcher Stelle des Verkaufsprozesses Sie sich gerade befinden. Es gibt Fragen, die gehören zur Eröffnungsphase, es gibt Signale, die gehören zur Abschlussphase. Der Kunde hält sich aber nicht immer an die später in diesem Buch beschriebenen Verkaufsphasen (s. Kap. 10), sondern überspringt auch mal Phasen, dann sind Sie als Verkäufer gefragt, müssen schnell reagieren und die Signale aufnehmen und den Abschluss vielleicht einleiten, obwohl Sie noch gar keinen Einwand entkräftet haben.

Interessent am Anfang des Verkaufsgesprächs: *„Gibt es für das Produkt auch fünf Jahre Garantie?“*

Dies ist eine typische Abschlussfrage. Wenn Sie als Verkäufer aber noch nicht einmal ein Angebot abgeben haben, sollten Sie vorsichtig mit der Antwort sein.

Viele Verkäufer fallen in die sogenannte Sprung-Falle. Sie überspringen mehrere Phasen und sind schon in der Abschlussphase, während der Kunde noch in der Analysephase ist.

Bei der Sprung-Falle könnte der Verkäufer antworten: *„Ich empfehle meinen Kunden immer die gesetzliche Zweijahresgarantie abzuschließen und die dreijährige Zusatzgarantie später abzuschließen. Sollte das Produkt in den zwei Jahren einmal kaputtgehen, haben Sie die Zusatzgarantie gespart.“*

Ihr Interessent hat Sie aber nach einer fünfjährigen Garantie gefragt. Wie Sherlock Holmes sagen würde, liegen damit alle Informationen vor Ihnen, Sie müssen sie nur richtig lesen:

- Der Kunde hat sich schon informiert, vielleicht war er sogar schon bei einem anderen Hersteller.
- Dieser Hersteller bietet fünf Jahre Garantie.
- Dem Interessenten ist es wichtig, lange Garantie zu erhalten.

Sie sind noch am Anfang ihres Verkaufsgespräches, von daher ist es noch völlig egal, wie Sie die vertraglichen Modalitäten gestalten.

Was wäre also die richtige Antwort des Verkäufers gewesen?

Verkäufer: *„Ja, wir bieten Ihnen eine fünfjährige Garantie an. Bestehend aus einer zweijährigen Herstellergarantie und einer dreijährigen Zusatzgarantie. Lassen Sie uns das besprechen, wenn Sie sich entschieden haben. Darf ich fragen, welche Hersteller Sie sich schon angeschaut haben?"*

Umgekehrt erlebe ich es oft in der Praxis, dass der technische Verkäufer die Funktionsweise und Vorteile seines Produktes ausführlich erklärt hat und dieses Kapitel für sich abschließt. Umso verwunderter ist er dann, wenn er feststellt, dass sein Kunde mit weiteren Fragen aus der Analysephase auftaucht, weil er einige Funktionen noch nicht verstanden hat.

Daher sollten Sie immer eine Verkaufsphase damit abschließen, dass Sie den Kunden fragen, ob er weitere Fragen hat, oder ob alle Fragen beantwortet sind.

Die Methode der *„ungestellten Kundenfragen"* zieht sich wie ein roter Faden durch meine Vertriebstechniken, denn ich bin davon überzeugt: Je genauer Sie die Fragen Ihrer Kunden kennen, desto besser können Sie sich vorbereiten. Sie wissen schon vorher, welche Fragen Ihr Kunde in einem Verkaufsgespräch als nächstes stellen wird. Voraussetzung ist, dass Sie die Fragen sammeln, Antworten entwickeln und – das ist sehr wichtig – dass Sie diese regelmäßig trainieren! Am besten mit Kollegen, Vorgesetzten und später mit Kunden sollten Sie die Fragen permanent prüfen und weiterentwickeln. Laden Sie doch einfach einmal Ihre Kunden ein und stellen Sie ein neues Produkt/Dienstleistung vor. Die Fragen, die Sie dort hören, sind die Fragen, die später auch Interessenten stellen.

Die Kundenfragen und Ihre Antworten sind später auch Grundlage Ihrer Nutzenargumentation, welche später in Abschn. 8.2 behandelt werden.

5.2 Der echte Dialog zwischen Kunde und Verkäufer

Der echte Dialog zwischen Kunden und Verkäufer läuft im besten Fall in einem offenen und vorurteilsfreien, persönlichen Zweier-Gespräch ab. Ein solches Gespräch könnte sich wie folgt gestalten:

Beispiel

Verkäufer: *„Was suchen Sie, Herr Kunde?"*
Kunde: *„Eine Küche."*
Verkäufer: *„Was für eine Küche?"*

Kunde: *„Eine Küche für unser neues Haus.“*
Verkäufer: *„Kochen Sie viel?“*
Kunde: *„Wie gut, dass Sie fragen, ja, mindestens einmal pro Tag.“*
Verkäufer: *„Wie viele Personen leben in Ihrem Haushalt?“*
Kunde: *„Vier, mit vielen Freunden.“*
Verkäufer: *„Sehr gut, schauen wir uns mal ein paar Modelle an, die für Sie infrage kommen. Darf ich weiter fragen, worauf Sie sonst noch Wert legen?“*
Kunde: *„Gerne, also da wären …“*

Und so weiter …

Dieses Verkaufsgespräch könnte sich mit einem aufgeklärten Kunden, der weiß, was er möchte, abspielen (s. Abb. 5.2).

In technischen Branchen treffen Sie aber auch oft auf Kunden, die noch gar nicht aktiv suchen oder nicht wissen, was sie benötigen. Vor allem, wenn der Vertriebsprozess über mehrere Stufen und viele Monate geht, mit einer Gruppe an Entscheidern (sogenanntes Buying-Center) wie es im Bereich des B2B bei erklärungsbedürftigen Produkten oftmals der Fall ist. Hier treffen Sie am Anfang auf Ansprechpartner, bei denen Sie weder wissen, ob sie zu Ihren Entscheidern gehören oder zu Empfehlungsgebern. Da könnte sich ein Kundengespräch auch mal so gestalten:

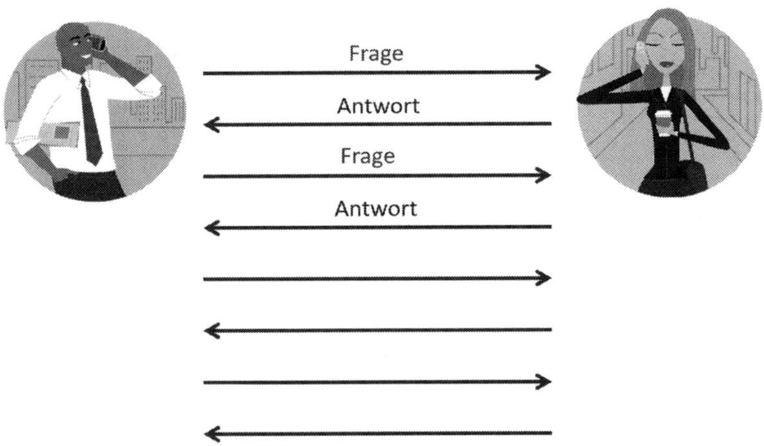

Abb. 5.2 Der echte Verkaufsdialog zwischen Kunden und Verkäufern

Beispiel

Verkäufer: *„Was möchten Sie, Herr Kunde?"*

Kunde: *„Ich weiß nicht. Stellen Sie mir Ihre Produkte doch mal vor."*

Oder anders:

Kunde: *„Senden Sie mir vorab mal eine E-Mail zu, was Sie anbieten und wir entscheiden dann, ob wir das benötigen."*

In beiden Fällen kommen Sie mit dem „echten Dialog" nicht weiter, weil kein echter Dialog zustande kommt. Nun ist es wichtig, Ihren Kunden durch ein geführtes Verkaufsgespräch – egal, ob im Rahmen einer Präsentation oder in einer E-Mail oder einem Brief – von den eigenen Leistungen zu überzeugen, um die nächste Phase des Verkaufsprozesses zu erreichen. Dazu ersetzen Sie den echten Kundendialog durch einen *„fiktiven"*. Sie überlegen sich vor dem Gespräch, welche Fragen Ihre Kunden normalerweise in dieser Phase des Vertriebsprozesses stellen. Diese Fragen können Sie vor dem Verkaufsgespräch schon erarbeiten und beantworten, dann fallen Ihnen die Antworten leichter.

▶ Für Profis: Spitzenverkäufer setzen diese Technik auch ein, um den Kunden durch Fragen zu führen. Durch sogenannte „Vorannahmen" lenken Sie die Gedanken des Kunden in die gewünschte Richtung.

Schauen wir uns ein Beispiel an: In diesem Dialog reagiert der Kunde nur auf die Fragen des Käufers. Er wird von Ihnen durch das Verkaufsgespräch geführt. Dies sollten Sie aber erst machen, wenn Sie nach einer ausführlichen Analysephase wissen, was Ihr Kunde sich wünscht. Dann übernehmen Sie das Ruder und managen den Verkaufsprozess. In diesem Beispiel hat der Verkäufer die Analysephase, Angebotsphase und die Einwand-/Argumentationsphase schon erfolgreich durchlaufen. Nun kommt er zum Preis. Und anstatt den Preis einfach nur „hinzuwerfen", zelebriert er ihn richtig.

Beispiel

Verkäufer: *„Sie denken jetzt sicher, dass dieses Produkt – bei diesen Leistungen und Garantien – sehr teuer sein muss"*

Käufer: *„Ja, die Leistungen und Garantien sind sehr umfangreich. Das kostet doch sicher viel Geld"*

Verkäufer: *„Richtig. Bei unserem Wettbewerber A würden Sie sicher über 100 EUR dafür bezahlen. Auch bei B würden Sie es nicht unter 80 EUR erhalten"*

Käufer: *„Ja, das könnte hinkommen"*

Verkäufer: *„Wir sind noch neu am Markt und machen Ihnen einen Preis, der deutlich darunterliegt. Sie erhalten diese Leistungen und Garantien nicht für 100 oder 80 EUR, sondern für 49,90 EUR. Damit sparen Sie über 50 EUR“*

Käufer: *„Das ist echt günstig“*

Verkäufer: *„Technisch erhalten Sie alles, was ich beschrieben habe. Aber den Preis kann ich leider nur bis Ende der Woche halten. Das ist ein Messe-Aktions-Preis. Von daher müssen wir schnell entscheiden“*

Und so weiter …

- Der Verkäufer macht seinen Kunden zuerst darauf aufmerksam, dass die Qualität und Wertigkeit des Produktes sehr hoch ist.
- Dann weist er darauf hin, dass eine solche Leistung viel Geld kostet. Er lässt sich die Vorannahme vom Kunden bestätigen.
- Er bringt Vergleichspreise, die höher liegen und legt damit die Messlatte hoch (Referenzpreise).
- Nun nennt er seinen Preis und rechnet die Differenz und damit die Ersparnis für den Kunden aus.
- Wenn dieser Preis vom gefühlten Wert deutlich abweicht, wird Ihr Kunde misstrauisch. Von daher müssen Sie als Verkäufer dem Kunden noch einen Grund liefern, warum der Preis so günstig ist. Damit dieser den günstigen Preis vor sich selbst rechtfertigen kann.
- Am Ende beschleunigen Sie den Abschluss durch Zeit- und Entscheidungsdruck.

Soweit der echte Dialog. Was ist aber, wenn der Kunde gar nicht direkt vor Ihnen steht, sondern Sie über ein Medium kommunizieren müssen. Dann sprechen wir vom sogenannten *„unechten Dialog“*.

5.3 Der „unechte" Dialog zwischen Kunde und Verkäufer

Bei längeren Verkaufsprozessen kommunizieren Verkäufer in vielfältiger Weise mit ihren Kunden. In vielen Fällen steht der Kunde Ihnen nicht direkt gegenüber, sondern Sie kommunizieren über ein technisches Hilfsmittel mit ihm. Dazu gehören: E-Mails, SMS, Briefe, Blogs, Internetseiten, Landingpages, Prospekte, Angebote, Videos, Webinare und vieles mehr.

In diesen Fällen haben Sie den Kunden nicht direkt vor sich, sondern müssen sich Ihren Kunden virtuell vorstellen. Sie „hören“ die Fragen des Empfängers nicht mehr, da weder er noch Sie anwesend sind. Hier wird der echte Dialog mit Ihrem Kunden durch einen „unechten" Dialog ersetzt (s. Abb. 5.3).

Prinzip der „ungestellten" Kundenfragen
Der Mensch stellt sich Fragen. Immer. Bewusst oder unbewusst. Dies gehört zu den Überlebensstrategien, welche die Menschen seit 100.000 Jahren entwickelt haben. Kommt ein anderer Mensch auf uns zu, stellen wir uns unbewusst die Frage: Freund oder Feind? Beantworteten wir diese Frage früher falsch, konnte es sein, dass dies unser letzter Tag auf Erden war. Ergebnis dieses Evolutionsprozesses: Mit großer Wahrscheinlichkeit stammen wir alle von den Vorfahren ab, die diese Frage richtig beantwortet haben.

Auch heute noch stellen wir uns die gleichen Fragen, wenn wir einen uns unbekannten Fremden treffen. Zu diesen typischen Fragen gehören:

- Wer ist das?
- Woher kommt er/sie?
- Was will er/sie?
- Was muss ich tun?

Siegfried Vögele bezeichnete diesen inneren Dialog als *„ungestellte Leserfragen"*. Ich bezeichne diese Fragen als *„ungestellte Käuferfragen"*. Fragen, die sich ein Käufer in den verschiedenen Stufen des Verkaufsprozesses unbewusst oder

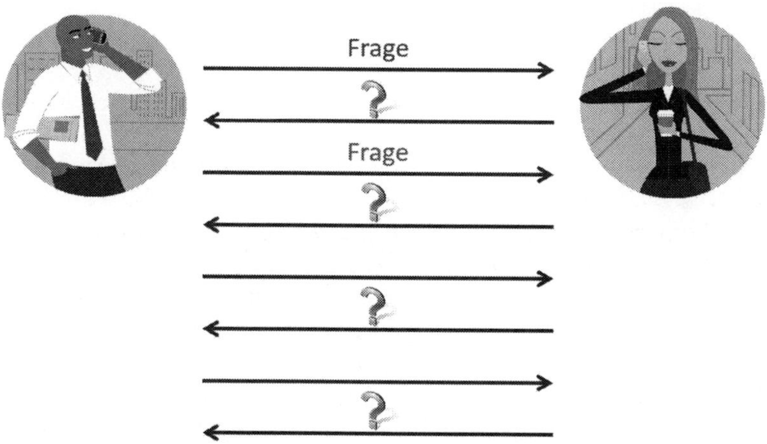

Abb. 5.3 Unechter Verkaufsdialog

auch bewusst stellt. Schon in einfachen Verkaufsgesprächen tauchen rund 20 Fragen auf, die sich Ihr Kunde stellt. Je komplexer sich ein Verkaufsprozess gestaltet, desto mehr Fragen stellt sich ein Kunde. Da wir rund fünfmal schneller denken, als wir sprechen können, können wir uns auch viel schneller Fragen ausdenken.

Welche Fragen sich Ihr Gesprächspartner stellt, richtet sich nach vielen verschiedenen Faktoren: Ausbildung, Beruf, Gesprächssituation, persönliche Eigenschaften des Gesprächspartners, Branche, Unternehmensgröße, Bedingungen im Unternehmen und nicht zuletzt Phase des Verkaufsgesprächs.

Nehmen wir ein Beispiel, welchen Einfluss die Zielgruppe auf die ungestellten Käuferfragen hat. Treffen Sie als Verkäufer auf einen Einzelhändler könnte es sein, dass Ihr Kunde sich folgende Fragen stellt:

- Was verdiene ich damit?
- Wie viel Rabatt gibt es?
- Wie schnell verkauft sich das?

Treffen Sie mit Ihrem Angebot auf einen Handwerker, könnte er sich folgende Fragen stellen:

- Was kostet das?
- Was nützt mir das?
- Was spare ich dadurch ein? Zeit? Personal?

Im Grunde vereinen sich alle Fragen zu einer einzigen Frage: *Welchen Vorteil habe ich als Kunde dadurch?* Kunden suchen immer nach ihren spezifischen, individuellen Vorteilen. Dies bedingt auch die Nutzenargumentation, die wir später in Abschn. 7.2 behandeln werden. Dabei gibt es gemeinsame Fragen, die sich alle Menschen stellen, unabhängig von Beruf, Alter und Herkunft. Und es gibt spezifische Fragen, die sich situativ unterscheiden. Wir haben die Käuferfrage neu eingeteilt und unterscheiden sie nach drei Arten (s. Abb. 5.4).

Unter Grundfragen verstehen wir Fragen, die unabhängig von den angebotenen Produkten oder Dienstleistungen gestellt werden. Meist sind dies Fragen zu Ihrer Person als Verkäufer, Ihrer Firma, Ihrer Herkunft oder Ihrer Geschichte.

Neben den Grundfragen gibt es dann spezifische Fragen; je nachdem, welches Produkt oder welche Dienstleistung Sie anbieten.

Darüber hinaus werden die Käuferfragen auch noch nach der Phase des Verkaufsprozesses unterschieden. Wenn Sie sogenannte „Weiße Ware“ wie Kühlschränke oder Waschmaschinen verkaufen, wird ein Kunde Sie selten am Anfang des Verkaufsgespräches fragen, ob Sie das Altgerät bei dem Kauf eines Neugerätes auch entsorgen. In der Abschlussphase könnte diese Frage aber durchaus auftreten.

Abb. 5.4 Fragearten im Verkaufsgespräch

5.4 Fragen, die sich ein Kunde stellt

Wie schon zuvor beschrieben, stellt sich ein Kunde bewusst oder unbewusst über den gesamten Verkaufsprozess Fragen. In diesem Abschnitt beantworten Sie diese Fragen mal für sich und Ihr Angebot.

5.4.1 Grundfragen

Die Grundfragen sind Fragen, die sich Kunden unabhängig von der später angebotenen Leistung stellen. Die Grundfragen werden normalerweise beim ersten Kennenlernen gestellt, damit sind diese bei der Neukundengewinnung eminent wichtig. Werden die Grundfragen nicht oder falsch beantwortet, baut sich keine Beziehung zwischen dem Verkäufer und dem Käufer auf.

Ergo: Ohne Beziehungsebene werden Sie die Sachebene nicht erreichen (s. Abschn. 6.2). Die systematische Beantwortung der Grundfragen hat daher mehrere Funktionen:

- Aufbau von Vertrauen zwischen Käufer und Verkäufer
- Beantwortung der Neugier (wer, woher, was)
- Aufbau einer Beziehungsebene
- Information und Einordnung des Menschen

Zu den Grundfragen gehören die typischen Fragen zu Ihrem Unternehmen und deren Geschichte. Darüber hinaus interessiert sich der Kunde auch immer für Ihre Person. Dies vor allem dann, wenn der Kunde mit Ihnen eine langfristige Geschäftsbeziehung eingehen soll, wie es in vielen Geschäftsbeziehungen der Fall ist.

Ich erlebe es in der Praxis immer wieder, dass gerade diese Phase der Vertrauensbildung von rational gesteuerten Menschen, wie man sie in der Beratung oft antrifft, unterschätzt wird.

Bitte versetzen Sie sich einmal in die Situation eines Kunden, der viel Geld investieren soll, eventuell lange mit Ihnen zusammenarbeiten muss (Projektdauer) und mit dem Sie zusammen komplexe Aufgaben lösen müssen. Eine typische Situation im Maschinenbau, der IT-Industrie, der Pharmaindustrie oder Medizintechnik – ja bei allen komplexeren Dienstleistungen und vielen B2B-Geschäften.

Sie müssen mit dem neuen Kollegen oder Berater interne und vielleicht geheime Informationen austauschen. Sie investieren als Kunde viel Zeit und Geld und der Erfolg des Projektes ist auch ein Baustein Ihrer Lebensleistung und Ihrer zukünftigen Karriere. Aus diesem Grund möchten Sie als Kunde vorab die folgenden Fragen beantwortet haben:

- Vertraue ich dem Menschen?
- Ist der Mensch kompetent?
- Handelt er verantwortungsvoll?
- Steht er mir langfristig als Ansprechpartner zur Verfügung?
- Hat er gleiche Werte und Moralvorstellungen wie ich?
- Arbeite ich gerne mit dem Menschen zusammen?

Dieses Vertrauen bauen Sie durch die Beantwortung der latent vorhandenen „Grundfragen" auf. Von daher rate ich Ihnen:

▶ Beantworten Sie immer – gefragt oder ungefragt – die Grundfragen in den ersten Gesprächsminuten.

Eröffnen Sie so einen Geschäftstermin, beantworten Sie diese Fragen in einem Brief oder E-Mail, senden Sie ihm vorab Prospekte und Kundenreferenzen zu. Wenn Sie diese Fragen nicht beantworten, überlassen Sie es dem Kunden, sich ein Bild von Ihnen und Ihren Leistungen zu machen, oder – was noch viel schlimmer ist – überlassen Sie es der Konkurrenz und dem Wettbewerb, den Kunden über Ihr Unternehmen aufzuklären. Und diese verfolgen zumeist andere Interessen als Sie!

Meine eigene Argumentation der Grundfragen

Es gibt Grundfragen, denen Sie immer wieder begegnen, egal, welche Branche, für welche Zielgruppe Sie arbeiten oder welches Produkt Sie adressieren.

Diese Fragen haben ihren Ursprung im menschlichen Verhalten nach Neugier, Vorteilssuche, Vertrauensaufbau, Ich-Bedürfnis. Wenn man wichtige Grundfragen nicht beantwortet, bleibt der Dialog stecken, da das Vertrauen nicht aufgebaut wird. Eine einfache Frage, wie: *„Warum kommen Sie gerade zu mir?"*, können Sie als Verkäufer nicht unbeantwortet stehen lassen. Bevor Sie Ihr Anliegen und Ihre Produkte vorstellen dürfen, müssen Sie eine plausible Antwort darauf geben, ansonsten stockt der Verkaufsprozess.

Wir haben für Sie die meistgestellten Grundfragen einmal zusammengestellt. Ergänzen Sie die Fragen bitte um eigene und beantworten Sie die typischen Grundfragen, die Ihnen ihr Interessent/Kunde stellt (Vögele 2002, S. 176):

- Woher kommen Sie als Verkäufer?
- Was bringen Sie mit?
- Von welchem Unternehmen kommen Sie?
- Wer ist Ihr Auftraggeber?
- Woher haben Sie meine Adresse?
- Kenne ich Ihr Unternehmen?
- Was wissen Sie von mir?
- Was wissen Sie von meinem Geschäft (Produkt)?
- Warum kommen Sie zu mir?
- Welchen Vorteil bieten Sie mir?
- Habe ich überhaupt Bedarf?
- Wie habe ich den Bedarf bisher gelöst?

Beantworten Sie diese Fragen im Brainstorming mit Ihren Kollegen, die Kundenkontakt haben. Sammeln Sie Antworten bei der Geschäftsführung, dem Vertrieb, dem Service, den Kollegen aus der Technik. Die Antworten auf diese Fragen können Sie auch für Ihre Marketingmaßnahmen einsetzen. Die Kollegen aus dem Marketing (Brief-Marketing, Prospektgestaltung, E-Mail-Werbung und so weiter) sind sicher dankbar, wenn Sie Antworten auf diese Fragen erhalten.

5.4.2 Produktfragen

Neben den Grundfragen kommen dann noch die spezifischen Kundenfragen zu Ihrem Angebot oder Ihrer Dienstleistung in Betracht. Diese Fragegruppe, die nur bei Ihren Produkten und Ihrer Zielgruppe vorkommen, nennt man Produktfragen. Im Verkaufsgespräch kommen die Produktfragen meist in der Mitte des Verkaufsgespräches vor.

Hier sucht der Kunde genauere Informationen und Fragen zum Produkt und dem Angebot.

Den Umgang mit solchen Produktfragen liegt weniger im menschlichen Verhalten. Diese Fragen entstehen durch den Bedarf, die eigenen Erfahrungen mit ähnlichen Angeboten, der Konjunktur, dem Trend oder ähnliche Gedanken. Siegfried Vögele listet in seinem Buch „Das Verkaufsgespräch per Brief und Antwortkarte“ die Quellen für Produktfragen auf (Vögele 2002).

- Welche Vorteile bietet die neue Lösung gegenüber der bisherigen?
- Wer beweist das?
- Ist das etwas für mich?
- Wie kann ich mich persönlich davon überzeugen?
- Die bisherige Erfahrung mit uns als Geschäftspartner.
- Die bisherige Erfahrung mit unseren Produkten.
- Die bisherige Erfahrung mit unserer Branche.
- Der Preis.
- Der Bedarf.
- Die neuen technischen Entwicklungen.
- Die Konjunktur.
- Die Mode.
- Der Trend.
- Die gesetzlichen Bestimmungen.
- Die Liquidität.
- Das Vertrauen in die Zukunft.
- Die Beurteilung der politischen Lage.
- Die Jahreszeit.

Aus diesen Quellen speisen sich die Produktfragen. Verändert sich unsere Umwelt, verändern sich die Produktfragen. Als Beispiel dient eine Finanzinvestition: Zu Zeiten des „Neuen Marktes“ 1999 wollten Anleger wissen, wie sie schnell viel Geld verdienen können. Zur Bankenkrise 2008 wollten Anleger wissen, ob ihr investiertes Kapital überhaupt sicher ist und bei der Niedrigzinspolitik heute fragen sich Anleger, ob sie überhaupt noch Geld rentabel anlegen können. Jede Zeit erzeugt andere Fragen und damit andere Antworten.

Anbei nenne ich Ihnen eine Liste möglicher Produktfragen, die mir in meiner täglichen Vertriebsarbeit schon untergekommen sind. Ich empfehle Ihnen, sich eine eigene Liste mit möglichen Produktfragen aufzuschreiben. Aus meiner Erfahrung gilt die Regel: Stellen Ihnen mehr als drei Kunden die gleiche Frage, sollten Sie diese zu Ihrer Liste hinzufügen und eine passende Antwort dafür erarbeiten!

- Aus welchem Material besteht das Produkt?
- Welche Lebensdauer kann ich erwarten?
- Welche Verschleißteile enthält es?
- Wie hoch sind die Folgekosten?
- Wie reparaturanfällig ist das?
- Wer kann es reparieren?
- Welcher Service wird geboten?
- Wo ist der nächste Vertragshändler?
- Wo ist die nächste Werkstatt?
- Wie schwer ist das Produkt?
- Wer liefert das?
- Wie wird es transportiert?
- Wie wird es geliefert?
- Wer stellt es auf?
- Muss ich vorher ausgebildet werden?
- Was mache ich mit dem bisherigen Produkt?
- Kann ich das alte Produkt zurückgeben?
- Lohnt sich der Austausch schon?
- Muss ich vorher ausgebildet werden?
- Gibt es Patente, Prüfsiegel, Gutachten?
- Ist das Produkt völlig neu?
- Ist das Produkt altbewährt?
- Wer ist die Firma oder der Firmengründer?
- Wo hat die Firma ihre Niederlassungen?
- Wer sind die Gesellschafter?
- Wer sind die Kapitalgeber?
- Gibt es internationale Verflechtungen?
- Gibt es das Produkt auch in anderen Sprachen?
- Was bietet die Konkurrenz?
- Was kostet das Konkurrenzprodukt?
- Welche Rabatte gibt es?
- Welche Versandeinheiten?
- Ist es lagerfähig?
- Ist es leicht zu stapeln?
- Wie hoch ist die Umschlaggeschwindigkeit?
- Gibt es gesetzliche Vorschriften?

- Welche Qualitätsgarantie gibt es?
- Wer kontrolliert die Qualität?
- Welche Garantien gibt es?
- An wen wende ich mich bei Reklamationen?
- Was kostet das Produkt?
- Welche Zahlungskonditionen gibt es?
- Kann ich es mieten oder leasen?
- Was muss ich vorher noch entscheiden?
- Wie lange läuft der Vertrag?
- Wann kann ich kündigen?
- Welches Risiko gehe ich ein?
- Welche Sicherheiten gehe ich ein?
- Passt das Produkt in mein Sortiment?
- Passt es zum Image meines Hauses?
- Soll ich jetzt reagieren oder erst später?
- Ist das Produkt umweltfreundlich?
- Ist es gesund?
- Wie viel Energie braucht das Produkt?
- Wie hoch sind die Betriebskosten?
- Wie hoch sind die Reparaturkosten?
- Was kosten die Ersatzteile?
- Wer baut die Ersatzteile ein?
- Was kann ich selbst basteln oder bauen?
- Was sagt mein Steuerberater dazu?
- Was sagt mein Anwalt dazu?
- Was erlebe ich später als Besitzer?
- Nützt das meiner Karriere?
- Nützt es meiner Familie?
- Wann hat sich das Produkt amortisier?
- Ab wann verdiene ich Geld damit?
- Welche Handelsspanne bleibt mir?
- Welche Frachtkosten entstehen?
- Was bekomme ich zusätzlich als Geschenk oder Prämie?
- Was mache ich mit der Ware, wenn sie mir nicht gefällt?
- Wie schicke ich sie zurück?
- Wie bekomme ich mein Geld zurück?
- Wie wird berechnet?
- Wann wird berechnet?
- Wann muss ich zahlen?

- Wer betreut mich als Kunde?
- Wo kann ich das Produkt vorher anschauen?
- Welche Probezeit wird mir eingeräumt?
- Welche Größe ist für mich richtig?
- Wie formuliere ich meine Bestellung?

Ihre Liste ist sicher schnell erstellt. Vor allem die Techniker unter den Lesern finden schnell Antworten auf viele Fragen. Fragen dieser Art begegnen uns täglich und deshalb sind sie uns schneller gegenwärtig als die Grundfragen, über die wir seltener nachdenken.

5.4.3 Prozessfragen

Als dritten Teil behandeln wir Prozessfragen. Diese beziehen sich auf den Verkaufsprozess und die Inbesitz- oder Inbetriebnahme des Produktes oder der Dienstleistung. Diese Fragen sollten Sie zum Ende des Gespräches beantworten, um den Kunden durch den Verkaufsprozess zu führen. Ihr Kunde hat keine Ahnung, wie der Kaufprozess abläuft, er ist auf Ihre Unterstützung und Erfahrung angewiesen. Meist haben Ihre Kunden auch nicht den Kopf frei, um den Verkaufsprozess intensiv zu begleiten. Das Tagesgeschäft, Privatleben und was sonst noch so im Leben passiert, beschäftigt Ihre Kunden so sehr, dass sie froh sind, wenn sie im Kaufprozess vom Verkäufer geführt und geleitet werden. Von daher sollten Sie auf diese Fragen Antworten entwickeln:

- Was soll ich jetzt konkret tun?
- Was passiert nach meiner Entscheidung?
- Muss ich etwas Bestimmtes auswählen?
- Muss ich etwas unterschreiben?
- Muss ich etwas kaufen?
- Was wird mein Chef dazu sagen?
- Was wird meine Familie dazu sagen?
- Was werden meine Freunde dazu sagen?
- Hat die Entscheidung noch Zeit?
- Was passiert, wenn ich nicht reagiere?
- Muss ich jemanden anrufen?
- Gibt es einen Haken?
- Wie erreiche ich den Verkäufer, wenn ich mich entscheiden möchte?
- Was kostet mich das?

- Ist dieses Produkt diesen Preis wert?
- Auf welchen Wegen kann ich kaufen?
- Wer sendet mir das Angebot zu?
- Wer bestätigt mir, dass ich gekauft habe?
- Wann wird mir das Produkt zugestellt?
- Wie kann ich sehen, wo sich mein Produkt befindet?
- Wer ist dafür mein Ansprechpartner?
- Wer hilft mir bei der Inbetriebnahme?
- Wie werde ich geschult?
- Was passiert, wenn das falsche Produkt geliefert wird?
- Was passiert, wenn etwas kaputtgeht?
- Wo bekomme ich Zubehör?
- Wo finde ich Leute, die gleiche Erfahrungen haben?

Sie sollten sich eine eigene Liste mit mindestens 50 Grundfragen, 100 Produktfragen und 30 Prozessfragen zusammenstellen. Das hilft Ihnen in allen Arten des Verkaufsgesprächs, ob persönlich, per E-Mail, per Werbung, auf Messen oder im Internet. Außerdem sind die Fragen sehr gut geeignet für Kreativitätstechniken, um neue Ideen für Antworten oder Angebote zu entwickeln.

Was ist, wenn die Antworten zu individuell sind?
Sollten Sie die Fragen nicht ohne eine Projektanalyse beantworten können (wie es bei Angeboten in komplexen B2B-Geschäften häufig der Fall ist), sollten Sie dies gegenüber Ihrem Kunden offen kommunizieren. Ihr Kunde erwartet von Ihnen, dass Sie eine verlässliche Kalkulation nennen, mit der er in seinem Unternehmen das Projekt durchsetzen kann. Denn sein Problem heißt: Was sage ich meinem Chef, wie lange wir für das Projekt benötigen und wie viel es kostet?

Versetzen Sie sich bitte wieder in die Situation Ihres Kunden. Er möchte das Produkt in seinem Unternehmen einsetzen (das gleiche gilt für Projekte und Prozesse). Wenn dies gelingt, kann es für seine Karriere, für seinen Lebenslauf und natürlich für seine Abteilung und seine Firma einen großen Mehrwert bringen. Wenn das Projekt scheitert, wird sich das allerdings genauso negativ auf seine Karriere auswirken. Nur ein erfolgreiches Projekt bringt Ihren Kunden in seiner Position und Karriere weiter.

Daher: Helfen Sie Ihrem Kunden und führen Sie ihn durch das Verkaufsgespräch. Sie können zum Beispiel sagen: *„Lieber Herr Kunde, ich verstehe Ihre vielen Fragen, aber der Aufwand für Ihr Projekt ist in der jetzigen, frühen Phase schwer zu beziffern. Lassen Sie uns gemeinsam das Projekt sauber und ordentlich analysieren und dann quantifizieren. Sie erhalten eine Investitionsübersicht über*

Zeit, Ressourcen und Geld. Zuletzt führen wir gemeinsam noch eine ROI-Analyse (Return-on-Investment) durch, damit Sie ein Gefühl dafür bekommen, wie schnell sich das Projekt amortisiert. Mit diesen Informationen können Sie dann in Ruhe entscheiden, wann Sie das Projekt starten."

Nicht jeder Verkäufer muss das Rad neu erfinden. Bilden Sie in Ihrem Unternehmen Arbeitsgruppen, schreiben Sie die meistgestellten Kundenfragen zu Ihrem Produkt/Dienstleistung auf und beantworten Sie diese schriftlich. Stellen Sie dieses Dokument allen Verkäufern zur Verfügung, zum Beispiel ins Intranet und besprechen Sie dies beim nächsten Sales-Meeting. Üben Sie regelmäßig die Antworten und prüfen Sie neue Ideen und Lösungen aus. So stellen Sie sicher, dass alle Verkäufer über das gleiche Fachwissen verfügen.

Für Kunden stellen Sie diese Fragen als FAQs auf der Internetseite zur Verfügung. FAQ heißt Frequently Asked Question. Dies sind die am häufigsten gestellten Kundenfragen und damit genau das, was wir in diesem Abschnitt besprochen haben.

Antworten führen zu neuen Ideen

Jetzt haben Sie viel Zeit und Energie in das Sammeln der Fragen und dem Beantworten gesteckt. Nun können Sie diese Antworten auch für neue Antworten nutzen, die Sie vorher so noch nicht hatten.

Neue Ideen sind stärkere Motive und vor allem: Es sind Antworten, die Ihre Kunden von Ihrem Wettbewerber noch nicht oder noch nicht so gehört haben. Denn alle bisherigen Antworten haben zu dem bisherigen Verhalten ihrer Zielgruppe geführt. Wenn diese Antworten aber bisher nicht den gewünschten Erfolg gebracht haben, kann das mehrere Gründe haben:

1. Vielleicht hat Ihre Zielgruppe in den bisherigen Antworten keine Vorteile für sich erkannt (in diesem Fall waren die Antwortideen zu schwach).
2. Oder Sie waren in den Handlungsaufforderungen zu unkonkret.
3. Es kann aber auch sein, dass Ihre Zielgruppe Ihre Antwortideen einfach noch nie gelesen hat!
4. Vielleicht versprechen auch alle Anbieter die gleichen Vorteile und Nutzen. Ihre Zielgruppe ist einfach der immer gleichen Argumente müde.

Egal, welches der Argumente zutrifft, Sie verpacken nun die Argumente in neue Antworten und differenzieren sich dadurch gegenüber Ihren Wettbewerbern (s. Abb. 5.5). Sie können ganz systematisch zu diesen Antworten kommen. Ergänzen

Werbeaussage der Konkurrenz	Antworten der Konkurrenz	Unsere Antworten	Verstärker, Filter
Geiz ist Geil!	Wir sind billig.	Qualität ist besser!	30 Jahre Garantie!

Abb. 5.5 Neue Antwortideen

Sie dabei Ihre unausgesprochenen Kundenfragen mit neuen Antwortideen. Dabei reichen oftmals schon Stichworte. Dabei gehen Sie wie folgt vor:

1. Sie sammeln alle Antworten, die Sie, Ihre Kollegen im Innen- oder Außendienst oder das Marketing auf diese Fragen gegeben haben. Nutzen Sie dabei auch Antworten aus Werbung und Korrespondenz.
2. Erweitern Sie danach auch die Liste um die Aussagen und Antworten der Konkurrenz. Überlegen Sie, welche Antworten Ihr Hauptwettbewerber oder der Marktführer auf diese Kundenfragen gegeben hat. Schauen Sie sich dabei auch die sogenannten Kurzantworten an. Unter Kurzantworten verstehen wir Headlines, Bilder und Bildunterschriften. Diese werden von den Zielgruppen zuerst gelesen, die Aussagen im Fließtext erst in einem zweiten Durchlauf.
3. Bedenken Sie bitte: Ihre Zielgruppe bekommt auch die Antworten Ihrer Wettbewerber zu lesen und hören. Sie stehen daher in einem Spannungsverhältnis zwischen Ihren Antworten und der der Konkurrenz.

Beispiel

Stellen Sie sich bitte vor, Sie sind Verkäufer einer historischen Benzinlampe für das Camping. Jetzt kommt die Konkurrenz und preist seine neuen LED-Lampen an. Für einen Kunden heißt neu: besser. Er erhofft sich davon: helles Licht, Sparsamkeit, Investitionssicherheit, Langlebigkeit und vieles mehr. Wie reagieren Sie nun als Verkäufer? Entweder Sie machen Druck auf den Hersteller, endlich auch LED-Technologie anzubieten oder Sie müssen sich als Verkäufer etwas einfallen lassen. Sie könnten zum Beispiel hingehen und den Nachteil Ihrer Technik als Vorteil verkaufen: „tausendfach bewährt/der Klassiker/das Original" sind dann Ihre Werbeaussagen. Dadurch ändern sich Ihre Zielgruppen und vielleicht auch der Nutzen. Im besten Fall sehen Sie sich nicht mehr als Konkurrenz zu LED, sondern als Ergänzung. Kunden besitzen eine LED-Lampe für das schnelle, helle Licht und nutzen Ihre Benzinlampe als Event für Wärme und eine positive Stimmung im Geiste eines Lagerfeuers. Wenn Sie so denken, ist jeder LED-Lampen-Kunde auch ein potenzieller Öl-Lampen-Kunde.

Nachdem Sie die Antworten alle gesammelt haben, bewerten Sie diese bitte mit Plus oder Minus. Ein Plus steht für ein „Ja", ein Verstärker in Ihrem Verkaufsdialog (s. Abschn. 5.1). Ein Minus steht für ein „Nein", ein Filter in Ihrem Verkaufsdialog. Eine negative oder nicht beantwortete Frage führt zu einem kleinen „Nein". Nach der in diesem Buch beschriebenen Dialogmethode addieren sich die kleinen „JAs" und „NEINs" und entscheiden später über das Reaktionsverhalten Ihrer Kunden.

Bedenken Sie daher bitte: Eine kleine Antwortidee führt dann zu einem Ja, wenn der Leser einen Vorteil in der Aktion sieht. Stellen Sie sich bei jeder Antwortidee immer die Frage: Was habe ich davon? Was bringt mir dies ein? Erst wenn Ihr Kunde auch die letzte Abschlussfrage mit „ja", „super", „großartig", „genauso" oder „wunderbar" beantwortet hat, bewähren sich Ihre Ideen als Verstärker. Zuletzt bewerten Sie Ihre Antwortideen mit der prüfenden Frage: *„Was hat mein Kunde davon?"* Nun wählen Sie aus den Antwortideen die 10, 20 oder maximal 30 Ideen aus, denen Sie die größte Verkaufskraft zutrauen. Konzentrieren Sie sich dabei auf die Ideen, die von der Konkurrenz noch nicht oder in der Form noch nicht benutzt wurden, und die bei dem Kunden ein großes „JA" hervorrufen.

Probieren Sie diese Technik am besten heute noch aus. Neue Ideen schützen Sie vor der Konkurrenz, vor Urheberschutz und vor Vergleichbarkeit. Wieder ein kleines Beispiel: Elektroautos gibt es viele am Markt. Einen Tesla aber nur einmal. Neue Ideen differenzieren Sie von der Konkurrenz und führen zu echtem Urheberschutz, ohne Anwälte und Gesetze – einfach durch die Kraft der Worte.

5.4.4 Fragematrix

Zu guter Letzt wollen wir dieses Konzept noch weiter vervollständigen. Sie haben nun auf der einen Seite die Grundfragen, Produktfragen und Prozessfragen erarbeitet. Auf der anderen Seite werden diese Fragen aber auch von den einzelnen Abteilungen völlig unterschiedlich beantwortet. Machen Sie sich das an einem einfachen Beispiel deutlich:

Beispiel

Sie sind ein mittelständisches Unternehmen mit rund 30 Jahren Marktzugehörigkeit und verkaufen eine Maschine. Die Fachanwender werden Sie nach der Funktionsweise der Maschine fragen. Die IT wird Sie nach der Integration in die bestehende technische Infrastruktur fragen. Der Einkauf möchte einen verlässlichen Partner und interessiert sich dafür, wie lange Sie am Markt sind und wer als Ansprechpartner infrage kommt (s. Abb. 5.6).

Die Produktion fragt Sie nach Garantien, Zertifikate und Sicherheiten, falls die Maschine nicht hält, was Sie als Verkäufer versprechen. Die Finanzabteilung wird Ihre Bonität und Liquidität vielleicht prüfen wollen. Für jede Abteilung benötigen Sie eine andere Antwort auf die einfache Frage: *„Warum sollen wir mit Ihnen zusammenarbeiten?"*

- Antwort für die Fachanwender: *„Wir haben die effektivsten und anwenderfreundlichsten Maschinen."*
- Antwort für die IT-Abteilung: *„Wir haben die modernsten Maschinen mit der größten Integration."*
- Antwort für die Leitung der Fachabteilung: *„Wir sind führend am Markt mit sehr guten Referenzen."*
- Antwort für den Einkauf: *„Wir geben fünf Jahre Garantie und einen Vor-Ort-Support."*
- Antwort für die Finanzabteilung: *„Wir sind seit 30 Jahren am Markt und vollkommen eigenfinanziert."*
- Antwort für die Geschäftsführung: *„Wir haben die effektivsten Maschinen mit dem besten ROI (Return-on-Investment)."*

Frageart	Abteilung	Frage	Antwort	Kundennutzen
Grundfragen	Einkauf	Wie lange gibt es Sie schon?	Wir sind seit über 30 Jahren am Markt	Zuverlässigkeit, Sicherheit
Produktfragen	Einkauf			
Prozessfragen	Einkauf			

Abb. 5.6 Jede Abteilung stellt andere Fragen

Beantworten Sie nun Ihre eigenen Fragen. Machen Sie sich eine Tabelle, in der auf der x-Achse die Fachabteilungen stehen und auf der y-Achse die Fragen. Dann beantworten Sie diese Fragen wie zuvor besprochen.

Resümee

Die ungestellten Kundenfragen sind eine hervorragende Technik, um sich als Verkäufer auf ein Kundengespräch vorzubereiten. Sie lernen nicht nur viel über Ihr eigenes Unternehmen, Ihre Produktpalette und den Verkaufsprozess, sondern Sie sind in der Lage, den Gesprächsverlauf vorherzusagen und zu steuern.

Die ungestellten Kundenfragen sind auch Basis für Werbetexte und die FAQs für Kunden in Ihren Marketingunterlagen. Damit machen Sie Ihren Verkaufsprozess deutlich effektiver.

Literatur

Buhr A (2011) Vertrieb geht heute anders: Wie Sie den Kunden 3.0 begeistern. Gabal, Offenbach

Vögele S (2002) Das Verkaufsgespräch per Brief und Antwortkarte, 10. Aufl.Verlag Moderne Industrie, Landsberg am Lech

Sechste Woche: Kommunikationstechniken für Top-Verkäufer

6

Zusammenfassung

Die Kommunikation ist eines der wichtigsten Werkzeuge verkäuferischer Arbeit. Umso wichtiger ist es für Verkäufer, die Techniken der Kommunikation zu kennen und nach Bedarf einzusetzen. Zu den Grundtechniken der Kommunikation gehören das Sender-Empfänger-Modell, die Axiome Watzlawicks, die drei Arten des Zuhörens sowie das Vier-Ohren-Modell (oder Vier-Seiten-Modell) nach Schulz von Thun. Diese Kommunikationstechniken führen dazu, dass Verkäufer den Kunden und sein Anliegen besser verstehen und darauf kommunikativ professionell reagieren können.

Frank bereitete sich auf das Kundengespräch vor. Seine Kollegen wiesen Frank darauf hin, dass das Wort die stärkste Waffe des Verkäufers sei. Frank redete gerne und viel, was wohl ein Grund war, ihn als Verkäufer einzustellen. Wer reden kann, kann auch zuhören, dachte sich Frank. Aber aus eigener Erfahrung wusste er, dass in der Kommunikation zwischen Menschen viel falsch verstanden werden konnte. Er fragte sich, wie er so kommunizieren konnte, dass er von seinen Kunden auch wirklich richtig verstanden wurde und er seine vertrieblichen Ziele so leicht wie möglich erreichte.

▶ „Die Qualität meiner Kommunikation bestimmt die Qualität meines Lebens!" Dirk Michael Lambert, Business-Coach (2017, S. 53).

Kein anderes „Werkzeug" ist so effektiv, wie die verkäuferische Kommunikation. Sie dürfen keinen Kunden dazu zwingen, etwas bei Ihnen zu kaufen. Das Einzige, was Sie können, ist reden. Der erfolgreiche Verkaufstrainer Klaus Jürgen Fink

O. Esters, *Kompaktkurs Verkaufen im B2B*,
https://doi.org/10.1007/978-3-658-15678-7_6

bemerkt in seinen Vorträgen, dass Verkäufer „Maulwerker sind, keine Handwerker“ (Fink 2016). Kommunikation ist aber ein sehr breites und komplexes Themenfeld. Neben dem Senden von Informationen (Reden) ist das Empfangen (Zuhören) genauso wichtig, wenn nicht sogar wichtiger.

Den Rahmen für Ihre Kommunikation bilden Ihre Traditionen, Werte, Kulturen und die aktuelle Lage, in der Sie sich gerade befinden (s. Abb. 6.1). Die Kommunikation mit einem österreichischen Skilehrer im Urlaub verläuft sicher anders als die mit einem norddeutschen Vorgesetzten im Beruf.

Sie kommunizieren mit Ihrem Körper, mit Ihren Augen, mit Gesten oder mit Ihrem Tonfall. Dies sind der Zauber und das Geheimnis von Satire und Sarkasmus. Diese Feinheiten können aber auch schnell falsch verstanden werden und macht Ironie so kompliziert und gefährlich. Ich rate daher jedem Verkäufer, Ironie und Sarkasmus zu Hause zu lassen. Sie sind im Vertrieb fehl am Platz, weil sie schnell falsch verstanden werden.

Das wichtigsten Kommunikationsmedien im Vertrieb sind Ihr Auftreten (Körperhaltung) und das Senden und Empfangen des gesprochenen Wortes. Deshalb beschäftigen wir uns in diesem Kapitel mit Ihrem Auftreten, dem Senden von Informationen und dem Empfangen (Zuhören und Bewerten) von Informationen.

▶ Kommunikation ist ein spannendes und faszinierendes Gebiet, mit dem Sie andere Menschen steuern und beeinflussen, aber auch unterstützen können, Ergebnisse selbst zu produzieren.

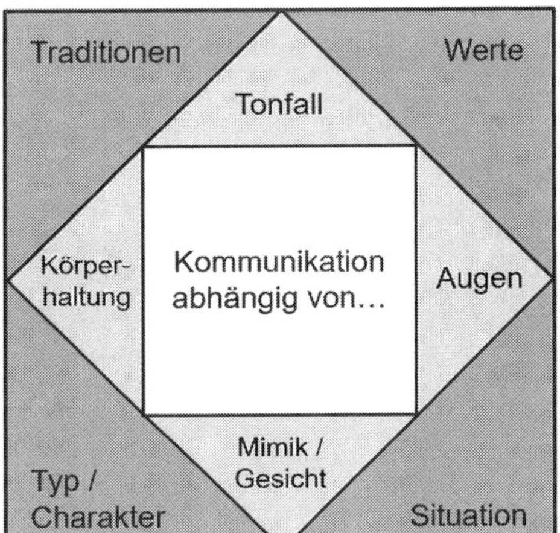

Abb. 6.1 Einflussfaktoren auf die Kommunikation

Eine berühmte Aussage, die viele Verkäufer fürchten, ist der Satz: *„Ihr Produkt ist zu teuer.“*

In den folgenden Abschnitten stelle ich Ihnen einige Lösungsansätze für die Übersetzung und Bewertung dieser Aussage vor. Diese sind aber nicht aufeinander aufbauend, sondern eher parallel zu betrachten. Sie müssen sich das so vorstellen wie eine Säge, einen Bohrer und eine Schleifmaschine für einen Schreiner. Es gibt keine Hierarchie der Werkzeuge, da jedes Werkzeug eine bestimmte Funktion hat, welche das andere Werkzeug nicht ersetzt, sondern ergänzt. Viele Kommunikationswissenschaftler haben eigene Ansätze entwickelt, die ein bestimmtes Kommunikationsproblem lösen. Im Ergebnis verfügen Sie heute über einige spannende Kommunikationswerkzeuge, die Ihnen in der täglichen Vertriebspraxis wertvolle Dienste leisten.

Trainieren und üben Sie diese Techniken immer wieder und entwickeln Sie sich dabei ständig weiter. Kommunikation ist ein absolut faszinierendes und enorm mächtiges Werkzeug, das Ihnen im Leben – beruflich und privat – zu Glück, Erfolg, Zufriedenheit und eine Leichtigkeit des Seins verhilft, die es wert ist, angestrebt zu werden.

6.1 Sie kommunizieren immer

Die Grundlagen der modernen Kommunikationstechniken hat der Wissenschaftler Paul Watzlawick gelegt. Er entwickelte fünf Grundannahmen (Axiome), die für das Verständnis der Kommunikation wesentlich sind. Die ersten beiden sind für Sie als Verkäufer sehr interessant. Diese zwei Axiome sind:

1. **Axiom:** „Man kann nicht nicht kommunizieren“ (Watzlawick et al. 1996, S. 53)
2. **Axiom:** „Jede Kommunikation hat einen Inhalts- und einen Beziehungsaspekt, derart, dass letzterer den ersteren bestimmt und daher eine Metakommunikation ist.“ (Watzlawick et al. 1996, S. 56)

Wenn Sie denken: *„Ich verstehe kein Wort, von dem was Watzlawick da schreibt“*, kann ich das gut nachvollziehen. Seine Sprache ist sehr wissenschaftlich und abstrakt. Dennoch waren diese Axiome eine Revolution, weil die Kommunikation erstmalig in ihrer Gesamtheit betrachtet wurde. Für uns als Verkäufer ist es wichtig, die praktischen Auswirkungen zu verstehen und dann für den Vertrieb erfolgreich umzusetzen.

„Man kann nicht nicht kommunizieren“ ist definitiv die bekannteste und berühmteste Grundannahme von Watzlawick. Aber was ist damit gemeint und warum ist diese auch für den Vertrieb so bedeutend?

Das erste Mal ist mir dieses Phänomen auf einem Urlaubsfoto 1976 aufgefallen. Meine Familie kam aus einem Schwedenurlaub zurück und wie es damals üblich war, wurden die Fotos entwickelt und gemeinsam angeschaut. Ein Foto zeigt ein Kind (damals ca. acht Jahre alt) vor einem kleinen Fischstand. Ein Fisch wurde für einen Kunden geköpft und ausgenommen. Das Gesicht des Kindes sprach Bände: Es ekelte sich und fand das abstoßend, auf der anderen Seite faszinierte die Technik es. Man benötigte keine Worte, sein Gesicht und Körperhaltung kommunizierte alles.

Sie müssen kein Wort sagen, um ausführlich zu kommunizieren. Ihr Körper, Ihr Gesicht, Ihre Haltung oder Ihre Augen sagen so viel über Sie aus, dass Pantomimen, wie Samy Molcho, Sie perfekt lesen könnten, ohne ein Wort auszutauschen. Ihr Körper ist das Spiegelbild Ihres Unterbewusstseins. Da wir in der Kommunikation zu 80 % mit dem Unterbewusstsein und nur zu 20 % mit dem Bewusstsein kommunizieren (das sogenannte Eisberg-Modell), müssen Sie eine große Portion Energie investieren, um mit Ihrer Körperhaltung zu täuschen. Bringen Sie diese Energie nicht auf, kommuniziert Ihr Körper Ihre innere Haltung.

Verdeutlicht an dem Beispiel mit dem Kind: Das Kind ekelt sich vor dem Zerlegen des Fisches auf dem Wochenmarkt. Wenn dieses Kind sich nun vornehmen würde, gute Miene zum bösen Spiel zu machen, wie man es umgangssprachlich sagt, dann müsste es viel Energie aufbringen, um im Gesicht und Körper eine „mir macht das nichts aus“-Körperhaltung zu zeigen. Die meisten Menschen bringen diese Energie nur in Ausnahmesituationen auf (zum Beispiel bei Verhandlungen). In den meisten Fällen, vor allem, wenn wir uns unbeobachtet fühlen, sind Körper und Geist im Einklang. Das heißt: Wir verhalten uns, wie wir denken und zeigen damit unserem Gesprächspartner unsere innere Einstellung.

Nun können Sie diese Harmonie zwischen Körper und Geist Ihres Kunden für Ihren Vertriebsprozess hervorragend nutzen. Der Trick geht so:

Sie stellen eine Aussage in den Raum (zum Beispiel den Preis) und beobachten Ihren Gesprächspartner ganz genau, wie die Aussage bei ihm wirkt. Das funktioniert natürlich am besten, wenn Sie dies nicht ankündigen, sondern Ihren Gesprächspartner überraschen. Ihr Gesprächspartner reagiert auf Ihre Aussage automatisch.

Ich setze diese Technik in Verhandlungen sehr gerne ein. Da ich weiß, dass der Kunde immer kommuniziert, bitte ich ihn das Angebot in meinem Beisein zu lesen und verwickle ihn nebenbei in einen einfachen Small Talk über das Wetter oder sonst irgendetwas Unverfängliches. Damit ist sein Gehirn erst einmal beschäftigt: Der leichte Small Talk führt dazu, dass der Kunde die Situation als angenehm und wenig bedrohlich wahrnimmt. Er fährt (unbewusst) die Energie herunter und sein Körper wird eins mit seinen Gedanken. Auf der anderen Seite liest und bewertet er mein Angebot. Nun achte ich genau auf seine Augen, seine Gesichtszüge und seine Körperhaltung. Das Ergebnis ist einfach unglaublich: Sie können alleine an seine Körperhaltung erkennen, ob Ihr Kunde mit Ihrem Angebot einverstanden ist oder ob Sie noch Punkte haben, die unklar oder zu besprechen sind (Havener 2014, S. 39).

- **Die Augen:** Die Pupillen weiten sich unter Stress. Grund ist eine einfache Stressfunktion, die dafür sorgt, dass mehr Licht in die Pupillen kommen und damit potenzielle Angreifer besser erkannt und bekämpft werden.
- **Die Gesichtszüge:** Ist Ihr Kunde mit Ihrem Angebot einverstanden, hat Ihr Kunde weiche, harmonische Gesichtszüge. Er ist entspannt und geht innerlich mit dem Angebot konform. Das Angebot überrascht ihn noch nicht, es gibt keine unklaren Punkte.

  Sollte Ihr Gesprächspartner mit Ihrem Angebot nicht einverstanden sein, so werden seine Gesichtszüge hart, er verkrampft und muss sich „unter Kontrolle" halten. Das kostet viel Energie und ist damit äußerlich sichtbar. Seine Augen und sein Gesicht lassen Ärger, Panik, Angst und Entsetzen erkennen. Wenn Ihr Gesprächspartner in Kommunikation geschult ist, wie wir es bei professionellen Einkäufern oftmals vorfinden, dann dauert dieser Effekt vielleicht nur eine Sekunde, bis Ihr Gesprächspartner sich wieder unter Kontrolle hat. Daher sollten Sie Ihren Gesprächspartner während des gesamten Gespräches beobachten.
- **Der Körper:** Das Gleiche gilt für den Körper. Ist Ihr Gesprächspartner mit Ihrer Aussage einverstanden, dann sitzt er entspannt, leicht nach vorne gebeugt Ihnen gegenüber. Sollte er aber innerlich widersprechen, so nimmt sein Körper automatisch eine aggressive Körperhaltung ein: Er richtet sich auf, seine Muskeln spannen sich an, er könnte Sie sofort angreifen oder sich verteidigen. Ihr Gesprächspartner benötigt oftmals einige Sekunden, bis er sich wieder unter Kontrolle hat.

Diese Technik können Sie überall einsetzen, wo Sie wissen möchten, welche Meinung jemand zu Ihren Aussagen hat. Wenn Sie wichtige Verhandlungen haben, nehmen Sie jemanden mit, der sich mit Körpersprache auskennt. Bitten Sie den Kommunikationsexperten Ihren Gesprächspartner zu lesen und Ihnen wichtige Erkenntnisse mitzuteilen. In welchen Punkten fühlt sich Ihr Kunden gut aufgehoben? Wann ist er unzufrieden? Wann reagiert er abweisend? Mag er Sie als Gesprächspartner? Wie ist die Chemie zwischen Ihnen und Ihrem Kunden? Das alles können Sie anhand von Körpersprache erkennen und identifizieren. Ein faszinierendes Feld der Kommunikation.

Aber was für unsere Kunden gilt, gilt natürlich auch für Sie als Verkäufer: Hüten Sie sich vor Ihren eigenen Gedanken, denn Ihr Körper kommuniziert diese mit jedem Muskel. Wenn Sie über einen Kunden denken: *„Er ist ein Idiot"*, oder *„Der hat noch nie gekauft"*, kommunizieren Sie dies mit Ihrer Körperhaltung, auch wenn Ihre Worte eine andere Botschaft sagen.

Ein Vertriebstrainer berichtete mir einmal von einem Verkaufsgespräch zwischen ihm, dem Vorstand und der Personalleiterin eines potenziellen Kunden. Es ging um einen großen Auftrag. Der Trainer konzentrierte sich ganz auf den Vorstand als vermeintlichen Entscheider, ließ die Personalentwicklerin links liegen. Sie spürte seine Abweisung, da er sich von ihr körperlich abwendete, meist den Vorstand ansah und Ihre Fragen und Einwände nur kurz beantwortete, während er die des Vorstandes ausführlich behandelte. Welch ein Fehler: Die Entscheidung traf die Personalleiterin. Der Vorstand vertraute ihr und folgte ihrer Entscheidung. Die Mitarbeiterin hat die innere Haltung des Kollegen *„Sie ist für den Auftrag nicht wichtig"*, wahrgenommen und ihre Rückschlüsse daraus gezogen. Den Auftrag hat ein anderer Kollege erhalten, der beide Gesprächspartner gleichwertig und respektvoll behandelte.

6.1.1 Herausforderung: Verstehen

Eines unserer größten Herausforderungen ist die Deutung des gesprochenen Wortes. Wir alle glauben, dadurch, dass wir die gleiche Sprache sprechen, wäre die Kommunikation einfach und klar. Dies ist aber ein großer Irrtum.

Gründe, die zu einem Missverständnis führen können, sind:

1. Bedeutung der Wörter. Gerade die deutsche Sprache ist reich an Begriffen, die alle eine andere Bedeutung haben. Passen Sie bitte auf, wenn Sie doppeldeutige Worte benutzen. *„Das ist eine sichere Bank"*, kann bedeuten, dass Sie ein krisensicheres Geldinstitut empfehlen oder dass Sie eine erprobte Methode kennen.
2. Das soziale und geografische Umfeld, in dem Ihr Gesprächspartner groß geworden ist. Die lokalen und sozialen Bräuche lassen die Menschen anders miteinander kommunizieren. Im Ruhrgebiet, wo ich herkomme, sprechen wir deutlich direkter als es im süddeutschen Raum der Fall ist. In der Schweiz tut man sich schwer, jemandem ein NEIN mitzuteilen. In Hamburg ist man hanseatisch förmlich. In vielen deutschen Gegenden bekommt man ein Lob nicht

über die Lippen (nix g'sagt, isch genug g'lobt), in Österreich ist man dagegen sehr höflich, aber oft auch unverbindlicher. So hat jede Region, jede soziale Herkunft nicht nur einen eigenen Dialekt, sondern auch eine eigene, unterschiedliche Sprachdeutung.

3. Männlich und weiblich. Wenn Sie schon einmal mit beiden Geschlechtern zu tun hatten und genauer zuhörten, stellen Sie schnell fest, dass Mann und Frau zwar oft die gleiche Sprache sprechen, aber etwas ganz Unterschiedliches verstehen. Die männliche und weibliche Kommunikation hat seine Eigenarten und führt immer wieder zu interessanten und spannenden Fehlinterpretationen. Viele Komiker, wie Mario Barth oder Carsten Höfer begeistern Menschen in ihren Shows mit Anekdoten in der intersexuellen Kommunikation.

Sie merken schon, es ist nicht einfach, unmissverständlich zu kommunizieren. Ich möchte Ihnen ein schönes Beispiel nennen, wie kompliziert die richtige Deutung der Sprache ist:

Ich arbeitete lange Zeit für ein österreichisches Unternehmen. Obwohl beide Länder die deutsche Sprache als Muttersprache benennen, sind die Deutungsunterschiede sehr groß. Unser neuer Vorgesetzter kam aus Graz. Beim ersten Treffen fragten wir ihn, wann wir denn unser regelmäßiges Vertriebsmeeting durchführen sollten. Die Antwort lautete: *„gleich da"*. Alle deutschen Kollegen standen sofort auf und verließen auf der Stelle den Raum. Die österreichischen Kollegen blieben verdutzt sitzen und wunderten sich. Hier lag wohl ein Kommunikationsproblem vor.

In der österreichischen Sprache bedeutet „gleich" so viel wie sofort, jetzt, nun. „Da" heißt so viel wie hier, an diesem Ort. Die deutschen Kollegen, vorwiegend aus dem westlichen Teil Deutschlands, übersetzten „gleich" mit später, irgendwann und „da" mit woanders, an einem anderen Ort. Im Ergebnis ergab die gleiche Aussage zwei völlig unterschiedliche Interpretationen. Wenn dies schon bei so einfachen Aussagen, wie „gleich da", passiert, wie gefährlich ist dann die Interpretation von Fachwörtern und Wolkenwörtern. Unter dem Begriff „Rotationsfluktuation" werden Sie sicher etwas Anderes verstehen als ich.

Von daher ist eine der wichtigsten kommunikativen Aufgaben im Vertrieb, zuerst alle Aussagen zu definieren. Fragen Sie immer nach, was Ihr Gesprächspartner verstanden hat und wie er das Gehörte deutet. Fragen Sie ihn:

- Was verstehen Sie unter …?
- Wie definieren Sie …?
- Was erwarten Sie, wenn Sie von … sprechen?
- Was meinen Sie mit …?

Diese Fragen sollten Sie sehr häufig stellen, um das gleiche Verständnis der gemeinsamen Sprache sicherzustellen. Glauben Sie nie, dass Sie schon wissen, was Ihr Kunde denkt.

Das Gleiche gilt für Ihre Fachsprache oder Expertensprache, denn Ihr Fachchinesisch kann sehr schnell auch als Fremdsprache verstanden werden, die man in Ihrer Branche oder vielleicht in Ihrem Unternehmen versteht, aber eben nicht außerhalb dieser Gruppe.

6.1.2 Warum Sie Fach- und Fremdwörter vermeiden sollten

Eine Besonderheit im Business-to-Business-Vertrieb sind die vielen Fachbegriffe, die von Technikern benutzt werden. Es gibt zwei Arten von Fachbegriffe:

- Branchenfachbegriffe, die nur in der Branche benutzt werden. Davon kennen Techniker und Entwickler eine ganze Menge, zum Beispiel Kollaboration, Adhäsion oder Baldachin (Teilen in der Gruppe/Anhangskraft eines Stoffes/Vorbau vor Türen und Toren).
- Fachbegriffe, die sich in Unternehmen intern entwickeln. Viele Unternehmen haben eine eigene interne Sprache, mit der Abteilungen, Prozesse oder Zusammenhänge beschrieben werden. Diese Sprache finden wir vor allem in Unternehmen, deren Konzernsprache Englisch ist.

Ein schönes Beispiel bietet die Studentenorganisation aiesec. aiesec organisiert für Studenten Auslandspraktika auf ehrenamtlicher Basis. Ich halte dort Vorträge vor dem LCP (Local Committee Präsident), dem Vice Präsident Incoming Global Talent, dem Vice Präsident Outgoing Global Volunteer, dem Vice Präsident Outgoing Global Talent und dem Vice Präsident Talent Management. Alles klar? Die Übersetzung ist recht einfach:

- Local Committee Präsident ist der regionale Vorstand.
- Vice Präsident Incoming Global Talent ist der Abteilungsleiter für die Praktikanten, die nach Deutschland kommen.
- Vice Präsident Outgoing Global Volunteer betreut die sozialen Praktika im Ausland.
- Vice Präsident Outgoing Global Talent betreut die unternehmensbezogenen Praktika im Ausland.
- Vice Präsident Talent Management ist die gute, alte Personalabteilung.

Dieses Beispiel finden Sie in vielen Unternehmen und Konzernen. Für Sie im Vertrieb ist solch eine Sprache sehr gefährlich, denn Ihr Kunde kennt die Fachbegriffe oft nicht. Der Direktmarketingexperte Siegfried Vögele bemerkt, dass die Gefahr besteht, dass der Kunde epibriert (Vögele 2002). Wenn Ihr Kunde epibriert, verlieren Sie als Verkäufer den Einfluss über seine Gedanken und damit geben Sie die Kontrolle über den Verkaufsprozess ab. Und dann entscheidet Ihr Kunde, wie die Geschichte ausgeht.

Ich weiß nicht, was Sie unter epibrieren verstehen, denn epibrieren gibt es gar nicht! Es ist ein Kunstwort. Aber eines, das es geben könnte. Was passiert nun, wenn Sie Ihren Gesprächspartner fragen, wann er das letzte Mal „epibriert" hat? Sein Gehirn sucht nach einer Antwort. Dabei arbeitet es assoziativ und vervollständigt selbstständig den Satz im Kopf. Wofür epibrieren dann steht, liegt nun in der Assoziation Ihres Kunden und damit nicht mehr in Ihrer Gewalt.

Das Gleiche passiert, wenn Sie im Verkaufsgespräch mit Fachbegriffen um sich werfen, die Ihr Kunde nicht versteht. Er fängt an zu epibrieren, das heißt, er reimt sich etwas zusammen. Das kann für Sie gut ausgehen, es kann aber auch sehr fatal enden. In jedem Fall verlieren Sie die Kontrolle über das Gespräch.

Interessanterweise sind vor allem Marketingleute begeisterte Epibrierer. Im Marketing werden immer neue Wortschöpfungen entwickelt, die kein Kunde mehr versteht. Ich habe oftmals den Eindruck, dass hier nicht der Kunde im Fokus steht, sondern der Wettbewerb beeindruckt werden soll. Jochen Wieler bringt es in seiner Kolumne in der ADAC Motorwelt sehr gut auf den Punkt (Wieler 2016, S. 54).

Wieler fragt seine Leser, was unter „Mazda CX-5 Skyactiv-D 150 Exclusive-Line AWD" zu verstehen ist? Oder können Sie erklären, was Sie kaufen, wenn Sie einen „Citroen C4 Picasso PureTech 130 Stop&Start Selection" erwerben? Vor allem, wenn ich diesen vergleiche mit dem „BMW 320d Effizient Dynamics Edition Luxury Line Steptronic". Sind die überhaupt vergleichbar? Ich weiß es nicht. Selbst ein ganz normales Automatikgetriebe heißt heute Lineartronic (Subaru), Easytronic (Opel) oder Power-Shift (Ford). Bei Mercedes können Sie Ihre C-Klasse mit einem Comand online, Dynamic Select, Distronic Plus oder Collision Prevention veredeln.

Wieler beschreibt sarkastisch, dass die Zusatzoption rechter Außenspiegel aus den 90ern heute „Intelligent Rear Side Mirror" heißen würde. Meine Eltern haben sich alle paar Jahre ein neues Auto gekauft und der Automobilindustrie zum Erfolg verholfen. Ich weiß nicht, ob sie den „Mirror" als Option bestellt hätten. Sie hätten den Verkäufer sicher gefragt, ob es keinen rechten Außenspiegel für das Fahrzeug gibt.

Bitte reduzieren Sie die von Ihnen benutzten Fachbegriffe deshalb auf ein absolut notwendiges Minimum. Wenn Sie einen Fachbegriff benutzen müssen, erklären Sie diesen immer und setzen Sie kein Fachwissen voraus. Lernen Sie im Gegenzug aber die (Fach-)Sprache Ihres Kunden. Seine internen Abkürzungen und Fachbegriff und seine Branchensprache. So bauen Sie schnell Vertrauen bei Ihren Kunden auf und können sicher sein, dass Sie den Verkaufsprozess führen.

6.2 Sender-Empfänger-Modell

Das Sender-Empfänger-Modell ist ein klassisches Kommunikationsmodell. Es wurde in den 40er-Jahren von Claude E. Shannon und Warren Weaver entwickelt und ist daher auch unter dem Namen Shannon-Weaver-Modell bekannt (Röhner und Schütz 2016, S. 21).

Das Sender-Empfänger-Modell können wir uns anhand einer einfachen technischen Apparatur – dem Radio – sehr gut verdeutlichen. Um Radio zu hören, benötigen Sie auf der einen Seite einen Sender (Sendestudio mit Sendemast), welcher auf einer definierten Radiofrequenz eine Information (zum Beispiel Nachrichten) sendet. Diese Radiofrequenz kennen Sie als Langwelle (LW), Mittelwelle (MW) und die bei uns sehr verbreiteten Ultrakurzwelle (UKW). Diese Wellen spielen bei der Trägerfrequenz eine bedeutende Rolle, auf die wir gleich noch zu sprechen kommen. Um die Radiosignale zu entcodieren, benötigen Sie einen Empfänger, der aus den Informationen der Radiowellen Gespräche oder Musik macht.

Auch in Ihrer Verkaufskommunikation senden Sie im engeren Sinne nur Schallwellen aus (das gesprochene Wort). Wie beim Radio benötigen auch Sie einen Empfänger, welcher die Schallwellen dann in eine Information umwandelt (meist Ihr Gesprächspartner). Beim Radio in Nachrichten und Musik, bei Ihnen im Verkaufsgespräch in Argumentationen, Nutzen, Preise, Einwände und mehr.

Bei diesem Kommunikationsmodell des Sender- und Empfänger-Modells spielen zwei Ebenen eine wichtige Rolle:

- Die Sachebene
- Die Beziehungsebene

Diese beiden Ebenen finden Sie auch im zweiten Axiom von Watzlawick wieder: *„Jede Kommunikation hat einen Inhalts- und einen Beziehungsaspekt, derart, dass letzterer den ersteren bestimmt und daher eine Metakommunikation ist“.*

Eine Nachricht hat immer eine Sach-(Inhalts-) und eine Beziehungsebene. Die Sachebene ist die Grundaussage der Botschaft, die Beziehungsebene ist ein

Ausdruck der persönlichen Beziehung zwischen den beiden Gesprächspartnern. Die Beziehungsebene, so sagt Watzlawick, bestimmt die Kommunikation und ist damit die führende (Meta-)Ebene.

Die Sachebene ist die schwächste Kommunikationsebene. Auf der Sachebene werden die Informationen „faktisch" und „sachlich" übertragen. Sie erhalten einfach nur eine Botschaft oder eine Nachricht. In unserem Beispiel mit dem Radio, spielt die Radiostation einfach nur Musik. Im Abschnitt mit dem „Vier-Ohren-Modell" von Schulz von Thun beschäftigen wir uns intensiv mit der Botschaft und deren Übersetzungen, darunter auch der Sachebene (vgl. Abschn. 6.2.3).

Stärker ist die Beziehungsebene. Stärker, aber auch störanfälliger. Auf der Beziehungsebene entscheiden Sie, ob und wie Sie die sachliche Information übersetzen. Sie entscheiden sozusagen, ob Ihnen die gehörte Musik im Radio gefällt. Gefällt sie Ihnen nicht, hören Sie sie gar nicht mehr bis zum Ende, sondern schalten vorher schon um. Damit ist die Kommunikation gestört und Sie erreichen die Sachebene nicht mehr (s. Abb. 6.2).

Wenn die Kommunikationsbeziehung also nun zwischen Ihnen und Ihrem Kunden gestört ist, werden Ihre Sprachnachrichten Ihren Kunden nicht mehr erreichen. Einfaches Beispiel: Sie haben privat eine neue Freundin und arbeiten beruflich im Vertrieb. Was Sie nicht wissen: Ihr nächster Kunde ist ihr Ex-Freund und dieser weiß, dass Sie nun zusammen sind. Sie wissen von dem Ex-Freund Ihres Lebensgefährten nichts. Sie geben als Verkäufer nun Ihr Bestes, aber egal, was und wie Sie nun argumentieren, Ihre Sprachnachrichten werden nicht erhört, da Ihr Kunde das ganze Verkaufsgespräch mit der Frage beschäftigt ist: „Was hat er, was ich nicht habe?".

Wenn Sie also ein Verkaufsgespräch führen, ist die erste Herausforderung, festzustellen, ob auf der Beziehungsebene ein Rauschen oder sogar eine Störung besteht. Gründe dafür könnten sein:

- Ihr Kunde hat ein Problem mit Ihnen (sehr selten).
- Ihr Kunde hat ein Problem mit Ihrer Firma.
- Ihr Kunde hat ein Problem mit Ihrem Produkt.
- Ihr Kunde will gar nicht kaufen, wird aber von anderen (zum Beispiel seinem Chef) gezwungen.
- Ihr Kunde will gerade nicht an diesem Ort sein.
- Ihr Kunde will zwar an diesem Ort sein, aber seine Ruhe haben.
- Ihr Kunde muss dringend auf die Toilette und hat keine Zeit für Ihre ausführliche Einwandbehandlung.
- Und so weiter.

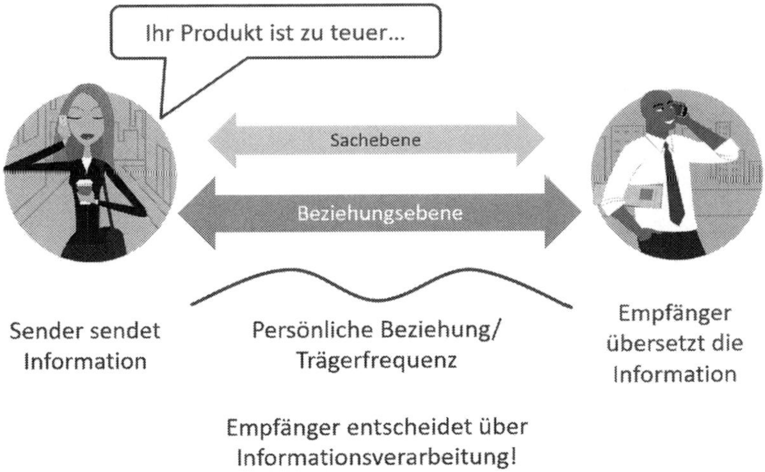

Abb. 6.2 Das Sender-Empfänger-Modell

Sie sehen schon: Gründe für ein Rauschen oder eine Störung der Beziehungsebene sind vielschichtig. Wenn Sie feststellen, dass eine Störung besteht, sprechen Sie als Erstes diese Störungen an und beseitigen Sie diese. Erst danach können Sie auf die Sachebene zurückkehren (Jimenez 2010, S. 164).

Sagen Sie zu Ihrem Kunden:

- Ich habe das Gefühl, irgendetwas stört Sie …
- Sie sind nicht ganz bei der Sache …
- Die Sache ärgert Sie …
- Sie machen sich Sorgen …
- Irgendetwas stimmt nicht, stimmt's?
- Sie sind mit dem bisherigen Gesprächsverlauf nicht zufrieden, stimmt's?

Nun geben Sie Ihrem Kunden etwas Zeit, seine Gefühle zu artikulieren. Wenn Sie erkennen, dass Sie seine Gefühle nicht ändern können, bleiben Sie sachlich, lassen Sie sich nicht angreifen und fragen Sie Ihren Gesprächspartner, ob Sie das Gespräch abbrechen sollen oder ob er es weiterführen möchte. Fragen Sie Ihren Kunden, was er von Ihnen erwartet und wie Sie ihm helfen können. Viele Kunden sind schon dankbar, wenn ihnen jemand einfach einmal zuhört. Paraphrasieren Sie das Gehörte (s. Abschn. 6.2.2). Sie können zum Beispiel antworten: *„Sie sind sehr verärgert, das kann ich sehr gut verstehen. Wie kann ich Ihnen helfen?"*

Sie erkennen schon, wie kompliziert Kommunikation ist. Und wir machen sie noch ein bisschen komplizierter. Denn schauen wir uns einmal an, warum Sie im Vertrieb sowohl als Sender, als auch als Empfänger immer die Verantwortung für die Botschaft tragen.

6.2.1 Wie Sie als Verkäufer Informationen annehmen und übersetzen

Im Sender-Empfänger-Modell haben wir festgestellt, dass Sie als Sender einer kommunikativen Botschaft für die Botschaft verantwortlich sind. Nun muss die Botschaft aber auch noch vom Empfänger „übersetzt" werden. Oftmals sind Sie selbst der Empfänger, da Ihr Kunde Ihnen eine Nachricht gibt und Sie diese Botschaft übersetzen müssen. Hier haben Sie als Empfänger eine große Verantwortung für die Transformation der gesendeten Botschaft. Sie entscheiden, wie das Gespräch ausgeht: Gut oder besser!

Ich lerne in meinen Seminaren immer wieder Verkäufer kennen, die mir erklären, dass Ihre Kunden schwierig sind, sich nicht richtig ausdrücken, aggressiv sind, nichts verstehen oder nicht richtig zuhören. Sie vergessen dabei, dass in allen Fällen nicht der Kunde für das Gesprächsergebnis verantwortlich ist, sondern Sie selbst als Verkäufer!

Zuerst einmal sollten Sie als Verkäufer lernen, nur die Teile einer Botschaft zu hören, die Sie hören möchten. Ein Beispiel: In einem Verkaufsgespräch antwortet Ihnen Ihr Kunde:

Das ist ja ein schönes Auto, aber der Preis ist mir zu hoch.

Wie übersetzen Sie diese Botschaft? In dieser Nachricht sind zwei Aussagen drin:

1. Es ist ein schönes Auto.
2. Der Preis ist ihm zu hoch.

Viele Verkäufer übersetzen diese Information wie folgt: *„Der Kunde hat kein Interesse an dem Auto, da es ihm zu teuer ist."* Wenn Sie diese Aussage so übersetzen, dann ist der Verkaufsprozess an dieser Stelle beendet. Wie ich zuvor schon erwähnte, sind Sie für die Übersetzung der Botschaft verantwortlich. Aus diesem Grund empfehle ich Ihnen, die genannte Kundenaussage noch einmal durchzulesen, denn Ihr Kunde sagt zwei Dinge:

1. Ich finde das Auto schön.
2. Ich möchte nicht so viel ausgeben.

Jetzt hört sich die Aussage schon anders an. Anscheinend haben Sie mit dem Auto schon den Geschmack des Kunden getroffen, aber Ihr Kunde möchte weniger Geld ausgeben. Sein Budget ist kleiner als Ihr aktuelles Angebot. So könnten Sie antworten:

> *Ich freue mich, dass Ihnen der Wagen gefällt. Wenn wir das gleiche Modell günstiger hätten, würden wir dann Ihre Anforderungen erfüllen?*

An diesem Beispiel sehen Sie als Empfänger sehr gut, dass es wichtig ist, richtig zuzuhören. Dabei helfen Ihnen die drei Techniken des professionellen Zuhörens, die im nächsten Abschnitt besprochen werden.

6.2.2 Wie Sie Ihrem Kunden professionell zuhören

In einer immer komplexeren Welt wird es immer wichtiger, dass Verkäufer ihren Kunden zuhören. Die Anzahl an (Telefon-)Konferenzen, Seminaren, Tagungen, Coaching-Terminen, Webinaren oder Vorträgen nimmt ständig zu. Hinzu kommen viele Kundengespräche, Vertragsverhandlungen, Workshops, Analysegespräche und Problembeschreibungen. Zudem werden in vielen Unternehmen komplexe Systemlösungen verkauft. Systemlösungen, bei denen der Verkäufer gut zuhören muss, um zu verstehen, was der Kunde benötigt.

In unserem Gesellschaftskreis wird Zuhören oftmals nur als körperliche Tätigkeit wahrgenommen: Schallwellen, die Ihr Ohr erreichen, werden vom Gehirn in Informationen übersetzt. Fertig ist das Zuhören. Als Verkaufsprofi wissen Sie aber, dass Zuhören mehr ist als eine physikalische Tätigkeit. Zuhören ist eine aktive, bewusste Tätigkeit, wie Joggen, Sport treiben oder Kochen.

In allen Fällen perfektionieren wir Bewegungsabläufe, die wir tagtäglich machen, soweit, dass eine Fertigkeit herauskommt, die ihresgleichen sucht.

▶ „The most basic of human needs is the need to understand and be understood. The best way to understand people is to listen to them" (Nichols o. J.).

Die Psychologin Margarete Imhof hat Zuhörtrainings für Lehrer entwickelt. These der Forscherin: *„Zuhören ist lehr- und lernbar.“* In einer Pilotstudie mit

Lehramtsstudenten testete sie drei verschiedene Zuhörstrategien, wie wir uns besser auf das Zuhören vorbereiten können:

1. **Interessenregulierung und Selbstmotivierung**
   Die Studenten versuchten, einen persönlichen Bezug zum Thema herzustellen, oder machten sich ihre ablehnende Haltung bewusst.
2. **Vorabfragen**
   Vor der Zuhörsituation sollten sich Studierende schriftliche Fragen zum Thema notieren. Ein Student vermerkt dazu in seinem „Zuhörtagebuch", das alle Versuchspersonen führen mussten: *„Ich konnte genauer zuhören"*, ein anderer schrieb: *„Die Spannung verstärkt sich, wenn es um die eigenen Fragen geht."*
3. **Elaboration**
   Viele Zuhörer versuchten, ihr Zuhörergebnis durch bildliche oder emotionale Assoziationen zu verbessern. Andere erreichten gute Ergebnisse, indem sie das Gehörte in Gedanken zusammenfassten oder Inhalte mit eigenen Worten wiederholten.

Margarete Imhof zieht nach der Auswertung der Pilotstudie eine positive Bilanz: Vor allem die Strategie „Vorabfragen" habe sich gut bewährt (Meise 2003, S. 96).

► Wer zuhört verkauft; wer redet präsentiert.

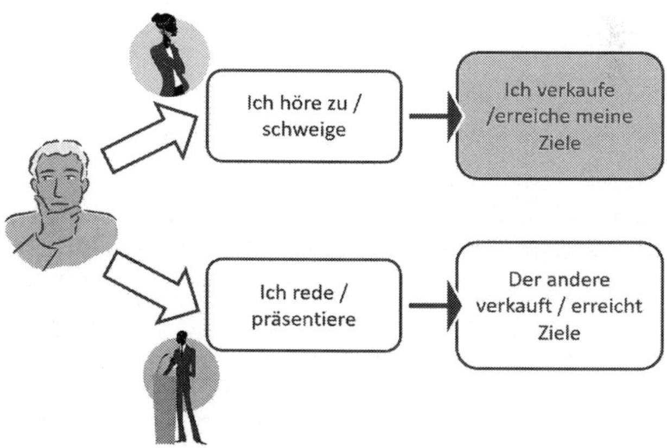

Abb. 6.3 Wer schweigt verkauft, wer redet präsentiert

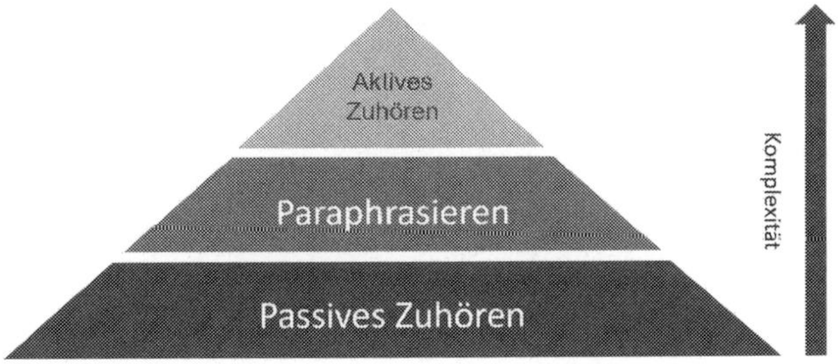

Abb. 6.4 Die drei Arten des Zuhörens

Ein weit verbreiteter Irrglauben ist der, dass ein guter Verkäufer auf einen Kunden solange einredet, bis der Kunde endlich kauft. Da zum Verkaufen auch das Präsentieren und Argumentieren gehört, finden sich mehr extrovertierte als introvertierte Personen im Vertrieb. Ein guter Verkäufer ist aber immer auch ein guter Zuhörer. Ohne Zuhören können wir den Anderen zwar auch überzeugen und begeistern, aber wir wissen nicht, ob wir seinen Bedarf treffen. Deshalb können meiner Meinung nach introvertierte Menschen genauso gute, wenn nicht sogar bessere Verkäufer werden als extrovertierte.

Ein Verkäufer der redet, präsentiert sich und seine Leistungen, aber er verkauft nicht. Ein Verkäufer, der seinen Kunden zuhört und dem Kunden damit die Möglichkeit gibt, sich mit der angebotenen Leistung auseinanderzusetzen, verkauft (s. Abb. 6.3).

Beim professionellen Zuhören unterscheiden wir drei Arten des Zuhörens, die mit jeder weiteren Stufe immer komplexer werden (s. Abb. 6.4). Die Reihenfolge ist bewusst gewählt, da der Schwierigkeitsgrad mit jeder weiteren Art ansteigt.

Passives Zuhören

Das passive Zuhören ist die erste der drei Zuhörtechniken. Es wird auch als aufnehmendes Zuhören bezeichnet. Diese Technik scheint auf dem ersten Blick die einfachste zu sein, ihre Effektivität sollte aber nicht unterschätzt werden. Beim passiven Zuhören antworten Sie auf die Aussagen Ihres Gesprächspartners mit einfachen Aussagen, wie „aha, o. k., mmh, gut“ und einigen mehr. Dadurch zeigen Sie gegenüber Ihrem Gesprächspartner, dass Sie ihm aufmerksam zuhören. Zusätzlich geben Sie ihm den Raum und die Freiheit, sich zu öffnen und sein Herz auszuschütten. Denn Ihr Ziel ist es ja, an Informationen über die Situation, die Anforderungen und Motive Ihres Kunden zu kommen. Bitte bewerten Sie die

Aussagen Ihres Kunden nicht. Beurteilen Sie das Gehörte nicht, sondern seien Sie einfach ein aufmerksamer Zuhörer.

In meinen Trainings erlebe ich oft, dass die Teilnehmer die Übung mit aller Konsequenz und ganz starr durchführen möchten. Das wird in der Praxis natürlich selten passieren (außer, wenn Sie einen Tag vorher ausgiebig gefeiert haben und zu müde sind zu antworten). Von daher sehen Sie das passive Zuhören als ein Stilmittel, das einen Gesprächsanteil von rund 80 % haben sollte.

Starten Sie Ihr Verkaufsgespräch mit einer offenen Frage, gehen Sie dann ins passive Zuhören, und verlängern Sie Ihr Gespräch durch kleine Verständnissätze, bis Sie merken, dass Ihr Kunde sich komplett ausgesprochen hat. Dann erst beenden Sie die Phase des Zuhörens. Zum Abschluss können Sie Ihren Gesprächspartner fragen, was er nun von Ihnen erwartet. Das passive Zuhören kann so ablaufen:

Beispiel

Verkäufer:	*„Guten Tag Herr Kunde, wie läuft es mit unserem Produkt?"*
Kunde:	*„Ja, wir sind soweit zufrieden."*
Verkäufer:	*„Ah, schön."*
Kunde:	*„Ein paar Probleme haben wir noch in der Handhabung."*
Verkäufer:	*„Ok. Inwiefern?"*
Kunde:	*„Naja, wie hatten Herrn Müller als Anwender ausgewählt, der fällt aber nun aus."*
Verkäufer:	*„Ja, der wurde ja geschult. Das ist schade."*
Kunde:	*„Ja, jetzt haben wir das Problem, dass Ihr Produkt keiner mehr bedienen kann.*
Verkäufer:	*„Mmh."*
Kunde:	*„Wir müssten unbedingt einen neuen Anwender schulen, da wir das Produkt sonst nicht bedienen können."*
Verkäufer:	*„Ja, verstehe. Da können wir uns gleich darüber unterhalten. Sonst noch etwas?"*
Kunde:	*„Nein, ansonsten ist alles gut."*
Verkäufer:	*„Gut. Wie kann ich Ihnen nun helfen?"*
Kunde:	*„Wir benötigen noch einmal ein Angebot über eine Schulung …"*

An dieser Stelle klinken wir uns aus dem Gespräch aus. Ich hoffe, Sie verstehen: Im passiven Zuhören nehmen Sie sich, Ihre Meinung, Ihre Erfahrung, Ihre Beurteilung komplett zurück und geben Ihrem Gesprächspartner den Raum, seine Geschichte langsam zu entwickeln.

Zum Zuhören gehört auch immer das Schweigen können. Sie müssen lernen, Ruhe auszuhalten. Das ist viel schwerer, als es sich liest. Machen Sie doch einfach mal eine Übung und versuchen Sie im Gespräch mit einem Gesprächspartner 60 s den Mund zu halten. Das fühlt sich oft wie eine halbe Ewigkeit an.

Gerade, wenn Sie im Vertrieb arbeiten, gehören Sie zu dem extrovertierten Personenkreis, der gerne redet. Einem extrovertierten Menschen das Schweigen beizubringen, ist keine einfache Aufgabe.

Aber Schweigen und bewusstes Zuhören sind nicht nur für Ihren Gesprächspartner sehr angenehm, auch Sie erhalten dadurch viele neue Informationen und Erkenntnisse. Ihr Gesprächspartner hält die Ruhe auch nicht aus und fängt an zu reden und überliefert Ihnen dadurch wertvolle Informationen, die Sie für die Analyse, die Erstellung des passenden Angebotes und die Nutzenargumentation benötigen.

Ich stand irgendwann mal vor der großen Herausforderung, mein bisheriges Verhalten (viel und schnell reden, bis der andere JA sagt) durch ein neues Verhalten (offene Fragen stellen und dann Schweigen) zu ersetzen, um mich persönlich weiter zu entwickeln. Doch wie sollte ich das schaffen? In der Lernpsychologie haben die Wissenschaftler festgestellt, dass man ein neues Verhalten durch Wiederholung erlernt. Nach Ebbinghaus (Grosser 1998, S. 193) hat auch Yury Shtyrov (Shtyrov et al. 2013) in einer Untersuchung bewiesen, dass Sie ca. 160 Wiederholungen pro unbekanntem Wort benötigen, bis sich das neue Wort im Langzeitgedächtnis eingeprägt hat. Erinnern Sie sich, wie lange Sie benötigten, um eine neue Technik im Sport zu erlernen? Neue Bewegungsabläufe benötigen oftmals Jahre, bis das neue Verhalten ins sogenannte Muskelgedächtnis übergeht. Muskelgedächtnis heißt, die Bewegungsabläufe sind so verinnerlicht, dass sie ohne nachdenken abgerufen werden können. Die Aussage: *„Radfahren verlernt man nicht"* macht die Erinnerung des Muskelgedächtnisses deutlich.

Ich habe mir damals vorgestellt, dass ich meinen Mund mit einem virtuellen Schlüssel abschließen kann. Und wenn mein Mund abgeschlossen war, konnte ich einige Sekunden nicht mehr reden (natürlich alles fiktiv). Zusätzlich habe ich in meinem Kopf immer bis zehn gezählt. Während also mein Mund verschlossen war und ich im Kopf leise bis zehn zählte, bemerkte mein Gesprächspartner nur, dass ich ihn anschaute und schwieg. In Wirklichkeit arbeitete ich innerlich hart.

Eine Gesprächssituation sah also nun so aus: Ich stellte meinem Kunden eine offene Frage, nahm meine Hand zum Mund, schloss meinen Mund fiktiv mit dem Schlüssel ab und legte den Schlüssel auf den Tisch ab. Nun schaute ich den Kunden an und zählte im Kopf leise bis zehn.

Mein Gesprächspartner erlebte in dieser Situation einen Verkäufer, der zuerst eine offene Frage stellte, sich danach kurz an den Mund fasste (sah komisch aus, war aber schnell vergessen) und dann angenehm schwieg. Diese Stille ermöglichte es ihm, seine Gedanken zu sortieren und mir mitzuteilen.

Ich habe diese Übung mehrere Monate bei jedem Kundengespräch durchgeführt. Immer und immer wieder. Jedes Mal, wenn ich merkte, dass ich meinen Gesprächspartner in seinem Redefluss unterbrechen wollte, fuhr meine Hand zum Mund und „schloss" diesen ab. Selbst heute mache ich das unregelmäßig, um mich immer wieder an mein „Schweigegelübde" zu erinnern.

Zusammengefasst kann man sagen, dass Sie beim passiven Zuhören Ihre Aufmerksamkeit hör- und sichtbar zeigen:

- Geben Sie einen Kommentar durch lautes Atmen, durch einfache Aussagen, wie *mhh, ja, nein, ach* und so weiter ab.
- Sie können Ihre Körperhaltung verändern, dem Gesprächspartner zuwenden, nach vorne beugen, Luft holen oder Kopf schütteln …
- Geben Sie dem Gesprächspartner das Gefühl, dass er jetzt reden darf, ohne von Ihnen gestört zu werden.
- Setzen Sie dabei Pausen geschickt ein und warten Sie ab, bis Ihr Gegenüber alles erzählt hat, was ihm auf der Seele brennt.

Paraphrasieren

Unter Paraphrasieren versteht man in der Literatur die Nacherzählung oder Nachdichtung eines vorhandenen, insbesondere klassischen Textes. In der Sprache dagegen eine erklärende Umschreibung eines Sachverhalts oder Textes (Wikipedia o. J.a). Beim Paraphrasieren wiederholen Sie das Gehörte mit eigenen Worten, damit Ihr Gesprächspartner prüfen kann, was Sie verstanden haben. Daher wird das Paraphrasieren auch als „umschreibendes Zuhören" bezeichnet.

Bei komplexen Zusammenhängen, wie sie im technischen Vertrieb oft vorkommen, ist diese Technik sehr gut anwendbar. Sie geben damit Ihrem Gesprächspartner das Gefühl, dass Sie aufmerksam sind und genau verstehen möchten, was er meint. Wichtig ist dabei, dass Sie die gleichen Worte und die gleiche Sprachmelodie benutzen, wie Ihr Gesprächspartner. Es ist ein wichtiger Bestandteil, wenn es darum geht, dass Sie wirklich komplexe Zusammenhänge verstehen wollen.

Folgende Einstiegsformulierungen eignen sich für das umschreibende Zuhören:

- *„Verstehe ich Sie richtig, dass …"*
- *„Ihnen ist wichtig, dass …"*
- *„Sie meinen, wenn …"*
- *„Ich habe jetzt verstanden, dass …"*

- *„Was Sie sagen, fasse ich so auf …"*
- *„Wenn ich richtig verstanden habe, dann geht es Ihnen um …"*

▶ Paraphrasieren ist die ideale Technik, um technische Abläufe oder Probleme besser zu verstehen.

Verfolgen wir das an einem Beispiel:

Beispiel

Kunde:	*„Es ist uns sehr wichtig, dass die Grundfläche des Hauses variabel ist."*
Verkäufer:	*„Verstehe ich Sie richtig, dass es Ihnen wichtig ist, dass Sie eine variable Grundfläche erhalten, die Sie später noch verändern können?"*
Kunde:	*„Ja genau, im Moment planen wir einen großen Besprechungsraum, aber wir wollen noch Mitarbeiter einstellen. Und dann benötigen wir weitere Büroräume. Von daher möchten wir flexibel planen können …"*

Auch hier gilt: Nicht starr anwenden, sondern flexibel einsetzen. Ihr Gesprächspartner soll sich ernst genommen fühlen und sich Ihnen öffnen. Von daher ist es wichtig, dass Sie authentisch bleiben.

Aktives Zuhören

„Never trust to general impressions, my boy, but concentrate yourself upon details." (Doyle 2007).

(„Trauen Sie niemals allgemeinen Eindrücken, mein Junge, sondern konzentrieren Sie sich auf Einzelheiten.")

Das aktive Zuhören ist die dritte und komplexeste Variante des Zuhörens. Beim aktiven Zuhören weiten Sie die Aufmerksamkeit von der Sprache auch auf das Umfeld, die Situation, die Umgebung und die Gefühle Ihres Gesprächspartners aus. Wenn Sie diese einzelnen Bausteine wie Puzzlestücke zusammenstellen, erhalten Sie ein umfassendes, komplexes Bild der Aussage Ihres Kunden. Daher wird das aktive Zuhören auch als „bewertendes Zuhören" beschrieben.

Meister dieser Technik war der von dem britischen Schriftsteller Sir Arthur Conan Doyle erfundene Meisterdetektiv Sherlock Holmes. Holmes war Meister in der Deduktion (Wikipedia o. J.b, lateinisch *deductio:* abführen, fortführen, Ableitung). Die deduktive Methode oder deduktiver Schluss ist in der Philosophie und der Logik eine Schlussfolgerung gegebener Prämissen auf die logisch zwingenden Konsequenzen. Schon Aristoteles verstand unter der Deduktion einen „Rückschluss vom Allgemeinen auf das Besondere".

Ich bin großer Fan der Sherlock Holmes Bücher. Dr. Watson erklärt in seinen Geschichten, wie sein Freund und Detektiv Sherlock Holmes anhand kleinster Spuren, Stimmungen, Situationen und Zusammenhängen auch die komplexesten Kriminalfälle löst. Das gesprochene Wort ist für Holmes weniger bedeutend. Ihn interessieren die emotionale Stimmung, die Wohnungseinrichtungen, die Kleidung, Accessoires oder der Gesichtsausdruck. Holmes stellt fest, dass ein Mensch uns mit Worten belügen kann, die Stimme, die Köperhaltung, die Augen, die Umgebung und die Situation aber oftmals nicht unter Kontrolle hat. Von daher können Sie auch als Verkäufer aus der Gesamtsituation sehr viele Informationen für Ihren Abschluss ableiten.

Wieder ein Beispiel dazu: Wenn Sie als Verkäufer einer Produktionsoptimierungsmaßnahme (das kann eine Maschine, Software oder Beratung sein) von einem Kunden eingeladen werden, welcher in einem Markt tätig ist, in dem gerade die Preise sehr stark fallen, können Sie herleiten, dass das Unternehmen unter erheblichem Margendruck stehen wird und entsprechende Maßnahmen einleiten muss.

Wenn ein Kollege auf Sie zukommt und um ein Gespräch bittet, Sie dabei in sein Gesicht sehen und sofort feststellen, dass er ängstlich, schuldbewusst aussieht, dann kann Ihre Antwort sofort lauten: *„Was ist passiert?"*.

Wenn ein neuer Kunde, mit dem Sie sonst nie etwas zu tun haben, Sie anruft und fragt, wann Sie denn mal wieder in der Nähe wären, dann könnten Sie sofort bemerken: *„Was läuft mit dem neuen Produkt denn nicht rund?"* Ein Kunde ruft (leider) selten bei Ihnen an, um Ihnen zu sagen, was für ein tolles Produkt Sie vertreiben. Sie erhalten einen Anruf meist aus dem Grund, dass eine Störung vorliegt (bitte machen Sie das aber nicht, sondern denken Sie positiv. Vielleicht will er auch nachkaufen).

Aktives Zuhören ist eine komplexe, umfangreiche Tätigkeit, die Sie immer wieder trainieren sollten. Starten Sie, in dem Sie die Gebäude, die Räume oder die Webseiten Ihrer Kundentermine vor dem Kundentermin deuten und die Situationen herleiten. Machen Sie sich mit Ihren Kollegen daraus einen Sport und deuten Sie Gesichter und Stimmungen. Lernen Sie so mehr über Ihre Mitmenschen und deren Probleme.

Wie gehen Sie nun im Kundengespräch das aktive Zuhören an? Achten Sie darauf, was Ihr Kunde sagt und *wie* er es sagt (spricht und verhält). Gefühle, Hoffnungen und Wünsche schwingen in der Kommunikation oft mit (s. Abb. 6.5).

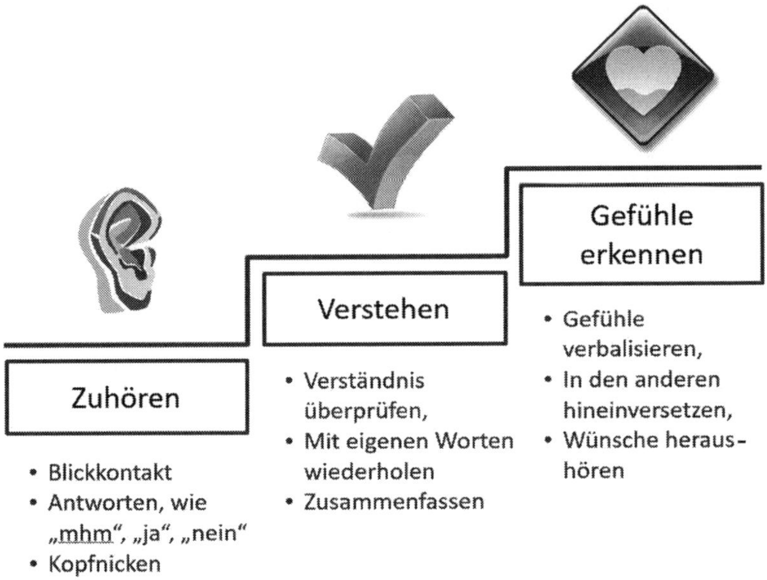

Abb. 6.5 Die Stufen des aktiven Zuhörens

Beim aktiven Zuhören fragen Sie sich im Stillen:

- Was empfindet mein Gesprächspartner?
- Was ist ihm an dem, was er gerade äußert, wichtig?
- Was beschäftigt ihn daran so sehr?
- Welches Interesse will er damit verfolgen.
- Wie ist ihm zumute?

Zusammenfassend kann man sagen, dass Ihnen das aktive Zuhören hilft, …

- das soeben Gehörte mit eigenen Worten wiederzugeben,
- Missverständnisse von Anfang an zu vermeiden,
- das Gespräch aktiv zu fördern.

Sie sollten sich vornehmen, mehrere Monate das aktive Zuhören bewusst zu trainieren. Das aktive Zuhören ist eine der wichtigsten, zentralen Gesprächsführungstechniken, welche auf der Empfängerseite eingesetzt werden kann.

Auch Carl R. Rogers beschäftigte sich in seiner Gesprächstherapie mit den Möglichkeiten des aktiven Zuhörens. Seine Annahme war, dass der Klient (bei Ihnen der Kunde) durch die Empathie und Akzeptanz des Therapeuten (bei Ihnen Verkäufer), die sich in dem Verbalisieren seiner Gefühle und Bedürfnisse manifestiert, lernt, sich selbst zu akzeptieren und zu verwirklichen. Hier wird nicht nur darauf geachtet, was der andere sagt, sondern auch WIE er es sagt (spricht und verhält). Gefühle, Hoffnungen und Wünsche schwingen meist immer mit. Wenn Sie aktiv zuhören, können Sie „wahrsagen". Sie nehmen schon wahr, bevor der andere etwas sagt.

Rogers definiert drei verschiedene Arten, wie man auf den Klienten (Kunden) eingehen kann (Nawroth 2010, S. 23). Diese können wir auch für ein Kundengespräch übernehmen:

- Empathie zeigen (das ausgedrückte Gefühl anerkennen),
- Wertschätzung geben (unbedingte Beachtung, emotionale Wärme, Würdigung der Person, Nächstenliebe),
- Echtheit (Selbstkongruenz, Transparenz, Eigenständigkeit, Selbstöffnung).

Durch diese drei Attribute öffnen Sie Ihren Kunden und erfahren viel mehr, als Sie es ohne diese Technik je erfahren hätten. Aber bitte bedenken Sie eines: Sie sind Verkäufer und nicht Psychotherapeut! Am Ende wollen und sollen Sie verkaufen, nicht den Patienten heilen. Von daher sollten Sie schnell wieder auf das Geschäftliche zurückkommen und die Psychologie als Mittel zum Zweck einsetzen.

Kunde: *„Das Projekt ist teurer geworden, als Sie gesagt haben."*

Früher hätten Sie als Verkäufer vielleicht geantwortet: *„Ich konnte ja nicht wissen, dass Sie so viele Anforderungen haben."* Das Ergebnis wäre: Sie haben sich des Problems angenommen und sich sofort verteidigt. Jetzt würde der Grabenkampf zwischen Ihnen und Ihrem Kunden beginnen.

Ihre neue Antwort lautet: *„Ich verstehe, Sie sind enttäuscht, dass wir das Budget nicht einhalten konnten."* Hier sprechen Sie seine Gefühle an und er kann seinen Ärger loswerden. Ihr Kunde fühlt sich verstanden und ernst genommen. Nun analysieren Sie gemeinsam, woran es lag und wie Sie das Problem lösen können.

Warum uns Zuhören so schwerfällt

Wir haben nun die wichtigsten Techniken des Zuhörens kennengelernt. Warum aber fällt uns Zuhören so schwer? Es ist einfacher zu reden, als zuzuhören. Vor allem das aktive Zuhören muss bewusst eingesetzt werden und kostet damit viel Kraft und Energie.

Eine Erklärung liefert der amerikanische Nobelpreisträger Daniel Kahneman. Er stellt in seinem Buch „Schnelles Denken – langsames Denken" die These auf, dass unser Gehirn mit zwei unterschiedlichen Systemen arbeitet:

- Das schnelle, instinktive und emotionale *System 1* und
- das langsamere, Dinge durchdenkende und logische *System 2* (Kahnemann 2014, S. 32).

System 1 beschreibt das instinktive, assoziative oder emotionale Denken, das wir bei 90 % unserer täglichen Denkarbeit einsetzen. Das System 1 ist immer aktiv, schnell, automatisch, emotional, stereotypisierend und unbewusst. Es benötigt wenig Energie und nutzt Erfahrungen, Erinnerungen und vorhandene „Vorurteile", um schnell Ergebnisse zu erzeugen, auf deren Basis dann genauso schnell Entscheidungen getroffen werden.

Das System 1 arbeitet auf Automodus und „führt" unser Gehirn automatisch durch das Leben. Wenn Sie schnell über die Autobahn rasen, erleben Sie das System 1 in Aktion. Unser Gehirn reagiert automatisch in tausendstel Sekunden auf die Veränderungen und Gegebenheiten. Das System 1 verlässt sich dabei auf definierte, gelernte Regeln und kann dadurch innerhalb von Millisekunden Entscheidungen treffen und diese in die Praxis umsetzen. Ein Beispiel: Sie fahren mit 50 km pro Stunde auf einer Hauptstraße entlang, Sie sehen, dass an der nächsten Kreuzung von rechts ein Auto angefahren kommt. Innerhalb von hundertstel Sekunden entscheidet Ihr System 1, dass Sie auf der Vorfahrtstraße ungebremst weiterfahren können und der Andere sich wohl an die Regeln hält, bremst und Sie vorbeilässt. Sie wären sehr überrascht – und würden dies sicher auch der Polizei erzählen – wenn der Fahrer aus der rechten Abbiegerstraße nicht bremst und Ihnen nicht nur die Vorfahrt, sondern auch noch wichtige Zentimeter Ihres Automobils nehmen würde.

Ihr Gehirn hat im Automodus gearbeitet und schnell und intuitiv entschieden. Überrascht und enttäuscht sind wir, wenn unsere Erwartungen nicht erfüllt werden. Als Kinder haben wir uns daraus regelmäßig einen Spaß gemacht. In der Küche haben wir den Inhalt der Zuckerdose durch Salz ersetzt. Dann mussten wir nur noch warten, bis jemand gesüßten Kaffee wollte, zwei Löffel „Zucker" nahm, umrührte und seinen ersten Schluck Kaffee trank. Die Lacher waren definitiv auf unserer Seite.

System 2

Das System 2 ist Ihr Arbeitsgehirn. Es denkt relativ langsam Dinge logisch, kann analytisch tätig werden und Sachen miteinander vergleichen. Es kann rechnen, bewerten, einordnen und vieles mehr. Das Problem beim System 2 ist: Es benötigt dafür sehr viel Energie. Energie, die Ihr Gehirn gerne spart. Setzen Sie Ihr System 2 längere Zeit ein, fühlen Sie sich rasch erschöpft.

Viele kennen dies noch aus der Schulzeit oder von der jährlichen Steuererklärung: Sie müssen sich für einen längeren Zeitraum konzentrieren und komplexe sowie schwierige Zusammenhänge miteinander vergleichen. Für einen gewissen Zeitraum gelingt Ihnen dies, bis Sie erschöpft sind und dringend eine Pause benötigen. Da Ihr Gehirn unter Volllast bis zu 20 % Ihres Energiebedarfs verbraucht, versucht das Gehirn schnell wieder System 2 auszuschalten und auf Automodus des System 1 umzustellen. Nach einer intensiven Einheit mit System 2 verspüren wir meist einen intensiven Hunger auf Kohlenhydrate (gerne auch in Form von Zucker wie Schokolade), Kaffee oder einer Zigarette. Kohlenhydrate sind die Energiequellen, Kaffee und Nikotin sind Aufputschmittel für das Gehirn. Erst nachdem Sie Ihre Energietanks aufgefüllt haben, können Sie weiterarbeiten.

Übergang von System 1 zu System 2

Den Übergang zwischen den Systemen können Sie an einem einfachen Beispiel sichtbar machen:

Beispiel-Übung 1

Bitte rechnen Sie folgende Zahlen im Kopf zusammen:

2 + 6 =

Ich denke, dies wird Ihnen nicht allzu schwerfallen. Die richtige Antwort lautet: 8. Hier konnten wir auf erlernte, einfache Strukturen zurückgreifen. Wahrscheinlich haben Sie gar nicht lange nachgedacht, sondern sofort instinktiv die richtige Antwort genannt. Sie erlebten System 1 in Aktion.

Nähern wir uns nun System 2:

Beispiel-Übung 2

Bitte rechnen Sie folgende Aufgabe im Kopf:

6 + 2 : 1/2 =

Für viele wird es jetzt schon schwieriger. Viele Leser fragen sich, ob man bei dieser Aufgabe schon Rechenregeln berücksichtigen muss. Wenn ja, welche. Wie war das mit Punkten und Strichen? Wie teilte man noch einmal durch einen Bruch? Diese Aufgabe hat das Niveau der siebten Klasse und sollte eigentlich für die meisten Leser dieses Buches durchaus machbar sein. Das richtige Ergebnis lautet: 10.

Sicher haben Sie das richtige Resultat auch ausgerechnet. Damit Sie Ihren Freunden nun aber erklären können, wie sich das Ergebnis zusammenstellt, nenne ich Ihnen hier noch einmal die wichtigsten Rechenregeln: Punkt vor Strichrechnung und durch einen Bruch dividiert man, indem man ihn mit dem Kehrwert multipliziert. Das bedeutet: 2 * 2 = 4 + 6 = 10!

Bei dieser Aufgabe erkennen Sie schon den Übergang zwischen System 1 und System 2. Bei dieser Aufgabe musste man, obwohl die Zahlen noch einfach sind, schon ein bisschen nachdenken.

Nun wollen wir System 2 aber mal in Aktion sehen. Daher kommt nun die dritte Rechenaufgabe für Sie:

Beispiel-Übung 3

Bitte rechnen Sie folgende Aufgabe im Kopf:

247 x 1482 =

Wenn Sie nicht gerade ein Mathegenie sind, wird es Ihnen hier schon schwerfallen, die Aufgabe ohne Blatt Papier, Taschenrechner oder andere Hilfsmittel (Publikums-Joker) auszurechnen. In diesem Beispiel schaltet sich System 1 vollständig aus und überweist Sie zum „Experten“ für anspruchsvolle mathematische Aufgaben, dem System 2. Mit diesem System werden komplexe Denkaufgaben bewältigt. Das Lösen dieser Aufgabe wird Sie Energie und Fleiß kosten. Eine Aufgabe, die Ihr Gehirn nicht gerne und daher nicht lange macht. Wie gesagt, benötigt unser Gehirn unter Volllast rund 20 % des Gesamtenergiebedarfs. Von daher wird es so schnell wie möglich wieder auf Automodus umschalten und mit dem System 1 weiterarbeiten wollen.

Die Lösung beträgt übrigens: 366.054

In die Denkfalle des Systems 1 geraten wir aber auch im Vertrieb sehr schnell. Als Einkäufer genauso wie als Verkäufer. Unser Gehirn ist oftmals zu „faul“ die gesamten komplexen Zusammenhänge zu begreifen und stellt Assoziationen schnell her. Wir erleben dies sehr häufig bei sogenannten Bundle-Verpackungen, in denen mehrere Produkte zu einem neuen Produkt und mit einem neuen Preis ausgezeichnet werden. Doch die Frage ist immer: Ist das neue Bundle wirklich günstiger als die Summe der Einzelteile?

Machen wir ein kleines Spiel:

Beispiel

Bitte beantworten Sie folgendes kleines Rätsel innerhalb von fünf Sekunden:

Ein Ball und ein Schläger kosten zusammen 1,10 EUR.

Der Schläger kostet ein Euro mehr als der Ball. Wie teuer ist der Ball?

Ihr System 1 versucht nun, schnell und effektiv eine Lösung zu finden. Daher liegt für viele die Lösung sofort auf der Hand:

Der Schläger kostet ein Euro, der Ball 10 Cent.

Leider ist diese Aussage falsch.

Gehen wir die Aufgabe noch einmal von Anfang an durch:

Der Schläger kostet ein Euro mehr als der Ball. Mathematisch heißt das, der Ball und der Schläger kosten gleich viel, nur der Schläger kostet ein Euro mehr. Wir müssen also vom Gesamtpreis 1,10 EUR einen Euro abziehen und den Restbetrag durch Ball und Schläger teilen.

1,10 EUR minus 1 EUR = 10 Cent.

10 Cent geteilt durch Ball und Schläger (also durch zwei) sind je 5 Cent.

Die richtige Antwort lautet daher: Der Ball kostet 5 Cent, der Schläger kostet 5 Cent plus ein Euro, das sind 1,05 EUR.

Dieses Beispiel zeigt sehr anschaulich, wie unser Gehirn funktioniert. Vor allem wenn wir unter Druck stehen, wenn wir müde werden, wenn wir schnell handeln sollen und – das ist eine sehr interessante Aussage – wenn wir gute Laune haben.

Gute Laune vernebelt die Sinne. Wenn Sie feiern oder lachen ist Ihr Gehirn nicht so aufmerksam wie in einer schlechten Stimmung. Jugendliche kennen das bei der Erziehung ihrer Eltern. Wenn ein Jugendlicher bei Freunden übernachten möchte, bekommen sie die Einwilligung leichter, wenn die Eltern gute Laune haben und der Jugendliche die schlechte. Umgekehrt schläft man zu Hause.

Machen Sie sich das klar, wenn Sie in Preis- oder Einkaufverhandlungen oder auf Shoppingtour mit Ihren Liebsten gehen. Gute Stimmung bei Ihren Kunden und schlechte Stimmung bei Ihnen ist gut für Ihren Geldbeutel!

Wo setzen wir diese Erkenntnis aus System 1 und System 2 nun im Vertrieb ein? Hier gibt es vielfältige Ansätze:

1. Die Kunden kaufen am liebsten von Unternehmen, denen sie vertrauen und die sie kennen.
2. Die Kunden möchten wenig nachdenken. Gestalten Sie den Einkauf für Ihre Kunden so einfach wie möglich: Machen Sie einfache Preise, die schnell nachvollziehbar sind. Als schönes Beispiel können Sie die Ein-Euro-Kampagne von McDonalds heranziehen. Wenn Sie Nachlässe geben, zeichnen Sie den regulären Listenpreis aus, den rabattierten Preis und rechnen Sie für den Kunden aus, wie viel er spart, absolut und relativ in Prozent.
3. Gestalten Sie den Einkauf so emotional wie möglich. Positive Emotionen vernebeln die Sinne und schalten Ihre Kunden auf Automodus. Wenn Ihr Kunde

einen Sportwagen kaufen möchte, überzeugen Sie ihn von einer Probefahrt, bei der nur so das Adrenalin sprudelt: Die Verkaufsverhandlungen werden danach deutlich einfacher.

4. Setzen Sie Ihren Kunden unter Druck. Verkaufen Sie zum Beispiel Einzelstücke, die begrenzt verfügbar und deutlich preisreduziert sind. Arbeiten Sie mit sogenannten Early Birds: Die ersten Kunden erhalten ein Sondergeschenk oder einen Nachlass.
5. Begrenzen Sie das Angebot zeitlich: Neue Preislisten haben auch den Vorteil, dass die alten Preise auslaufen. An den Tankstellen ändern sich die Preise stündlich. Sehen Kunden einen günstigen Kraftstoffpreis, sind Sie sofort bereit, zu tanken.
6. Nennen Sie Referenzen und Testimonials: Ein Kunde glaubt Ihnen mehr, wenn Sie einen Zeugen für Ihre These benennen können. Dies können Zeitschriften sein, bekannte Personen, die in der Öffentlichkeit stehen, Wettbewerber oder Kunden, die aus dem näheren Umkreis kommen. Wichtig ist, dass der Zeuge genannt werden kann und als Beweis für Ihre These steht: *„Der Experte Dr. Mustermann ist auch der Meinung, dass …“*. Dies erleichtert Ihrem Kunden die Kaufentscheidung, da sich der andere seiner Entscheidung sicher sein kann. Diesen Effekt beobachten wir sehr oft bei Marktführern: Wenn sich fast alle DAX 50 Unternehmen für SAP entschieden haben, kann eine Entscheidung für SAP ja wohl nicht falsch sein.

Warum fällt uns nun das Zuhören so schwer? Sobald Sie eine Aussage oder Frage hören, bewertet Ihr System 1 diese und vergleicht die Aussagen mit Ihren eigenen Erfahrungen. Es produziert sofort Antworten und meint diese kundtun zu müssen. Nur wenn Sie es schaffen, das System 1 auszuschalten und abzuwarten, hat System 2 die Chance, eine vernünftige und logische Antwort zu produzieren. Nun wissen Sie, warum Ihnen, aber auch Ihrem Kunden richtiges Zuhören so schwerfällt und wie Sie dies für Ihren Vertrieb erfolgreich einsetzen können.

6.2.3 Die vier Seiten einer Nachricht

Ein weiteres bekanntes Kommunikationsmodell ist das von Friedemann Schulz von Thun (Schulz von Thun 2010, S. 9). Er betrachtet eine Nachricht wie eine Skulptur, die vier Seiten hat. Als Empfänger einer Nachricht laufen Sie um die Säule herum und schauen sich die einzelnen Seiten an. So werden Sie feststellen, dass die gleiche Nachricht immer anders interpretiert werden kann.

Die vier Seiten einer Botschaft

- Sachebene: Auf die Sache bezogener Aspekt: die beschriebene Sache („Sachinhalt", „Worüber ich informiere")
- Beziehungsebene: Auf die Beziehung bezogener Aspekt: Was an der Art der Nachricht über die Beziehung offenbart wird („Beziehung", „Was ich von dir halte oder wie wir zueinander stehen")
- Selbstaussage: Auf den Sprecher bezogener Aspekt: Dasjenige, was anhand der Nachricht über den Sprecher deutlich wird („Selbstoffenbarung", „Was ich von mir selbst kundgebe")
- Appell: Auf die beabsichtigte Wirkung bezogener Aspekt: Dasjenige, zu dem der Empfänger veranlasst werden soll („Appell", „Wozu ich dich veranlassen möchte") (s. Abb. 6.6).

An einem einfachen Beispiel lässt sich das Vier-Ohren-Modell schnell veranschaulichen. Ihr Kunde sagt zu Ihnen: *„Ihr Produkt ist aber teuer."* Nun haben Sie als Empfänger die Möglichkeit, diese Aussage nach den zuvor beschriebenen vier Ebenen zu übersetzen.

Sachebene

Die Sachebene nimmt eine Aussage so, wie sie kommt und bewertet sie nicht. Hier würde die Übersetzung heißen: *„Unser Produkt ist teuer."* Wenn Sie einen

Abb. 6.6 Vier Seiten einer Nachricht

Ferrari verkaufen, würden Sie dem wahrscheinlich zustimmen, ohne sich weiter Gedanken zu machen. Innerlich sagen Sie sich vielleicht humorvoll: *„Gegenüber den Unterhaltskosten, ist der Kaufpreis noch ein Schnäppchen"*, und haken damit die Aussage ab. Oder Sie nehmen es mit Humor wie der Anfang 2000 erfolgreiche Versicherungsverkäufer Mehmed Göker: *„Wer sich über die Kosten eines Ferrari Gedanken macht, ist noch nicht reif genug."* (Göker 2015, S. 151). In beiden Fällen ist gemeint: Natürlich kostet Qualität seinen Preis. Und vielleicht sind Ihre Produkte – verglichen mit denen des Wettbewerbs – auch „teuer". Vielleicht gehört dies zu Ihrer Premiummarkenstrategie, wie bei Tupperware, Vorwerk, Rolex, Lamborghini, Tiffany und vielem mehr.

Sollten Sie aber ein Produkt in einem weniger hochpreisigen Segment verkaufen, so wissen Sie nun, dass Ihr Kunde Ihr Produkt als hochpreisig einstuft. Vorsicht: Ziehen Sie hieraus keine voreiligen Schlüsse! Ihr Kunde gibt Ihnen keine Informationen über seine Kaufentscheidung, sondern nur etwas über seine subjektive Wahrnehmung des Preises. Dies kann der Beginn von Preisverhandlungen sein oder einfach nur eine persönliche Bemerkung, wenn ihm zum Beispiel sein Chef aufgetragen hat, genau diese Maschine zu kaufen. Er hat keine Alternative, stellt nur fest, wie teuer gute Maschinen sein können. Die Sachebene ist

- sachlich,
- neutral,
- ergebnisorientiert,
- objektiv,
- unempfindlich.

Sie wird aber oft auch empfunden als

- unpersönlich,
- gefühllos,
- und hört keine „Zwischentöne".

Männer übersetzen Aussagen gerne auf der Sachebene. Frauen empfinden die Aussagen dann oftmals als sehr unpersönlich und wenig mitfühlend. Sie übersetzen eine Aussage vielfach anders. Der Vorwurf vieler Frauen an ihren Mann: *„Du hörst mir mal wieder nicht zu,"* ist damit oftmals falsch. Richtig wäre die Aussage der Frau an den Mann: *„Du übersetzt das mal wieder ganz anders als ich"*. Und damit kommen wir zu den drei weiteren Übersetzungsmöglichkeiten einer Nachricht:

Appell

Nun kann man die Aussage *„Ihr Produkt ist aber teuer"* auch als Appell verstanden werden, das Produkt billiger zu machen. Sie als Empfänger deuten die Aussage dann so, dass Sie etwas tun sollen. Zum Beispiel den Preis so anzupassen, dass er eben nicht mehr als teuer empfunden wird. Viele Verkäufer übersetzen Aussagen sofort auf der Appell-Ebene und geben sofort im Preis nach. Wie der berühmte Pawlowsche Hund hören Sie die „Glocke" (hier das Wort „teuer") und ohne zu hinterfragen, rechnen Sie sofort Rabatte und Nachlässe aus.

Ich habe das einmal selbst in einem Autohaus erlebt. Mein Sohn und ich waren auf der Suche nach einem neuen Familienfahrzeug, als ich im Eingang des Autohauses einen Sportwagen sah. Dieser kam aus mehreren Gründen damals nicht infrage (unter anderem Platz und Unterhaltskosten). Trotzdem sah er sehr gut aus und sprach uns an. Ein Verkäufer kam daher und fragte, ob mir der Wagen gefällt. Ich antwortete richtigerweise *„Ja, aber er ist teuer."* Seine Antwort kam prompt: *„Am Preis können wir noch was machen."*

Jemand, der das Appell-Ohr heraushört ist meist:

- hilfsbereit
- lösungsorientiert
- zuvorkommend

Die negative Seite der Appell-Ebene ist aber, dass jemand, der eine Botschaft auf der Appell-Ebene übersetzt …

- lässt sich ausnutzen,
- achtet wenig auf seine eigenen Bedürfnisse,
- wird oft enttäuscht.

Verkäufer, die auf dem „Appell-Ohr" hören, möchten helfen, das Problem lösen und dabei dem Kunden dienen. Allerdings besteht die Gefahr, dass er sich ausnutzen lässt und wenig auf seine eigenen Bedürfnisse achtet. Jemand, der immer nur das Appell-Ohr heraushört, wird irgendwann zusammenbrechen, da er den gestiegenen Anforderungen nicht gerecht werden kann. Was ist aber, wenn die Aussage gar nicht für Sie bestimmt ist, sondern für den Sender selbst?

Selbstaussage

„Ihr Produkt ist aber teuer," kann ja auch etwas über den Kunden aussagen, zum Beispiel, dass er das Budget für dieses Produkt nicht hat, dass er nicht bereit ist, so viel Geld auszugeben, dass er den Vorteil und Nutzen des Produktes noch nicht

verstanden hat, dass er Sorgen und Zweifel hat, ob das Produkt für ihn das passende ist.

Von daher sagen alle unsere Aussagen auch etwas über uns aus. Über das, woran wir glauben, welche Erfahrungen wir haben, welche Glaubenssätze uns leiten, welche Rahmenbedingungen herrschen oder ob wir noch zweifeln. Wenn Sie zukünftig eine Aussage hören, fragen Sie sich doch einfach einmal, was Ihr Gesprächspartner damit über sich selbst aussagt. Eine sehr interessante psychologische Denksportaufgabe.

Jemand, der das Selbstaussage-Ohr heraushört, ist meist:

- verständnisvoll,
- fühlt sich ein,
- seelisch gesünder als das Beziehungsohr.

Der Nachteil an dem Selbstaussage-Ohr ist aber, dass dieser …

- Probleme auf andere verlagert,
- sich nicht selbst hinterfragt.

Jemand, der eine Aussage mit der Selbstaussage übersetzt, kann sich oft in jemanden einfühlen, ist verständnisvoll und seelisch gesünder als jemand, der die Nachricht mit dem Beziehungsohr übersetzt. Er hinterfragt sich aber nie selbst, sondern sucht die Lösung immer bei anderen.

Beziehungsebene

Das letzte Ohr oder die vierte Seite einer Nachricht analysiert die Beziehung zwischen den beiden Gesprächspartnern. Bei der Aussage: *„Ihr Produkt ist aber teuer“*, könnte es sein, dass der andere dies als Vorwurf versteht und so übersetzt: *„Du willst mich schon wieder über den Tisch ziehen“*, oder *„Ich vertraue dir nicht, dass dies ein guter Preis ist“*. Jemand, der eine solche Nachricht nach dieser Seite übersetzt, analysiert die Beziehung zwischen den beiden Gesprächspartnern. Dies erlebt man sehr oft in Familien, in denen man einander wenig vertraut.

Ein Verkäufer-Kollege war sehr sensibel und feinfühlig. Er übersetzte viel auf dem Beziehungsohr und konnte uns „faktenorientierten“ Kollegen oftmals Beziehungsmuster aufzeichnen, die wir noch nicht einmal wahrnahmen. Leider wurde dieses Talent immer ausgeprägter und er übersetzte selbst „normale“ Quartalsgespräche mit unseren Vorgesetzten auf der Beziehungsebene. Während wir diese schnell abtaten (die Umsätze sind, wie sie sind), dachte er tagelang darüber nach, was der Vorstand wohl damit meinen könnte. Dies machte ihn depressiv und schränkte ihn in seiner Arbeit gewaltig ein.

Jemand, der das Beziehungsohr heraus hört ist meist:

- sensibel
- feinfühlig
- liest zwischen den Zeilen
- menschlich

Der Nachteil an dem Beziehungsohr ist aber, dass diese Menschen oft …

- verletzlich sind
- leicht gekränkt oder verärgert
- hört das Gras wachsen
- nimmt alles persönlich

Menschen, die eine Aussage nach der Beziehungsebene übersetzen, sind meist feinfühlig, menschlich und sensibel und können zwischen den Zeilen lesen. Allerdings übersetzen viele die Informationen nicht positiv und sind dadurch schnell gekränkt oder verärgert und nehmen alles persönlich. Sie hören sozusagen das Gras wachsen.

Fazit

Wir alle kennen das: Ein Satz eines Kunden und wir sind raus aus dem Gespräch. Unser Gehirn signalisiert uns: Wir haben keine Chance! Grund dafür ist oftmals die falsche Übersetzung der Nachricht. Friedemann Schulz von Thun hat mit seinem Vier-Ohren- bzw. Vier-Seiten-Modell dafür ein sehr gutes Modell entwickelt.

Sie als Verkäufer entscheiden, wie Sie eine Aussage Ihres Kunden, Vorgesetzten oder auch Freund oder Lebenspartner übersetzen. Bleiben Sie auf der Sachebene, hören Sie eine Aufforderung heraus, überlegen Sie sich, was Ihr Gesprächspartner über sich selbst aussagt oder stellen Sie zwischen der Aussage und Ihrer Beziehung zum Sender eine Verbindung her? Sie entscheiden in jedem Fall, wie das Verkaufsgespräch weitergeht.

6.3 So geben Sie Kunden Mut und Energie

6.3.1 Das Beziehungskonto

Wie im Sender-Empfänger-Modell beschrieben, ist es für Sie als Verkäufer wichtig, zu Ihrem Kunden auf der Beziehungsebene eine gute Verbindung aufzubauen, um bei Bedarf auf der Sachebene mit Angeboten, Preisen und Konditionen zu punkten. Da viele von uns im Vertrieb oft unter Zeitdruck stehen, benötigen Sie Techniken, um schnell von der Beziehungsebene auf die Sachebene wechseln zu können.

Betrachten Sie die Beziehungsebene doch einfach mal als ein Konto, auf das Sie einzahlen und abheben können. Immer, wenn Sie sich bei Ihrem Kunden melden, Ihrem Kunden helfen oder ihm einfach mal etwas Nettes sagen, zahlen Sie auf das Konto ein. Immer, wenn Ihr Kunde Ihnen vertrauen soll, heben Sie etwas von Ihrem Beziehungskonto ab.

Was Sie als Verkäufer daher brauchen, ist ein positives Beziehungs-Guthaben-Konto bei Ihrem Kunden. Dr. Manfred Winterheller beschreibt dieses Phänomen als Trägerfrequenz (Winterheller 2010, S. 85). Winterheller nennt als Beispiel das Einschalten eines GPS-Gerätes, wie wir es in Navigationsgeräten vorfinden. Beim ersten Einschalten, dem sogenannten Kaltstart, sucht das Gerät zuerst einmal die Satelliten, um eine Standortbestimmung durchzuführen. Dies dauert ein paar Sekunden. Sind die Satelliten einmal erkannt und gespeichert, geht der „Warmstart" umso schneller. Nehmen Sie Ihr GPS-Gerät aber mit auf eine Wandertour und schalten Sie es in einem fremden Land wieder ein, sucht das Gerät die bekannten Satelliten, findet sie nicht und muss sich erst einmal neu orientieren.

Diesen Effekt kennen Sie sicher auch im Vertrieb. Beim ersten Kontakt mit einem Neukunden müssen Sie erst einmal Vertrauen aufbauen. Mit der Zeit wird der Kontakt immer enger und Sie starten „warm". Haben Sie jahrelang mit Ihrem Kunden zusammengearbeitet und der wechselt nun die Abteilung oder ist verhindert, müssen Sie sich erst einmal neu orientieren. Wer ist Ihr neuer Ansprechpartner? Was weiß er über meine Situation? Vertraut er mir oder muss ich mich und unser Unternehmen erst einmal wieder vorstellen?

Wie können Sie nun an dem Beziehungs-Guthaben-Konto aktiv arbeiten? Wie können Sie schon vorher einzahlen, über das Sie später bei Bedarf verfügen können?

Indem Sie sich nicht erst mit dem Angebot bei Ihrem Kunden melden, sondern schon vorher. Unabhängig davon, ob Sie verkaufen oder helfen können, melden Sie sich zu seinem Geburtstag, vor dem Urlaub mit Urlaubsgrüßen, nach dem Urlaub fragen Sie, wie dieser war. Sie wünschen Frohe Weihnachten und einen guten Rutsch ins neue Jahr. Sie rufen zwischendurch einfach einmal an und fragen, wie es geht. Genauso wie bei einem Freund sind Sie am Menschen interessiert und nicht nur an dem schnellen Auftrag.

Für den Beziehungsaufbau bietet sich das in vielen Branchen noch übliche Sommerloch sehr gut an. Rufen Sie im Sommer Ihre Kunden an und führen Sie Konversation. Zahlen Sie auf Ihrem Beziehungs-Guthaben-Konto ein, damit Sie dies im Herbst in der verkaufsintensiven Phase abheben können. Wenn Sie Unternehmer sind, veranstalten Sie ein Sommer-Grillfest, bei dem nur kurz über die Arbeit gesprochen wird (aus steuerlichen Gründen) und dann der Mensch und die Beziehung im Vordergrund steht.

CRM-Systeme unterstützen Sie dabei im Vertrieb, den Warmstart zu beschleunigen. Wenn Sie Ihre Gespräche dokumentieren, können Sie beim nächsten Kontakt auf vorhandene Informationen zurückgreifen.

Aber richtig punkten Sie auf dem Beziehungskonto mit einem Lob. Aus diesem Grund bin ich der Meinung, dass Sie als Verkäufer – aus dem Stand heraus – loben können sollten.

6.3.2 Lernen Sie Loben

Die Theorie sagt, dass Ihnen ein neuer Interessent erst nach dem siebten Kontakt anfängt zu vertrauen. Dabei ist es egal, ob der Kontakt persönlich, per E-Mail, per Brief, per Telefon oder auf einer Veranstaltung stattfindet. Je öfter Ihr Interessent von Ihnen hört oder Sie sieht, desto eher vertraut er Ihnen.

Im Verkaufsgespräch haben Sie aber nur wenige Sekunden Zeit, um Vertrauen aufzubauen. Wie schaffen Sie das?

Das Geheimnis liegt in den PALES (Winterheller 2010, S. 99). Pales sind positive, aktive, lobende und energiegebende Statements. Nach dem Motto: *„Man kann sich gegen alles wehren, nur nicht gegen ein Lob"* (Menthe und Sieg 2010, S. 45), bauen Sie damit eine persönliche Beziehung zu Ihrem Kunden auf.

Der Grazer Professor für Betriebswirtschaftslehre und Experte für Führung und Motivation, Dr. Manfred Winterheller, hat sich mit dem Loben intensiv beschäftigt. Er behauptet, dass in Unternehmen zu wenig und zu unprofessionell gelobt wird. Für Sie im Vertrieb bietet das eine einzigartige Chance: Wenn die Menschen sich gegenseitig nicht loben, übernehmen Sie als Verkäufer diesen Job und bauen dadurch schnell eine gute Beziehung zu Ihrem Kunden auf. Dieses Konzept basiert auf dem amerikanischen Sozialpsychologen Robert Freed Bales (Bales 2001, S. 135), der sich mit den soziologischen Effekten der Gruppeneffizienz befasste und die positive Wirkung solcher positiven Wortmeldungen erkannte.

Dr. Manfred Winterheller hat dies zu PALES weiterentwickelt und in seiner Methode ein forderndes Element eingesetzt (s. Abb. 6.7).

Winterheller beschreibt eine Situation, die ich aus eigener Erfahrung sehr gut kenne: In vielen Unternehmen werden Vertriebs-Meetings, Veranstaltungen, Kundenevents, Kongresse und andere gemeinsame Tagesveranstaltungen durchgeführt. Auf der Agenda stehen vielfach Reden von Vorgesetzten und professionellen Speakern und Experten.

Die Teilnehmer reisen von weit her, um an der Veranstaltung teilzunehmen. Sie stehen sehr früh morgens auf und fahren stundenlang mit Auto, Zug oder Flugzeug zum Veranstaltungsort. Vielleicht reisen sie sogar einen Abend vorher an und übernachten im Hotel. Damit sind sie weit weg von Familie und Zuhause. Sie stehen früh auf und direkt nach dem Frühstück begeben sie sich in den Vortragsraum. Und anstatt, dass der erste Vortragsredner diese gesamten Strapazen aufzählt und sich dafür bedankt, dass alle Teilnehmer pünktlich an dem Meeting teilnehmen, muss sich das Auditorium oftmals bekannte Fakten anhören, wie *„Wir brauchen mehr Umsatz!"* oder *„Die Kosten müssen runter."* Glauben Sie, dies ist die Ansprache, die die Teilnehmer erwarten?

Was die Teilnehmer erwarten, ist Anerkennung und Lob. Für die Strapazen, für die Unannehmlichkeiten, für den Aufwand der Anreise, wenn sie an solch einer Veranstaltung teilnehmen.

Ich selbst führe seit vielen Jahren bei einer Studentenorganisation in Nordrhein-Westfalen Vertriebstrainings durch. Diese finden immer an einem Sonntag im Frühjahr und Herbst statt. Auch wenn die Seminare für alle Teilnehmer kostenlos sind und ich honorarfrei arbeite, weiß ich zu schätzen, dass einige der Teilnehmer mehrere Hundert Kilometer anreisen, um an diesen Trainings teilzunehmen. Einmal erklärte mir eine Seminarteilnehmerin, dass sie für dieses Training morgens um 5:30 Uhr aufgestanden ist, um pünktlich um 10:00 Uhr im

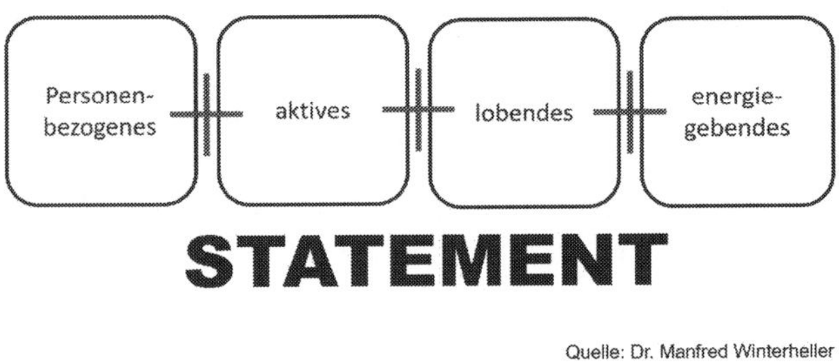

Abb. 6.7 Die Funktionsweise eines PALES (Lob)

Seminarraum in Düsseldorf zu sein. Noch einmal zum Verständnis: Die Studentin kannte mich nicht und hatte vorher noch nie ein Seminar von mir besucht. Sie hätte auch liegen bleiben und mit ihrer Familie um zehn Uhr frühstücken können. Stattdessen nimmt sie diesen gesamten Stress auf sich und reist mehrere Stunden zur gemeinsamen Veranstaltung an. Dieser Verantwortung müssen wir uns als Verkäufer und Führungskräfte bewusst werden.

Denken Sie immer daran: Ihr Kunde könnte auf den Termin mit Ihnen auch verzichten und stattdessen an anderen Dingen arbeiten und so vielleicht früher Feierabend machen, um mit der Familie etwas zu unternehmen. Wenn Sie im B2B-Bereich unterwegs sind, hat Ihr Kunde Aufwand mit der Anreise, Terminorganisation, Vorbereitung und vielen anderen Dingen. Respektieren Sie diese Unannehmlichkeiten Ihres Kunden und loben Sie ihn für sein Engagement.

Doch wie lobt man so energetisch, dass der andere sich davon persönlich positiv betroffen fühlt?

Winterheller ist der Meinung, dass ein Lob immer

- personenbezogen sein sollte (und sich damit konkret an eine Person oder eine Gruppe richtet),
- aktiv vom Kommunikator vorgetragen werden sollte (das heißt, die Initiative geht von Ihnen aus und Sie tun es bewusst),
- lobend und positiv sein sollte,
- dem Gesprächspartner also Energie geben (sprechen Sie laut und deutlich) und
- damit ein Statement beinhalten sollte.

Beispiele

„Ich glaube, dass wir gemeinsam die richtige Entscheidung treffen werden.“

„Ich finde es sehr gut, was wir bisher in dieser Gruppe alles geschafft haben und bin mir sicher, dass wir gemeinsam die Umsatzzahlen erfolgreich erreichen.“

„Ich finde es sehr gut, welche Motivation und Energie Sie in das Projekt investieren. Ich bin absolut davon überzeugt, dass unser gemeinsames Projekt erfolgreich wird.“

Winterheller empfiehlt, dass 50 % aller Wortmeldungen in Meetings und Gesprächen positive Wortmeldungen sein sollten. Das ist jede zweite Wortmeldung und damit sehr viele. Aus meiner eigenen Erfahrung weiß ich, dass viele Leser schon froh wären, wenn in ihren Unternehmen zehn Prozent aller Wortmeldungen positiv sein würden.

Wann sollten Sie als Verkäufer diese Wortmeldungen einsetzen? PALES passen eigentlich immer, um einer Gruppe oder Menschen Kraft zu geben:

- Vor jedem Meeting/Kundengespräch
- Bei jedem Seminar/Referat
- Bei jedem Treffen/Telefonat
- In Seminaren/Meeting zwischendurch, um der Gruppe Energie zu geben
- Vor Prüfungen
- In privaten Beziehungen täglich!
- In Krisensituationen
- Immer, wenn man etwas erreichen will

Bedenken Sie bitte auch: Ein Lob verschafft Ihnen auch Zeit, über Ihre nächsten Aussagen nachzudenken. So sind Sie in der Lage, sich strategisch neu auszurichten: *„Sehr geehrter Kunde, ich finde es sehr gut, was Sie da anbringen. Das ist ein wichtiger Punkt …“*

Aber Achtung: Für viele Menschen – vor allem in unserem Kulturkreis – ist es oftmals schwer, ein Lob anzunehmen. Viele Seminarteilnehmer stellen mir die Frage:

Woran erkenne ich, dass es mein Gesprächspartner ernst meint? Ich möchte nur ehrlich gelobt werden!

Ich finde diese Frage immer sehr spannend, sagt sie doch viel über den Fragesteller selbst aus. Warum gehen Sie davon aus, dass jemand, der Sie lobt, lügt? Welche Erfahrungen haben Sie gemacht, dass Sie so misstrauisch sind? Haben Sie nicht das Recht, auch einmal Anerkennung und Respekt für Ihre Leistung zu erhalten? Sind dies nicht Dinge, die in unserer Gesellschaft viel zu wenig Beachtung finden?

Noch schlimmer ist die Aussage: *„Zu viel Lob kann auch schädlich sein!“* Ich habe noch nie davon gehört, dass ein Mensch durch Lob zu Tode gekommen ist. Aber ich habe schon oft erlebt, dass sich Menschen öffnen, wenn man Ihnen Anerkennung und Respekt entgegenbringt.

Für Menschen in unserem Kulturkreis ist Lob oft sehr ungewohnt. Sie benötigen Zeit und Vertrauen, bis sie Lob annehmen. Deshalb setzen Sie ein Lob am Anfang etwas sparsamer ein, um langsam die Dosis zu erhöhen. Aber probieren Sie es bitte aus. Meine Familie erinnert mich heute regelmäßig daran, wenn ich es mal vergessen sollte: *„Du hast uns schon lange nicht mehr gelobt. Mach mal.“* Mach ich doch gerne.

Ein Lob kann so aussehen:

Sehr geehrter Herr Kunde, ich finde Ihr Engagement auf dem Gebiet der Entwicklung sehr beeindruckend. Besonders die Entwicklung im Bereich der Sicherheitssysteme hat mich enorm beeindruckt, weil ich selbst ein Haus und Angst vor einem Einbruch habe. Ich finde es gut, wenn die Häuser immer sicherer werden. Darf ich fragen, wie es dazu kam, dass Sie sich damit beschäftigt haben?

Es gibt noch weitere Möglichkeiten, wie Sie das Vertrauen bei Ihren Zielkunden aufbauen:

- Sprechen Sie Ihren Gesprächspartner mit seinem Namen an. Wenn Sie den Namen nicht verstehen, lassen Sie ihn sich buchstabieren.
- Stellen Sie etwas Besonderes fest. Hören Sie aktiv zu. Ihre Gesprächspartner geben im Gespräch viele Informationen preis, die Sie nutzen können.
- Fragen Sie immer, wie es dazu gekommen ist, welche Geschichte sich dahinter verbirgt.
- Um es Ihrem Gesprächspartner zu vereinfachen, geben Sie zwei Alternativen vor, zum Beispiel: *„Waren Sie selbst schon einmal in Australien oder interessiert Sie das Gebiet einfach so intensiv?“*
- Sprechen Sie langsam und deutlich.
- Benutzen Sie nur Worte, die alle Menschen kennen. Benutzen Sie keine Abkürzungen und wenig Fremdwörter (das Gehirn ersetzt das Wort ohne, das wir es steuern können, Beispiel epibrieren).
- Schauen Sie Ihrem Gegenüber in die Augen.
- Lassen Sie andere ausreden.
- Machen Sie sich Notizen und zeigen Sie dadurch Interesse (wer schreibt, der bleibt).

Resümee

Zuhören ist eine aktive Tätigkeit. Machen Sie sich bewusst, dass Ihr Gehirn gerne im Automodus arbeitet und sich deshalb mit dem Zuhören schwertut. Es produziert zu jeder gehörten Aussage sofort eine eigene Meinung und Antwort. Als Verkäufer setzen Sie die drei verschiedenen Arten des Zuhörens (passives, paraphrasieren und aktives Zuhören) bewusst im Verkaufsgespräch ein. So führen Sie Ihren Kunden durch das Gespräch und erhalten wertvolle Informationen. Im Gespräch sollten Sie aber Fachbegriffe und unklare Begriffe vermeiden. Diese können dazu führen, dass Ihr Kunde und Sie etwas Unterschiedliches verstehen. Je genauer Sie sich artikulieren, desto klarer sind Ihre Botschaften.

Literatur

Bales RF (2001) Sozial interactional systems, theory and measurement. Transaction Publishers, London

Doyle AC (2007) Das Zeichen der Vier. Insel-Verlag, Frankfurt a. M., 9

Fink KI (2016) Sprache, Glaubwürdigkeit und Begeisterung. http://unternehmen-heute.de/news.php?newsid=355007. Zugegriffen: 6. Mai 2016

Göker M (2015) Die Wahnsinnskarriere des Mehmet E. Göker. Finanzbuch verlag, München

Grosser C (1998) Kommunikationsform und Informationsvermittlung. Springer, Wiesbaden

Havener T (2014) Ohne Worte, was andere über dich denken. Rowohlt, Reinbeck

Jiménez Arboleda C (2010) Wie Sie Berge versetzen: Kommunikation nach der Winterheller Methode. Winterheller-Verlag, Graz

Kahnemann D (2014) Schnelles Denken, Langsames Denken, 3. Aufl. Siedler Verlag, München

Lambert, D-M (2017) Kundennutzen – das Schweizer Online-Marketing Magazin. http://www.kundennutzen.ch/einsteiger-marketing.php. Zugegriffen: 25. Febr. 2018

Meise S (2003) Hör doch mal zu! in: Psychologie heute, 7/2003. https://www.psychologie-heute.de/archiv/detailansicht/news/hoer_doch_mal_zu/. Zugegriffen: 25. Febr. 2018

Menthe T, Sieg M (2010) Kundennutzen, die Basis für den Verkauf: So verwandeln Sie Leistungen in messbaren Mehrwert. Springer, Wiesbaden

Nawroth P (2010) Aktives Zuhören nach Carl C. Rogers. Grin Verlag, München

Nichols R (o. J.) International Listening Organisation (ILA). https://www.listen.org/. Zugegriffen: 25. Febr. 2018

Röhner J, Schütz A (2016) Psychologie der Kommunikation. Springer, Wiesbaden

Schulz von Thun, F (2010) Miteinander reden 1. RoRoRo, Reinbek

Shtyrov YY, Myachykov A, Scheepers C (2013) Interfaces between language and cognition. Front Res Top 4(6):258

Vögele S (2002) Das Verkaufsgespräch per Brief und Antwortkarte, 10. Aufl. Moderne Industrie, Landsberg am Lech

Watzlawick P, Beavin JH, Jackson DD (1996). Menschliche Kommunikation, Formen, Störungen, Paradoxien. Hogrefe, Bern

Wieler J (2016) Wenn Autobauer kreativ werden. ADAC Motorwelt, Dezember 2016: 64

Winterheller M (2010) Wenn die Berge sich hinwegheben. Verlag Dr. Manfred Winterheller, Graz

Wikipedia (o. J.a) Paraphrasieren. https://de.wikipedia.org/wiki/Paraphrase_(Sprache)

Wikipedia (o. J.b) Deduktion. https://de.wikipedia.org/wiki/Deduktion

Siebte Woche: Verstehen, was Kunden wollen

7

Zusammenfassung

Als Verkäufer müssen Sie verstehen, warum sich Kunden für Ihr Produkt oder Ihre Dienstleistung entscheiden. Im Wesentlichen unterscheiden Sie zwei große Motivatoren: Freude erleben und Schmerzen vermeiden. Diese beiden Kaufmotive können wir bewusst für die Argumentation unserer Leistungen einsetzen. So machen wir es den Kunden einfach, sich für unser Produkt zu entscheiden.

Frank war ein guter Techniker. Seine Kunden waren mit seiner Arbeit immer zufrieden. Aber seine Kunden waren bisher immer Menschen, die schon gekauft hatten. Nur selten wurde er zu Interessenten gerufen, deren Entscheidung noch offen war. Die Fragen, warum sich Kunden für einen Anbieter, ein Produkt oder eine Dienstleistung entschieden haben, hatte ihn bisher wenig interessiert. Nun stand er aber vor der Aufgabe, neue Interessenten von seinen Leistungen zu überzeugen und damit vor der Frage, WARUM sich Kunden eigentlich für einen Kauf entscheiden?

In diesem Abschnitt beschäftigen wir uns mit dem Kaufverhalten und den Kaufmotiven Ihrer Kunden, unabhängig von Branche und Produkt. Denn Kaufmotive sind sich – unabhängig davon, was Sie verkaufen – viel ähnlicher, als es sich viele Verkäufer eingestehen möchten.

Die jahrelange Verkaufspraxis zeigt mir, dass wir im Vertrieb schnelle, einfache und nachvollziehbare Konzepte benötigen, die wir innerhalb von Sekunden in Verkaufsgesprächen anwenden können. Deshalb sind die in diesem Buch besprochenen Forschungsergebnisse oftmals vereinfacht dargestellt.

O. Esters, *Kompaktkurs Verkaufen im B2B*,
https://doi.org/10.1007/978-3-658-15678-7_7

Wenn ich in meinen Seminaren die Frage stelle, warum Kunden kaufen, erhalte ich oftmals folgende Aussagen:

- um schneller zu fahren
- um besser fern zu sehen/Musik zu hören
- um schöner auszusehen
- um anderen etwas Gutes zu tun
- um die Arbeit besser zu verrichten
- um mehr Geld zu verdienen
- um Zeit zu sparen
- um Prozesse zu optimieren

Viele dieser Antworten sind situations- und produktabhängig und zeigen individuelle Kaufmotive auf. Aus diesen Aussagen alleine kann man als Verkäufer aber kein System ableiten, warum unsere Kunden wirklich etwas kaufen. Wir als Verkäufer benötigen ein gesamtheitliches System, das wir in der täglichen Arbeit mit dem Kunden schnell und effektiv einsetzen können. Aus diesem Grund müssen wir uns die Kaufmotive noch einmal von Grund auf anschauen.

▶ Alles hat einen ersten Grund: Die Erhaltung unserer Population.

Fängt man ganz unten in der Motivationsforschung an, ist das erste Kaufmotiv immer die Erhaltung unserer Population. Unser Gehirn ist seit Jahrtausenden darauf programmiert, den Fortbestand unserer Art zu gewährleisten. Das heißt, wir Menschen unternehmen alles, was dem Erhalt unserer menschlichen Gattung dient. Unser Streben ist es, für uns, unsere Familie und unser soziales Umfeld das Leben und Überleben sicherzustellen.

Bei einer Bevölkerungsdichte von über sieben Milliarden Menschen auf diesem Planeten könnten wir die zuvor beschriebenen Aktivitäten der Familienplanung für einige Jahrzehnte komplett einstellen. Leben und Genießen wäre jetzt angesagt. Oder einmal Verantwortung übernehmen für anderer Menschen Kinder. Aber wir reden hier über ein tief in uns liegendes Überlebensprogramm, welches seit Jahrtausenden erfolgreich funktioniert und wichtig für das Überleben in Zeiten von Krankheiten, Epidemien, Naturkatastrophen oder Kriegen war. Dies können wir nicht mal eben schnell umprogrammieren oder anpassen. Wir sehnen uns nach eigenen Nachkommen und Kindern.

Dieses tief in uns verankerte Grundbedürfnis der Erhaltung unserer Population spiegeln einige Megatrends wider, wie zum Beispiel die Gesundheits- und Fitnesswelle. In beiden Branchen wird viel Geld verdient.

Auch gibt es nur zwei logische Gründe, Sport zu treiben: 1) Um die eigene Gesundheit zu erhalten und damit das eigene Leben zu verlängern. 2) Um besser auszusehen und damit einen Partner/-in zu finden und eine Familie zu gründen (und wieder die Population zu erhalten). Die positiven Gefühle, die viele von uns beim Sport erleben, unterstützen und helfen uns, den inneren Schweinehund zu überwinden und uns zu bewegen.

Diese Bedürfnisse können Sie im Vertrieb ganz praktisch zur Argumentation Ihrer Produkte einsetzen: Ein Markenhersteller verkauft seine hochpreisigen Staubsauger über das Argument, dass seine Produkte für Allergiker geeignet sind. Dieses Motiv des Populationserhalts finden Sie im Vertrieb vieler Produkte: Fitness-Uhren, Fitness-Center, Diätprodukte, Staubsauger, Elektroautos, Baby-Produkte, Sportartikel oder Partnervermittlung sind einige Beispiele.

Und auch bei Herstellern von technischen Halbzeugen oder einem Steuerberater können Sie diese Argumentation einsetzen. Technische Halbzeuge dienen im weiteren Sinne – betrachtet man sie später als Teil eines Fertigproduktes – der Entwicklung unserer Zivilisation. Und auch die Steuererklärung dient der Organisation und der Struktur unserer Gesellschaft. Bei aller Kritik an der Verwendung mancher Steuer, ist diese Abgabe in unserem Land doch weitgehend akzeptiert, denn aus Steuern zahlen wir unsere Kindergärten und Schulen. Schlussendlich dienen diese damit wieder der Arterhaltung.

▶ Wir leben um zu lieben.

Werbeprofis nutzen diese Emotionalisierung der Produkte für ihre Werbeaussagen durch ein positives Aufladen einer Marke oder eines Produktes. In Fernsehspots werden glückliche Familien gezeigt, wie sie lachen, Kinder, wie sie toben und am Ende handelt es sich um die Werbebotschaft eines Heizungsthermen-Herstellers oder eines Fußbodenproduzenten. Nutzen Sie diese Vorteile auch für Ihren Verkauf und präsentieren Sie ihre Produkte emotionaler.

Veranstalten Sie jährlich ein Fest mit Kunden und deren Familie? Verschenken Sie Buntstifte und Spielsachen als Werbeträger? Machen Sie nicht eine Tombola (verbunden mit einem Fest), deren Erlös einer gemeinnützigen Einrichtung zugutekommt? Ganz nach dem alten Public-Relation-Motto: „Tue Gutes und rede darüber.“

Wenn Ihr Unternehmen eine Kundenfeier veranstaltet, sorgen Sie dafür, dass aus Ihrem Kundenkreis so viele Kunden wie möglich daran teilnehmen. Sie schlagen damit drei Fliegen mit einer Klappe:

- Sie treffen Ihre Kunden einmal außerhalb des täglichen Arbeitsgeschäftes und bauen so eine persönliche Beziehung zu Ihren Kunden auf.
- Sie emotionalisieren Ihre technischen Produkte.
- Sie erleben mit Ihrem Kunden etwas gemeinsam und zahlen auf das Kunden-Beziehungs-Konto ein (s. Abschn. 6.3.1).

7.1 Zwei grundlegende Kaufmotive: Schmerzen vermeiden und Freude erleben

Doch betrachten wir nun die Kaufmotive noch etwas differenzierter. Bei der weiteren Analyse verschiedener Kaufmotive landen Sie bei zwei Grundtypen der Entscheidungsfindung, die Sie als Verkäufer schnell für sich verwenden können:

- Kunden kaufen, um Schmerzen zu vermeiden.
- Kunden kaufen, um Freude zu erleben.

Dies sind zwei weitere, tief in uns verankerte Verhaltensmuster, die Sie im Vertrieb für Ihre Arbeit einsetzen können. Ihnen im Vertrieb hilft diese einfache Einteilung, die Kaufmotive Ihrer Kunden zu verstehen und schnell eine passende Argumentation zu kreieren, welche die Kaufentscheidung untermauert. Schmerz und Freude sind zwei tief uns liegende Antriebe, die unser tägliches Handeln wesentlich bestimmen (s. Abb. 7.1).

▶ Schmerzen vermeiden ist ein dreimal stärkeres Kaufmotiv als Freude zu erleben.

Unter Freude verstehen wir auch Werte, die befriedigt werden oder positive Gefühle, die erhalten werden sollen wie Glück, Mut, Anerkennung, Spaß, Humor und vieles mehr.

Unter Schmerzen sind auch fiktive Schmerzen, sogenannte Phantom-Schmerzen gemeint, die nicht wirklich auftreten, die sich aber unsere Kunden sehr gut vorstellen können.

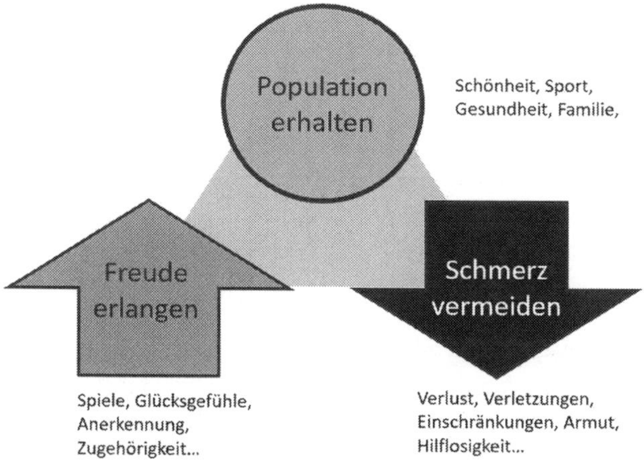

Abb. 7.1 Die Kaufmotive Ihrer Kunden

7.1.1 Schmerzen vermeiden

Wenn ich in meinen Seminaren von *„Schmerzen vermeiden"* rede, glaube ich in vielen Augen meiner Teilnehmer die Assoziation zum organisierten Verbrechen zu erkennen. Erinnerungen an einen alten Mafiafilm werden ins Gedächtnis geholt:

> Hey Luigi, wenn du nicht dein Schutzgeld zahlst, muss ich dir leider wehtun. Es bricht mir das Herz, dir weh zu tun. Willst du, dass ich dir weh tue?

Natürlich möchten Sie nicht, dass dieser sympathische Herr Ihnen weh tut. Sie wollen keine Schmerzen – Sie wollen sie vermeiden! Daher denken Sie vielleicht ernsthaft über sein freundliches Angebot nach.

Gott sei Dank werden Sie in der Praxis nur selten von der Mafia bedroht. Dabei unterschätzen wir, dass der größte Mafioso von allen unser eigenes Gehirn ist, denn es arbeitet genauso, wie es dieser „Familiere" gerade prognostiziert: *„Wenn wir dieses nicht tun, kann jener Schmerz passieren."* Und dann fragt uns unser Gehirn immer wieder, ob wir das wollen. Nein, wir wollen keinen Schmerz!

Unser Gehirn kommt aber subtiler daher, da es – wie es der Name schon sagt – unser eigenes ist. Wir sind daher fest der Überzeugung, wir würden diese Entscheidung frei treffen. Damit nehmen wir die Entscheidung als unvermeidbar an und akzeptieren die Konsequenzen, die sich für uns daraus ergeben. Vielleicht kennen Sie auch solche Gedankengänge:

Beispiel

Gehirn: *„Wenn du dies jetzt nicht isst, werde ich dir Hungergefühle geben müssen, möchtest du das?"* Und schon essen wir den gesamten Dönerteller mit Pommes auf.

Gehirn: *„Wenn du dieses Auto nicht kaufst, werde ich dir im Golfclub Schamgefühle geben müssen, weil wir mit unserer alten Karre vorfahren. Möchtest du das?"* Und schon kaufen wir den teuren Neuwagen, den wir uns eigentlich gar nicht leisten können.

Gehirn: *„Guck dir deinen Körper im Spiegel an. Wenn du so moppelig auf deinen Ex-Partner triffst, lachen alle über dich. Willst du, dass alle über dich lachen?"* Und schon melden wir uns im Fitness-Studio an, machen sofort eine Diät oder kaufen uns im Verkaufsfernsehen den neuen Schlankmacher aus Amerika.

Dies funktioniert auch im Business-to-Business-Geschäft:

Gehirn: *„Schau Dir Deine Umsatzergebnisse an: Wenn Du Deinen Prozess nicht optimierst, ist Deine Beförderung dahin."* Und schon kaufen Sie teure Beratung ein.

Doch warum ist das so? Warum geben wir viel Geld aus, um besser auszusehen, ein Hungergefühl zu vermeiden, unseren Stolz zu präsentieren und unserer Karriere nicht aufs Spiel zu setzen?

Schmerzen sind Warnstufen unseres Gehirns. Schmerzen zeigen uns auf, dass wir etwas tun, das uns, unserem Leben und Überleben entgegenarbeitet. Wenn Sie eine große Fleischwunde haben, ist es wichtig, dass Ihr Körper Ihnen ein Zeichen gibt, dass Sie gerade dabei sind, große Anteile Blut zu verlieren. Der Schmerz ist daher eine Art „Alarmanlage" unseres Körpers.

Dabei kommt dem Vertrieb eine weitere sehr positive Eigenschaft Ihres Gehirns entgegen:

- Allein die Vorstellung (Imagination) von Schmerzen ist so real wie der Schmerz selbst.

Glücklicherweise müssen Sie nicht alle Schmerzen selbst erfahren. Sie können sich diese auch gut vorstellen. Ihr Gehirn kann nicht zwischen Realität und Fiktion unterscheiden. Diese Eigenschaft machen wir uns im Privatleben immer wieder gerne zunutze, wenn Sie am Wochenende ins Kino gehen oder einen Theaterbesuch praktizieren. Bei beiden Veranstaltungsformen besteht in der Regel keine echte Gefahr um Leib und Leben, dennoch fühlen wir mit den Protagonisten und Schauspielern mit. In Untersuchungen konnte man nachweisen, dass alleine das Sehen von Schmerzen und Folter die gleichen biochemischen Prozesse im Körper erzeugt, wie eine reale Verletzung selbst.

Von dem Wunsch des Kunden „imaginäre Schmerzen zu vermeiden" leben ganze Branchen: Die Versicherungsbranche lebt fast ausschließlich davon, Schmerzen zu vermeiden, die wir noch gar nicht haben. Schmerzen, die aufkommen können, wenn etwas Ungewöhnliches oder Unkalkulierbares in Ihrem Leben passiert.

Beispiele für diese Schmerzen sind:

- Kosten, wenn etwas defekt wird,
- Kosten, wenn jemand anderer durch mich verletzt oder geschädigt wird,
- schmerzvolle und schlechte Behandlung im Krankheitsfalle.

Dabei geht die Versicherungsbranche sogar so weit, dass sie sogar Schmerzen in unserem Gehirn bemühen, die nicht uns, sondern anderen Menschen zugefügt werden können:

„Wenn du stirbst, benötigst du ein Begräbnis, das kostet viel Geld. Möchtest du deinen Nachkommen die Kosten hinterlassen, sodass sie nicht nur um dich trauern, sondern auch noch deine Beerdigung bezahlen müssen?" Nein, das möchten wir nicht!

Sie und ich werden die Leistungserbringung unserer Todesfallrente nicht erleben. Sie dient ausschließlich dazu, die Schmerzen bei unseren Kindern und Enkeln zu mindern. Wir selbst sind dann schon tot, müssen unter die Erde gebracht werden (dies ist in Deutschland per Gesetz vorgeschrieben) und kosten damit Geld. Damit dies in einem würdigen Rahmen erfolgen kann und unsere Nachkommen nicht mit Kosten belastet werden, schließen wir eine Todesfall-Versicherung ab. Ähnliches Vorgehen erleben wir bei Lebensversicherungen, Vollkasko-Versicherungen für unsere Autos und vielen mehr.

Auch im technischen Vertrieb können Sie sich dies zunutze machen: Wenn der Controller nicht die richtigen Zahlen liefert, kann es sein, dass der Geschäftsführer bei der Gesellschafterversammlung sich blamiert. Das möchte der Controller sicher nicht.

Wenn die Produktion falsch produziert, kann es sein, dass die Produkte beim Kunden vor Ort nicht passen. Die Monteure vor Ort verlieren Zeit und damit bares Geld. Das will doch keiner.

Diese Bilder werden aber nicht nur durch Sehen erzeugt, sondern auch durch Lesen und Hören. Denn am Ende ist es egal, wie die Informationen zu unserem Gehirn gelangen. Das Gehirn übersetzt Informationen immer in Bilder. Unser Gehirn wird über die fünf Sinne mit Informationen gefüttert und erzeugt jedes Mal ein Bild im Gehirn. Dazu gehören:

- das Sehen
- das Hören
- das Riechen
- das Tasten
- das Schmecken

Über alle fünf Sinne werden Bilder in unserem Gehirn erzeugt. Jetzt kommt der nächste wichtige Schritt: Über die Jahre hinweg sammelt unser Gehirn zu den Bildern Emotionen, Gefühle und Erfahrungen und verknüpft diese mit den Bildern, Geräuschen und Eindrücken.

Egal, ob Sie ein Buch lesen, Ihnen jemand eine Geschichte erzählt, Sie einen Film sehen, Sie ein Parfüm riechen oder Sie eine bestimmte Oberfläche fühlen: Die dazu gehörigen Bilder und Gefühle werden in allen drei Fällen im Gehirn erzeugt.

Die so entstandenen Bilder werden nun von unserem Gehirn „übersetzt". Wir klassifizieren, ordnen, symbolisieren die von uns wahrgenommenen Bilder im Gehirn. Dabei kommt es darauf an, welche Erfahrungen und Werte wir mit diesen Bildern verbinden.

- Eine ältere Frau kann als Oma oder Mutter (hoffentlich positive) Gefühle bei uns hervorrufen. Können wir die Dame nicht erkennen, sehen wir nur rein faktisch und erkennen nichts Weiteres als eine Dame älteren Jahrgangs. Ein Engländer erkennt dagegen vielleicht in jeder netteren, älteren Frau mit grauen Haaren eine potenzielle Königin.
- Ein glatzköpfiger, in Bomberjacke und Springerstiefeln gekleideter Mann kann als potenzielle Bedrohung wahrgenommen werden, vielleicht aber auch als sympathischer Nachbar, der sich so kleidet, im Herzen aber ein guter Mensch ist und den wir mögen.
- Ein Sonnenuntergang am See kann positive Emotionen und Erinnerungen an schöne Urlaube hervorrufen. Sollte es sich aber um ein Überschwemmungsgebiet handeln, wie zum Beispiel das Elbehochwasser 2013 in Ostdeutschland, werden die Emotionen und Erinnerungen bei Betroffenen mit großer Wahrscheinlichkeit weniger positiv ausfallen. Sie sehen vor allem finanzielle Verluste und existenzielle Sorgen.

Im Vertrieb ist es sehr wichtig zu verstehen, dass Menschen, obwohl sie doch alle das Gleiche zu sehen „scheinen“, völlig unterschiedliche Erfahrungen, Gefühle, Erlebnisse und sogar Bilder assoziieren.

Für Sie im Vertrieb bedeutet das:

1. Machen Sie sich bewusst, dass unser Gehirn die Informationen, die es bekommt, individuell unterschiedlich deutet.
2. Machen Sie sich bewusst, dass Ihre Kunden Gehirn, Situationen und Ereignisse anders deuten, als Sie es vielleicht machen.
3. Machen Sie sich bewusst, dass jeder Mensch andere Erfahrungen, Erlebnisse und Bilder abgespeichert hat.

Sie als Verkäufer können diese Gehirnfunktion nutzen, in dem Sie …

- Geschichten erzählen (Storytelling) und die Kraft der Bildgestaltung unseres Gehirns einsetzen,
- Stereotype nutzen und sich durch Worte und Bilder Traumwelten schaffen, die Ihr Kunde versteht,
- im persönlichen Verkaufsgespräch aber nichts mehr voraussetzen: Fragen Sie Ihren Kunden nach SEINEN eigenen Erfahrungen und Werten.
- Ihren Kunden fragen, wie er dies erlebt, welche Erfahrungen er gemacht hat, welche Sorgen und Nöte ihm dabei einfallen.

▶ Wir Menschen unternehmen mehr, um Schmerzen zu vermeiden, als um Freude zu erlangen.

Schmerzen können also auf vieler Art erzeugt werden. Für den technischen Vertrieb sind dies zum Beispiel:

- Produktionsausfälle
- anstehende Preiserhöhungen
- Lieferengpässe
- Überstunden
- körperliche Arbeit
- höhere Kosten
- Unfälle
- Verlustängste
- Arbeitsplatzverlust (auch durch Wettbewerbsverengung)
- Verlust von Reputation und Ansehen

Wir werden uns später noch intensiver mit diesen Themen auseinandersetzen, da dies wesentliche Grundlagen für Ihre Argumentation gegenüber Ihren Kunden ist.

7.1.2 Freude erleben

Freude erleben ist der Gegenspieler zum Schmerz vermeiden und für die tägliche Arbeit als Verkäufer ein viel genutztes Kaufmotiv. Freude zu erleben ist ein weniger starkes Argument als Schmerz zu vermeiden, dafür kann es aber in größeren Dosen eingesetzt werden. Wenn jemand uns täglich Schmerzen androht, diese aber nie eintreten, nehmen wir die Drohung schon bald nicht mehr ernst. Wenn uns aber jemand täglich Freude durch einen Gewinn verspricht, hoffen wir immer weiter, diesen einmal selbst zu erzielen. Sie können das täglich in den Medien erleben: Dauernd werden Reisen, Autos oder Geld in Tombola und Lotto ausgelost. Die Wahrscheinlichkeit, einen solchen Gewinn zu erzielen, ist aber sehr gering. Bei dem Spiel 6 aus 49 (Kombination ohne Wiederholung) kann man aus 49 Objekten 6 ohne Zurücklegen und ohne Beachtung der Reihenfolge auswählen. Dafür gibt es genau 13.983.816 Möglichkeiten. Im deutschen System mit „Superzahl" wächst diese Zahl auf das Zehnfache, also 139.838.160 (Wikipedia 2016). Beim Lotto in Deutschland galt bis Mai 2013 die Wahrscheinlichkeit, einen Sechser mit Zusatzzahl zu erzielen bei 0,00000071511 %. Ich persönlich habe noch niemanden kennengelernt, der einen größeren Lottobetrag gewonnen hat, und trotzdem versuchen jedes Jahr rund 29 Mio. Menschen ihr Glück im Lotto-Spiel (Uni-Hohenheim o. J.).

Schauen wir uns einige andere Beispiele an:

- Den Adrenalin-Kick einer Achterbahnfahrt hält kurz an, dann könnten wir schon wieder Gas geben.
- Zucker (und alle zuckerhaltigen Lebensmittel) erhöhen den Blutzuckerspiegel. Wir sind aufnahmefähiger und können uns besser konzentrieren. Leider nur für maximal 20 min. Danach fällt er wieder ab und wir sind wieder „süchtig" nach neuem Zucker.
- Lob können die meisten Menschen in Unmengen ertragen. Täglich ermuntern wir unsere Partner dazu, uns zu erzählen, wie toll, wichtig und schön wir in ihren Augen sind. Unser Gehirn bedankt sich mit Endorphinen und Dopamin: Glücksgefühl, das wir zum täglichen Leben brauchen.
- Das Nikotin einer Zigarette bereitet für rund 20 min ein positives Gefühl. Danach wünschen sich viele Raucher wieder eine neue Zigarette.

▶ Unser Gehirn ist ein Glücks-Junkie.

Freude können wir also in größeren Mengen und Dosen ertragen als Schmerzen. Der Grund liegt darin, dass unser Gehirn ein Glücks-Junkie ist, welches sich täglich nach neuen Belohnungen sehnt. Unser Gehirn schüttet bei positiven Erlebnissen Dopamin aus und speichert dieses positive Gefühl ab. Leider halten positive Gefühle nicht lange an. Maximal 30 min, dann ist das körpereigene Dopamin vom Körper abgearbeitet. Unser Gehirn möchte wieder neue positive Gefühle erleben. Jeder Raucher wird Ihnen diesen Kausalzusammenhang bestätigen.

Aber auch Sportler kennen diesen Effekt. Ab einer bestimmten Sportintensivität wird so viel Adrenalin ausgeschüttet, dass der Sportler wie unter Drogen läuft. Im Fachjargon nennt man dies einen „Flow". Jeder Sportler, der dieses Gefühl schon einmal erlebt hat, beschreibt dies als ein sehr positives, berauschendes Gefühl, in dem man stundenlang weiterlaufen kann. Leider ist irgendwann unser Körper erschöpft und wir müssen aufhören, Sport zu treiben. Schon wenige Stunden später wünschen wir uns diesen Zustand zurück. Das ist oftmals einer der Gründe, warum Ausdauersportler fast täglich trainieren. Der bekannte Triathlet Andreas Niedrig und ehemalige Junkie hat bewiesen, dass Sport als Ersatzdroge hervorragend geeignet ist und auch aus therapeutischen Gründen eingesetzt werden kann (Schmitt-Kilian und Niedrig 2007, S. 117).

Diese Technik der positiven Bestätigung wird heute sehr erfolgreich auch in den sozialen Medien eingesetzt. Wer einen Account auf Facebook hat, kennt die „Likes". Sie posten etwas und erhalten dafür von Ihren „Facebook-Freunden" eine positive Rückmeldung in Form eines „Like it". Je mehr „Likes" Sie erhalten, desto beliebter sind Sie. Facebook-Nutzer lernen: Schreibe etwas, das vielen gefällt, und du erhältst eine positive Rückmeldung. Forscher haben herausgefunden, dass diese positiven Rückmeldungen abhängig machen können. Für Sie im Vertrieb eine ganz wichtige Entwicklung. Menschen wollen schnell positive Rückmeldungen haben, sie wollen schnell Ergebnisse sehen, sie sehnen sich nach Bestätigung. Verkäufer können dies dadurch einsetzen, dass man den Kunden bittet, auf Facebook Freund zu werden, an Gewinnspielen teilzunehmen, positive Erlebnisse in Blocks, Newsletter, Fotos, Internetseiten und vielem mehr zu posten. Ein Kundenevent, das viele Menschen positiv bewerten und mit „like" beurteilen, erweckt bei Nichtkunden den Eindruck, sie hätten etwas Wichtiges verpasst. Der Wunsch, beim nächsten Mal dabei zu sein, steigt an. So entsteht bei den anderen der Eindruck: Hier ist eine Party, und du bist nicht dabei! Das Gefühl der „Freude" erreichen wir durch:

- Genussmittel, wie Alkohol, Tabakwaren
- Geschwindigkeit (schnelle Autos, Motorräder, Fahrräder, Ski, Rodel, Achterbahnen …)

- Spiele (auch Computerspiele)
- besondere Kleidung
- Technik (vor allem bei Männern)
- Fitness/Sport
- soziale Anerkennung, Stolz
- Gemeinsamkeit, Wir-Gefühl

Fassen wir noch einmal zusammen: Unser Gehirn wünscht sich Glücksgefühle durch Anerkennung, Abenteuer oder Belohnung. Von diesem Gefühl kann es nicht genug haben. Da das Gefühl aber meist nicht länger als 20 min hält, sehnen wir uns täglich nach neuen positiven Gefühlen.

Diese Glücksgefühle sind für uns als Verkäufer ein wesentliches Instrument für die Argumentation im Vertrieb. Wir können diese Argumentation quasi in unbegrenzten Mengen einsetzen. Noch nie ist ein Mensch an zu viel Lob gestorben. Jugendliche halten es täglich mehrere Stunden vor der Spielebox aus und Kettenraucher sterben an den gesundheitlichen Folgen des Nikotins, aber nicht an den Glückshormonen, die in ihren Gehirnen erzeugt werden.

Wie steht es aber nun mit den vielen technischen Produkten, die in der Wirtschaft verkauft werden? Verkaufen wir diese durch Schmerz oder Freude? Was ist mit einer teuren Uhr, die nicht nur die Zeit anzeigt, sondern auch deutlich macht, dass sich der Träger der Uhr so etwas leisten kann? Freude oder Schmerz? Was ist mit einer Bettmatratze, die den Rücken gesund hält und einen tiefen Schlaf gewährleistet? Freude oder Schmerz?

Wie ich im nächsten Abschnitt genauer aufzeigen werde, nutzen wir als Top-Verkäufer im Idealfall beide Seiten der Medaille. Unsere Produkte und Leistungen bedienen immer beide Seiten: Schmerzen und Freude. Dies sollten Sie immer berücksichtigen und dies in Ihrer Argumentation und Einwandbehandlung einsetzen. Einige Beispiele sind:

- Eine teure Uhr verkaufen Sie durch das Argument der Freude an schönen Dingen und dem Werterhalt oder durch die Angst vor Wertverlust oder einem bestimmten sozialen Kreis nicht anzugehören.
- Eine Matratze bereitet Freude durch einen tiefen, erholsamen Schlaf und vermeidet Rückenschmerzen durch eine gesunde Lage für Rücken und Wirbelsäule.
- Business-Software können Sie verkaufen durch optimierte Prozesse, die Geld und Zeit sparen oder durch das Vermeiden von Fehlern, Abstürzen oder umständliche Bedienung.
- Maschinen verkaufen Sie durch höhere Produktivität und leichte Handhabung oder durch das Vermeiden von Leerständen und Produktionsproblemen, die wiederum Kosten nach sich ziehen.

Deshalb fragen Sie sich im Vertrieb immer, welche „Freude" und „Ängste" Sie durch Ihr Produkt bedienen können:

1. Die Seite der Freude: Welche positiven Ergebnisse erzielen Ihre Kunden mit Ihrem Produkt/Dienstleistung?
2. Die Seite des Schmerzes: Welche negativen Ereignisse werden durch den Einsatz Ihres Produktes vermieden?

Aber auch Werte spielen bei Ihren Kaufmotiven eine große Rolle. Menschen haben bestimmte Werte, die sie durch ihre Soziologie oder Persönlichkeit befriedigen möchten. Diese sind kulturabhängig und bestimmen unser Leben und Verhalten beim Kauf. Zu diesen Werten gehören:

- **Profit:** Gewinnstreben, Spartrieb, Zeitgewinn und – Einsparung
- **Sicherheit:** Selbsterhaltung, Gesundheit, Risikofreiheit, Sorgenfreiheit
- **Komfort:** Bequemlichkeit, Ästhetik, Schönheitssinn
- **Ansehen:** Stolz, Prestige, Anlehnungsbedürfnis, „In" sein, und „dabei" sein.
- **Soziale Aspekte:** Vergnügen, Großzügigkeit, Sympathie, Religion, Liebe zur Familie und Freunden.

Da Sie also nie wissen, warum Ihr Kunde etwas kauft, ist es für Top-Verkäufer wichtig, eine Sprache zu wählen, die es Ihrem Kunden ermöglicht, Ihnen sein Wertemodell zu erklären. Gehen Sie ergebnisoffen in ein Verkaufsgespräch und benutzen Sie vor allem vorsichtige Aussagen wie „könnte, würde, sollte …" und fragen Sie dann, was Ihrem Kunden wichtig ist.

Damit Ihr Kunde aus der Deckung kommt, gibt es einen kleinen Trick: Nennen Sie immer zwei Alternativen und fragen Sie Ihren Kunden, was ihm daran wichtig ist:

> Einige Kunden nutzen unsere Maschinen, um den Ausschuss zu verringern, andere nutzen sie, um noch schneller und effizienter zu produzieren. Was wäre denn ihr Anliegen?

Ihre Kunde wird Ihnen nun seine Wertewelt erzählen: Entweder er kauft wegen a, oder er kauft wegen b oder er nennt Ihnen c. In jedem Fall sind Sie am Ende des Verkaufsgespräches reicher – an Argumenten für einen Abschluss.

7.2 Den Nutzen kommunizieren

Wollen Sie Ihre Produkte an den Mann oder die Frau bringen, müssen Sie Ihre Perspektive verlassen und die Welt aus den Augen Ihrer Kunden betrachten. Dies ist das Geheimnis von Top-Verkäufern. Dieser Perspektivenwechsel fällt vielen von uns in der täglichen Arbeit sehr schwer, denn es gilt im Kopf einige Hürden zu überwinden, die auf dem Weg der Erkenntnis als Hindernisse stehen. Aber alles der Reihe nach.

Fast alle technischen Produkte, die Sie in Haushalt und Beruf einsetzen, sind an sich gesehen technische Wunderwerke. Sie sprühen nur so von Innovationen und physikalischen Raffinessen. Oftmals ist uns dies als Anwender gar nicht bewusst. Ob von der automatischen Einparkhilfe am Auto über das Smartphone mit Navigationsfunktion bis zur kommunizierenden Maschine nutzen wir heute technische Meisterwerke, von denen unsere Großeltern vor rund 60 Jahren nur geträumt haben. Um diese gewaltige Kraft der technischen Innovation deutlich zu machen, schauen wir uns einmal die Anzahl der neuen Patente in Europa an: Alleine im Jahr 2014 wurden am Europäischen Patentamt über 274.174 Patente eingereicht. Ein neuer Rekord.

Das Problem ist nur: Kein (gewöhnlicher) Kunde kauft ein Patent! Kunden leben in einer anderen, eigenen Welt. In dieser Welt ist kein Platz für Patente, physikalische Gesetze und Programmiersprachen. Die Welt der Kunden besteht aus Arbeit, Kommunikation mit Verwandten und Freunden, Familie, Beruf und Freizeit. In der Welt unserer Kunden geht es darum, das Leben auf der Erde jeden Tag ein bisschen angenehmer und effizienter zu gestalten, persönliche Ziele zu erreichen oder einfach Anerkennung und Vergnügen zu erlangen.

Es ist nun die Aufgabe des Verkäufers, zwischen der Welt des Kunden und der Welt der Technik die Brücke zu schlagen oder die Übersetzung zu schreiben. Und dabei hilft uns die Nutzenargumentation.

Doch zuerst wieder einmal einen kleinen Schritt zurück. Spricht Frank, unser Beispiel-Verkäufer, mit seinen Kollegen aus der Entwicklung und fragt sie, warum die Produkte der Firma von den Kunden gekauft werden sollen, so erhält er meist eine Ansammlung verschiedener Produktmerkmale und Produktstärken. Produktstärken beschreiben die hervorstechenden Eigenschaften eines Produktes, die Qualität, den einzigartigen Vorteil gegenüber seinen Wettbewerbern. Techniker leben in der Welt der Produktstärken und Produktmerkmalen. Da wird eine Kaffeemaschine vielleicht auch einmal so beschrieben:

Beispiel: Produktbeschreibung Kaffeemaschine

Unsere Kaffeemaschine hat eine einzigartige Technologie der Portionierung. Wir haben die Kaffeemaschinen, die Kaffeeportionierer und die Brühtechnik optimal aufeinander abgestimmt. Wir haben die Kaffeesorten in einer kleinen, konkavgeformten Aluminiumhülle portioniert. Hat der Kunde die passende Kaffeemaschine gekauft, muss er sich nur für eine Kaffeesorte entscheiden, den Hebel am Kopf anheben und dadurch die Einwurföffnung freilegen. Die Kapsel legt er richtig herum hinein, wobei er durch das einzigartige System keinen Fehler machen kann, er drückt den Hebel herunter, bis er einrastet. Beim Einrasten werden in die Aluminiumkapsel kleine Löcher gestanzt, welche später einen Wasserdurchfluss ermöglichen. Ein leistungsstarker, inliegender Wasserkocher drückt nun das bis zu 100 Grad heiße Wasser mit bis zu zehn Bar durch die Aluminiumkapsel. Durch ein Kanalsystem gelangt der Kaffeesud in die darunter stehende Tasse. Ein weiteres Anheben des Griffes lässt die Kapsel durch die Kraft der Gravitation in den darunterliegenden Auffangbehälter fallen. Der nächste Benutzer kann sich seine Kapsel auswählen und den Vorgang wiederholen.

Haben Sie erkannt, welches Produkt oder System der Kaffeezubereitung hier beschrieben wurde? Es handelt sich um das von Nespresso. Ein System, das übrigens laut Nespresso schon 1970 vom Ingenieur Eric Favre in Nestlés Forschungs- und Entwicklungsabteilung erfunden und 1976 patentiert wurde (Trippe 2014, S. 25).

Ab 1991 wurde Nespresso im Markt bekannter, nachdem Nespresso mit dem Kaffeemaschinenbauer Krups zusammenarbeitete. Den Durchbruch erhielt Nespresso aber erst ab dem Jahre 2010, als der Schauspieler George Clooney in einer Print- und Fernsehwerbung das Produkt neu positionierte.

Und wie steigerte George Clooney die Markenbekanntheit von Nespresso? Erzählte er etwas von den vielen Patenten, die Nespresso bis heute hält? Oder von den Vorteilen der Aluminiumkapsel gegenüber vergleichbaren Portionierungssystemen am Markt? Wohl kaum. Er positionierte Nespresso emotional als professionelle Lösung für Singlehaushalte mit Niveau *(„Nespresso – what else?“).*

Fragt man Kunden, warum sie sich für Nespresso entschieden haben, erhalten Sie folgende Antworten:

- Nespresso hat die besten Kaffeesorten.
- Nespresso hat die besten Kaffeemaschinen.
- Jeder meiner Gäste kann sich seine individuelle Kaffeesorte auswählen.
- Durch das einfache Farb-Leit-System weiß ich sofort, wie stark der Kaffee ist.

- Nespresso sieht einfach stark aus.
- Nespresso ist für mich als Singlehaushalt ideal.
- Ich habe wenig Dreck und Arbeit mit dem System.
- Nespresso hat einen coolen Auftritt und ist „in".

Kein Wort über Druck, Temperatur, Leistung, Wärmeleitwert und vieles mehr, sondern die Sichtweise eines Anwenders, die meist von der Beschreibung der Techniker abweicht.

Und wie beschreibt Nespresso seine Vorteile? Zum Beispiel so:

> Perfekter Kaffeegenuss ist kein Zufall. Vielmehr muss der Kaffeegenuss ganz bewusst geschaffen werden – jedes Mal aufs Neue und ohne Kompromisse, Tasse für Tasse. Das erreichen wir, indem wir unsere Prinzipien leben.
>
> Wir könnten den Weg von der Kaffeebohne bis zur Tasse Kaffee schneller gestalten – und billiger. Aber nicht besser.
>
> Weil wir wissen, dass eine einzige schlechte Kaffeebohne eine ganze Charge verderben kann, kontrollieren wir die Qualität jeder einzelnen Bohne. Und wir konzentrieren uns bewusst bei jedem Schritt auf die kleinsten Details (Nespresso 2018).

Kein Wort über Technik, Patente, den ganzen Aufwand, der dahintersteckte, bis die erste Nespresso-Maschine im Jahr 1976 endlich funktionierte.

Die Kunden denken aus ihrer Sicht. Kunden fragen sich immer: Welchen Nutzen habe ich davon, wenn ich dieses Produkt, diese Dienstleistung einsetze? Man nennt dies den Produktnutzen (Pelzl 2014, S. 97). Ein Produktnutzen ist das, was Ihr Kunde von Ihren Produktmerkmalen und Produktstärken hat. Aus diesem Grund ist es wichtig, dass Sie sich mit Ihren Produkten aus der Sicht Ihres Kunden auseinandersetzen.

7.2.1 Produktvorteil in Produktnutzen übersetzen

Doch wie schaffen Sie es nun als Verkäufer, sich schnell und unkompliziert in die Situation des Kunden hinein zu versetzen? Wir können ja nicht bei jedem neuen Produktmerkmal erst einmal eine Marktforschungsuntersuchung beauftragen. Ein kleiner Trick hilft Ihnen, von der Sicht der Technik und der Entwickler in die Kundensicht überzuleiten. Starten Sie mit dem Produktmerkmal, das Sie erst einmal sammeln. Dieses Produktmerkmal übersetzen Sie dann mit dem Zaubersatz: *„…das bedeutet für Sie…"* Durch diese leichte Brücke transferieren Sie die Sprache Ihrer Techniker und Entwickler in die Ihrer Kunden (s. Abb. 7.2).

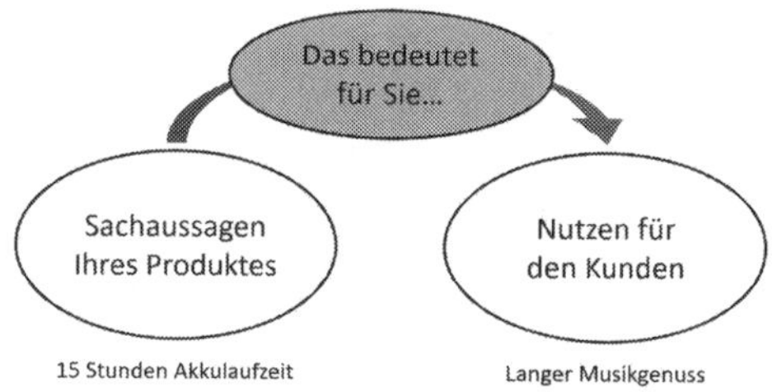

Abb. 7.2 Zweistufiger Produktnutzen

> Bei uns erhalten Sie hochwertige Kaffeesorten in praktischen, einzeln zu portionierenden, farblich abgestimmten Kapseln.
>
> Das bedeutet für Sie:
>
> Ob Sie nun ein kleiner Singlehaushalt sind, in einem Besprechungszimmer sitzen oder auf einer Messe Besucher bedienen: Bereiten Sie Ihren Kunden und sich selbst innerhalb von Sekunden einen frischen, leckeren Kaffeegenuss zu. Jeder mit seiner persönlichen, individuellen Geschmacksrichtung und ohne langes Warten und Reinigen. Die einzigartige Aluminiumverpackung der Kapseln garantieren Ihnen optimale Frische und eine schnelle Orientierung, welche Kaffeesorte der Gast bevorzugt.

Nun versuchen Sie es mal mit Ihren eigenen Produkten und Dienstleistungen. Benutzen Sie zur Übersetzung Ihrer Produktmerkmale die zuvor beschriebenen Kaufmotive „Schmerz vermeiden" und „Freude erlangen". Als Übersetzungshilfe dienen Ihnen nachfolgende Brückenworte.

Durch Ihr Produkt wird Ihr Kunde Schmerzen vermeiden:

- verringert Ihre …
- spart Ihnen …
- verhindert Ihre …
- reduziert Ihre …
- sichert Ihnen …
- senkt ihre …

Durch Ihr Produkt wird Ihr Kunde Freude gewinnen:

- bedeutet für Sie …
- stärkt Ihre …
- bringt Ihnen …
- garantiert Ihnen …
- erleichtert Ihnen …
- verbessert Ihre …

- steigert Ihre …
- hilft Ihnen …
- sorgt für …

Erfahrene Verkäufer übersetzen schnell und automatisiert alle Produktmerkmale in Produktnutzen. Wenn Sie neu im Vertrieb sind, werden Sie einige Zeit benötigen, bis Sie dies automatisch und schnell durchführen können. Dazu müssen Sie sich von Ihrer technischen Sichtweise lösen und in die Welt des Kunden eintauchen. Dies ist nicht nur für technisch orientierte Menschen eine Herausforderung. Marketingagenturen verbringen Tage damit, den wirklichen Kundennutzen zu verstehen und dann erfolgreich zu kommunizieren. Das Ganze dann noch in wenige Worte zu fassen (einen sogenannten Slogan) benötigt viel Erfahrung und Inspiration. Darum empfehle ich Ihnen: Setzen Sie sich mit Ihren Kunden zusammen, sprechen Sie mit Marketingexperten, fragen Sie Außenstehende, wie sie Ihr Produkt, Ihre Dienstleistung erleben. Und werden Sie einfach jeden Tag ein Stück darin besser, Ihre Kunden und deren Sicht der Welt zu verstehen.

7.2.2 Emotionale Transformation

Diese Überleitung zum Kundennutzen können Sie noch weiter perfektionieren, wenn Sie nach dieser ersten Übersetzung eine zweite, emotionale Transformation folgen lassen. Diese emotionale Transformation macht Ihre Argumentation des Produktnutzens noch runder. Sie versetzen Ihren Kunden dahin, wo er am liebsten ist: in einen positiven Zustand. Wir alle lieben positive Gefühle: Sie geben uns gute Laune, Sicherheit, Geborgenheit. Sie lassen uns beruhigt schlafen und verschaffen uns auch ein Gefühl von Stolz. Dadurch ergibt sich eine dreistufige Argumentationskette:

▶ Produktmerkmal + Produktnutzen + positive emotionale Aktivierung.

Wir ergänzen den Produktnutzen durch die Gefühle, die beim Kunden durch den Einsatz des Produktes entstehen können (s. Abb. 7.3). Die emotionalen Folgen sollten selbstverständlich positiv ausfallen.

In unserem Nespresso-Beispiel kann das wie folgt aussehen:

Durch das einzigartige und patentierte Nespresso-System … (Produktmerkmal)

wählt sich jeder Ihrer Gäste seine eigene Kaffeesorte (Produktnutzen).

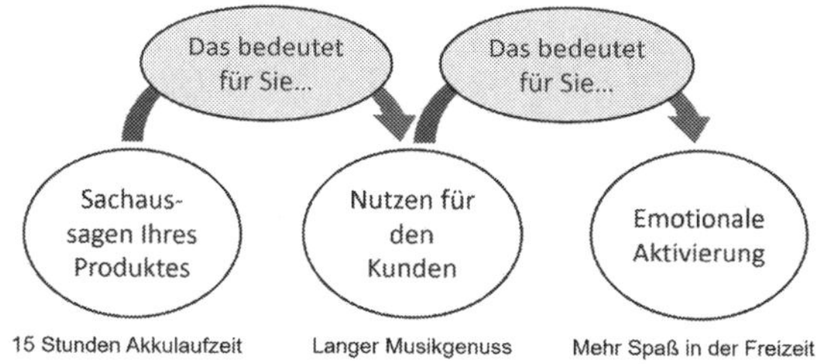

Abb. 7.3 Dreistufiger Produktnutzen

So macht es Ihnen Spaß und Freude, als guter Gastgeber aufzutreten und mit Stolz Ihren Kunden und Gästen schnell eine leckere, professionelle und hochwertige Kaffeespezialität anzubieten (emotionale Transformation).

Beispiele für eine emotionale Transformation sind:

- Sie werden stolz sein.
- Ihr Team wird begeistert sein.
- Sie werden sich sicherer fühlen.
- Sie werden entspannter sein.
- Sie werden Spaß haben.
- Sie werden ausgeruhter ankommen.
- Ihre Familie wird viel Freude zusammen haben.
- Sie werden ausgeglichener sein.

Vielleicht fragen Sie sich gerade, ob es sich finanziell lohnt, diesen Aufwand zu betreiben. Bleiben wir zum Schluss des Kapitels noch einmal bei unserem Beispiel Nespresso. Zwei Pfund Kaffee kosteten bei Drucklegung dieses Buches (2018) rund zehn Euro. In einer Nespresso-Kapsel sind sechs Gramm Kaffee. Eine Kapsel kostet ca. 35 Cent. Ein Kilo Kaffee in Nespresso-Kapseln verpackt kosten daher ab 58 EUR. Das ist eine Gewinnspanne von bis zu 600 %. Da fallen die Kosten für Verpackung und Marketing gar nicht mehr ins Gewicht.

Die Auseinandersetzung mit den Bedürfnissen und Wünschen unserer Kunden lohnt sich daher auch finanziell. Viel Spaß beim Nutzenerstellen!

Resümee

Ihr Kunde kauft bei Ihnen keine technischen Features, sondern seine eigenen Vorteile und Nutzen. Als Verkäufer sollten Sie sich immer fragen: Was hat mein Kunde davon? Warum sollte er dies kaufen? Wie macht unser Produkt und unsere Leistung das Leben unseres Kunden besser? Ihr Produkt kann entweder dem Kunden Freude bereiten oder potenzielle Schmerzen vermeiden. Um den Kundennutzen zu erarbeiten, sollten Sie die technischen Produktmerkmale in den Produktnutzen übersetzen. Durch eine positive emotionale Aktivierung Ihres Kunden runden Sie die Argumentationskette ab.

Literatur

Pelzl T (2014) Verkaufe! Das perfekte Verkaufsgespräch, 3. Aufl. caralin Verlag, Berg

Schmitt-Kilian J, Niedrig A (2007) Vom Junkie zum Ironman. Heyne, München

Trippe S (2014) Planung und Realisierung einer Präferenzstrategie, dargestellt am Beispiel Nespresso. Diplomica, Norderstedt

Universität Hohenheim (o. J.) Teilnahme der Bevölkerung an Glücksspielen in den letzten 12 Monaten. https://gluecksspiel.uni-hohenheim.de/fileadmin/einrichtungen/gluecksspiel/Sucht/Tabelle_Gluecksspielteilnahme.pdf. Zugegriffen: 25. Febr. 2018

Wikipedia (2016) Lotto. https://de.wikipedia.org/wiki/Lotto. Zugegriffen: 25. Febr. 2018

Achte Woche: Einstellung des Top-Verkäufers

8

Zusammenfassung

Bevor Sie zum Kunden gehen, sollten Sie Ihre eigene Einstellung und Glaubenssätze überprüfen. Top-Verkäufer denken anders als normale Verkäufer. Die Einstellung entscheidet wesentlich über Ihren Verkaufserfolg und die Art und Weise, wie Sie Ihre Kunden überzeugen. Ihre Begeisterung und Leidenschaft überträgt sich auf den Kunden und beeinflusst wesentlich seine Kaufentscheidung. Als Kunde möchten Sie nicht nur überzeugt, sondern begeistert werden. Dies beginnt im Kopf.

Frank stellte immer mehr fest, dass die besten Vertriebskollegen neben den fachlichen Eigenschaften über besondere psychische Fähigkeiten verfügten. Die erfolgreichen Kollegen hatten eine andere Einstellung zu ihrem Job. Er analysierte deren Verhalten und stellte einige Faktoren fest, in denen die Top-Verkäufer sich von der Einstellung der weniger erfolgreichen unterschieden. Anscheinend waren es nicht nur die Techniken, sondern auch die persönlichen Einstellungen, die den Unterschied zwischen erfolgreichen und weniger erfolgreichen Verkaufsprofis ausmachten.

Ich finde, ein historischer Witz beschreibt die Motivationssituation im Vertrieb sehr gut:

Im ersten Weltkrieg besuchte ein General die Front. Er kommt zu dem Hauptmann und sagt: „Mensch Meier, Ihre Mannschaft ist spitze! Schon zehnmal zurückgeschlagen und immer wieder greifen sie an! Respekt! Wie machen Sie das bloß?"

Antwortete der Hauptmann: „Ach, das ist ganz einfach: Es sind alles Handelsvertreter."

Der renommierte Vertriebs- und Motivationstrainer Marc M. Galal beschäftigt sich sehr stark mit der inneren Einstellung des Top-Verkäufers. Für ihn ist der

O. Esters, *Kompaktkurs Verkaufen im B2B*,
https://doi.org/10.1007/978-3-658-15678-7_8

entscheidende Unterschied zwischen einem mittelmäßigen Verkäufer und einem Top-Verkäufer die persönliche Einstellung und seine mentalen Fähigkeiten. Für Galal hängen nur 20 % des Erfolges vom *Wie* ab, aber 80 % des Erfolges vom *Warum* (Galal 2010, S. 21).

Im Spitzensport machen den Unterschied zwischen den ersten Plätzen und dem zweiten Platz oftmals nur hundertstel Sekunden aus. Faktisch kein messbarer Unterschied. Hier macht die innere Einstellung den wesentlichen Unterschied zwischen Sieg und Niederlage.

Ich persönlich vertrete sehr stark die Ansicht, dass Sie zuerst das Handwerkszeug des Vertriebs systematisch und strukturiert erlernen sollten, um langfristig Erfolg zu haben. Diesen Anspruch erfüllt dieses Buch sehr gut in seinen zwölf Kapiteln. Auf der anderen Seite empfehle ich Ihnen permanent an sich und Ihren mentalen Fähigkeiten zu arbeiten. Die eigene Psyche ist wie die eigene Fitness: eine ewige Baustelle. Es kommt nicht darauf an, wie Sie gestern gedacht haben, sondern wie Sie heute denken. Aus diesem Grund müssen Sie sich immer und immer wieder mental überprüfen, ob Sie auf dem richtigen Weg sind. Dies ist auch der Grund, warum ich dieses Kapitel noch vor das Verkaufsgespräch und die Verhandlungsführung gestellt habe. Es macht einen enormen Unterschied, ob Sie mit der Einstellung eines Siegers oder Verlierers in ein Verkaufsgespräch gehen.

▶ Kunden kaufen am liebsten von Siegern! (Altmann 2006).

Doch was sind denn nun die Einstellungen eines Top-Verkäufers?

8.1 Das größte Hindernis: Ihre Glaubenssätze

Bevor wir mit den Erfolgsgeheimnissen der Top-Verkäufer anfangen, fragen Sie sich erst einmal, was Sie daran hindert, mental ein Sieger zu sein. Oftmals beschränken wir uns selbst im Denken, ohne es zu merken. Durch unsere Sozialisation, Erziehung, Familien- und Freundeskreis stellen wir bestimmte „Gesetzmäßigkeiten" voraus, obwohl sie gar nicht bewiesen oder sogar falsch sind. Diese Denkmuster bezeichnet man in der Psychologie als Glaubenssätze.

Axel Burkart beschreibt die Wirkungsweise von Glaubenssätzen sehr gut mit einer kleinen Geschichte: Stellen Sie sich vor, Sie sind ein Top-Verkäufer (bei Axel Burkart ist man ein König, aber wir sind ja im Fachbuch für Verkäufer) in Ihrem Unternehmen. Durch einen Zauber haben Sie aber vergessen, dass Sie ein Top-Verkäufer sind. Und so leben Sie in Ihrem Unternehmen ohne zu wissen, dass Sie ein Top-Verkäufer sind und dass es Ihre Aufgabe ist, in Ihrem Unternehmen die größten Abschlüsse zu erzielen. Wer ist der Top-Verkäufer? Sie. Welchen Namen geben Sie sich? Ich. So ist der Top-Verkäufer in Ihnen Ihr ich (Burkart 2014, S. 71). Wenn Sie nicht entdecken, dass Sie Top-Verkäufer sind, werden Sie nie Ihr ganzes Potenzial heben. Doch was hindert Sie daran: Der Glauben, dass Sie KEIN Top-Verkäufer sind. Der Glaubenssatz.

Diese Glaubenssätze sind „Wahrheiten“, an die wir fest glauben. Sie wurden uns durch unser soziales Umfeld, das können Familienmitglieder, Politiker, Medien, Arbeitskollegen oder sogar Lehrer und Trainer sein, als Wahrheit verkauft. Diese Glaubenssätze haben wir fest in uns verankert und stellen sie meist nicht infrage. Sie geben uns Halt und Orientierung in der Welt (Burkhart 2014, S. 14).

Grundsätzlich ist an Glaubenssätzen nichts auszusetzen, wenn sie positiv sind und uns zu besseren Leistungen beflügeln. Das Problem bei vielen Menschen ist aber, dass diese Glaubenssätze negativ sind und sie in ihrem freien Leben und ihrer Leistungserbringung beschränken. Viele Glaubenssätze finden Sie auch in den Religionen, die uns (un-)bewusst lehren, was nicht gehen soll. Nur wenige Glaubenssätze sagen Ihnen, was wirklich alles möglich ist.

Beispiele für negative Glaubenssätze sind:

- Das bin ich nicht wert.
- Das geht nicht.
- Schuster bleib bei Deinen Leisten.
- Es muss auch mal reichen.
- Wer soll denn so viel für mich bezahlen?
- Der Wettbewerb ist sicher besser.
- Ich kann nichts Neues mehr erfinden.
- Die Welt ist schwer.
- Die Wirtschaft ist schlecht.
- Reiche sind arrogante Menschen.
- Ich kann das nicht.
- Ich darf das nicht.
- Ich schaffe das nicht.
- Bei mir geht das nicht.
- Das darfst du nicht tun.
- Das haben wir schon probiert …
- Das funktioniert in unserer Branche nicht …
- Ich sehe im Moment keine Möglichkeiten.
- Das liegt mir nicht …

Ich wurde einmal als Trainer zu einem Unternehmen gerufen, das eine komplexe technische Anwendung verkaufte. In dem Unternehmen herrschte der Glaubenssatz, dass ein Kunde die enormen Möglichkeiten, die dieses Produkt bietet, nicht versteht. Schon im ersten Gespräch erzählte man mir, dass es schwer ist, diese Produkte zu verkaufen, obwohl die Marktbedingungen hervorragend waren. Ich erfuhr dann von den Mitarbeitern, dass die Forecast-Gespräche immer wie folgt abliefen:

Vorgesetzter zu Vertriebsmitarbeiter:	*„Warum haben Sie so wenig verkauft?"*
Vertriebsmitarbeiter:	*„Ich bemühe mich ohne Ende."*
Vorgesetzter:	*„Aber das ist zu wenig."*
Vertriebsmitarbeiter:	*„Ja, aber es ist halt schwer, unser Produkt zu verkaufen. Die Kunden verstehen einfach nicht, wie genial unsere Lösung ist."*

Da der Vorgesetzte an die gleichen Glaubenssätze glaubte, war das Gespräch damit beendet. Der Vorgesetzte sagte sofort:

> Stimmt, keiner versteht die Genialität unserer Produkte.

Damit war das Thema beendet. Beim nächsten Mitarbeitergespräch lief es wahrscheinlich wieder genauso ab. Aber nur, weil alle daran glauben, wird ein Trugschluss nicht richtiger!

> Achte auf deine Gedanken, denn sie werden Worte.
> Achte auf deine Worte, denn sie werden Handlungen.
> Achte auf deine Handlungen, denn sie werden Gewohnheit.
> Achte auf deine Gewohnheiten, denn sie werden dein Charakter.
> Achte auf deinen Charakter, denn er wird dein Schicksal.
> (Gutzitiert 2018)

Dieses Sprichwort von Charles Reade (1814–1884) gilt insbesondere für Manager und Verkäufer. Wenn Sie Top-Verkäufer werden möchten, müssen Sie Ihre Glaubenssätze immer wieder überprüfen und ins Positive übertragen.

Bei dem Befestigungshersteller Würth hat man früh erkannt, welche (negative) Macht von negativen Glaubenssätzen ausgeht. Für Reinhold Würth ist es eine Frage der Kultur, wie ein Unternehmen über Erfolg denkt. Diese Glaubenssätze müssen von den Gründern auf neue Mitarbeiter und Unternehmen übertragen werden. Reinhold Würth arbeitet mit dem Konzept der „Meme" (Venohr 2006, S. 87). Meme sind kleinste Einheiten der kulturellen Vererbung, die sich durch evolutionäre Prozesse fortpflanzen und quasi „von Gehirn zu Gehirn hüpfen". Die entstehen durch Nachahmung, Wiederholung und Einübung. Daher müssen die Grundwerte immer wieder studiert, vergegenwärtigt und trainiert werden, damit sie lebendig bleiben. Venohr nennt ein schönes Beispiel, wie schwer es ist, gewachsene Misserfolgsstrukturen zu verändern. Ein Betrieb, der traditionell nur 80 % Planerfüllung erwirtschaftet, speichert in seiner Unternehmenskultur das Mem, dass 80 % Planerfüllung der Normalfall sind. Jeder neue Mitarbeiter wird es schwerhaben, das gewachsene Mem auszurotten und dem Betrieb die absolute Sicherheit 100prozentiger Planerfüllung einzupflanzen (Venohr 2006, S. 89).

Entwickeln Sie Ihre eigenen, positiven Glaubenssätze. Dies können sein:

- Es ist einfach, Erfolg zu haben.
- Ich bin es wert, erfolgreich zu sein.
- Der Preis für meine Lebenszeit ist unbezahlbar, aber ich mache dem Kunden einen fairen Preis. (Mein persönlicher Lieblingssatz.)
- Unser Produkt braucht jeder.
- Unser Unternehmen ist das Beste auf der Welt.
- Wir sind ein super geniales Team, das alles zusammen schafft.
- Probleme sind Herausforderungen und Herausforderungen liebe ich.
- Es gibt keine Herausforderung, die wir nicht gemeinsam lösen können.
- Das wird der beste Monat/das beste Quartal/das beste Jahr meines Lebens.
- Ich bin für andere Menschen wertvoll, weil ich ihr Leben mit meinen Produkten verbessere.
- Das Leben liebt mich.

Sorgen Sie dafür, dass Sie und Ihr Team an diese Glaubenssätze glauben. Wenn Sie Vorgesetzter sind, ist es wichtig, dass Sie als erster daran glauben. Wenn Sie nur eine Sekunde zweifeln, bemerken das sofort Ihre Mitarbeiter und zweifeln auch.

Als meine Kinder ihren Führerschein machten, hatten sie die gleichen Herausforderungen, wie jeder andere Fahrschüler auch: Schalten, kuppeln, Gas geben, auf den Verkehr achten, dabei Musik hören und sich entspannt unterhalten waren echte Herausforderungen. Wenn meine Kinder darüber berichteten, antwortete ich immer mit dem „Glaubenssatz": „Ein Esters fährt alles." Dieser Spruch wurde erst von mir, dann von ihrer Mutter und später von den Kindern selbst wiederholt, um sich Mut zu machen. Eines Tages kam mein Sohn nach Hause und erzählte mir davon, dass er einem Freund beim Umzug geholfen hätte. Dazu haben sie sich einen kleinen Lkw ausgeliehen. Auf meine Frage, wer denn den Transporter gefahren sei, antwortete mein Sohn mir verschmitzt: „Natürlich ich. Ein Esters fährt doch alles!“ Wenn Ihr Kollege das nächste Mal an einer Aufgabe (ver-)zweifelt, sagen Sie ihm einfach auch mal: „Ein … verkauft einfach alles!“

In unserer westlichen Welt leben wir in einer technischen Welt. Wir wollen alles mathematisch physikalisch beweisen können. Aus diesem Grund empfehle ich Ihnen eine wissenschaftliche Herangehensweise an den Wechsel der Glaubenssätze. Als „Wissenschaftler“ stellen Sie eine Hypothese auf und suchen nach Beweisen, welche Ihre These verifiziert (bestätigt) oder falsifiziert (nicht bestätigt). Wenn Sie so vorgehen, sehen Ihre neuen Glaubenssätze so aus:

- Ich probiere es.
- Vielleicht versuchen wir es einmal.
- Was macht er/sie anders, dass es bei ihr funktioniert?
- Warum funktioniert das in der anderen Branche?
- Wenn es bei denen funktioniert, funktioniert es bei mir auch.
- Ich muss das nur für mich übersetzen …
- Das muss ich trainieren.

Wie zuvor schon beschrieben, geht man nach der Eisbergtheorie davon aus, dass nur 20 % unseres Handelns aus dem Bewusstsein kommen, aber 80 % aus dem Unterbewussten (Ruch und Zimbardo 1975, S. 407). Deshalb ist es wichtig, dass Sie sich vor einem Geschäftstermin in eine gute, positive Stimmung versetzen. Sie entscheiden selbst, wie das Kundengespräch ausgeht, bevor es angefangen hat!

Deshalb sollten Sie vor jedem Termin Folgendes beachten:

- Bringen Sie sich vor einem Termin in gute Stimmung!
- Hören Sie gute Musik!
- Sprechen Sie mit positiv denkenden, netten Menschen!
- Lachen Sie viel. Ein Lächeln ist ansteckend!
- Erzählen Sie von Ihren Erfolgen!
- Treiben Sie Sport.
- Freuen Sie sich auf bevorstehende Dinge: Urlaub, Theater, Feier.
- Lieben Sie das Leben.

Halten Sie sich von Energievampiren fern!
Der größte Feind Ihrer positiven Glaubenssätze ist der Energievampir. Energievampire sind meistens Menschen, die Ihre Energie aufsaugen, weil sie selbst zu wenig davon haben. Energievampire finden Sie in allen Nationalitäten, in allen Gesellschaftsschichten, auf allen sozialen Ebenen. Sie finden sie in Ihrem Unternehmen, Ihrem Bekanntenkreis und leider auch sehr oft in Ihrer Familie oder Freundeskreis.

Dass Sie mit einem Energievampir gesprochen haben, erkennen Sie daran, dass Sie nach dem Gespräch weniger Energie besitzen als vor dem Gespräch. Energievampire kommen meist sehr freundlich daher und man erkennt sie nicht sofort. Erst nach dem „Energiesaugen“ stellen Sie dann fest, dass Sie auf einen Vampir getroffen sind.

Energievampire erkennen Sie an folgenden Aussagen. Im Privatleben:

- Musst du das machen?
- Verdienst du nicht genug?
- Reichen dir unsere Möglichkeiten nicht aus?
- Es muss auch mal genug sein.
- Das hast du doch gar nicht nötig.
- Gebe dich auch mal mit weniger zufrieden.
- Das machen wir nicht.
- Dafür bist du nicht geboren.
- Das ist zu schwer für dich.

Oder im Beruf:

- Das ist eh alles schwer.
- Das schaffst Du/wir nicht.
- Das ist harte Arbeit.
- Das lohnt sich nicht.
- Das haben wir schon mal probiert, hat nicht funktioniert.
- Die anderen verdienen so viel und du bekommst so wenig.
- Du machst immer die ganze Arbeit, was machen die anderen?
- Es gibt genug Wettbewerber, warum du auch noch?

Bei all diesen Aussagen wird Neid, Missgunst, Minderwertigkeit und Frust erzeugt. Meine Empfehlung an Sie: Halten Sie sich von Energievampiren fern. Meiden Sie den Kontakt mit ihnen und wenn es sich nicht verhindern lässt, dann verringern Sie die Begegnung so weit wie möglich.

Erzählen Sie den Energievampiren auch nicht von Vorhaben, bei denen Sie Energie und Kraft benötigen. Sie werden diese nicht erhalten. Suchen Sie sich in Ihrem Umfeld ganz klare Energiespender und Kraftquellen, die Sie bei Ihren Aufgaben, seien sie noch so gewagt, unterstützen und Ihnen wertvolle Hinweise geben. Mit diesen Menschen können Sie arbeiten.

Aber zuletzt noch eine Frage: Sind Sie selbst ein Energievampir oder geben Sie Energie? Wenn ein Kollege auf Sie zukommt und sagt, dass er nächstes Jahr bester Verkäufer mit dem doppelten Umsatz vom Vorjahr werden möchte, nehmen Sie es sportlich und motivieren Sie ihn dazu oder versuchen Sie ihn davon zu überzeugen, dass die Zahlen vom Vorjahr auch ausreichen? Überprüfen Sie sich einmal selbst, wie Sie auf andere wirken.

Es gibt ein wunderschönes Blümchengleichnis: Stellen Sie sich vor, Sie sind eine Blume auf einer Wiese in den Bergen. Neben Ihnen wächst eine andere Blume mit Ihnen auf. Irgendwann stellen Sie fest, dass diese Blume neben Ihnen Sie in der Größe überholt. Wie verhalten Sie sich? Versuchen Sie die Blume durch das Absaugen jeder Energie am Wachstum zu hindern und sie klein zu halten? Oder unterstützen Sie das Wachstum der Blume durch positive Energie, Mut und Kraft und orientieren sich an ihrer Größe, um selbst auch noch größer zu werden?

Seien Sie selbst eine Kraftquelle und geben Sie anderen die Kraft, ihre Ziele zu erreichen. Jeder von uns zweifelt an sich und seinen Fähigkeiten. Das ist menschlich. Aus diesem Grund sollten Sie derjenige sein, der seinem Umfeld Mut macht und Kraft gibt. Ich garantiere Ihnen, die Kraft wird auf Sie wieder zurückspiegeln und Sie werden selbst zu einer Kraftquelle, die ihresgleichen sucht. Denn, was immer Sie denken, es wird auch Sie beeinflussen. Und wenn Sie denken: *„Das ist ein geiler Vorschlag. Dieses Jahr verdoppeln wir unseren Umsatz!“*, dann werden auch Sie Wege und Techniken finden, Ihren Umsatz zu vervielfältigen.

8.2 Die fünf Eigenschaften eines Top-Verkäufers

In meinem langen Berufsleben als Verkäufer konnte ich beobachten, dass Top-Verkäufer über viele gute Eigenschaften verfügen, aber fünf davon sehr hervorstachen:

- Fokussierung
- Fleiß
- Ausdauer
- Effizienz
- Überzeugung

8.2.1 Fokussierung

Der Begriff Fokus oder Brennpunkt kommt aus der Physik (von lateinisch *focus* für „Feuerstätte“) und bezeichnet den Punkt, an dem sich die Strahlen kreuzen, die parallel zum optischen Licht einfallen und durch eine konkave oder konvexe Scheibe abgelenkt werden. Fokussierung bedeutet daher Bündelung oder Kreuzung.

Um Erfolg zu haben, müssen sich Bemühungen und Aktivitäten auf Ihre Ziele – Umsatz, Absatz oder Neukunden – fokussieren.

Das heißt, dass Sie Ihr Ziel zu keinem Zeitpunkt aus dem Auge verlieren. Das ist in unserer heutigen Welt nicht mehr ganz so einfach, wie es früher einmal war. Wenn Sie früher im Wald zum Jagen gegangen sind, weil Sie Hunger hatten, hat Ihr Magen Sie solange daran erinnert, dass Sie jagen müssen, bis es endlich etwas zum Essen gab.

Und heute? Wenn Sie fest angestellt sind, ein auskömmliches Grundeinkommen haben, einen Firmenwagen und ein Mobiltelefon besitzen, Ihre Ansprüche einfach ein wenig zurückdrehen, dann kommen Sie oft gut mit dem Geld aus, dass Sie verdienen.

Hinzu kommen viele tägliche Ablenkungen durch E-Mails, Kollegengespräche, Arbeitskreise, Jour Fixes, Forecast-Gespräche, Social-Media-Nachrichten und vieles mehr. Täglich werden Sie tausendfach auf die Probe gestellt, Ihr Ziel aus den Augen zu verlieren. Aber machen Sie sich eines klar: All diese Dinge, die an sich gesehen auch ihre Berechtigungen haben, bringen Sie Ihrem Ziel nicht näher. Sie stören und hindern Sie nur auf dem Weg dahin.

Ich war mal Schwimmtrainer in einem Essener Schwimmverein. Essen ist eine Hochburg für Leistungsschwimmer, die in unserem Bad schwammen. Wir konnten daher die Top-Profis bei ihrem Training beobachten. Schwimmer, die sich auf Deutsche Meisterschaften, Weltmeisterschaften oder Olympiaden vorbereiteten, kamen ins Schwimmbad, holten sich bei ihrem Trainer ihre neuesten Trainingspläne ab und schwammen dann konzentriert ihre 3000 bis 5000 m. Und das zweimal am Tag. Kein Tratsch mit den Kollegen, keine Feste und Feiern; einfach nur Training, Training und nochmals Training. Sie wussten, wenn sie sich nicht fest auf die nächste Meisterschaft fokussieren, haben sie keine Chance zu gewinnen. In der Weltspitze entscheiden hundertstel Sekunden über den ersten und den letzten Platz. Dafür ist die Weltspitze viel zu eng beieinander.

Interessanterweise hörte ich von vielen Hobby-Schwimmern den Vorwurf, dass die Top-Athleten sich nie an Gemeinsamkeiten im Verein beteiligten. Hätten diese aber auf die Hobby-Schwimmer gehört, wären sie keine Top-Athleten mehr, denn sie würden ihre Ziele nicht erreichen.

Mein Tipp an Sie: Visualisieren Sie Ihre Ziele, die Sie erreichen wollen. Ein Foto von einem Motorrad ist für Ihr Gehirn schneller erkennbar als die Zahl 16.000 EUR. Das Foto eines Urlaubsortes macht mehr Sehnsüchte als ein Scheck über 5000 EUR.

Und rechnen Sie jeden Tag neu nach, wie viel Umsatz Sie noch benötigen, um Ihr Ziel zu erreichen. Kontrollieren Sie sich jeden Tag und überprüfen Sie, wie viel Ihnen noch zur Zielerreichung fehlt. Sie dürfen Ihr Ziel auch monetär nie aus den Augen verlieren.

Starten Sie jede Woche wie den ersten Tag des Jahres. Veranstalten Sie jeden Monat ein neues „Kick-off". Fangen Sie jeden Monat so an, als wäre es der erste Monat in diesem Jahr. Setzen Sie sich jedes Mal hin und sagen Sie: *„Jetzt geht es los."* Jeden einzelnen Monat. Jedes einzelne Quartal. Im Gegensatz zu Beratern können wir im Vertrieb in einem Monat den Umsatz eines ganzen Jahres aufholen. Nutzen Sie diesen Vorteil aus.

8.2.2 Fleiß

Die zweite Qualität eines Spitzenverkäufers ist immer noch der Fleiß. Es macht halt einen Unterschied, ob Sie 40 oder 80 Anrufe am Tag erledigen. In dem amerikanischen Thriller „Risiko- der schnellste Weg zum Reichtum" (Originaltitel „Boiler-Room") aus dem Jahre 2000 beginnt der Hauptdarsteller Seth Davis als Assistent eines Börsenmaklers bei dem Brokerhaus J. T. Marlin. Seine Aufgabe ist recht einfach: Er muss am Anfang nur 700 Cold-Calls pro Tag führen. Das Unternehmen J. T. Marlin wurde 2013 noch einmal von Martin Scorsese verfilmt. In der Hauptrolle kein geringerer als Leonardo di Caprio. Der Film hieß „The Wolf of Wallstreet". In beiden Filmen handelte es sich um das amerikanische Unternehmen Stratton Oakmont, Inc., einer sehr erfolgreichen amerikanischen Vertriebsgesellschaft der achtziger Jahre (Belfort 2014, S. 62).

In Wirklichkeit sollen es sich „nur" um 500 kalte Anrufe pro Tag gehandelt haben. 500! Jeden Tag. Bei 200 Arbeitstagen pro Jahr macht das 100.000 kalte Anrufe pro Jahr! Bei einer Erreichbarkeitsquote von nur fünf Prozent sind das 5000 Gespräche mit potenziellen Neukunden pro Jahr. Wenn Sie davon nur jedem Zweiten ein Angebot senden dürfen, sind dies 2500 Angebote pro Jahr. Selbst wenn Sie dann nur jeden Fünften abschließen, hätten Sie 500 neue Kunden in einem Jahr! Egal, wie viele Sie jeden Tag telefonisch oder per Besuch erreichen, jeder Anruf ist ein Anruf mehr. Jeder Kundenbesuch ist eine Chance zum Verkaufen mehr. Jedes Angebot ist eine Kaufwahrscheinlichkeit mehr.

Der amerikanische Top-Autoverkäufer Joe Girard gilt laut Guinness-Buch der Rekorde als bester Autoverkäufer der Welt. In zwölf aufeinanderfolgenden Jahren verkaufte Girard mehr Neuwagen als jeder andere Autoverkäufer, im Durchschnitt sechs jeden Tag (Girard und Shook 2013, S. 12).

Eines seiner Erfolgsgeheimnisse: Er machte mehr Kundengespräche pro Tag als seine Kollegen. Er war als erster seiner Kollegen im Autohaus und machte als letzter Feierabend. Er bot seinen Kollegen sogar Geld dafür an, dass sie ihm ihre schlechten Kunden überließen. Er nahm alle Kunden an, nur um seine Chancen und Angebotsfrequenzen zu erhöhen.

Bei meinen Autokäufen (bei einer Firmenwagen-Regelung kauft man alle drei Jahre ein neues Auto) musste ich oft betteln, überhaupt ein Angebot zu erhalten. Wenn Sie zu den Top-Verkäufern gehören möchten, gibt es eine einfache Regel im Vertrieb: Mehr ist definitiv mehr!

8.2.3 Ausdauer

Der Jäger muss immer mehr Zeit haben als der Gejagte. Vor allem im Business-to-Business-Bereich gilt dieser Leitspruch des Jagens mehr denn je. Ein erfolgreicher Verkäufer, der für seine Abschlusstechniken und seine harte, geradlinige Art bekannt war, sagte einmal zu mir: *„Der Kunde entscheidet, wann er kauft."* Bei dieser Antwort war ich überrascht, denn ich hatte von ihm, einem fokussierten Top-Verkäufer eigentlich mit einer anderen Aussage gerechnet. Ich hatte damit gerechnet, dass er mir sagt: *„Ich bringe den Kunden zum Abschluss"* oder *„Ich entscheide, wann er unterschreiben muss."*

Aber er hatte recht: Nicht Sie bestimmen das Tempo, sondern Ihr Kunde bestimmt das Tempo, in dem er seine Kaufentscheidung trifft. Er braucht seine Zeit und muss vielleicht mit dem Gedanken des Erwerbs erst einmal „schwanger" gehen. Erst wenn Ihr Kunde Pro und Kontra abgestimmt, und wenn er alle wichtigen Personen befragt und deren O. K. eingeholt hat, wenn die Entscheidung im Team besprochen und gemeinsam verabschiedet wurde, dann ist der Kunde soweit, um seine Entscheidung zu treffen. Sie können diesen Prozess durch eine professionelle Verkaufsberatung in allen Phasen des Verkaufsprozesses unterstützen. Sie können ihm sogar helfen, die richtigen Fragen zu stellen, um so die entstehenden Einwände vorwegzunehmen. Sie können wie ein Manager oder Dirigent den Einkaufsprozess durch den Einsatz von Verkaufsinstrumenten, wie Referenzen, Expertengesprächen und Preisverhandlungen beschleunigen.

Was aus meiner Erfahrung sich nur bedingt eignet, ist Druck auszuüben. Druck führt in der Regel nur zu Gegendruck und damit zu Unzufriedenheit. Ein Prozess benötigt seine Zeit und diese sollten Sie Ihrem Kunden geben.

Sie als Verkäufer müssen daher andere Stärken mitbringen: Geduld und Ausdauer. Sie müssen den Kunden immer wieder daran erinnern, dass er bei Ihnen kaufen wollte. Sie müssen ihn immer wieder im Fokus haben. Dabei hilft Ihnen moderne Software sehr gut. Ich zeige Ihnen hier, wie Sie dies professionell umsetzen.

1. Arbeiten Sie mit einem CRM-System und dokumentieren Sie jedes Gespräch mit Ihren Kunden (Messe, Telefonat, Verkaufsgespräch).
2. Legen Sie bei jedem Kunden sich oder einem Kollegen/-in im CRM-System eine Folgeaktivität an! Tag, Uhrzeit, Thema und Ziel des Gespräches.
3. Jeder Tag sollte bei Ihnen als Erstes mit einem Blick ins CRM beginnen und der Frage: Wen muss ich heute wegen was anrufen? Moderne CRM-Systeme bieten Apps an, die Ihnen auf Ihrem Smartphone zeigen, was Sie heute erledigen müssen.
4. Sollten Sie viel im Außendienst unterwegs sein, richten Sie sich einen Bürotag ein (zum Beispiel den Freitag) und legen Sie alle Aktivitäten auf diesen Arbeitstag.
5. Bitten Sie einen Kollegen oder eine Kollegin, darauf zu achten, dass Sie die wichtigsten Telefonate nicht vergessen. Die wichtigsten Telefonate sind alle, die mit einem Auftrag zusammenhängen. Rufen Sie spätestens am gleichen oder einen Tag nach der Angebotsabgabe beim Kunden an und erklären Sie die Angebotsinhalte.
6. Fragen Sie Ihren Kunden immer, wie der Verkaufsprozess weitergeht und fragen Sie ihn, wann Sie sich wieder melden dürfen (nicht sollen!). Kein Kunde möchte, dass ein Verkäufer unabgestimmt anruft oder vorbeikommt. Aber jeder Kunde versteht und findet es auch gut vom Verkäufer, wenn dieser sich wie verabredet wieder meldet.
7. Dokumentieren Sie den gemeinsam vereinbarten Termin und rufen Sie zum vereinbarten Zeitpunkt oder sogar etwas eher beim Kunden an. Besprechen Sie den Verkaufsfortschritt, die offenen Fragen und den nächsten Verkaufsschritt samt Termin.

Ich weiß, dass viele von Ihnen an den Monats-, Quartals- und Jahreszielen gemessen werden. Aber Druck zum falschen Zeitpunkt ist immer ein schlechtes Mittel, um langfristig Erfolg zu haben. Wenn aktuell kein Kunde bei Ihnen kaufen möchte, dann nehmen Sie den Telefonhörer in die Hand und akquirieren Sie neue Interessenten. Denn wichtig sind der Aufbau einer langfristigen Verkaufspipeline und ein frühes Verständnis für die Situation des Kunden.

Aus meiner Sicht gibt es nur zwei Methoden, wie Sie den Verkaufsprozess beschleunigen können:

1. Qualität
2. Technik

Nehmen wir das Kochen eines leckeren Gulaschs. Saftig, zart, sodass das Fleisch fast zerfällt. Wie erreichen Sie ein solch wunderbares Essen? Sie kochen mehrere Stunden das vorher angebratene Fleisch in einem Topf. Was machen Sie aber, wenn Sie nicht die Zeit haben, so lange zu warten. Ihre fünfköpfige Familie steht schon bald vor der Tür und hat Hunger oder Sie haben Ihre Schwiegereltern eingeladen, und die haben sich eine Stunde eher angemeldet. Es gibt zwei Möglichkeiten, wie Sie Ihr Gulasch schneller fertigbekommen:

1. Qualität: Durch das bewusste Einkaufen von gutem Fleisch, können Sie sicher sein, dass das Gulasch sehr weich und würzig wird. Qualitätsfleisch von einem Metzger Ihrer Wahl ist immer auch ein Garant für beste Ergebnisse. Von daher sollten Sie immer auf Qualität Wert legen. Was machen Sie aber, wenn Sie schon gutes Fleisch haben, aber die Zeit immer noch nicht ausreicht?
2. Technik: Um diesen Prozess zu beschleunigen, hilft Ihnen nur eine andere, optimalere Technik. So können Sie das Fleisch in einem Vakuumbehälter und einem Wasserbad auf Niedrigtemperatur bei 60 Grad vorgaren. Alternativ können Sie einen Schnellkochtopf einsetzen. Ein Schnellkochtopf ist ein geschlossenes Gefäß, bei dem Hitze und Wasserdampf nicht entweichen können. Durch den daraus folgenden Wasserdampfdruck ist es möglich, eine höhere Temperatur als beim normalen Kochen zu erreichen und dadurch die Garzeiten zu verkürzen. Üblicherweise herrscht beim Betrieb eines Schnellkochtopfes etwa 1,8 Bar absoluter Druck, das entspricht 0,8 Bar Überdruck; das ist nicht besonders viel, erhöht jedoch die Siedetemperatur des Kochwassers auf etwa 116 °C. Ergo: Sie sparen Zeit und sind schneller fertig!

Wenn Ihnen also bestimmte Prozesse mal wieder zu langsam verlaufen, ob im Vertrieb, im eigenen Unternehmen oder im Privatleben, sollten Sie sich fragen, wie Sie die Qualität oder die Siedetemperatur erhöhen können, um den Entscheidungsprozess zu beschleunigen.

Ein Kunde von uns hat regelmäßig eigene Kundenveranstaltungen durchgeführt, in dem er bewusst Kunden und aktuelle Interessenten einlud. Dabei überließ er nichts dem Zufall: Alle Kunden und Interessenten erhielten fest zugewiesene Sitzplätze. Diese waren meist abwechselnd aufgeteilt: Kunde, Interessent, Kunde, Interessent und so weiter. Nach jeder Pause wurden die Sitzkarten neu verteilt. Den Veranstaltungsteilnehmern wurde dies als Networking beschrieben, in Wirklichkeit ging es dem Veranstalter darum, dass seine Kunden von ihren positiven Erfahrungen und seine Interessenten von ihren offenen Herausforderungen berichten sollten. Das Ergebnis war sehr gut: Die Interessenten erhielten viel

Sicherheit und Zustimmung das Projekt anzugehen, die Kunden erhielten eine Bestätigung, sich für den richtigen Partner entschieden zu haben.

Kundenprojekte, die sich aus diesen Gesprächen ergaben, wurden deutlich schneller beauftragt, als Kundenprojekte, die ohne diesen Event akquiriert wurden.

Überlegen Sie sich doch mal, wie Sie Ihren Verkaufsprozess beschleunigen können:

- Sprechen Sie frühzeitig mit dem Entscheider (Vorstand, Geschäftsführer) und erfahren Sie seine Anforderungen.
- Beantworten Sie typische Fragen mit einem Video.
- Bieten Sie Podcasts an.
- Verknüpfen Sie sich auf Social-Media-Plattformen.
- Laden Sie Ihre Interessenten zu Referenzkunden ein.
- Arbeiten Sie mit Empfehlungen.
- Stellen Sie Ihr Produkt testweise für einen bestimmten Zeitraum zur Verfügung.
- Begrenzen Sie das Angebot zeitlich und unterbreiten Sie einen Sonderpreis.
- Stellen Sie bei einer schnellen Entscheidung einen Mehrwert in Aussicht (Early-Bird).
- Kombinieren Sie das Produkt mit einem anderen Produkt zu einem Bundle.
- Veranstalten Sie ein Abschluss-Meeting und laden Sie alle Teilnehmer ein.

8.2.4 Effizienz

Ein weiterer Punkt, erfolgreicher zu arbeiten, ist es, Ihre Effektivität zu erhöhen.

Jeden Tag prasseln Tausende von Informationen auf uns ein. Wichtige und unwichtige, dringliche und welche, die Zeit haben. In der Praxis sieht es so aus, dass wir uns vorwiegend mit den unwichtigen, aber dringlichen Dingen beschäftigen. Dazu gehören im Privaten: Aufräumen, Putzen, Einkaufen, Essen kochen, Wäsche waschen und vieles mehr. Im Beruflichen sind dies: Gespräche mit Kollegen, Sitzungen, Reports an Vorgesetzte, Reklamationsgespräche und vieles mehr. Zwar sind dies alles Aufgaben, die auch erledigt werden müssen, denn jeder von uns muss essen und wir möchten auch in gepflegter, gewaschener Kleidung auftreten. Auch sind Abstimmungsgespräche zwischen den Teammitgliedern wichtig und sinnvoll. Die Geschäftsführung benötigt auch regelmäßig Informationen, um das Unternehmen zu steuern, aber all diese Tätigkeiten bringen Sie als Verkäufer Ihrem Verkaufsziel nur bedingt näher.

Im Zeitmanagement gibt es das sogenannte Eisenhower-Prinzip, welches in einer Grafik auf der X-Achse die Wichtigkeit und auf der Y-Achse die Dringlichkeit aufzeichnet (s. Abb. 8.1).

Abb. 8.1 Das Eisenhower-Prinzip

In vier Quadranten werden die Aufgaben unterteilt nach:

- **Quadrant 1:** Sehr wichtig und sehr dringlich. Diese Aufgaben sollten Sie sofort erledigen, sonst kann es sein, dass Sie dies persönlich oder beruflich nicht überleben. Dazu gehören: Krisen, Probleme, Projekte mit wichtigen Terminen. Gott sei Dank gibt es diese Aufgaben nicht so häufig. Aber wenn sie auftreten, haben sie oberste Priorität.
- **Quadrant 2:** Sehr wichtig, aber weniger dringlich: Hier stecken die Aufgaben drin, die Sie WIRKLICH weiterbringen: Neukunden anrufen, Netzwerk aufbauen, Stammkunden besuchen. Dies alles sind Aufgaben, mit denen Sie Ihre Vertriebsziele erreichen, die aber nicht unbedingt dringlich sind. Und da haben Sie schon das Problem: Diese Aufgaben werden oftmals aufgeschoben.
- **Quadrant 3:** Sehr dringlich, aber ganz wenig wichtig. Dieser Quadrant wird in den letzten Jahren leider von Aufgaben geflutet. Hier finden Sie alle Aufgaben, bei denen Sie meinen, sie seien dringlich, die uns aber kein Stück weiterbringen. Denken Sie nur an die vielen unnützen Telefonate, WhatsApp-Nachrichten, Facebook-Kommentare, Videos, SMS, Instagram-Fotos, E-Mails und vieles mehr. Nur ein Bruchteil dieser Aufgaben bringt Sie Ihrem Ziel näher. Aber wir beantworten täglich Hunderte dieser Zeitfresser. Eine Studie belegte vor Kurzem, dass wir rund 88 Mal pro Tag auf unser Smartphone schauen. Davon werde allerdings nur 35 Mal die Uhrzeit oder der Posteingang überprüft. Was für eine Zeitverschwendung! Der deutsche Comedian Bülent Ceylan fragte in der Talk-Show Kölner Treff das Publikum über das neue Social-Media-Verhalten: *„Seid Ihr vor zehn Jahren auch am Tag 20 Mal zum Briefkasten gegangen und habt geschaut, ob was drin ist?“*

- **Quadrant 4:** Wenig wichtig, wenig dringlich. Hier finden Sie die Aufgaben, die Ihnen zur Zerstreuung dienen, aber Sie nicht weiterbringen oder nötig sind, zu beantworten. Dazu gehören einige Briefe, Zeitdiebe, Triviales und vieles mehr. Wenn Sie wirklich fokussiert arbeiten möchten oder müssen (wer sich auf eine Prüfung vorbereitet hat, weiß, wie fokussiert man am Ende sein kann), streichen Sie alle diese Aufgaben kurzfristig aus Ihrem Tagesablauf.

Profis konzentrieren sich vermehrt auf den zweiten Quadranten. Hier sind die Aufgaben drin, die Sie Ihren Zielen näherbringen. Versuchen Sie mehr von diesen Aufgaben pro Woche durchzuführen. Nehmen Sie sich täglich ein bis zwei Stunden Zeit, um diese Aufgaben abzuarbeiten. Sehr beliebt sind die frühen Vormittagsstunden bis 10:00 Uhr und die Nachmittagsstunden ab 16:00 Uhr. Arbeiten Sie dort an Ihrer persönlichen und technischen Weiterentwicklung. Nehmen Sie sich einen Trainer, der Sie coacht. Besuchen Sie regelmäßig Weiterbildungsveranstaltungen und schalten Sie dabei für eine kurze Zeit Ihr Mobiltelefon aus. Nur so kommen Sie aus dem Hamsterrad des Tagesgeschäfts heraus.

8.2.5 Überzeugung

Ein weiterer wesentlicher Unterschied zwischen durchschnittlichen Verkäufern und Top-Verkäufern ist ihre Überzeugung von dem, was sie tun. Die Überzeugung können wir in drei miteinander korrespondierenden Einheiten aufteilen.

- Denken
- Fühlen
- Handeln

Denken
Wichtig ist, dass Sie als Top-Verkäufer für Ihr Produkt richtig brennen. Nicht einfach nur überzeugt sind, sondern richtig brennen. Seien Sie begeistert und bringen Sie diese Begeisterung in Ihren Verkaufsgesprächen rüber. Sie werden sehen, nur wer brennt, kann auch Feuer entfachen.

Ich hatte 2001 ein Vorstellungsgespräch bei einem IT-Unternehmen. Als ich herauskam, fuhr ich zu meiner Frau und sagte: *„Ich habe keine Ahnung, was die verkaufen, aber ich werde da arbeiten."* Mein damaliger Vorgesetzter hat mich im Vorstellungsgespräch von dem Unternehmen und Produkt so begeistert, dass ich unbedingt bei diesem Unternehmen arbeiten wollte. Ich blieb sieben Jahre bei dem Arbeitgeber, schrieb mit einem Freund ein Buch über das Produkt und begeisterte Freunde, bei dem Unternehmen als Arbeitnehmer anzuheuern. Bis heute arbeite ich als Experte in dieser Branche.

Dies alles passierte nur, weil der damalige Niederlassungsleiter mich im Einstellungsgespräch von dem Produkt und dem Unternehmen nicht nur überzeugte, sondern begeisterte!

> Nur wer selbst brennt, kann Feuer in anderen entfachen!
> Augustinus Aurelius.

Die Frage ist nun, wie viel Gefahr geht von Ihnen aus? Würde jemand bei Ihnen anfangen, weil Sie so begeistert von Ihrer Arbeit erzählen? Auch, wenn er nicht versteht, was Sie eigentlich verkaufen? Würde er Ihnen soweit vertrauen, dass er seinen Bekannten sagt: *„Egal was der verkauft, ich will dabei sein!“*

Mein Schwager ist ein sehr erfolgreicher Augenoptikermeister. Er verkauft Brillen aus Leidenschaft. Keine Besuche in seinem Geschäftslokal vergehen, ohne dass man nicht ein paar neue Brillengestelle ausprobiert hat. Egal, ob man Brillenträger ist oder nicht. Ein Kunde kann auch eine Sonnenbrille erwerben. Er verkauft nicht nur Brillen, er LEBT Brillen. Brillen sind seine Leidenschaft und das spürt der Kunde. Immer, wenn er seinen Arbeitgeber gewechselt hat, sind seine Kunden ihm wie Jünger gefolgt, da sie nur von ihm beraten werden wollten.

Wie ist es bei Ihnen? Brennen Sie für Ihre Arbeit, für Ihr Produkt? Verkaufen Sie aus Leidenschaft oder weil Sie es müssen? Ihr Kunde spürt den Unterschied …

Fühlen – als ob

Wie zuvor schon ausführlich beschrieben wurde, ist unser Gehirn nicht in der Lage, zwischen Fiktion und Realität zu unterscheiden. Diesen Effekt können Sie sehr schön beim Sehen eines Thrillers oder Horror-Films erleben und sich selbst zunutze machen.

Um die vorletzte Jahrhundertwende revolutioniert der russische Theaterregisseur Konstantin Stanislawski das Schauspiel, in dem er das Method Acting erfand. Er hielt die Schauspieler dazu an, echte Gefühle auf der Bühne zu erleben, in dem sie ihr Verhalten steuern. Diese Methode wurde auch als „Magisches Wenn“ oder als „Als-ob-Technik“ bekannt.

„Wenn ich dieses Gefühl wirklich hätte, wie würde ich mich dann verhalten?“ Diese Technik wurde von mehreren Schauspielern übernommen, darunter Warren Beauty oder Robert de Niro.

Sie im Vertrieb können diese Methode für sich nutzen, in dem Sie sich so verhalten, als wenn Sie ein Top-Verkäufer sind. Sie tragen die gleichen Anzüge, die gleichen Krawatten, die gleichen Schuhe. Sie fahren die gleichen Autos, nutzen die gleichen Worte und treten genauso auf. Sie „spielen" diese Rolle des Top-Verkäufers. Ihr Geist kann dann nicht mehr unterscheiden, ob Sie die Rolle des Top-Verkäufers nur spielen, oder ob Sie ein Top-Verkäufer sind. Aber noch besser: Ihre Kunden können das auch nicht mehr unterscheiden! Das Handwerkzeug für einen Top-Verkäufer erhalten Sie in diesem Buch. Die Inszenierung des Top-Verkäufers sollten Sie selbst beisteuern.

▶ Denke wie ein Top-Verkäufer und du bist ein Top-Verkäufer!

Handeln

Das magische Erfolgsdreieck wird durch das Handeln vervollständigt. Wir haben im ersten Schritt gelernt, dass es darauf ankommt, dass Sie wie ein Top-Verkäufer fühlen und denken. Sie müssen und können dies aber nun durch eine dritte Komponente ergänzen und steuern. Handeln Sie auch wie ein Top-Verkäufer. Unser Gehirn kann nicht nur zwischen Fiktion und Wirklichkeit nicht unterscheiden, es verbindet auch körperliche Aktivität immer mit einer inneren Haltung. Viele von Ihnen kennen das aus dem Sport. Waren Sie vor dem Sport noch depressiv und niedergedrückt durch die Belastungen des Tages, sind Sie nach dem Sport positiv gestimmt und fühlen sich stark und energiegeladen.

Dieser positive Effekt des Handelns auf den Geist wird in dem 1673 uraufgeführten Theaterstück *„Der eingebildete Kranke"* (im Original „Le Malade imaginaire") von Molière sehr humorvoll beschrieben. Schon damals beschrieb Molière wie sein Protagonist Argan vom eingebildeten Kranken zum gesunden Menschen wird, unter anderem, weil er sich nach vielen Mühen zum Arzt erklären lässt und mit seinen Erfahrungen als eingebildeter Kranker anderen Menschen hilft, gesund zu werden. Heute würde diesem Werdegang ein komplettes Medizinstudium im Wege stehen, aber die Idee dahinter ist so jung und effektiv wie im 17. Jahrhundert: Wenn Sie handeln wie ein Top-Verkäufer, dann werden Sie wahrgenommen wie ein Top-Verkäufer und dann werden Sie denken und fühlen wie ein Top-Verkäufer.

Wir können Handeln und Denken nicht voneinander trennen. Sie sind untrennbar miteinander verbunden. Machen Sie doch einmal die Übung und stellen Sie sich in Gedanken eine schlimme Situation vor, in der Sie traurig und niedergeschlagen sind. Hören Sie dazu noch psychodelische Musik, wie „Nothing compares to you" von Sinéad O'Connor. Fühlen Sie die Belastung des Lebens, den Druck, der auf Ihnen lastet. Versuchen Sie nun ein schweres Gewicht zu heben. Es wird Ihnen nur schwer gelingen.

Umgekehrt: Denken Sie an etwas Schönes, hören Sie starke, motivierende Musik, zum Beispiel „We Will Rock You" von den Rolling Stones. Fühlen Sie, dass nichts Sie stoppen kann! Sie sind superstark und ein Kämpfer. Nun heben Sie das gleiche Gewicht noch einmal hoch. Sie werden merken, in guter Stimmung leisten Sie einfach mehr.

Daher handeln Sie immer wie ein Top-Verkäufer. Akzeptieren Sie keine Aussagen, wie „das reicht schon". Wer in der Champions-League mitspielen möchte, muss wie in der Champions-League auftreten.

8.3 Ihr Umfeld als Erfolgsmotor

Es war eine Firmenveranstaltung. Kunden und Vertrieb waren eingeladen. Frank kam in den Raum und sah sofort, dass Vertrieb und Techniker an unterschiedlichen Tischen saßen. Seine alten Kollegen aus der Technik winkten ihm zu und luden ihn ein, Platz zu nehmen. Am anderen Tisch sah er seine neuen Kollegen sitzen. Er musste sich entscheiden, wohin er sich setzen sollte.

Sie sind das, was Sie glauben zu sein. Diese wichtige These gilt insbesondere im Vertrieb. Sie sind ein Produkt Ihrer Gedanken. Wenn Sie sich oder Ihr Leben verändern wollen oder Sie in eine neue Gruppe aufgenommen werden wollen – egal ob Beruf, Hobby oder Familie, ist Ihr Umfeld eines der wichtigsten Schlüssel zu Ihrem Erfolg. Sie werden es nicht schaffen, wie ein Delfin zu denken, wenn Sie von Walen umgeben sind. Umgekehrt gilt dies natürlich auch. Leider ist diese Erkenntnis viel einfacher gesagt, als im wirklichen Leben getan.

Machen Sie sich klar: Der Mensch ist ein Gewohnheitstier. Er ist in seinem tiefsten Inneren einfach strukturiert und bequem. Das liegt daran, dass unser Gehirn über 22 % unseres täglichen Energiebedarfs verbraucht und daher am liebsten im Energiesparmodus arbeitet. Gewohnheiten und Routineabläufe helfen uns, unser Gehirn auf AUTO-Modus umzuschalten und geben uns Sicherheit, Geborgenheit und Orientierung. Veränderungen und Neues jeglicher Art sind daher Hürden, die erst überwunden werden müssen. Dies kostet Kraft, Energie und natürlich auch Mut. Vielen von uns fehlt diese Kraft, diese Veränderung auf die Beine zu stellen. Viele von uns wünschen sich, dass sich etwas in ihrem Leben ändert, wollen aber selbst in Ruheposition bleiben. Oder sie bringen die benötigte Bewegungsenergie nicht auf, um langfristig eine Veränderung durchzuhalten.

▶ Unser bisheriges Verhalten hat uns hierhin gebracht.

Wie schaffen Sie es, mit dem Rauchen aufzuhören, wie erlernen Sie eine neue Sportart, einen neuen Beruf oder verändern Ihr Berufsbild? Wie schaffen Sie es, sich neue Verhaltensweisen anzueignen, die Sie weiterbringen? Die meisten Menschen schaffen es nie, aus ihrem gewohnten Umfeld auszubrechen. Ich finde es immer wieder spannend, wenn ich nach vielen Jahren zu einem Klassentreffen komme, und die Menschen mir erzählen, dass sich nichts in ihrem Leben geändert hat. Dies ist o. k., wenn der Mensch mit seinem Leben zufrieden ist UND wenn sich die äußeren Umstände und Bedingungen nicht verändert haben.

Denn selbst, wenn wir mit unserem Leben hoch zufrieden sind, die Umwelt um uns herum unterliegt einem ständigen Wandel. Im Ruhrgebiet, wo ich herkomme, kennen wir diese Veränderungen. Als das Zechensterben Anfang der siebziger Jahre des letzten Jahrhunderts begann, konnten meine Großeltern und Eltern nicht sagen: „Wir machen weiter wie bisher." Es gab einfach keine Zechen mehr, wo man hätte einfahren können. Dies geschieht aktuell durch die digitale Revolution. Wir können den Trend zu E-Commerce und Digitalisierung nicht leugnen. Sie sind einfach da.

Wenn Sie als Unternehmen oder als Verkäufer diese Veränderungen nicht als Chance begreifen und Sie aktiv aufnehmen, kann es sein, dass Sie mittelfristig ein Problem erhalten. Einige Beispiele gefällig?

Beispiele

Im letzten Jahrhundert war Blaupunkt der führende Autoradio-Hersteller. Leider hat der Hannoveraner Automobilzulieferer drei wesentliche Entwicklungen verpasst:

- Die Integration von Autoradios in Automobile durch den Hersteller.
- Die Premiumausstattung von Autos im Bereich Entertainment durch Premiumhersteller, wie Bose, Dynaudio sowie Bang und Olufsen.
- Die Entwicklung vom Autoradio zum komplexen Multimedia-Gerät mit Navigation, Telefon, Radio, Musik und schon bald kompletter Social-Media-Integration. Das traurige Ergebnis: Im Jahr 2016 hat Blaupunkt endgültig Insolvenz eingereicht, die vom Insolvenzverwalter dann schlussendlich auch akzeptiert wurde. Die Blaupunkt-Artikel, die Sie heute im Handel finden, sind nur noch Lizenzartikel.
- Ein Buch über den um die Jahrtausendwende sehr bekannten Business-Manager Thomas Middelhoff, der durch die Karstadt-Pleite zu zweifelhaftem Ruhm gekommen ist, liest sich wie ein historischer Roman. Dort werden Unternehmen aufgezählt, die man heute nicht mehr kennt: Arcandor, AOL, Blackberry, Neckermann, Nokia, Pixelpark, Quelle sind nur einige Beispiele vergänglicher Zeiten (Bognanni 2017, S. 54).

Gerade jetzt sind in vielen Branchen neue Veränderungsprozesse in vollem Gange. Schauen Sie sich nur die Veränderungsprozesse in der Druckindustrie durch den

Digitaldruck an, die Tageszeitungen werden durch Internet-News ersetzt. Selbst die Buchverlage stehen unter enormen Anpassungsdruck durch E-Book, Book-on-Demand und vielem mehr.

Was bedeutet das für Sie? Vertrieb muss sich immer wieder selbst überprüfen, seine Verkaufswege, -methoden und -techniken hinterfragen. Denken Sie immer daran, dass Ihr Wettbewerber sich jeden Tag, jede Minute, jede Sekunde überlegt, mit welchen Techniken, Methoden und Argumenten er Sie schlagen kann. Daher müssen Sie immer wachsam sein, offen gegenüber neuen Vertriebswegen und -techniken. Dann haben Sie als Verkäufer auch das letzte Quäntchen, das Ihnen fehlt: Glück!

Glück

Haben Top-Verkäufer mehr Glück als normale Verkäufer? Wohl kaum. Es gibt nur ein Glück im Leben, das Sie nicht beeinflussen können: In welche Familie Sie hineingeboren wurden. Wenn Sie als Baby aufwachen und feststellen, dass Sie mit Nachnamen Rockefeller heißen und auch noch viel Geld besitzen, dürfen Sie das ruhig mal als Ihren Glückstag bezeichnen. Das meiste Glück im Leben ist aber von uns selbst bestimmt und gemacht.

Ich glaube, dass Glück eine gleichmäßig verteilte Ressource ist, die jeder von uns nach Bedarf für sich beanspruchen darf. Warum haben dann Top-Verkäufer gefühlt mehr Glück als normale Verkäufer?

Weil Glück der zweite Vorname eines Top-Verkäufers ist. Denn Glück ist ein Pseudonym für zwei Dinge: Gelegenheiten und Bereitschaft.

▶ „Glück ist, wenn Gelegenheit auf Bereitschaft trifft." *Fred Endrikat 1890–1942.*
(Gute Zitate 2018).

Ich würde noch ergänzen: Und Gelegenheit ist immer. Dieser Spruch von Fred Endrikat macht vieles deutlich. Die Frage ist also, wie Sie Ihr Glück erkennen und für sich greifbar machen. Wenn Glück eine gleichmäßig verteilte Ressource ist, wie können Sie Ihren Teil Glück für sich selbst sicherstellen?

Stellen Sie sich vor, Sie leben an einem Fluss in den Bergen. Auf dem Boden des Flusses liegt kein Gold, sondern Glück. Darüber fließt das Wasser der täglichen Routine, sodass Sie das Glück nicht sofort sehen können. Jedem Bewohner – und damit auch Ihnen – wird ein Teil des Flusses zugewiesen. Dies ist Ihr Claim, hier dürfen Sie schürfen. Sie müssen nun Ihr Glück finden. Wenn Sie Glück gefunden haben, spült die Strömung des Lebens immer wieder neues Glück an. Es ist ein niemals endender Quell. Wie bekommen Sie nun Ihr Glück zu fassen? Sie müssen zum Fluss und es schürfen – jeden Tag – bis Sie ein Nugget Glück in Ihrem Sieb haben.

Wichtig ist, dass Sie bereit sind, das Glück, das nur wenige Meter vor Ihrem Haus liegt, auch zu angeln. Es gibt viele Vertriebsmitarbeiter, denen könnte man einen Auftrag auf dem Silbertablett präsentieren, dann würden diese noch sagen *„Die wollen sicher nur den Preis drücken.“*

Das, was viele als Glück bezeichnen, ist oftmals das Ergebnis harter Arbeit. Je mehr Werbung Sie machen, desto mehr Kunden rufen Sie an. Glück? Je mehr Menschen Sie ansprechen, desto mehr interessieren sich für Ihr Produkt. Glück? Je mehr Angebote Sie schreiben, desto mehr Kunden kaufen. Glück? Je mehr Fragen Sie stellen, desto mehr Argumente für einen Verkauf ergeben sich im Gespräch. Glück? Oder harte Arbeit?

Beispiel

Die deutsche Golflegende Bernhard Langer schlug bei einem Turnier den Ball 350 m weit, dieser driftete jedoch im Wind ab und landete schließlich im Wald. *Die Zuschauer stöhnten entsetzt auf, Langer jedoch verzog keine Miene. Voller Motivation begab er sich in das kleine Waldstück und sah, dass sein Ball äußerst ungünstig gelandet war. Er nahm Aufstellung, konzentrierte sich und schlug den Ball. Dieser flog aufs Grün, rollte dort weiter – und landete schließlich direkt im Loch. Die Zuschauer waren aus dem Häuschen, applaudierten, jubelten, konnten es einfach nicht fassen, was für ein Genieschlag Langer gelungen war.*

Nach dem Turnier, das er schließlich gewann, wurde Langer von einem Reporter bei der Pressekonferenz gefragt: „Herr Langer, dieser Schlag, das werden Sie zugeben, war aber schon richtig Glück, oder?“

Langer antwortete: „Stimmt, dieser Schlag war pures Glück. Aber wissen Sie was: Je mehr ich trainiere, desto mehr Glück habe ich auch!“ (Langer 2002, S. 132)

Resümee

Die eigene Psyche ist wie die eigene Fitness: Eine ewige Baustelle. Überprüfen Sie als Top-Verkäufer immer Ihre eigene mentale Einstellung und optimieren Sie diese. Die Art und Weise, wie Sie über Ihr Produkt, Ihre Firma, Ihr Unternehmen und sich als Person denken, entscheidet, wie Sie auf Ihren Kunden wirken. Unser Denken beeinflusst unser Gefühl und dieses steuert unser Handeln. Aus diesem Grund sollten Sie Energievampire vermeiden und sich mit den richtigen, erfolgreichen Menschen umgeben (an den richtigen Tisch setzen). So sind Sie mental unschlagbar.

Literatur

Altmann HC (2006) Kunden kaufen nur von Siegern. FinanzBuch Verlag, München
Belfort J (2014) Der Wolf der Wallstreet. Goldmann, München
Bognanni M, Middelhoff T (2017) Abstieg eines Star-Managers. Campus, Frankfurt
Burkhart A (2014) Mit einem Satz das Leben ändern, die Kraft der richtigen Glaubenssätze. Irisiana Verlag, München
Galal MM (2010) So überzeugen Sie jeden. Springer Gabler, Wiesbaden
Girard J, Shook Robert L (2013) Abschlusssicher verkaufen mit Joe Girard: die goldenen Regeln des besten Verkäufers der Welt. Springer Gabler, Wiesbaden
Gute Z (2018) Fred Edrikat. https://gutezitate.com/zitat/277951. Zugegriffen: 25. Febr. 2018
Gutzitiert (2018) Charles Reade. https://www.gutzitiert.de/zitat_autor_nn_thema_denken_zitat_5996.html. Zugegriffen: 25. Febr. 2018
Langer B (2002) Meine Lebensgeschichte – Höhen und Tiefen. Hodder & Stroughton, London
Ruch FL, Zimbardo PG (1975) Lehrbuch der Psychologie. Springer, Heidelberg
Venohr B (2006) Wachsen wie Würth. Campus, Frankfurt

Neunte Woche: Neukundenakquisition 9

Zusammenfassung

Die Gewinnung neuer Interessenten und Kunden ist oftmals wesentlicher Bestandteil der vertrieblichen Tätigkeit. Ohne neue Kunden kann ein Unternehmen nicht wachsen. Aber die Leadgewinnung hat sich in den letzten Jahren verselbstständigt und ist zu einem eigenen Bereich zwischen Vertrieb und Marketing geworden. In diesem Kapitel erhalten Sie einen Überblick, auf welchen Wegen, Kanälen und mit welchen verkäuferischen Strategien Sie neue Kunden für Ihr Unternehmen gewinnen können.

Frank betrachtete sein Vertriebsgebiet: Es gab einige Bestandskunden, die auch teilweise noch weitere Leistungen benötigten. Insgesamt war der Bestand an Kunden aber zu gering, um damit die geplanten Ziele zu erreichen. Ihm war klar, dass neue Interessenten und Kunden hermussten. Seine primäre Vertriebsaufgabe war daher das Akquirieren neuer Kunden. Drei Fragen stellten sich ihm: Wo finde ich neue Kunden? Wie organisiere ich die Akquise neuer Kunden? Und wie spreche ich diese dann an?

Wenn Sie ein Unternehmensgründer sind, ist es ganz eindeutig: Sie haben keine Kunden und brauchen neue. Wenn Sie aber schon länger im Markt aktiv sind, haben Sie vielleicht schon viele Bestandskunden, die Ihnen regelmäßig Aufträge zukommen lassen. Obwohl Sie dann in einer sicheren Komfortzone

O. Esters, *Kompaktkurs Verkaufen im B2B*,
https://doi.org/10.1007/978-3-658-15678-7_9

sitzen, sollten Sie sich dieses Kapitel einmal genauer anschauen, denn es gibt gute Gründe, sich *immer* mit Neukundengewinnung zu beschäftigen:

- Sie wollen expandieren. Das können Sie teilweise aus Ihrem Kundenbestand durch Up- und Cross-Selling bewerkstelligen, aber eventuell benötigen Sie dazu auch neue Kunden, die Sie vorher noch nicht kannten.
- Wenn Sie Ihre Leistung pro Kunde nur einmal verkaufen können, brauchen Sie immer neue Kunden. Wie viele Küchen können Sie in einer Wohnung aufstellen? Die meisten von uns nur eine. Wenn Sie also Küchenhändler sind, benötigen Sie immer wieder neue Kunden, da Ihre bestehenden Kunden meist für viele Jahre versorgt sind.
- Ihre Kunden sterben aus. Das ist das Natürlichste von der Welt. Bei jedem unserer Kunden gilt das Gesetz des Lebenszyklus. Das bedeutet, ein Kunde, den Sie heute gewinnen, beginnt sich morgen abzunabeln. Dies kann auf drei Wegen passieren:
  - Pushed away: Sie verärgern den Kunden und er wandert ab.
  - Pulled away: Ihr Wettbewerber macht ihm ein Angebot, dass er nicht ablehnen kann und Ihr Kunde wechselt.
  - Broken away: Ihr Kunde nimmt nicht mehr am Marktgeschehen teil (zum Beispiel durch Fusion, Change-Prozesse oder Insolvenz).

Durch Kundenbindungsmaßnahmen können Sie diesen Prozess verlangsamen oder verzögern. Aufhalten können Sie ihn nicht (Kreuter 2012, S. 21).

Daher ist die Gewinnung neuer Kunden für die meisten Unternehmen und Verkäufer sehr wichtig. Um die Neukundengewinnung systematisch aufzubauen, müssen wir die Akquise auf drei gleichwertigen Säulen aufbauen:

1. Unsere eigene Einstellung zur Neukundengewinnung.
2. Die Organisation kontinuierlicher Neukundengewinnung.
3. Die Werkzeuge zur Neukundengewinnung.

Nur durch die Beachtung aller drei Seiten, schaffen wir eine professionelle, nachhaltige und kontinuierliche Akquise neuer Kunden. Fangen wir mit der ersten Stufe an: Unserer eigenen Einstellung zur Neukundengewinnung.

9.1 Ihre Einstellung gegenüber der Neukundengewinnung

Viele Vertriebsmitarbeiter bevorzugen den Verkauf an Bestandskunden der Gewinnung neuer Interessenten. Sie schieben die Neukundengewinnung quasi vor sich her. *„Morgen fangen wir an, neue Kunden zu gewinnen“*, hört man dann von vielen Seiten. Neukundengewinnung ist anscheinend schwieriger als der Verkauf an Bestandskunden. Warum dies so ist, macht eine Formel deutlich, welche den Energieaufwand der Akquisephasen symbolisiert. Sie heißt: Akquiseformel: 1-3-7.

Akquiseformel: 1-3-7

Die Eins steht für die Energie, die benötigt wird, um an einen Bestandskunden ein Produkt zu verkaufen. Dazu benötigt man Zeit, Geld und Energieeinheit 1.

Dreimal höher ist der Energie- und Geldaufwand, um abgesprungene Kunden zurückzugewinnen und sogenannte Schlummerkunden wieder zu aktivieren. Das ist der Grund, warum Sie Bestandskunden niemals aufgeben sollten. Machen Sie ihnen immer wieder interessante Angebote, sodass sie nicht Nein sagen können.

Sieben Mal mehr Energie und Geldmittel im Vergleich zum Halten eines Stammkunden sind nötig, um einen neuen, bis dahin fremden Kunden von den eigenen Leistungen und Produkten zu überzeugen. Die Neukundengewinnung ist daher mit deutlich mehr Aufwand, Energie und finanziellem Engagement verbunden (Kreuter 2012, S. 19).

Diese Auflistung zeigt deutlich, warum viele von uns am liebsten in der Komfortzone bleiben und Neukundengewinnung auf den nächsten Tag und damit wohl immer vor sich herschieben. Neue Kunden zu gewinnen kostet einfach sehr viel Energie, Zeit und damit auch Geld.

Ihre größten Feinde in der Neukundengewinnung sind daher Ihr „innerer Schweinehund“ und die Routine. Die Routine führt Sie nämlich zumeist direkt in die Komfortzone. Kennen Sie das: Sie kommen nach einem harten Arbeitstag nach Hause. Sie haben nun die Möglichkeit, entweder zum Sport zu gehen oder eine Fernsehsendung im Fernsehen zu schauen. Wenn Sie Ihren inneren Schweinehund nicht überwunden bekommen, werden Sie auf der Coach vor dem Fernseher und damit sprichwörtlich in der Komfortzone landen.

Sich gegen die Routine zu wehren kostet viel Kraft und Energie. Es muss also eine Möglichkeit geben, unseren Hang zur Routine so einzusetzen, dass dieser Sie bei der Neukundengewinnung unterstützt.

Wie schaffen Sie das? Drehen wir doch einfach einmal den Spieß um. Stellen Sie sich vor, es gäbe keine Routinen. Sie müssten jeden Tag alle Entscheidungen neu treffen. Sie gehen in einen Supermarkt (erstes Problem: Welche Supermarktkette nehmen Sie, schon das müssten Sie jeden Tag neu entscheiden), Sie stehen vor dem ersten Regal. Leider sagen Ihnen die Markennamen jeden Tag aufs Neue nichts mehr. Nutella ist Ihnen genauso unbekannt wie Knorr oder Maggi. Der Einkauf wäre die reinste Tortur. Daher: Akzeptieren Sie die Routine als das, was sie ist: Eine von der Natur hervorragend eingerichtete Funktion, die es Ihnen ermöglicht, schnell und effektiv sichere Entscheidungen zu treffen. Aber wie nutzen Sie diese Routinen für Ihre Neukundengewinnung? Als Erstes müssen Sie Ihre eigene Routine so durchbrechen und neu umpolen, dass Sie diese für sich selbst nutzen.

9.1.1 Wer sind Sie? Hunter oder Farmer?

Die erste Frage, die Sie sich stellen müssen, ist die: Sind Sie ein Jäger (Hunter) oder ein Landwirt (Farmer). Dies sind zwei unterschiedliche Verkäufertypen und diese haben eine enorme Auswirkung darauf, wie Sie Ihren Job als Verkäufer umsetzen.

Vorab eines: Keines der beiden Persönlichkeitsprofile ist besser oder schlechter als das andere. Ein Unternehmen benötigt eine gute Mischung aus beiden Gruppen. Wie bei einer Fußballmannschaft benötigen Sie einen Sturm (Hunter) und eine Verteidigung (Farmer). Was machen die beiden Persönlichkeitsprofile aus?

Als Hunter sind Sie immer auf der Suche nach dem Neuen. Die Welt ist bunt und Sie möchten alle Farben mal kennenlernen. Immer die gleichen Kunden zu betreuen, empfinden Sie schnell als langweilig. Neue Herausforderungen, Abwechslung, chaotische Strukturen lassen Sie zur Höchstform auflaufen. Ihre idealen Einsatzgebiete sind die Neukundengewinnung oder wechselnder Kundenkontakte. Hier fühlen Sie sich wohl. Ihr Persönlichkeitsprofil gleicht dem des Gegenteilsortierers im NLP. Ihr Berufsbild ist der des Sales- oder Pre-Sales-Manager.

Farmer lieben das Gewohnte. Sie machen immer Urlaub in der gleichen Region, lieben ihr gewohntes Umfeld und Neues empfinden sie als anstrengend und störend. Wenn sie die Wahl haben, machen sie mehr Geschäft mit bestehenden Kunden. Sie bauen eine gute, langfristige Beziehung auf und holen alles aus ihrem Kunden raus. Ihr Persönlichkeitsprofil gleicht dem des Gleichheitssortierenden aus dem NLP. Im Vertrieb sind sie idealerweise als Key-Account-Manager oder Partner Manager eingesetzt (s. Abb. 9.1).

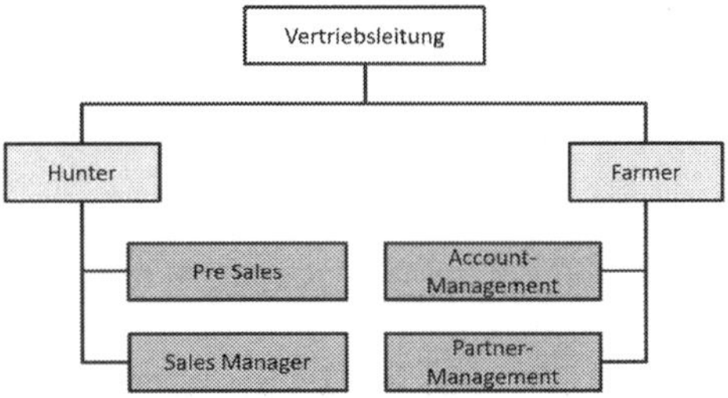

Abb. 9.1 Hunter versus Farmer im Vertrieb

Woran erkennen Sie nun, zu welchem Persönlichkeitsprofil Sie tendieren (die meisten haben beide Ausprägungen in sich, wobei meist eine dominiert)? Ich sage immer: Wenn Sie sich schon langweilen, wenn Sie einem Kunden zweimal etwas verkaufen müssen, neigen Sie definitiv zum Hunter. Wenn Sie lieber zehn Bestandskunden anrufen, bevor Sie einmal einen neuen Interessenten kontaktieren, neigen Sie zum Farmer.

9.1.2 Freuen Sie sich auf neue Kunden

Sie haben keine Freunde? Dann suchen Sie sich welche. Sie haben keine Kunden? Dann akquirieren Sie welche. Fast jeder Markt ist so groß, dass Sie mit Sicherheit noch nicht alle Kunden kennen. Nur durch die Ansprache neuer Kunden können Sie neue Menschen, Kunden und vielleicht sogar später einmal Freunde kennenlernen.

Eine kurze Geschichte dazu: Ich mache seit meinem 40sten Lebensjahr Judo. Vorher hatte ich fast keinen Kontakt zu diesem Sport. Ich wurde von einem Freund auf einem Campingplatz beim Bier akquiriert (ich sage überredet). Interessanterweise bewegte er mich zu dem Sport nicht mit dem Argument der Selbstverteidigung, sondern mit dem des gemeinsamen Vereinslebens. Meinen letzten Einwand, dass ich keinen Judoanzug besäße, parierte er mit der Antwort: *„Mach doch erst einmal einen ‚Schnupperkurs'."* Ich war über zehn Jahre im Verein aktiv und wurde erst durch eine Verletzung gestoppt.

Ich bin mir sicher, dass viele von Ihnen solche Geschichten erzählen können. Aber irgendwann erleben wir nichts Neues mehr und bleiben in unserem bekannten sozialen Umfeld stecken, anstatt raus in die Welt zu gehen und neue Erfahrungen zu sammeln. Wir sprechen im Vertrieb vom sogenannten „Teich". Die meisten von uns angeln die ganze Zeit im gleichen Teich, selbst wenn dieser schon leer gefischt ist. Würden Sie oft nur einen Teich weitergehen, würden Sie im neuen Teich tolle Angelquoten erzielen. Ersetzen Sie das Wort „Teich" einfach durch das Wort „Markt" und das Wort „Fisch" durch das Wort „Kunde". Wenn Sie neue Kunden angeln wollen, müssen Sie einen vollen Markt haben.

9.1.3 So organisieren Sie Ihre Neukundenakquise

Mark Twain sagte einmal: *„Mit dem Rauchen aufzuhören ist kinderleicht. Ich habe es schon hundert Mal geschafft."* (Twain 2017). Sicher kennen Sie das auch: Ab morgen machen Sie alles anders und dann kommt es doch so, wie es immer kommt: Die Routine holt Sie ein und schnell sind Sie wieder im alten Trott. Um sich aus diesem Trott zu befreien, sollten Sie zwei Dinge beachten:

1. Die Hürde für die Gewinnung neuer Kunden sollte so gering wie möglich sein. Je komplizierter es ist, desto weniger werden Sie es machen. Es muss leicht sein, Spaß machen und schnell kleine Erfolge zeigen. Dann ist Neukundengewinnung erfolgreich.
2. Es muss zur Routine werden, neue Kunden zu gewinnen. Ich habe oft das Gefühl, dass viele Verkäufer in Anlehnung an das Musical Anatevka von Jerry Bock nicht singen: *„Wenn ich einmal reich wär …"*, sondern *„Wenn ich einmal Zeit hätt …"*. Neukundengewinnung muss kontinuierlich auf der Vertriebsagenda stehen und je nach Branche, Produkt und Unternehmen mindestens ein Viertel der Arbeitszeit ausmachen.

Es gibt nun zwei Möglichkeiten, die Akquise neuer Kunden zu systematisieren: Konzentriert oder kontinuiert.

Die konzentrierte Strategie
Bei der konzentrierten Strategie gestalten Sie einen oder mehrere intensive Power-Tage im Monat. Zum Beispiel am Anfang des Monats – wenn noch viel Energie da ist – rufen Sie neue Interessenten an. Dies bedingt eine große Disziplin, kann aber leicht organisiert werden. Konzentrieren Sie sich in dieser Zeit nur auf Ihre Telefonate und lassen Sie sich von nichts ablenken. Wenn Sie diese Zeit nicht aufbringen können, dann wählen Sie die kontinuierliche Strategie.

Die kontinuierliche Strategie
Vielleicht ist es besser, wenn Sie kontinuierlich neue Kunden anrufen, anstatt einmal im Monat. Machen Sie dazu die Neukundengewinnung zur Routine. Dazu sollten Sie dies als eine der ersten Aufgaben Ihres Tages tun. Morgens haben Sie

noch viel Energie. Ihr Kopf hat noch die Kraft, sich Routineaufgaben zu widersetzen und das Tagesgeschäft hat noch nicht begonnen. Nehmen Sie sich vor, jeden Tag drei neue Interessenten anzurufen. Wenn Sie mal einen Tag verhindert sind, telefonieren Sie am nächsten Tag sechs neue Interessenten an. Die Akquise neuer Kunden sollte eine Ihrer wichtigsten Tagesaufgaben werden. Wenn Sie jeden Werktag nur drei neue Interessenten anrufen, akquirieren Sie jedes Jahr über 400 neue Interessenten. Ohne viel Aufwand, einfach nebenbei.

Konzept des Sales-Funnels

Der Prozess der Neukundengewinnung wird als Sales-Funnel (Vertriebstrichter) bezeichnet. In diesem „Trichter" definieren Sie die verschiedenen Stufen, die Ihr Interessent durchläuft, bis er bei Ihnen als Kunde oder Stammkunde gelistet ist. Ein solcher Sales-Funnel kann wie folgt aussehen (s. Abb. 9.2).

Im Sales-Funnel wird unterstellt, dass Sie für ein Angebot wahrscheinlich mehrere Kundengespräche benötigen. Und dass Sie wahrscheinlich mehrere Angebote benötigen, um einen Auftrag zu erhalten. Rechnen Sie rückwärts, stellen Sie schnell fest, wie viele Anrufe Sie als Verkäufer tätigen müssen, um einen Auftrag zu erhalten. Ein Beispiel:

- Für einen Auftrag benötigen Sie zwei Angebote.
- Für zwei Angebote benötigen Sie vier Präsentationstermine.
- Für vier Präsentationstermine benötigen Sie acht Interessenten.

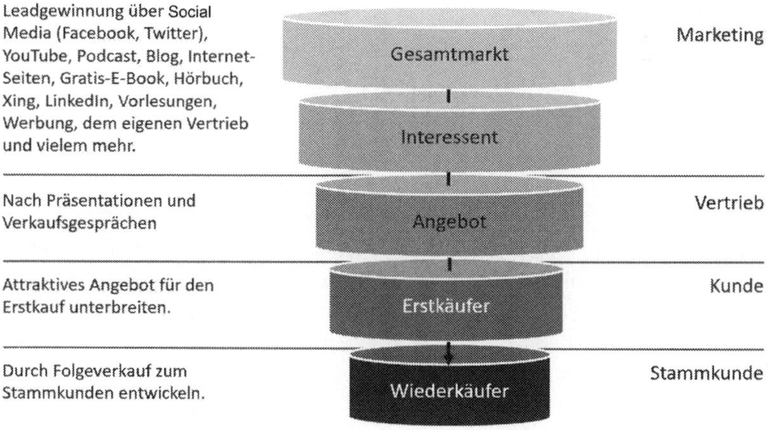

Abb. 9.2 Der Sales-Funnel

- Für acht Interessenten benötigen Sie 16 erfolgreiche Anrufe.
- Für 16 erfolgreiche Anrufe müssen Sie 32 Mal den Hörer in die Hand nehmen.

Nach dieser Rechnung müssen Sie rund 96 Mal den Hörer in die Hand nehmen und 48 Leute anrufen, wenn Sie pro Monat drei Aufträge reinholen wollen.

Wenn ich den Sales-Funnel in meinen Seminaren durchrechnen lasse, bitte ich die Teilnehmer, mir ihre Umsetzungsquoten zu nennen. Oft mit dem Ergebnis, das die Zahlen vom Start sehr groß werden. Viele Teilnehmer sind bei Sicht dieser Werte frustriert und sagen: *„Das schaffen wir ja nie."* Aus diesem Grund machen Sie sich bitte klar, dass es noch andere Wege gibt, Ihre Erfolgsquote zu steigern:

- Durch die Steigerung der Qualität. Wenn Sie Bestandskunden anrufen, sieht Ihr Sales-Funnel meist deutlich besser aus, als wenn Sie Neukunden anrufen. Von daher überlegen Sie sich, wie Sie Ihre Trefferwahrscheinlichkeit erhöhen. Hier habe ich bei Alex Fischer aus Düsseldorf einen sehr guten Epilog zum Thema Pareto-Regel gelesen. Einfach ausgedrückt: Alex Fischer stellt fest, dass die Pareto-Regel (80/20-Regel) auch für die oberen 20 % gilt. So machen Sie 51 % des Umsatzes (80 % von 80 %) mit nur vier Prozent Ihrer Kunden. Konzentrieren Sie sich also auf die vier Prozent Ihrer Kunden, mit denen Sie fast 51 % ihres Umsatzes erzielen und fragen Sie sich, wie Sie an noch mehr von denen kommen (Fischer 2016, S. 63).
- Durch Steigerung der Quantität: Von nix kommt nix. Das gilt vor allem in der Neukundenansprache. Wenn Sie ein Vertriebsgebiet neu ausbauen wollen, müssen Sie am Anfang erst einmal Ihre Bekanntheit erhöhen. Oder statistisch ausgedrückt: Sie müssen Ihre Grundgesamtheit erhöhen. Dies schaffen Sie durch Werbung, Telefonieren, Anzeigen schalten und vielem mehr. Also von daher: Ran an das Telefon, Leadpage aufbauen und Facebook-Anzeigen schalten, denn mehr ist im Vertrieb oftmals auch mehr.

Die Ergebnisse Ihres Sales-Funnels sollten Sie sich regelmäßig anschauen und mit den Vormonaten vergleichen. So erkennen Sie schnell Entwicklungen, Tendenzen und Trends. Stellen Sie sich immer die Frage: Wie schaffe ich es, die Quote in jeder Phase des Verkaufsprozesses zu verbessern? Ziel sollte eine 1:1-Umsetzung sein, die Sie aber wohl selten (ich möchte fast nie sagen) erreichen werden. Das ist ja das Spannende am Vertrieb: Es ist wie ein See, bei dem immer Wasser verdunstet und neues nachfließen muss. Als Verkäufer sind Sie der Brunnen, aus dem sich der See speist.

9.1.4 Prinzip der selbsterfüllenden Prophezeiung

Das nächste Prinzip, mit dem Sie sich als Verkäufer beschäftigen sollten, ist das Prinzip der selbsterfüllenden Prophezeiung, den Otto Neurath erstmals 1911 erwähnte. Die selbsterfüllende Prophezeiung (engl. self-fulfilling prophecy, oder auch als „Rosenthal-Effekt" oder „Pygmalion-Effekt" bezeichnet, Wikipedia o. J.a) beschreibt das Phänomen, dass ein erwartetes Verhalten einer anderen Person (Prophezeiung) durch eigenes Verhalten erzwungen wird. Erwartet jemand ein bestimmtes Verhalten von seinem Gegenüber, erzwingt er durch eigenes Verhalten genau dieses Verhalten. Anders ausgedrückt: Menschen verhalten sich genauso, wie Sie es von ihnen erwarten.

- Wenn Sie prophezeien: *„Heute kauft bei mir kein Mensch."* Dann warten Sie solange, bis einer kommt, der nicht kauft und Sie werden in Ihrer Meinung bestärkt.
- Wenn Sie prophezeien: *„Jeder benötigt mein Produkt."* Wenn dann nur ein Kunde kommt, der bei Ihnen kauft, werden Sie in Ihrer Meinung genauso bestärkt.

Eine positive Erwartungshaltung führt genauso zum Erfolg wie eine negative zum Misserfolg. Sie können also durch die Macht Ihrer Gedanken (Prophezeiung) den Ausgang Ihres Vertriebserfolgs beeinflussen.

Es gibt viele Vertriebsjobs, die viel positive Energie benötigen. Wenn Sie Handelsvertreter eines Pharmaunternehmens sind und jeden Tag Apotheken besuchen, um Ihre Produktpalette vorzustellen, kommt es vor, dass Sie mehrmals hintereinander negative Antworten erhalten. Nun müssen Sie sich für das nächste Verkaufsgespräch wieder neu motivieren. Daher sollten Sie immer an einen positiven Ausgang Ihres Kundengespräches denken:

- Sie glauben an Ihre Leistungen oder Produkte? Dann werden Sie Produktmerkmale finden, welche besser sind als beim Wettbewerb.
- Sie sind von sich als Verkäufer überzeugt? Dann werden Sie Talente finden, in denen Sie besser sind als Ihre Kollegen.
- Sie sind überzeugt, dass Sie jeden Preis wert sind? Dann werden Sie selbstsicher auftreten und Ihre Preise durchsetzen.
- Sie glauben *„Bei diesem Angebot muss der Kunde kaufen!"* Dann treten Sie so überzeugt auf, dass Ihr Kunde kaufen MUSS!

9.2 Die Werkzeuge zur Neukundengewinnung

Obwohl ich glaube, dass viele Prozesse zur Neukundengewinnung mehr ein Thema für Marketing und Vertriebsleitung sind, denke ich, dass Sie als Vertriebsmitarbeiter Grundkenntnisse in der Gewinnung neuer Kunden haben sollten. Aus zwei Gründen:

1. Sie können die Arbeit des Marketings einschätzen und sich mit den Kollegen auf Augenhöhe unterhalten.
2. Sie können Ihre Anforderungen an die Vertriebsleitung formulieren. Damit sind Sie vielen Ihrer Kollegen oftmals einen Schritt voraus und können Ihre Anforderungen formulieren.

Zu den Werkzeugen der Neukundengewinnung gehören:

- Internetakquise
- Direktmarketing
- Telefonische Erstansprache
- Empfehlungsmarketing
- Partner-Management
- Symbiotische Geschäftsbeziehungen

Ich zeige Ihnen hier einige Möglichkeiten auf, wie Unternehmen heute an neue Kunden kommen können.

9.2.1 Listenaufbau

Da die Kundenadressen in vielen IT-Systemen in Form einer Liste angezeigt werden, spricht man von Listbuilding. Je mehr Adressen Sie in Ihrer Liste haben, desto mehr Menschen sprechen Sie an und desto höher ist die Wahrscheinlichkeit, dass ein Kunde bei Ihnen kauft. Von daher „liegt das Geld in der Liste".

Wenn Sie nicht genug Adressen haben, können Sie von Adressbrokern neue Adressen kaufen. Das Problem im Business-to-Business-Vertrieb ist aber, dass die für uns oft wichtigen Ansprechpartner aus den Fachabteilungen Einkauf, Logistik, Produktion, Vertrieb oder Finanzen nur schwer über Adressbroker zu erhalten sind. Und schwer heißt hier: gar nicht oder teuer! Wenn eine Adresse mit Ansprechpartner Geschäftsführer (leicht über das Handelsregister zu recherchieren) für eine einmalige Nutzung ein Euro beträgt, dann kostet eine Adresse mit Ansprechpartnern aus den Fachabteilungen leicht 2,50 EUR und mehr!

Hinzu kommt, dass Sie auf diesen Positionen mit einer Jahresfluktuation von rund 15- bis 20 % rechnen müssen. Das bedeutet, dass nach ungefähr fünf Jahren 50 % aller Ansprechpartner gewechselt haben.

Eine Alternative zum Einkauf ist, dass Sie Ihre eigene Adressdatenbank aufbauen. Es gibt viele Wege, seine eigene Liste aufzubauen. Hier einige Beispiele, wo Sie Informationen über neue Kontakte finden:

- Handelsregister
- Internetsuche
- Werbeanzeigen
- Personalanzeigen
- Empfehlungen
- Messen und Veranstaltungen

Die Recherche der richtigen Ansprechpartner und die erste Kundenansprache werden zumeist vom Vertrieb übernommen. Oft durch den Innendienst, der speziell für die Neukundengewinnung eingestellt wird. Vorteil eines eigenen Innenvertriebs ist die hohe Identifikation mit ihrem Angebot und die gute Ausbildung auf ihre Produkte und Leistungen.

Es gibt aber auch auf den B2B-Vertrieb spezialisierte Callcenter, die für Sie die Erstansprache übernehmen. Vorteil eines Callcenters ist die hohe Geschwindigkeit, mit der diese den Markt für Sie qualifizieren.

9.2.2 Internetakquise

Die Gewinnung neuer Kunden hat sich in den letzten Jahren radikal verändert. Wenn man über Digitalisierung des Vertriebs redet, gehört die Leadgewinnung über Internet und Social Media definitiv dazu. Nur wenige andere Vertriebsprozesse sind in den letzten Jahren so extrem verändert worden, wie die Leadgewinnung durch das Internet. Neue IT-Anbieter oder eine eigene Community beschäftigen sich intensiv mit der Frage, wie man über Internet schnell neue Listen aufbaut und diese für sich lukrativ nutzt. In den letzten Jahren sind E-Mail-Softwarehersteller entstanden, die sich nur mit dem Thema Listenaufbau beschäftigen. Hier sind viele neue Ansätze entstanden, wie Sie über soziale Netzwerke, Außen- und Innendienst oder Partner systematisch neue Interessenten gewinnen und durch E-Mail-Marketing zu Kunden entwickeln können.

Die Möglichkeiten, durch das Internet neue Kunden zu gewinnen, sind vielfältig, dennoch hat sich eine praxiserprobte Vorgehensweise durchgesetzt.

So gewinnen Sie Neukunden im Internet

1. Im ersten Schritt versuchen Sie Besucher auf Ihre Internet-Homepage oder eine Landingpage zu führen. Dies erreichen Sie durch Google-Anzeigen, Werbebanner, Facebook-Anzeigen und vielem mehr.

   Ein Trick, wie Sie Kunden auf Ihre Landingpage führen, ist, dass Sie dem neuen Interessenten ein Geschenk versprechen. Dies kann ein Ratgeber, ein Gutschein, ein Rabatt, ein kostenloser Download, ein Buchexemplar, eine Empfehlung oder sogar ein komplettes Hörbuch sein. Im Gegenzug erhalten Sie von dem Interessenten eine E-Mail-Adresse. Hinter diesem Austausch steckt das Reziprozitätsprinzip. Das Reziprozitätsprinzip kommt aus der Soziologie und bedeutet dort so viel wie Gegenseitigkeit. Es stellt ein Grundprinzip menschlichen Handelns dar. Wenn wir einem Menschen etwas geben, möchte er es nicht einfach annehmen, sondern uns etwas zurückgeben. Der Tauschhandel heißt hier meistens: kostenloser Download gegen E-Mail-Adresse. Diese E-Mail-Adresse nutzen Sie für die direkte Ansprache per E-Mail.
2. Sobald Sie die E-Mail-Adresse Ihres Kunden haben, beginnt der automatisierte Kundengewinnungsprozess. Mit E-Mail-Programmen, wie zuvor beschrieben, sind Sie in der Lage, Kunden zeitlich unabhängig vom ihrem Registrieren automatisiert anzusprechen.
3. Um ein Vertrauen aufzubauen, müssen Sie Ihren Kunden sieben bis neun Mal kontaktieren. Senden Sie Ihrem neuen Interessenten Newsletter zu, laden Sie ihn ein, unterbreiten Sie Angebote. Heutzutage werden vermehrt auch Webinare, Videos und Podcasts als Kontaktmittel eingesetzt. Ihr Kunde kann diese Angebote ruhig ablehnen, mit jedem Kontaktversuch bauen Sie das Vertrauen zwischen Ihnen und Ihrem neuen Interessenten weiter auf.
4. Kommt der Kunde auf Ihre Internetseite, erkennen moderne CRM-Systeme, ob der Kunde schon einmal bei Ihnen auf der Seite war oder ob er neu ist. Ist seine E-Mail-Adresse in Ihrem CRM-System gespeichert, zeigt Ihnen das CRM-System an, welcher Kunde gerade Ihre Internetseite besucht! Das heißt, Sie können ihn dann direkt über Chat oder Telefon ansprechen: *„Sie interessieren sich für folgende Produkte bei uns?"*
5. Nun rufen Sie Ihren Kunden an und laden Sie ihn zu einem unverbindlichen Gespräch, Veranstaltung oder einer Vorstellung ein. Machen Sie ihm ein gutes Angebot, wobei Ihr Kunde viel Geld spart. Veranstalten Sie ein Gewinnspiel mit interessanten Preisen. Sobald Ihr Kunde

das erste Mal kauft, egal wie klein das Produkt ist, entwickelt sich Ihr Kunde vom Interessenten zum Neukunden. Herzlichen Glückwunsch, Sie haben einen neuen Kunden gewonnen.

Diese Prozesse sind heute in vielen Bereichen zu automatisieren. Leider ist meine Erfahrung, dass Marketing und Vertrieb im B2B-Sektor sich mit der Leadgenerierung im Internet oft zu wenig auseinandersetzen, dabei bietet das Internet auch für diese Zielgruppen sehr interessante Chancen. Daher sollten Sie sich über Internet oder Bücher darüber informieren.

9.2.3 Direktmarketing

Zum Direktmarketing oder Dialogmarketing gehört im weiteren Sinne Postwerbung, E-Mail-Marketing, die Internet-Homepage, Fernsehwerbung und Radiowerbung, wenn diese Werbung darauf abzielt, eine Handlung ihrer Kunden hervorzurufen.

Im engeren Sinne und in diesem Kapitel beschrieben wird aber nur die Postwerbung. Werbung per Post ist seit über hundert Jahren erfolgreich. In der Zwischenzeit ist sie bei vielen Branchen unbeliebt, da sie relativ teuer (Produktion und Porto), relativ langsam (zwei bis drei Tage ab Versand gegenüber wenige Sekunden bei einem E-Mail) und relativ aufwendig ist.

Aber die Postwerbung hat immer noch seine Berechtigung und seine Bedeutung. Studien haben herausgefunden, dass Postwerbung sehr gut geeignet ist, um …

- ein neues Produkt bekannt zu machen,
- eine positive Einstellung gegenüber dem Produkt zu erzeugen,
- eine Nachhaltigkeit zu erzeugen.

Vor allem Kataloge werden immer wieder zur Hand genommen, oftmals weggeheftet, zu den Akten gelegt und herausgeholt, wenn das Projekt ansteht. Postwerbung kann auch etwas sehr Persönliches sein, zum Beispiel, wenn sie einen elitären Kreis zu einer ganz besonderen Veranstaltung einladen möchten. Stellen Sie sich folgende Situation vor:

Sie möchten sich bei Ihren besten Kunden und Partnern bedanken. Dafür laden Sie Ihre Kunden zu einem zweistündigen Vortrag eines bekannten Buchautors in eine tolle Location ein. Die Anzahl der Gäste ist genauso begrenzt wie das tolle Buffet, das Sie bestellt haben.

Hier ist eine Postwerbung erste Wahl. Sie schreiben Ihre Kunden persönlich an *(Hallo Peter. Sehr geehrter Herr Dr. Müller)* und machen deutlich, welch exquisite Veranstaltung Sie sich für Ihre Kunden ausgedacht haben.

Wichtig ist, dass Sie Ihre Postwerbung sorgfältig planen, durchführen und nachkontrollieren. Unterstützung finden Sie in Deutschland bei den Direktmarketing-Centern der Deutschen Post AG. Eine Liste aller Direktmarketing-Center in Ihrer Nähe finden Sie im Internet unter www.direktmarketingcenter.de.

9.2.4 Telefonische Erstansprache

Die telefonische Erstansprache hat in vielen Unternehmen im B2B-Bereich auch heute noch eine große Bedeutung. Zwar ist die telefonische Erstansprache im B2B-Bereich durch die Gesetzgebung immer weiter erschwert worden, dennoch gibt es nur wenige Alternativen dazu.

Meiner Erfahrung nach ist die telefonische Erstansprache von neuen Kunden eine gute Wahl, wenn Sie Folgendes berücksichtigen:

Telefonische Erstansprache in zehn Schritten

1. Die telefonische Erstansprache sollte von der Geschäftsführung Ihres Unternehmens beauftragt und unterstützt werden.
2. Machen Sie die telefonische Ansprache nicht einfach nur nebenbei. Im Idealfall räumen Sie sich freie Zeit für die telefonische Ansprache ein oder stellen Sie Mitarbeiter nur für die telefonische Erstansprache ein.
3. Stellen Sie genügend Datensätze für die Neukundengewinnung zur Verfügung. Adressen sind heute relativ preiswert bei Adressbrokern zu erhalten. Adressen zu Adressbrokern finden Sie wieder bei der Deutschen Post.
4. Machen Sie es Ihren Mitarbeitern bei der Telefonakquise technisch so einfach wie möglich. Mein Tipp: Wenn ein professionelles Telefonsystem für Sie nicht infrage kommt, investieren Sie in ein professionelles CRM-System mit einer integrierten APP, verbinden Sie das mit einem Mobilfunkvertrag inklusive Flatrate in alle Netze und telefonieren Sie aus der App mit Ihrem Handy. Sie müssen dann nur den Kontakt auswählen, die Nummer antippen und das Mobiltelefon ruft automatisch an. Einfacher und schneller geht es nicht.
5. Schulen und trainieren Sie sich und Ihre Mitarbeiter regelmäßig in der Telefonakquise. Große Erfolge verspricht die Arbeit mit einem sogenannten „Telefonkoffer“. Dies ist eine kleine mobile Telefonanlage mit

Aufnahmefunktion (zum Beispiel im mp3-Format). Sie können Verkaufstechniken testen, lernen und optimieren. So verlieren Ihre Mitarbeiter die Angst vor Kaltanrufen und haben mehr Spaß und Erfolg in ihrem Job.

6. Dokumentieren Sie alle Anrufe in einem professionellen CRM-System.
7. Achten Sie auf die richtige Anruf-Schlagzahl. Hier heißt es oft: Mehr ist mehr!
8. Reporten Sie die Aktivitäten regelmäßig an Ihre Vorgesetzten. Wenn Sie Führungskraft sind, lassen Sie sich täglich, mindestens aber wöchentlich einen kurzen Report über die Erfolge zusenden.
9. Gehen Sie spielerisch an diese Aufgabe heran. Belohnen Sie jeden Mitarbeiter, der neue Kunden gewonnen hat und machen Sie Ihren Mitarbeitern jeden Tag Mut, dass heute der große Auftrag kommen könnte.
10. Bringen Sie Ihren Mitarbeitern aus dem Tele-Sales Respekt und Anerkennung entgegen. Spielen Sie niemals Innendienst gegen den Außendienst aus, sondern respektieren Sie beide Tätigkeiten, die auf ihre Weise anspruchsvoll und wertvoll für den Erfolg Ihres Unternehmens sind.

Exkurs

Rechtliche Grundlagen bei telefonischen Kontaktaufnahmen mit Gewerbetreibenden

Cold Calls sind auch gegenüber Gewerbetreibenden grundsätzlich unzulässig. Für das Anrufen von Marktteilnehmern, die nicht Verbraucher sind, ist nach § 7 Abs. 2 Nr. 2 TKG zumindest deren mutmaßliche Zustimmung erforderlich. Das mutmaßliche Einverständnis muss sich dabei nicht nur auf den Inhalt, sondern auch auf die Art und Weise der Werbung erstrecken, das heißt, der angerufene Gewerbetreibende muss mit telefonischer Werbung einverstanden sein. Ferner ist die mutmaßliche Einwilligung nur dann anzunehmen, wenn sich die Anrufe auf die eigentliche geschäftliche Tätigkeit beziehen (Urteil des BGH vom 24.01.1991, Az. I ZR 133/89).

So hat der Bundesgerichtshof (Urteil vom 05.02.2001, Az. I ZR 87/02) entschieden, dass ein Gewerbetreibender Telefonwerbung akzeptieren muss, wenn sie „seinen Interessen noch in einem solchen Maße entspricht, dass die damit verbundenen Belästigungen als hinnehmbar erscheinen". Im Urteil wurde dies für den Fall bejaht, dass ein Telefonbuchverlag im Rahmen eines Datenabgleichs für den kostenlosen Basiseintrag auf kostenpflichtige Erweiterungsoptionen hinweist (Karg 2011).

9.2.5 Empfehlungsmarketing

Empfehlungsmarketing heißt, dass ein Empfehler (zum Beispiel Kunde, Partner oder jemand, der Ihre Zielgruppe kennt), Sie weiterempfiehlt. Empfehlungsmarketing ist in den letzten Jahren auch als Affiliate-Marketing bekannt geworden.

Zum Empfehlungsmarketing gehören das Schaffen empfehlenswerter Voraussetzungen im Unternehmen und das strategische Aktivieren von Empfehlungen. Zum fundierten Empfehlungsmarketing gehört auch das Vermeiden von Negativaussagen und schlechten Bewertungen bzw. dem Umgang mit solchen sowie ein gutes Beschwerde- und Reklamationsmanagement (Rubin 2010, S. 8).

Hinter dem Empfehlungsmarketing steckt der psychologische Effekt, dass wir einem anderen Menschen mehr vertrauen als dem Verkäufer, der uns etwas verkaufen will. Beim Verkäufer unterstellt der Interessent immer sofort eine Absicht und ein Ziel (der will doch nur verkaufen). Dabei ist es egal, ob der Verkäufer uns nur informieren oder mit uns ein Fachgespräch führen möchte. Unsere eigene Erfahrung sagt „Vorsicht" und steht den Aussagen des Verkäufers mit einer gewissen Skepsis gegenüber.

Interessanterweise glauben wir die (teilweise gleichen) Aussagen anderer Zielgruppen, wie zum Beispiel der Journalisten und Presse, mehr. Selbst Kollegen des Vertriebs, wie Berater, Techniker, Servicemitarbeiter, Marketing und Geschäftsführung wird mehr vertraut als Ihnen im Vertrieb. Ganz besonders aber wird den Aussagen von Kunden vertraut, welche das Produkt einsetzen und empfehlen.

Eine weitere soziologische Grundlage hinter dem Empfehlungsmarketing ist die, dass sich Gleich und Gleich gerne zusammen gesellt. Das heißt, dass Menschen gleiche Menschen kennen. Mit gleichen Hobbys, Berufserfahrungen, Alter, sozialer Herkunft. Ein Tennisspieler kennt meist weitere Tennisspieler. Ein Geschäftsführer kennt weitere Geschäftsführer. Als Verkäufer können Sie diesen soziologischen Umstand nutzen, in dem Sie einen zufriedenen Kunden bitten, Sie weiter zu empfehlen. Dazu später mehr.

Ich zeige Ihnen hier drei Arten, wie Sie sich weiterempfehlen lassen können:

1. Sorgen Sie selbst für Veröffentlichungen in Presseartikeln (Pressearbeit) und weisen Sie bei Gesprächen mit neuen Kunden auf Presseartikel und Veröffentlichungen hin. Sagen Sie, was andere über Sie schreiben.
2. Fragen Sie zufriedene Kunden bewusst, ob sie jemanden kennen, für den Ihr Produkt oder Lösung infrage kommen könnte. Wie Sie dabei vorgehen, sage ich Ihnen gleich.
3. Schauen Sie, wer aus Ihrem Bekanntenkreis Sie an wen weiterempfehlen könnte. Netzwerk-Theoretiker sprechen vom sogenannten Kleine-Welt-Phänomen.

Der 1967 vom amerikanischen Psychologen Stanley Milgram geprägte Begriff besagt, dass jeder Mensch jeden beliebigen anderen Menschen über durchschnittlich sechs Ecken kennt (Dambeck 2008). Jüngste Studien bestätigen diese Aussage. Jure Leskovec von der Carnegie Mellon University und Eric Horvitz von Microsoft Research hoben einen Datenschatz, wie ihn nur das weltumspannende Internet ermöglicht. Sie analysierten die Verbindungen von 240 Mio. Instant-Messenger-Accounts im Juni 2006. 30 Mrd. Einzelverbindungen umfassen die Protokolle, das nach Aussagen der Forscher größte je analysierte soziale Netzwerk. Das Ergebnis: Durchschnittlich 6,6 Personen lang ist die Kette, die zwei Menschen verbindet. In Einzelfällen kann der Weg von einer Person zur nächsten aber auch deutlich länger sein und bis zu 29 Stationen betragen. Prüfen Sie also zum Beispiel über die Firmenkontakt-Plattform Xing, wer Ihren Wunschneukunden kennt und fragen Sie ihn, ob er sie weiterempfehlen kann. So kommen Sie schnell an neue Kunden (Leskovec und Horvitz 2007).

Empfehlungsmarketing in sieben Schritten

1. Wenn Sie einen Kunden haben, den Sie begeistert haben, dann fragen Sie Ihren zufriedenen Kunden, ob er jemanden kennt, der Ihr Produkt auch benötigen könnte. So wird Ihr Kunde zum Empfehler.
2. Wenn Sie den Namen eines neuen Interessenten haben, bitten Sie Ihren Empfehler, dort anzurufen und Ihren Anruf anzukündigen.
3. Bitten Sie Ihren Empfehler auch, Ihnen Bescheid zu geben, wenn er Sie angekündigt hat oder fragen Sie ein paar Tage später nach, ob Ihr Kunde schon die Zeit hatte, Ihren Anruf anzukündigen.
4. Lassen Sie beiden ein wenig Zeit, damit Sie sichergehen können, dass Ihr Empfehler mit dem neuen Interessenten gesprochen hat. Ihr Empfehler wird Sie und Ihre Produkte loben, denn er hat diese ja selbst erworben und wird diese Entscheidung vor sich und damit vor Ihrem neuen Interessenten rechtfertigen.
5. Nun rufen Sie den Interessenten an und fragen Sie nach, was Ihr Empfehler über Ihr Produkt oder Lösung gegenüber dem Interessenten erzählt hat. Lassen Sie Ihren neuen Interessenten die Vorteile Ihres Produktes selbst aufzählen, das ist authentischer, als wenn Sie das übernehmen.
6. Nun beginnt Ihr ganz normaler Verkaufsprozess. Mit einem kleinen Unterschied: Schieben Sie noch einen Vorteil (Rabatt) für Ihren neuen Interessenten ein, weil Sie empfohlen wurden, Ihr Akquiseaufwand geringer ist und Sie diesen Vorteil an den Interessenten weitergeben.

7. Ihren Empfehler schreiben oder rufen Sie danach an und bedanken sich bei ihm. Sie informieren ihn, welche Vorteile Ihr neuer Kunde durch seine Empfehlung erhalten hat und schenken ihm dafür auch ein kleines Dankeschön-Geschenk.

Aber es gibt heute noch eine schnellere und einfachere Technik des Empfehlungsmarketings. Ich behaupte hier: Fast alle Leser kennen diese Technik. Sie ist berühmt geworden durch den Internet-Händler Amazon und heißt: *„Wer dieses Produkt gekauft hat, hat auch jenes Produkt gekauft."* Dies ist nichts anderes als Empfehlungsmarketing. In diesem Fall empfehlen Sie Ihrem Interessenten ein neues Produkt. Sie können die Produktkombinationen durch Algorithmen aus den Verkäufen Ihres ERP-Systems berechnen lassen. Es besteht aber auch die Möglichkeit, dieses Instrument strategisch im Vertrieb einzusetzen und selbst Produktkombinationen zu kreieren (sogenannte Bundle), die für Ihren Kunden Sinn machen. Dabei haben Sie die Möglichkeit, drei Kombinationen zu wählen:

- Produkte gleicher Art (horizontale Produktkombinationen). Dabei empfehlen Sie Ihren Kunden ein Produkt aus der gleichen Produktgruppe. Zum Beispiel ein Kochbuch zu einem Kochbuch.
- Ergänzende Produkte (vertikale Produktkombination). Dabei empfehlen Sie Produkte, die Ihr Produkt vervollständigen oder ergänzen. Zum Beispiel die Hülle oder die Freisprecheinrichtung zu einem Mobilfunkgerät.
- Gruppe gleicher Ordnung (diagonale Produktkombination). Hier empfehlen Sie Produkte gleicher Ordnung, die aber keinen direkten Bezug zueinander haben. Zum Beispiel kauft Ihr Kunde einen Rasenmäher und Sie empfehlen eine Gartenschere.

Seien Sie kreativ und lassen Sie sich neue, kreative Produktkombinationen einfallen. Sie kennen Ihren Markt, Ihre Kunden und Ihre Produkte. Testen Sie Produktkombinationen und machen Sie Ihren Kunden außergewöhnliche Angebote. Schreiben Sie die Empfehlungen auf Ihrer Internetseite, einem Angebot oder einer Rechnung. So erhöhen Sie den Verkauf.

9.2.6 Partner-Management

Partnerunternehmen sind Unternehmen, die Ihnen einen Teil Ihrer Wertschöpfungskette abnehmen. In unserem Fall den Vertrieb. Dabei ist es irrelevant, ob Ihr

Partner den Vertrieb schon aufgebaut hat, oder sogar noch für Sie aufbauen muss. In jedem Fall gehen Sie und er eine Geschäftsbeziehung ein, die – wenn alles gut läuft – langjährig funktioniert und bei der Sie sich gegenseitig in der Wertschöpfungskette ergänzen. So kann es zum Beispiel sein, dass Sie mit Ihrer Vertriebsmannschaft den regionalen Markt bearbeiten, Ihr Partner einen neuen, vielleicht internationalen Markt erschließt.

Aus meiner Erfahrung basieren die besten Partnerschaften auf zwei Säulen: Fördern und Fordern oder Geben und Nehmen. Denken Sie daran, dass Ihr Partner Ihr Vertriebsgesicht in seinem Kundenkreis wird. Daher müssen Sie bestimmte Qualitätsstandards sicherstellen, ihm aber auch Margen und Kunden überlassen, die es ihm ermöglichen, diese Investitionen zu tätigen.

Wie finden Sie nun geeignete Partner? Zuerst einmal können Sie überlegen, wer durch Sie seine Leistungsfähigkeit erweitert und durch wen Sie Ihre Leistungsfähigkeit ausschöpfen. Schauen Sie sich die Wertschöpfungskette horizontal und vertikal an und bieten Sie diesen Unternehmen persönlich eine Partnerschaft an.

Oder Sie arbeiten mit Ihrer Marketingabteilung zusammen und suchen Partner in vier Schritten:

- Erstellen Sie eine Landingpage mit einem Leadmagneten, der ein „Muss-ich-haben“-Gefühl auslöst.
- Analysieren Sie aus den angemeldeten Teilnehmern geeignete Partner, die in Ihrer Liste eine hohe Deckung mit Ihrer Zielgruppe und eine starke Beziehung zu Ihren Abnehmern haben.
- Sie bauen sich über Partneraktionen eine große Liste potenzieller Kunden auf.
- Sie unterbreiten den neu gewonnenen Leads ein Angebot (Up-Sell) im Moment des größten emotionalen Nutzens (Lambert 2017, S. 29).

Für die Funktionsweise eines Leadmagneten gibt es eine einfache dreistufige Vorgehensweise: 1. Sie verschenken Content und wichtige Inhalte. Dies basiert auf dem Reziprozitätsprinzip, das in Abschn. 9.2.2 schon beschrieben wurde. Dies kann ein Gratis-Buch, Hörbuch oder E-Book sein. Sobald er sich in Ihre „Liste“ einträgt, kommt der zweite wichtige Punkt. Im Hintergrund haben Sie einen E-Mail-Prozess aufgebaut, der ihm nun abwechselnd Gratis-Content, Angebote und News zu Ihrem Unternehmen liefert. Nach einiger Zeit kauft Ihr Kunde sein erstes Produkt bei Ihnen und Sie haben einen neuen Kunden (s. Abb. 9.3).

Das Ziel ist es, nicht sofort zu verkaufen, sondern im ersten Schritt schnell neue Leads zu generieren und so den Markt zu durchdringen (Marktdurchdringungsstrategie). Erst danach schöpfen Sie den Markt mit Ihren Partnern zusammen ab.

Abb. 9.3 Drei Schritte zum automatischen Leadmagneten

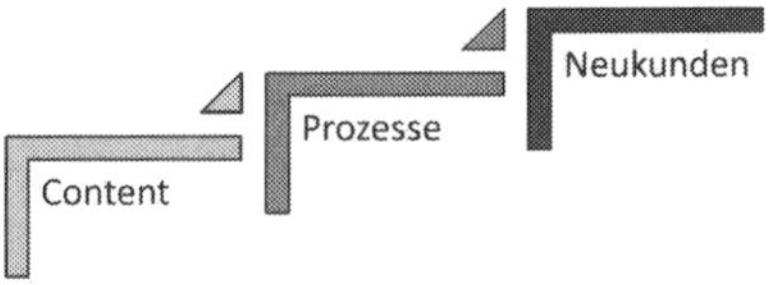

Organisieren Sie dann gemeinsame Veranstaltungen oder Messestände. Geben Sie Ihrem Partner die Plattformen, sich und seine Kompetenz zu kommunizieren. Das können Sie durch Interviews, Videos, Referenzberichte, Auszeichnungen (Awards) und vielem mehr. So kommen Sie an neue Kundengruppen, die Sie sonst nicht kennengelernt hätten.

Das größte K.-o.-Kriterium bei Partnermarketing ist verlorenes Vertrauen. Wie in jeder guten Beziehung zwischen zwei Menschen ist es wichtig, dass Sie verlässlich handeln und Ihren Partner über Ihre Entscheidungen informieren und kommunizieren. Wenn das Vertrauen verloren geht, ist es schwierig, dieses wiederaufzubauen.

9.2.7 Symbiotische Geschäftsbeziehungen

Symbiotische Geschäftsbeziehungen sind dem Partnermanagement sehr ähnlich. Symbiotisch stammt von dem griechischen Wort Symbiose. Symbiose (von griechisch σύν sýn „zusammen" sowie βίος bíos „Leben") bezeichnet in Europa die Vergesellschaftung von Individuen zweier unterschiedlicher Arten, die für beide Partner vorteilhaft ist (Wikipedia o. J.b). Dirk Michael Lambert definiert die symbiotische Geschäftspartnerschaft in seinem Buch „44 Partner-Marketing-Strategien" als Beziehung zwischen zwei Parteien zum Vorteil beider. Dabei haben beide Parteien Zugriff auf unterschiedliche, sich ergänzende Ressourcen. Das können Produktion und Handel sein, oder Entwicklung und Beratung oder sich ergänzende Produkte, wie Spülmaschine und -Reiniger (Lambert 2017, S. 21).

Suchen Sie Unternehmen, die Ihre Produkte und Leistungen ergänzen. Überprüfen Sie die gesamte Wertschöpfungskette Ihres Kunden und schreiben Sie auf, welche Produkte und Anbieter dabei noch infrage kommen. Das machen Sie dadurch, dass Sie sich fragen, was oder wen Ihre Kunden im gesamten Verkaufsprozess noch einsetzen (müssen). Mit wem Ihr Produkt quasi in Berührung kommt. Dann platzieren Sie Ihre Produkte dort und arbeiten so mit dem Partner zusammen.

Symbiotische Geschäftsbeziehungen kennen Sie aus der realen Welt. Kaffeeanbieter arbeiten mit Burger-Restaurants zusammen, Sie erhalten Fußballkarten an der Kasse des Supermarktes geschenkt. Wenn Sie eine Waschmaschine kaufen, liegt die Produktprobe eines marktführenden Waschmittelherstellers bei. Alles das sind symbiotische Geschäftsbeziehungen. Seien Sie kreativ und denken Sie quer.

9.2.8 Messen/Fachveranstaltungen

Ob sich Messen lohnen, ist extrem umstritten. Meiner Meinung nach gibt es nur zwei Meinungen dazu: Entweder Sie stehen dahinter oder Sie stehen nicht dahinter. Eine rationale Argumentation für Messen wird von den Vertriebs- und Marketingabteilungen immer gesucht, aber nie gefunden.

Fakt ist: Die Messe ist die reinste Form des Marktes. Hier treffen sich Angebot (Hersteller) und Nachfrage (Kunden) in einem Raum. Nur hier können Sie Ihre Kunden direkt treffen und sich einen Überblick über Ihren Wettbewerb verschaffen. Von daher sind Messen sehr interessant.

Fakt ist aber auch: Messen sind sehr teuer. Neben den Kosten für Standgebühren und Messestand kommen noch Kosten für Marketing, Catering, Reisekosten, Hotelübernachtungen und vielem mehr dazu. Was oftmals gar nicht eingerechnet wird, sind die Opportunitätskosten für das Standpersonal.

Dem gegenüber stehen auf Messen die Erträge durch direkt oder indirekt geschriebene Aufträge. Sofort geschriebene Aufträge sind natürlich am direktesten den Kosten gegenüberzustellen. Indirekt geschriebene Aufträge sind schwerer entgegenzurechnen, denn viele Umsätze kommen erst Monate oder Jahre später. Eine Zuordnung ist daher schwierig.

Das Ziel eines Messeauftritts ist für viele Hersteller aber, einfach einmal Präsenz zu zeigen und wahrgenommen zu werden. Der Aussteller zeigt der Branche und seinen Kunden, dass man noch im Wettbewerb mitspielt.

Von daher gibt es für Messen eine eindeutige und klare Empfehlung: Entweder, Sie entscheiden strategisch bewusst an einer Messe teilzunehmen, oder Sie lassen es sein. Wenn Sie sich dafür entscheiden, dann machen Sie es auch richtig: Investieren Sie in den Messestand, laden Sie Ihre Kunden zur Messe ein, vereinbaren Sie vorab Termine, überraschen Sie Ihre Messebesucher durch Give-aways, machen Sie Ihren Messestand in den sozialen Netzwerken zu einem Treffpunkt aller Messebesucher. Sorgen Sie dafür, dass man über Sie auch nach der Messe noch spricht.

Wer das auf der Cebit jahrelang sehr gut gemacht hat, ist der Ahauser Softwarehersteller Tobit-Software. Diese haben auf der Cebit nach Messeschluss das gesamte Standpersonal zu Freibier eingeladen. Dazu gab es noch gute Musik und etwas Entertainment. Eine gelungene Mischung, auf die sich viel Standpersonal jedes Jahr neu freute und etwas, was wirklich in Erinnerung blieb.

Wenn Sie sich für die Präsenz an einer Fachveranstaltung entscheiden, versuchen Sie dort einen Vortrag zu halten. Nutzen Sie diesen, um sich und Ihr Unternehmen in einem guten Licht zu präsentieren. Bitte halten Sie keine 08/15-Standard-Präsentationen. Überraschen Sie Ihre Kunden durch einen gelungenen und amüsanten Vortrag, der kurzweilig die Zuhörer informiert. Dies bringt Ihnen Reputation und Anerkennung. Fragen Sie, ob Sie den Vortrag filmen und als Werbung im Internet in den sozialen Medien und auf YouTube stellen dürfen. Idealerweise halten Sie den Vortrag am ersten Messetag und informieren dann Ihre Kunden mit dem Video, dass Sie auf der Messe präsent sind. Am Stand sprechen Sie dann über Ihr Produkt und den Kundennutzen.

Wenn Sie nicht hinter der Messeeffizienz stehen, halten Sie sich fern und investieren Sie das Geld in andere Marketing- und Verkaufsmaßnahmen, hinter denen Sie stehen. Wichtig ist, dass Sie sich wohlfühlen und dies auch Ihren Kunden gegenüber kommunizieren.

Resümee

Neukundengewinnung ist einer der wichtigsten Aufgaben im Vertrieb. Nur durch neue Kunden wachsen Unternehmen und werden wirtschaftlich erfolgreich. Der Verkäufer kann auf verschiedenen Wegen neue Kunden gewinnen: Dazu gehören die telefonische Erst-Ansprache, Messen und Kongresse, Partnerunternehmen und Affiliates oder Empfehlungen. Sehr erfolgreich ist die Akquise neuer Kunden durch ein mehrstufiges E-Mail-Marketing. Der Aufbau von großen (Interessenten-)Listen und das Umwandeln von Interessenten zu Kunden durch automatisiertes E-Mail-Marketing ist derzeit eine der erfolgreichsten Methoden, neue Kunden zu gewinnen.

Literatur

Dambeck H (2008) Über 6,6 Ecken: Das Jeder-kennt-jeden-Gesetz, Spiegel-online. http://www.spiegel.de/wissenschaft/mensch/ueber-6-6-ecken-das-jeder-kennt-jeden-gesetz-a-569705.html. Zugegriffen: 25. Febr. 2018

Fischer A (2016) Reicher als die Geissens. AF Media GmbH, Düsseldorf

Karg F (2011) FAQ Telefonmarketing und Recht, IT-Recht-Kanzlei, München. http://www.it-recht-kanzlei.de/telefonmarketing-recht.html. Zugegriffen: 22. Aug. 2011

Kreuter D (2012) Training für den Außendienst. Cornelesen, Berlin

Lambert DM (2017) Die 44 besten Affiliate & Partner-Marketing-Strategien. Lambert Akademie, Wetzlar

Leskovec J, Horvitz E (2007) Planetary-scale views on an instant-messaging network, Microsoft Research Technical Report, Juni 2007. https://arxiv.org/pdf/0803.0939.pdf. Zugegriffen: 25. Febr. 2018
Rubin Y (2010) Empfehlungsmarketing. Cornelsen, Berlin
Wikipedia (o. J.a) Selbsterfüllende Prophezeiung. https://de.wikipedia.org/wiki/Selbsterfüllende_Prophezeiung. Zugegriffen: 25. Febr. 2018
Wikipedia (o. J.b) Symbiose. https://de.wikipedia.org/wiki/Symbiose#cite_note-GEMOLL-1. Zugegriffen: 10. Febr. 2018
Zitate-Online (2017) Marc Twain. www.zitate-online.de. Zugegriffen: 16. April 2017

10 Zehnte Woche: Verkaufsgespräche erfolgreich führen

Zusammenfassung

Das Verkaufsgespräch ist der Höhepunkt der verkäuferischen Aktivitäten. Ihre gesamte Vorarbeit zielte darauf ab, einen persönlichen Termin mit Ihrem Kunden zu erhalten. In den nächsten Minuten entscheidet es sich, ob Ihr Kunde bei Ihnen kauft oder sich abwendet. Um das Verkaufsgespräch zu systematisieren, gliedern wir das Verkaufsgespräch in sieben Phasen: Der persönlichen und faktischen Vorbereitung, der Eröffnung mit dem Vertrauensaufbau, der Analysephase mit den Fragen, der Angebotsphase, den Einwänden mit der Argumentation sowie dem Abschluss. Anschließend dokumentieren Sie das Gespräch. In diesem Kapitel lernen Sie in jeder Verkaufsphase die wichtigsten Techniken kennen und erhalten dadurch die Sicherheit, ein Verkaufsgespräch professionell durchzuführen. Das Verkaufsgespräch beginnt mit der Gesprächseröffnung, bei der Sie durch drei Fragen und dem aktiven Loben schnell eine positive Beziehung zu Ihrem Kunden aufbauen. In der Analysephase kommt es auf die richtige Fragestruktur an. Das Angebot sollte eine logische Konsequenz aus der Analysephase sein und die Einwände professionell returnieren. Im Abschluss werden die wichtigsten Gesprächsinhalte noch einmal zusammengefasst und der Abschluss herbeigeführt.

Frank stand nun vor seinem ersten Verkaufsgespräch. Er hatte einen Termin bei einem Interessenten vereinbart und dies sofort mit dem Abteilungsleiter besprochen. Da der Kunde noch nichts über das Unternehmen und seine Produkte wusste, empfahl ihm der Abteilungsleiter, sich gut auf das Gespräch vorzubereiten. Das würde er gerne machen, doch wie lief so ein professionelles Verkaufsgespräch eigentlich ab?

O. Esters, *Kompaktkurs Verkaufen im B2B*,
https://doi.org/10.1007/978-3-658-15678-7_10

Das persönliche Verkaufsgespräch ist immer noch die Paradedisziplin im Vertrieb. Alle Marketing- und Verkaufsbemühungen haben am Ende zwei Ziele:

- Ein Verkaufsgespräch zu führen und
- den Abschluss herbeizuführen.

Von daher kommt dem Verkaufsgespräch eine enorme Bedeutung zu. Und sind wir mal ehrlich: Sind wir nicht auch in den Vertrieb gegangen, weil wir den Kontakt zum Kunden lieben? Weil wir die Gespräche über Produkte, Preise und Lösungen mögen? Ein Verkaufsgespräch ist das, was effektiv ist und am Ende Geld bringt. Alles andere sind nur Hilfssportarten.

Freuen Sie sich daher auf das Verkaufsgespräch, wie auf einen sportlichen Wettbewerb am Wochenende, wo die besten Sportler ihre Leistungen messen. Sie haben jetzt genug trainiert, sich professionell vorbereitet, kennen Ihre Produkte und Dienstleistungen sehr gut und freuen sich nun auf das Kundengespräch.

Bevor ich Ihnen aber nun die Struktur des Verkaufsgespräches erkläre, sollten wir vorher noch ein paar Differenzierungen machen. Es gibt bei den Verkaufstechniken zwei Arten von Verkaufsgesprächen, die wir unterscheiden müssen:

- Das geschlossene Verkaufsgespräch, welches als Ziel einen Abschluss hat. Am Ende des geschlossenen Verkaufsgesprächs handelt Ihr Kunde und bestellt „etwas“ bei Ihnen. Die Bestellung kann vom Versand erster Unterlagen über einen Termin, ein Abonnement bis zur Bestellung des Kunden alles sein.
- Offenes Verkaufsgespräch oder Lösungsvertrieb. Dieses Verkaufsgespräch hat als Ziel keinen Abschluss, sondern die Bewusstmachung eines Problems, das der Kunde lösen möchte. Dieses Vorgehen finden wir vor allem in größeren Projekten und ist deutlich komplexer als das geschlossene Verkaufsgespräch. Diese Ansätze finden Sie in der SPIN-Methode von Neil Rackham (Rackham 1989, S. 13).

In diesem Buch beschäftigen wir uns aus zwei wichtigen Gründen mit dem geschlossenen Verkaufsgespräch:

- Jeder Verkäufer, auch wenn er später komplexe Beratungslösungen verkauft, sollte die Struktur des geschlossenen Verkaufsgespräches kennen, denn, wenn es darauf ankommt, sollte diese Verkaufstechnik sitzen.
- Außerdem ist diese Verkaufstechnik in vielen Verkaufssituationen, wie Messegespräche, Neukundengewinnung, Terminvereinbarungen oder einfachen Verkaufsgesprächen sehr effektiv einsetzbar.

10.1 Die Struktur des Verkaufsgesprächs

Das Verkaufsgespräch wurde von vielen Verkaufstrainern in fünf Phasen eingeteilt. Marc M. Galal nennt sie die 5As (Aufmerksamkeit, Analyse, Angebot, Argumentation, Abschluss) (Galal 2010, S. 79). Ich selbst nenne sie lieber: Eröffnung, Analyse, Angebot, Einwand und Abschluss. Allerdings fehlen mir persönlich zwei Phasen, die besonders bei erklärungsbedürftigen Produkten oder komplexen Vertriebsprozessen enorm wichtig sind: die Vorbereitung und Nachbereitung. Die Vorbereitung ist wichtig, um auf die Anforderungen des Kunden im Verkaufsgespräch vorbereitet zu sein. Die Nachbereitung ist wichtig, um den Verkaufsprozess in Gang zu halten. So ergeben sich sieben Phasen, mit folgender Formel:

▶ **V + 5 + N**

Jede Phase für sich bietet dem Verkaufsprofi ein enormes Potenzial:

0. Vorbereitung
1. Aufmerksamkeit/Eröffnung
2. Analyse/Fragephase
3. Angebotsphase
4. Argumentation/Einwand
5. Abschluss
6. Nachbereitung

So ergibt sich eine komplette Übersicht über die verschiedenen Verkaufsphasen (s. Abb. 10.1).

10.2 So bereiten Sie sich auf Ihren Termin professionell vor

▶ Vorbereitung zeugt dem Kunden Respekt. Unvorbereitet in ein Verkaufsgespräch zu gehen, ist respektlos.

Stellen Sie sich vor, Sie sind Zuschauer bei einem Boxkampf. In der rechten Ecke steht der aktuelle Champion: kampferfahren, durchtrainiert, warmgemacht. 190 cm groß, 90 k pure Kampfmaschine. Sie spüren seine Anspannung in jeder Faser seines Körpers. Er ist fokussiert und kann es nicht mehr abwarten, in den

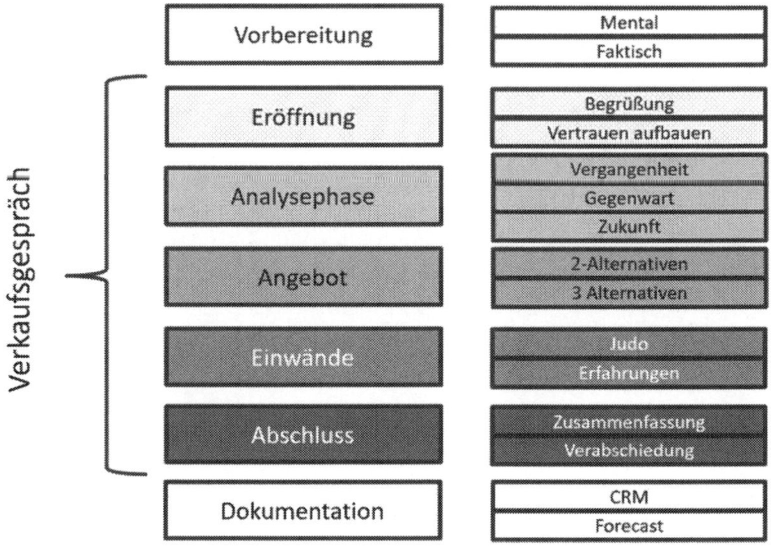

Abb. 10.1 Verkaufsphasen

Ring zu steigen. Er ist mit einem Betreuerteam professionell ausgestattet, das letzte Anweisungen erteilt und sich dann langsam zurückzieht.

In der gegenüberliegenden Ecke der Herausforderer: Man sieht an seinem etwas unsportlichen Körper, dass seine besten Trainingstage schon weiter zurückliegen. Er ist alleine gekommen, hat vielleicht nur noch einen Freund mitgebracht, der aber auf der Bank sitzt und den Ausgang des Kampfes erwartet. Der Herausforderer ist relaxed, wartet ab, was da auf ihn zukommt. Anspannung spürt man nicht, im Gegenteil: Er checkt kurz vor dem Kampf auf seinem Handy noch aktuelle Nachrichten und Anrufe. Macht noch ein Selfie und postet das auf Facebook. Da spricht der Ringrichter schon die ersten Worte der Begrüßung.

Beide Kontrahenten gehen in die Mitte, geben sich zur Begrüßung die Hand. Der Kampf kann beginnen!

Wer von den beiden Personen möchten Sie im Ring sein: Der trainierte Champion oder der unvorbereitete Herausforderer? Was glauben Sie, wie der Kampf ausgeht?

Wenn Sie nicht gerade einen Zaubertrank wie Asterix und Obelix besitzen, dann hat der Champion die deutlich besseren Karten. Leider erlebe ich immer wieder, dass Vertriebsmitarbeiter ihre Hausaufgaben nicht ausreichend machen und unvorbereitet in ein Verkaufsgespräch gehen. Vor allem, wenn sie schon lange im Vertrieb tätig sind, viele Termine pro Woche haben oder Routine ihren Arbeitsalltag beherrscht. Gewohnheit ist der größte Feind der Vorbereitung, denn es gibt einem die heuchlerische Sicherheit, er oder sie wären für alle Situationen gewappnet. Diese trügerische Sicherheit entscheidet aber über Erfolg und Nichterfolg in unvorhergesehenen Situationen. Piloten trainieren gefährliche Situationen immer wieder, damit solche Landungen, wie die des US-Airways-Flug 1549 am 15. Januar 2009 auf dem Hudson River, glücken. Damals musste das Flugzeug der US Airways auf dem Weg vom Flughafen LaGuardia (New York City, Wikipedia o. J.a) nach Seattle/Tacoma im US-Bundesstaat Washington (Wikipedia o. J.b) einige Minuten nach dem Start aufgrund von Problemen mit den Triebwerken nach Vogelschlag notwassern. Alle 155 Passagiere blieben unverletzt, weil der Kapitän Chesley Burnett „Sully" Sullenberger III das Flugzeug sicher auf dem Hudson River landete (Wikipedia 2017a).

Genauso wie die Piloten, müssen Sie im Vertrieb immer wieder außergewöhnliche Vertriebssituationen meistern. Wohl dem, wer diese trainiert hat.

▶ Vorbereitung unterscheidet den Anfänger vom Profi.

Vorbereitung heißt, dass Sie die Zeit zwischen Terminvereinbarung und Termin nutzen, um sich auf die bevorstehende Aufgabe, den Kunden, sein Geschäftsmodell und seine Anforderungen einzustellen. Ich unterteile die Vorbereitung in zwei Arten:

- die faktische Vorbereitung,
- die emotionale, persönliche Vorbereitung (Einstellung).

10.2.1 Die faktische Vorbereitung

In einem Terminvorbereitungsgespräch prüfen Sie die sogenannten ZDF (Zahlen, Daten, Fakten) und prüfen die Erwartungshaltungen aller Teilnehmer.

Starten Sie mit den bekannten sechs W-Fragen:

- **Wann?** Uhrzeit, Tag, Monat, Jahr.
- **Wer?** Teilnehmerliste mit Funktion und Rolle im Entscheidungsprozess.
- **Was?** Präsentation, Web-Termin, Erstgespräch, Verhandlung, Workshop.
- **Wo?** Ort. Wichtig: geeigneten Ort aussuchen.
- **Wie?** Agenda festlegen, Drehbuch schreiben.
- **Warum?** Ziele und Inhalte der Veranstaltung bei allen Teilnehmern erfragen.

Diese Fakten sollten Sie vor dem Termin recherchieren und schriftlich fixieren. Dann informieren Sie alle Verhandlungspartner über die gewonnenen Informationen. Besprechen Sie mit allen Teilnehmern die Inhalte und klären Sie die Aufgaben und Rollen in dem Vertriebsprozess ab. So sind Sie sicher, dass alle Teilnehmer den gleichen Wissensstand haben. Machen Sie eine Checkliste für die Vorbereitung und arbeiten Sie diese vor dem Termin gemeinsam mit Ihrem Kunden durch. Eine solche Checkliste hat mehrere Vorteile:

1. Sie erhalten umfassende Informationen aus erster Hand über Ihren potenziellen Kunden.
2. Der Kunde muss sich mit seiner aktuellen Situation auseinandersetzen und entwickelt eine neue Lösung für sein Problem.
3. Sie erkennen die Ernsthaftigkeit des Kunden und damit seinen aktuellen Bedarf, seinen Zeitplan oder eventuell vorhandene Budgetrestriktionen.

Daneben sollten Sie sich vor jedem Termin auch einige grundsätzliche Fragen stellen:

- Wozu hat der Kunde Sie eingeladen?
- Welches Problem möchte er mit Ihnen lösen?
- Mit welchem Wissen möchten Sie den Kunden zurücklassen?
- Mit welchem Gefühl möchten Sie den Kunden nach dem Gespräch hinterlassen?
- Was soll Ihr Kunde nach dem Termin tun? Was ist Ihr „Next-Step"?

Stellen Sie sich diese Fragen immer vor einem Termin. Aber Vorsicht: Ihre Erfahrungen und Routine lassen Sie diese Fragen schnell und gewohnheitsmäßig beantworten. Dadurch entstehen Fehler. Wenn Sie die Antworten nicht wirklich wissen, dann raten Sie nicht, sondern fragen Sie bei Ihrem Kunden nach. Besprechen Sie auch die für Sie unangenehmen Gründe, warum es sein kann, dass Ihr Kunde sich nicht für Sie entscheidet. Aus diesen Gründen entstehen später die Einwände und Ihre Gegenargumentation.

Stellen Sie sich auch die Frage: Welche Reaktionsziele möchte ich im Verkaufsgespräch erreichen?

Das Reaktionsziel festlegen

Aus meiner Erfahrung gehen viele Interessenten und Kunden ohne klare Strategie in das Verkaufsgespräch mit einem Verkäufer. Warum auch? Der Verkäufer will ja etwas verkaufen, nicht der Interessent. Viele Kunden sind im Tagesgeschäft verhaftet und kommen nicht dazu, sich intensiv auf das Gespräch mit Ihnen vorzubereiten. Daraus entsteht für Sie eine große Chance: Wenn Sie sich professionell vorbereiten, lenken Sie die meisten Kunden durch das Verkaufsgespräch direkt auf das von Ihnen definierte Ziel. Aber seien Sie auch auf die Situation vorbereitet, dass Ihr Kunde sich schon eine eigene Strategie überlegt hat. Dann kann es sein, dass Ihr Kunde Ihr Produkt sofort kaufen möchte. Vielleicht, weil es von einem anderen Kunden empfohlen wurde. Dann müssen Sie flexibel genug sein, um im Verkaufsgespräch von Ihrem vorherigen Ziel (Testphase) auf Abschluss umzuschalten. Wenn Sie feststellen, dass ein Verkauf möglich ist, ist dieser immer den anderen Teilzielen vorzuziehen.

Eines der wichtigsten Fragen, die meine Mitarbeiter und ich uns vor einem Termin stellen, ist: Was ist das Ziel des Termins? Was möchten wir erreichen? Dabei bitte ich Sie, nicht nur einfache, unverfängliche Aussagen zu treffen, sondern messbare, nachvollziehbare Größen als Ziel festzulegen. Also nicht: *„Einen guten Eindruck hinterlassen"* oder *„uns als Anbieter bekannt zu machen"*. Dies sollten Subziele sein, die „nebenbei" erfüllt werden. Wenn Sie als sympathischer und kompetenter Ansprechpartner Ihrem Gesprächspartner gegenübertreten, ist es eine logische Konsequenz, dass Sie einen guten Eindruck hinterlassen und er sich an Sie und Ihre Firma später erinnern wird. Ziele sollten klar und messbar sein. So kann das Ziel eines Termins aussehen:

- *„Ich möchte, dass der Kunde unser Produkt sechs Wochen aktiv testet."*
- *„Ich möchte einen Workshop über x Tage platzieren, der folgendes Ziel hat …"*
- *„Ich möchte ein Angebot in Höhe xy Euro abgeben."*

In Endverhandlungen kann es auch heißen: *„Heute möchte ich mit einem Auftrag nach Hause gehen, welcher mindestens folgende Summe x beinhaltet."*

Ihr Endziel ist immer der Verkauf, aber bis dahin gibt es im Vertrieb erklärungsbedürftiger Produkte oftmals viele Zwischenschritte, die auch schon ein Ziel sein können.

Beispiel

Wenn Sie im Handel tätig sind, kann es sein, dass Ihr erstes Ziel darin besteht, erst einmal Ihre Produkte dem Vertreter des Kunden vorstellen zu dürfen. Danach am Point-of-Sale auszustellen und erst zu allerletzt, komplett gelistet zu werden. Zwischen diesen drei Schritten können viele kleinere Zwischenschritte und noch mehr Telefonate und Briefe/E-Mails stehen. Typische Reaktionsziele können sein: Ja, ich …

- bestelle.
- bestelle zur Ansicht, Probe.
- wünsche Informationen.

- wünsche Vertreter zu sehen.
- wünsche Angebote über …
- werde Mitglied.
- komme zur Messe.
- wünsche Gratis-Muster/Probe.
- abonniere und zahle.
- komme in Ihre Firma.
- buche die Teilnahme an der Veranstaltung.
- buche Schulung.

Haben Sie Ihr Reaktionsziel festgelegt, dann entwerfen Sie danach Ihre Kommunikationsstrategie. Hier ist eine flexible Entschlossenheit die richtige Strategie. Bei der flexiblen Entschlossenheit gehen Sie zwar mit einem vordefinierten Gesprächsziel in das Verkaufsgespräch, sind aber bei der Strategie variabel. So kann es sein, dass Sie möchten, dass Ihr Kunde ein neues Produkt testet. Sie bauen Ihr Verkaufsgespräch nun so auf, dass der Test am Ende die logische Schlussfolgerung Ihrer Argumentationskette ist. Aber Vorsicht: Auch wenn Sie für sich eine Strategie ausgedacht haben, heißt das nicht, dass Ihr Kunde Ihrer Vorgehensweise folgt. Vielleicht hat sich im Unternehmen Ihres Kunden schon seit vielen Jahren eine andere Vorgehensweise etabliert. Seien Sie daher flexibel genug, Ihre Strategie anzupassen, um Ihr Ziel zu erreichen. Denn am Ende ist es nur der Auftrag, der zählt, nicht der Weg dahin.

▶ Noch ein Tipp: Formulieren Sie diese Ziele immer positiv (das, was Sie erreichen wollen), sehr konkret und schreiben Sie diese auf. Langfristige Ziele sollten schriftlich fixiert werden, kurzfristige können per E-Mail festgehalten werden.

Verkaufsgespräch einmal üben

Darüber hinaus bereiten Sie das Verkaufsgespräch so vor, dass Sie Ihrem Kunden im Verkaufsgespräch die volle Aufmerksamkeit zukommen lassen können. Idealerweise „üben" Sie das gesamte Verkaufsgespräch mindestens zwei Tage zuvor. Dies hat mehrere positive Effekte:

- Sie prüfen die Technik,
- Sie kennen den Ablauf,
- Sie wissen was geht,
- Sie wissen, was nicht geht,
- Sie sind in dem „echten" Verkaufsgespräch routinierter.

Ihr Ziel ist, es, im Verkaufsgespräch mit Ihrem Kunden das Angebot oder den Auftrag zu gewinnen und nicht den Kampf mit der Technik.

Kopieren Sie nun diesen Abschnitt und legen Sie ihn auch Ihrem Arbeitskollegen und Beratern vor. Eine kleine Geschichte zeigt ihnen, warum:

Beispiel

Eine Non-Profit-Organisation wollte viel Geld in eine IT-Lösung investieren. Es ging um einen sechsstelligen Betrag. Ein Anbieter war der Geschäftsführung bekannt und Favorit. Um aber sicherzugehen, dass es auch die richtige Lösung ist, wurde der IT-Leiter aufgefordert, drei Anbieter einzuladen, um dann den Besten auszuwählen. Der Verkäufer des erwähnten IT-Herstellers war ein erfahrener Mitarbeiter. Er erarbeitete im Vorfeld mit dem Kunden zusammen alle Anforderungen, die für eine positive Entscheidung nötig waren.

Es kam der Präsentationstermin mit den Entscheidern auf Kundenseite (Geschäftsführung, IT-Leitung, Fachabteilung) sowie dem Verkäufer und einem Kollegen aus der Beratung auf Anbieterseite. Und jetzt kam das Problem: Der Kollege des Verkäufers hatte sich nicht vorbereitet! Er war plan- und ziellos in das Verkaufsgespräch gegangen. Während der Verkäufer die Produktpalette vorstellte, fing sein Kollege vor dem Kunden an, sich auf den Termin vorzubereiten! Er importierte die schon Wochen vorher zugesandten Daten, baute in der Präsentation Strukturen auf und erstellte die geforderten Berichte. Alles live und in Farbe während der Präsentation vor den Entscheidern. Dies hätte ein Beweis für die Schnelligkeit und leichte Handhabung der Software sein können, aber leider reichte die Zeit nicht aus, um alle Daten noch einmal zu prüfen und so schlichen sich Fehler ein. Die Präsentation wurde ein Fiasko und der Kunde entschied sich für einen anderen Anbieter, welcher sich professionell auf den Termin vorbereitet hatte.

▶ Die Moral von der G´schicht: Unvorbereitet geht man nicht!

Vorbereitet sein heißt auch, dem Kunden Respekt entgegen zu bringen. Der Kunde schenkt Ihnen seine kostbare Zeit und Sie schenken ihm Ihr Wissen und Erfahrung. Beide Seiten haben das Recht, dass der Geschäftspartner dies respektiert. Unvorbereitet sein bedeutet, die Zeit des anderen nicht zu respektieren. Sie respektieren die Lebenszeit und die Arbeit Ihres Geschäftspartners, wenn Sie sich professionell vorbereiten. Im Gegenzug erwarten Sie das Gleiche von Ihrem Kunden.

10.2.2 Die mentale Vorbereitung

Ihre persönliche Einstellung zu dem Verkaufsgespräch ist der zweite, aber wesentliche Erfolgsfaktor.

Die meisten Menschen sind schlechte Lügner. Eine Täuschung können wir maximal wenige Minuten aufrecht halten. Spätestens unter Stress und Druck fällt Ihre Tarnung zusammen und Sie zeigen Ihr wirkliches Gesicht. Aus diesem Grund ist es entscheidend, dass Sie sich Ihren Ängsten, Sorgen und Zweifeln bewusst werden und diese Punkte offen ansprechen. Wenn Sie unsicher sind, sollten Sie diese Situation vorher trainieren. Setzen Sie sich mit Kollegen – oder noch besser mit einem professionellen Trainer – zusammen und üben Sie die Situationen, in denen Sie sich unsicher fühlen.

Bereiten Sie sich aber auch mental auf den Termin vor. Stellen Sie sich drei offenen Flanken (s. Abb. 10.2):

- Wie denken Sie über Ihren Kunden? Geizhals oder spannender Referenzkunde mit großem Potenzial?
- Wie denken Sie über Ihr Angebot? Braucht es jeder oder ist es ein austauschbares Mee-too-Produkt?
- Wie ist Ihre Tagesform? Sind Sie in Bestform oder machen Sie den Termin nur, weil es die Firmenvorgaben so wollen?

Beschäftigen Sie sich mit der Situation und mit dem Verkaufsprozess Ihres Kunden. Was wird von Ihnen als Verkäufer erwartet? Wo könnten Einwände auftauchen? Welche Informationen oder Sicherheiten benötigt Ihr Kunde zum Abschluss? Warum beschäftigt sich Ihr Kunde gerade jetzt mit diesem Thema? Was ist sein Motiv? Was ist sein Antrieb?

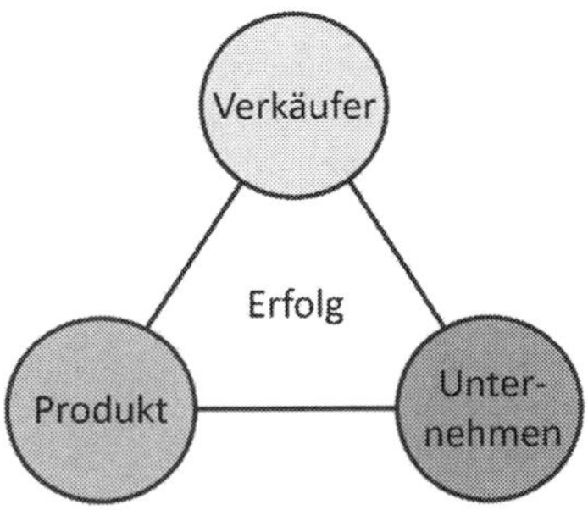

Abb. 10.2 Das Motivationsdreieck des Vertriebs

Stellen Sie sich auch offen Ihren Ängsten: Müssen Sie den Auftrag erhalten, um Ihren Job zu behalten? Ist die Auftragssumme so groß, dass Sie mit einem Schlag so viel Geld verdienen, dass Sie Angst vor dem Versagen bekommen? Haben Sie den Rückhalt Ihres Managements, wenn der Kunde Konditionen durchsetzen möchte, die Sie nicht entscheiden können? Oder denken Sie, dass der Kunde eh nicht kauft? Mögen Sie die Menschen auf der anderen Seite nicht (Aussehen, Einstellung oder Glauben)? Denken Sie daran, Sie sind auch nur ein Mensch und haben Ihre (Vor-)Urteile. Nur wenn Sie sich offen Ihren Ängsten stellen, können Sie offen mit ihnen umgehen.

▶ Ängste ansprechen ist eine Form der Stärke, nicht der Schwäche!

Und zu guter Letzt: Vorbereitung heißt auch, sich in die richtige Stimmung für den Verkauf zu bringen; dass Sie positiv über den Kunden denken, über sein Produkt, seine Dienstleistung, seine Erfolge anerkennen, und sich auf den Termin freuen.

Resümee

Vorbereitung ist die halbe Miete. Vielleicht sogar noch mehr. Bereiten Sie sich immer professionell auf Ihren Kundentermin vor. Schauen Sie sich Branche und Unternehmen an und stellen Sie sich Ihren persönlichen Ängsten. Wenn Sie mit wechselndem Kundenkontakt arbeiten (zum Beispiel auf einer Messe), besprechen Sie vorher alle möglichen Kundenfragen mit Ihren Kollegen. So vorbereitet können Sie sich auf ein angenehmes und erfolgreiches Kundengespräch freuen.

Frank stand am Empfang des Kunden und wartete auf seinen Ansprechpartner. Nun war es so weit: Sein erstes Verkaufsgespräch stand bevor. Er war angespannt, aber nicht nervös. Er war gut vorbereitet und sicher, dass er dem Kunden eine tolle Lösung präsentieren konnte. Er fragte sich nun, ob er sofort zum Geschäftlichen kommen sollte, oder ob dies nicht zu fordernd wirkte. Wie konnte er sicherstellen, dass man ihm und seiner Produktlösung auch das Vertrauen entgegenbrachte, um bei ihm zu kaufen?

10.3 So eröffnen Sie ihr Verkaufsgespräch

Für viele Verkäufer im Innen- und Außendienst ist die Eröffnung eines Verkaufsgesprächs – am Telefon oder auch im persönlichen Gespräch – eine kritische Stufe. Ob Neukundengewinnung, Verkaufsgespräch oder Verhandlungen;

innerhalb weniger Sekunden muss der erfahrene Verkaufsprofi zum Kunden das Gespräch eröffnen, ein Vertrauensverhältnis aufbauen und in die gewünschte Richtung lenken (Gesprächsführung).

Eine sehr erfolgreiche Key Account Managerin antwortete mir mal auf die Frage, was die größte Herausforderung in ihrem Beruf sei: *„Schnell eine vertrauensvolle Beziehung zu meinen Kunden aufzubauen."*

Doch wie schaffen Sie einen Vertrauensaufbau innerhalb von wenigen Minuten? In dem Sie Ihrem Gegenüber schnell das Gefühl geben, mit einem Menschen zusammenzuarbeiten, dem er vertrauen kann. Doch dazu später mehr.

10.3.1 Der professionelle Gesprächseinstieg

Gerade bei der Erstansprache fehlt vielen Verkäufern der Einstieg, wenn sie einen neuen Interessenten zum ersten Mal anrufen. In meinen Seminaren höre ich oftmals Aussagen, welche der Hilflosigkeit in den ersten Sekunden Ausdruck verleihen:

> Was soll ich sagen, warum ich den Neukunden anrufe? Ich kenne ihn ja noch gar nicht!?

Dabei können Sie sich für die Erstansprache und Eröffnung einige einfache menschliche Verhaltensweisen zunutze machen. Dazu gehört unsere permanente Suche nach Neuem, das Interesse an der Entwicklung der Welt, dem Wunsch nach Erfolg oder einfach unser Bedürfnis nach Nähe, Anerkennung und Information.

Für viele Verkäufer ist es einfacher, mit einem Grund in ein Verkaufsgespräch zu starten. Ein Grund bietet dem Verkäufer die Möglichkeit, das Gespräch mit einem Anlass zu eröffnen. Es gibt viele gute Gründe einen Kunden anzurufen, vielleicht ist auch einer für Sie dabei:

- Meinungsumfrage
- Einladung (Messe, Seminar, Zehn-Jahr-Feier …)
- Geschenk
- Neuigkeiten (neu im Markt, erstmalig in der Branche)
- Kundenzufriedenheit (zum Beispiel nach drei/sechs/zwölf Monaten)
- Bedanken (langjährige Zusammenarbeit)
- Gutschein
- Sonderaktion
- Empfehlung

Damit haben Sie schon einmal die erste Hürde überwunden. Nun müssen Sie sein Vertrauen gewinnen.

Vielleicht kennen Sie jemanden, den Sie beim ersten Kennenlernen sofort sympathisch fanden. Sie lernten diese Person kennen und schütteten ihr sofort Ihr Herz aus. Diese Fähigkeit hat Golemann 1995 emotionale Intelligenz genannt und wurde lange Zeit als persönliche Veranlagung angesehen (Goleman und Griese 2007, S. 31). Erst in den letzten Jahrzehnten hat sich die Wissenschaft mit dem Thema beschäftigt und Methoden dafür entwickelt.

- Vertrauen aufbauen kann man lernen!

NLP ist eine Methodensammlung für professionelle Kommunikation. Sowohl für intrapersonelle verständnisvolle Kommunikation als auch für empfängerorientierte Kommunikation (Nielsen und Nielsen 2012, 2. Karte). Die Erfinder sind Dr. Richard Bandler, Prof. Dr. John Grunder, Leslie Cameron-Bandler, Judith DeLozier und Robert Dilts. Wir beschreiben hier zwei NLP-Techniken, die Sie beim ersten Kennenlernen mit Ihrem Gesprächspartner einsetzen können.

Körperliche Angleichung

Beschreiben Sie einmal, was Sie an Ihrem besten Freund/Freundin mögen? Sie werden schnell feststellen, dass es Ähnlichkeiten zu unserer Person sind, die wir besonders mögen. Wenn wir einen Partner suchen, privat wie beruflich, suchen wir oftmals gleiche Personen. Personen, mit denen wir „gut können“.

- Menschen mögen Menschen, die sich ähnlich sind.

Gegensätze ziehen sich an, aber gleiche Menschen bleiben länger ein Paar. Zu diesem Ergebnis kam Lisa M. DeBruine von der kanadischen McMaster University (DeBruine 2005). Bei der Partnersuche interessieren wir uns eher für diejenigen, die uns ähnlich sind: Menschen mit vergleichbaren Werten, sozialem Hintergrund und Bildungsniveau finden häufiger zueinander. Für das Äußere gilt dies jedoch nicht, hier ziehen sich die Gegensätze an: Ähnliche Gesichtszüge wirken vertrauenswürdig, aber nicht sexuell attraktiv.

Sie zeigte 144 Studierenden neun Gesichter des anderen Geschlechts. Die Bilder wurden immer paarweise am Computerbildschirm präsentiert, und es gab drei Durchgänge mit einer jeweils anderen Fragestellung: Die Teilnehmer sollten bei jedem Vergleichspaar auf das Gesicht klicken, das sie vertrauenswürdiger, attraktiver für eine kurze Affäre oder attraktiver für eine längerfristige Beziehung fanden. Eines der Gesichter ähnelte dem des Befragten besonders stark: Es wurde vor dem Versuch durch eine „Fotomontage“ am Computer dem Äußeren des Untersuchungsteilnehmers angeglichen – ohne dessen Wissen.

Das Ergebnis: Die Probanden fanden das ihnen angeglichene Gesicht am vertrauenswürdigsten. Bei der Frage „langfristige Beziehung“ entschieden sich die Studierenden gleich häufig für das vertraute wie für anders aussehende Gesichter. Ging es jedoch um eine kurzfristige Affäre, bei der der sexuelle Anreiz entscheidend ist, wirkte sich die Ähnlichkeit nachteilig aus: Die Probanden empfanden das angeglichene Gesicht als weniger. Ein vertraut wirkendes Antlitz schmälert also die sexuelle Attraktivität, erhöht aber die Chance auf einen erfolgreichen Verkauf.

Was bedeutet das nun für Sie im Vertrieb? Da Sie hoffentlich verkaufen wollen und nicht einen Partner für einen One-Night-Stand suchen, können Sie diese Erkenntnisse für den Vertrauensaufbau ausnutzen.

Wir bauen Sie aber nun eine äußere Ähnlichkeit auf? Sie können ja nicht vor jedem Kundengespräch zum Schönheitschirurg gehen? Die Ähnlichkeit fängt schon bei der Kleidung an. Ich finde es immer spannend, wenn mir Seminarteilnehmer erzählen, dass sie einen Top-Verkäufer kennen, der aber gar nicht aussieht wie ein Top-Verkäufer, sondern wie ein Kunde. Ich frage mich dann immer zwei Dinge:

1. Was glaubt mein Gesprächspartner, wie ein Top-Verkäufer aussehen sollte?
2. Vielleicht ist er ein Top-Verkäufer, WEIL er so aussieht wie seine Kunden?

Wenn Sie an eine Bank verkaufen, ist ein Anzug Pflicht. Wenn Sie an Handwerker verkaufen, sollten Sie sich kleiden wie Handwerker. Ihr Kleidungsstil orientiert sich an Ihrer Zielgruppe. Dabei gibt es nur eine Regel: Immer eine Spur besser als Ihre Kunden. Sie dürfen auch mit einem Designeranzug, mit einem nagelneuen Kochshirt oder mit einer schönen Kombination aus Sakko, Jeans und Hemd an Ihre Zielgruppe verkaufen. Sie sind Verkäufer, kein Monteur. Deshalb erwartet man von Ihnen auch gepflegte Kleidung.

Ähnlichkeit von Worten und Gesten

Nun zeigen Sie Ihrem Kunden auch, dass Sie seine „Sprache“ sprechen. Obwohl ich in Abschn. 6.1.2 davor warne, Fremdwörter unkontrolliert im Vertrieb einzusetzen, haben diese auch eine positive Wirkung. Durch die Verwendung von Fachwörtern werden Sie als Experte wahrgenommen. Deshalb ist es wichtig, dass Sie die Fachwörter Ihrer Zielgruppe kennen und diese bei Bedarf einsetzen können. Fachwörter sind immer auch Ausdruck einer sozialen Zugehörigkeit und grenzen Insider von Outsider ab. Nutzen Sie diesen Effekt und sprechen Sie wie Ihre Zielgruppe.

Neben den Worten spiegeln Sie die Atmung und Körperhaltung Ihres Gesprächspartners. Sie beobachten Ihren Gesprächspartner und passen ganz unauffällig Ihre Atmung und Körperhaltung an. Sollte Ihr Gesprächspartner Aussagen tätigen, die Sie nicht sofort teilen können, reicht es aus, wenn Sie im ersten Schritt mit *„interessant …, ein wichtiger Punkt …, finde ich spannend, wie Sie das sehen …“* antworten. Damit stimmen Sie Ihrem Kunden nicht zu, geben ihm aber trotzdem das Gefühl, ernst genommen zu werden (Galal 2010).

Die wichtigste Spiegelung ist aber die der Atmung. Ihre Atmung steht in direktem Zusammenhang zu Ihrer gesamten Gefühlswelt (Galal 2010, S. 90). Dr. Richard Bandler – Mitbegründer des Neurolinguistischen Programmierens (NLP) – hat sich in einem Selbstversuch in einer Gaststätte gesetzt, um gemütlich einen Kaffee zu trinken. Während dessen guckte er sich einen Gast aus, den er dann bewusst spiegelte. Spiegeln heißt, dass man die Handbewegungen und Handlungen kopiert, seine Bewegungen spiegelt. Immer wenn der Gast etwas trank, trank Bandler unauffällig auch, mit der gleichen Bewegung, mit der gleichen Geschwindigkeit. Aber das Wichtigste war: Er atmete im gleichen Tempo, mit der gleichen Intensität, wie der Gast. Denn unsere Atmung steht in direkter Verbindung zu unserer Gefühlswelt. Sind wir tiefenentspannt, atmen wir langsam und ruhig, kommen wir vom Sport, atmen wir schnell, aber beherrscht, sind wir aufgewühlt, atmen wir schnell und hektisch. Atmung spiegelt unser Gefühlsleben wider. Richard Bandler baute durch sein bewusstes Spiegeln eine Verbindung zu seinem Gegenüber auf. Die Geschichte soll damit geendet haben, dass Bandler irgendwann den Spieß umdrehte und bewusst seine leere Tasse umkippte, sodass er sich vermeintlich alles auf seinen Anzug kippte. Der andere, zu dem nun eine Verbindung aufgebaut war, kippte seine Tasse unbewusst auch um, mit dem kleinen Unterschied, dass seine Tasse voller Kaffee war (Galal 2010, S. 90).

Was Sie alles spiegeln können (nach Galal 2010, S. 90)

Körper: Händedruck, Kopfneigung, Arme, Gesichtsausdruck, Beine, Füße
Stimme: Klangfarbe, Geschwindigkeit, Rhythmus, Lieblingswörter

- Aussagen:
  - Tatsachen der Wahrnehmung:
    Sie sitzen hier …
    Das Wetter ist schön …
  - Tatsachen der Wirklichkeit:
    Sie wollen 500xy haben.
    Sie sind Chef …
    Sie wollen mehr …

- Stimmung: Empathie entwickeln, mitfühlen, Freude entwickeln, Angst, Unsicherheit, Sicherheit, Zuversicht
- Atmung: Das ist die wirksamste Strategie, weil sie mit unseren Emotionen verbunden ist: Wir achten aufs Heben und Senkung des Schulter- Brust- und Zwerchfell-Bereichs.

So bauen Sie zuerst einmal eine Beziehung zu Ihrem Gesprächspartner auf.

Gesprächseröffnung

In der Gesprächseröffnung beantworten Sie als Erstes die Grundfragen, die sich ein Gesprächspartner unbewusst stellt. Dazu gehören die Fragen nach Ihrem Namen, Ihrer Firma und Ihrem Anliegen (s. Abschn. 5.4.1).

Sitzen Sie Ihrem Gesprächspartner in einem Verkaufsgespräch gegenüber, reicht eine professionelle und freundliche Vorstellung. Gehen Sie dazu Ihrem Gesprächspartner entgegen, geben Sie ihm die rechte Hand und schauen Sie ihm in die Augen. Nennen Sie zur Begrüßung Ihren Namen und wiederholen Sie diesen bei Bedarf. Ist der Ansprechpartner unbekannt oder sind mehrere Personen anwesend, nennen Sie auch Ihre Funktion und Firmennamen. Überreichen Sie dabei Ihre Visitenkarte.

Wenn Sie sich vorstellen, sollte Ihr Name verstanden werden. Dazu wiederholen Sie Ihren Namen. Ich sage immer: „Mein Name ist Olaf Esters, Olaf Esters von Firma xy."

Lassen Sie sich Namen und Funktion Ihres Gesprächspartners geben und schreiben Sie diesen gegebenenfalls auf. Erhalten Sie eine Visitenkarte ist das einfacher, ansonsten lassen Sie sich bei Bedarf den Namen buchstabieren. Es gibt nichts Schlimmeres als einen falsch geschriebenen Namen. Im Idealfall haben Sie sich schon in der Vorbereitung die Namen der Teilnehmer schriftlich mitteilen lassen.

Kleiner Tipp: Prüfen Sie, ob Ihr Kontakt auf einer Business-Seite ein Profil hat, wie Xing oder LinkedIn). Dort finden Sie die richtige Schreibweise.

Bei mehreren Gesprächspartnern, wie es in Verhandlungen oftmals der Fall ist, merken Sie sich die Sitzposition Ihres Gesprächspartners, damit Sie Ihren Gesprächspartner mit dem richtigen Namen ansprechen können. Sie können den Tisch auf einem Blatt Papier aufzeichnen und Namen und Funktion dem Sitzplatz zuordnen.

Bitte beachten Sie, dass dies eine Empfehlung für Deutschland ist. Wenn Sie international unterwegs sind, informieren Sie sich bitte über die Verhaltensregeln der entsprechenden Länder.

Einfache Tatsachen der Wahrnehmung

Einfache und unbestreitbare Wahrnehmungen am Anfang eines Gesprächs unterstützen den Vertrauensaufbau, der innerhalb von Sekunden erfolgen muss. Einfache Tatsachen der Wahrnehmung sind ganz banale Erkenntnisse, die jeder Gesprächspartner bejahen muss, weil es gar nicht anders geht. Diese Wahrnehmungen sind oftmals auch Bestandteil von Small Talk. Einfache Tatsachen der Wahrnehmung sind:

- Aussagen über das aktuelle Wetter
- Aussagen über den Ort, an dem Sie sich befinden
- Aussagen über die aktuelle Wirtschaftslage
- Aussagen über die aktuelle Gesellschaftslage
- Aussagen über Familienbeziehungen

Der Gesprächspartner bejaht diese „Wirklichkeiten" in Gedanken und zeigt dies durch Nicken oder Bestätigen an. Dadurch erzielen Sie eine einfache Zustimmung, die Ihrem Gesprächspartner und Sie in eine gute Stimmung versetzt. Außerdem zollt der Small Talk Ihrem Gesprächspartner Respekt und Aufmerksamkeit, in dem Sie eben nicht mit der Tür ins Haus fallen. Typische Beispiele für „Wirklichkeiten" können sein:

- *„Das Wetter ist warm für diese Jahreszeit."*
- *„Das ist ein wunderschönes Seminarhotel."*
- *„Wir haben einen wunderbaren Ausblick von der Terrasse. Haben Sie schon gesehen?"*
- *„Ich sehe, Sie sind bei uns als Kunde gelistet."*
- *„Ich sehe, Sie sind international unterwegs."*
- *„Ich lese gerade auf Ihrer Internetseite, dass Sie neue Produkte anbieten."*
- *„Ich sehe gerade, Sie sind auch im xy-Verband."*

Wichtig ist, dass Sie hier nicht werten, sondern einfach nur feststellen. Dies kann Ihr Gesprächspartner nur mit Ja beantworten, oder er erklärt Ihnen, warum Sie seiner Meinung nach falsch liegen.

Höhere unbestreitbare Wirklichkeiten

Als nächsten Schritt nennen Sie einige höhere unbestreitbare Wirklichkeiten. Bei den höheren unbestreitbaren Wirklichkeiten ist Ihnen ebenfalls Zustimmung sicher. Sie sprechen dabei den Kunden nicht direkt an, sondern bewegen sich auf einer Metaebene.

Dadurch transportieren Sie sehr gut Ihren individuellen Produktnutzen oder erzeugen „Schmerzen", ohne dass der Kunde sich innerlich wehrt.

Ein Beispiel kann so aussehen:

Bei den hohen Investitionen in den Außendienst wird es heutzutage immer wichtiger, optimale Ergebnisse zu erzielen.

Der Satz ist so allgemein gehalten, dass jeder sich seine eigene Antwort darunter vorstellen kann. Höhere unbestreitbare Wirklichkeiten fangen mit folgenden Worten an:

- Heutzutage ist es immer wichtiger …
- Die Vergangenheit hat uns immer wieder gezeigt …
- Immer mehr Unternehmen …
- Immer mehr Menschen achten darauf …
- Im Allgemeinen kann man sagen …
- Wissenschaftliche Studien zeigen immer wieder auf …
- Für die Zukunft wird es immer bedeutender …
- In den vergangenen Jahren zeigte sich immer deutlicher …

Wichtig ist, dass diese einfachen Tatsachen der Wahrnehmung nicht polarisieren. Sie sollten so allgemein gehalten sein, dass Ihr Kunde diesen sofort zustimmen kann. Um dies zu erreichen, setzen Sie „Wolkenwörter" ein (s. Abschn. 6.1.1). Wolkenwörter sind zum Beispiel: Auto, Fahrrad, Wirtschaft, Unternehmen, Immobilien, Verkehr, Beziehungen, Familie, Sicherheit und so weiter. Bei jedem dieser Worte stellt sich jeder Kunde etwas anderes vor. Damit fühlt er sich sofort von Ihnen abgeholt.

Auf die Aussage: *„Heutzutage wird immer mehr eingebrochen"*, kann Ihr Gesprächspartner antworten: *„Bei mir nicht. Ich habe mich abgesichert."*

Formulieren Sie Ihre Aussage aber so: *„Heutzutage ist es immer wichtiger, auf Sicherheit zu achten."* Würde Ihr Gesprächspartner antworten: *„Stimmt, ich habe mich sogar durch eine Alarmanlage abgesichert."* Und schon haben Sie ein unkompliziertes Gesprächsthema.

Anerkennung geben

Doch wie bauen Sie nun Vertrauen in drei Schritten auf? Der Vertriebstrainer Marc M. Galal beschreibt in seinem Buch folgende drei Schritte (Galal 2010, S. 88):

1. Geben Sie Ihrem Gesprächspartner Anerkennung. Geben Sie genaue Anerkennung und beschreiben Sie präzise, was Sie besonders beeindruckt oder besonders schön finden.
2. Begründen Sie Ihre Anerkennung: Sagen Sie, warum Ihnen diese spezifische Situation aufgefallen ist und warum dies für Sie wichtig ist. Verwenden Sie das Wort, „weil".
3. Stellen Sie eine W-Frage: Fragen Sie Ihren Kunden, wie er das gemacht hat, wie es dazu gekommen ist, oder wo er dies gekauft hat.

Wenn Sie begründen, was Sie gut oder beeindruckend finden, wirkt Ihre Anerkennung viel intensiver und damit glaubwürdiger. Ihr Kunde wird Ihnen viel stärker vertrauen. Durch die Frage nach einem besonderen Moment im Leben, versetzen Sie ihn in einen guten Zustand zurück.

Ich habe diese Technik einmal bei einer Einladung eingesetzt. Ich war noch jung und neu bei meinem Arbeitgeber und wurde von einem Vorgesetzten in seine private Wohnung eingeladen. Die ganze Wohnung war modisch durchgestylt und aufeinander abgestimmt. Nur der Couchtisch passte nicht ins Bild. Dieser war offensichtlich ein selbst gebautes Unikat. Ein ganz pfiffiges Teil, von unten beleuchtet. Schon etwas älter und benutzt. Ich bemerkte diesen Unterschied in der Wohnungsgestaltung: Auf der einen Seite eine modische Wohnung, auf der anderen Seite ein älteres, abgenutztes Einzelstück. Ich bemerkte meinem Gastgeber gegenüber, dass dies aber ein schönes Einzelstück sei, das pfiffig aussieht (sah es wirklich) und fragte, wo er dies denn erworben hätte?

Das Gesicht meines damaligen Vorgesetzten wurde mit einem Schlag melancholisch. Er betrachtete das Möbelstück mit einer sanften Wehmut und sagte mir dann: *„Der Couchtisch ist von unseren Kindern selbst gebaut. Er wird nicht ausgetauscht und ist auch nicht zu verkaufen."* In der nachfolgenden Unterhaltung erfuhr ich, dass die Kinder schon lange aus dem Haus waren, aber der Couchtisch die Eltern täglich an sie erinnerte.

Hier noch einmal ein paar Tricks, wie Sie die Beziehungsebene professioneller durchführen und damit meist auch beschleunigen können.

1. Seien Sie authentisch. Seien Sie zu 100 % Sie selbst. Seien Sie nicht hektisch, sondern ruhig. Druck, auch Zeitdruck, spürt Ihr Gesprächspartner und reagiert genauso wie Sie: genervt. Jeder, der Kinder hatte, kennt diesen Effekt: Wenn die Eltern Zeitdruck haben, brauchen die Kinder extra lange.
2. Nutzen Sie die Zeit aktiv für Small Talk und den Aufbau der Beziehungsebene. Interessieren Sie sich für die Situation Ihres Kunden. Die meisten sind

stolz auf ihre tägliche Arbeit, fragen Sie nach und loben Sie Ihren Gesprächspartner für seine Leistung.

3. Machen Sie Komplimente, loben Sie den Kunden. Finden Sie Gemeinsamkeiten, ähnliche Hobbys, Interessen, Urlaubspläne. Lob zeigt den Respekt, den Sie Ihrem Gesprächspartner gegenüber geben.

10.3.2 Bauen Sie Neugier auf

Beim Telefonieren mit Kunden stellte Frank schnell fest, dass seine technischen Aussagen, warum sein Produkt dem Kunden hilft, den Kunden nicht beeindruckten. Es war so, als wenn der Lehrer den Kindern ins Gewissen reden würde, ihre Hausaufgaben zu machen, um später einen Beruf zu erlernen. Es musste einen spannenderen Weg geben, Kunden zu überzeugen.

Vielleicht kennen Sie es auch: Sie kommen morgens ins Büro und sofort klingelt das Telefon. Der Kollege aus der Buchhaltung hat ein paar Rückfragen, die Spedition hat falsch geliefert, die Verträge müssen noch besprochen werden, die Termine sind noch nicht vereinbart. Sie erhalten Anrufe, E-Mails, Post. Kollegen kommen in Ihr Büro und zwischen dem ganzen Durcheinander ruft ein Verkaufsmitarbeiter eines Lieferanten an. Was denken Sie nun?

- *„Gut, dass er anruft, Ich muss endlich mein Problem lösen."*
- *„Nicht noch ein Anruf. Ich gebe ihm kurz eine Chance, wenn ich nicht sofort erkenne, dass ich Vorteile durch sein Angebot habe, wimmle ich ihn ab."*

Ihr Kunde ist meist viel beschäftigt. Dazu kommt, dass Ihr Kunde das Problem, das Sie für ihn lösen möchten, meist heute schon irgendwie löst. Vielleicht nicht so komfortabel oder so effektiv, wie mit Ihrem Produkt oder Dienstleistung. Sie müssen ihn nun aus seiner Bequemlichkeit herausbekommen, Sie müssen ihn dazu bewegen, seine Komfortzone zu verlassen, damit er sich mit Ihnen beschäftigt. Dazu benötigen Sie viel Kraft oder die richtige Technik.

Im Sport gilt eine Regel: Nutze das komplette Spielfeld, den Spielraum oder Bewegungsraum aus und Du bist deutlich erfolgreicher als Deine Konkurrenten. Das Profischwimmen unterscheidet sich vom Hobbyschwimmen unter anderem dadurch, dass der Profi seinen zur Verfügung stehenden Bewegungsraum vollständig ausnutzt. Profikanufahrer stechen ihr Paddel vorne bei der Bugspitze ein und ziehen es bis Achtern durch. Badminton-Spieler haben nicht nur viel Schnellkraft im Unterarm, sie nutzen die gesamte Armrotation aus, um auf Geschwindigkeit für den Überkopf-Spin zu kommen. Kampfsportler nutzen den gesamten Bewegungsbereich aus, um den Schlag, den Tritt oder den Wurf durchzuführen.

Nur so beeindrucken sie einen Gegner, der ihnen durchtrainiert und kampferfahren gegenübersteht.

Als Top-Verkäufer wecken Sie die Neugier Ihres Kunden. Wenn Sie die Neugier nicht wecken, werden Sie seine Aufmerksamkeit nicht erhalten.

So wecken Sie in sechs Schritten die Neugier (Galal 2010, S. 92):

1. Stellen Sie eine beeindruckende Behauptung auf.
2. Begründen Sie diese faktisch mit „weil …“ und einer Produktstärke.
3. Übersetzen Sie das in den emotionalen Produktnutzen mit den Worten: „das bedeutet für Sie …“
4. Ergänzen Sie das durch einen weiteren Produktnutzen.
5. Beweisen Sie Ihre Argumentation.
6. *„Um dies genauer zu erläutern, würde ich jetzt gerne Ihre Situation analysieren“*, und dann stellen Sie Fragen.

Ein Beispiel könnte so aussehen:

> Wenn Sie unsere Maschine einsetzen, wird Ihre Produktivität um bis zu 150 % steigen, weil unsere Maschinen miteinander vernetzt sind und dadurch kommunizieren. Wir haben die neue Produktlinie ganz nach den Kriterien von Industrie 4.0 entwickelt und so Produktionsprozesse vollständig automatisiert. Das bedeutet für Sie, dass Sie Ihre Produktivität deutlich steigern, Ihre Lagerkosten erheblich reduzieren und Ihre Mitarbeiter effektiver einsetzen. Damit sind Sie auf der Höhe der Zeit und Ihren Wettbewerbern einen großen Schritt voraus. Wir haben einen Kunden, der durch unsere neue Maschine seine Produktivität um 150 % steigern konnte und die Umsätze um über 300 %. Um dies genauer zu erläutern, würde ich jetzt gerne mit Ihnen zusammen Ihre Situation analysieren.

Das zweite Prinzip ist, einen Menschen durch die Nennung von „Schmerzen“ und Ängste zu motivieren. Sie wissen aus vorherigen Kapiteln, dass Menschen mehr tun, um Schmerzen zu vermeiden, als Freude zu erlangen. Diese Technik funktioniert besonders gut bei einer schlechten Marktlage.

Galal zeigt auch auf, wie Sie bei Ihrem Kunden Schmerzen und Ängste erzeugen. Dazu gehen Sie in fünf Schritten vor (Galal 2010, S. 93):

1. Zeigen Sie das Problem auf, treffen Sie eine Aussage.
2. Festigen Sie das Problem und stellen Sie Fragen, um den gewünschten Zustand herbeizuführen.
3. Deuten Sie eine Lösung mit Ihrem Produkt an.
4. Bringen Sie Beweise und untermauern Sie Ihre Behauptungen.
5. Klassifizieren Sie Ihren Kunden.

Wieder ein Beispiel:

> Haben Sie nicht auch Angst, dass Sie mit Ihrem alten Auto auf der Autobahn nachts liegen bleiben? Vor allem, wenn Sie dann noch Ihre Kinder im Auto haben, Sie nicht wissen, wo Sie sich gerade befinden und so auch kein Pannendienst Sie erreichen kann. Was wollen Sie unternehmen, damit das nicht passiert? Mit einem neuen Auto haben Sie eine fünfjährige Garantie und damit die Sicherheit, dass es pannenfrei fährt. Sollte im unwahrscheinlichen Fall doch einmal etwas passieren, wird sofort ein Notruf-Knopf aktiviert, welcher den Pannendienst informiert und Ihre GPS-Koordinaten durchgibt. Lassen Sie uns kurz einmal ausrechnen, welche Kosten Sie durch einen Neuwagen sparen und wie viel wir Ihnen für Ihren alten Wagen zahlen können. So können wir eine für Sie passende Finanzierung finden, mit der Sie sicher und kostengünstig fahren.

Galal betont, dass es wichtig ist, den Part „Neugier erzeugen“, sehr vage zu halten, da Sie nichts oder nicht viel über Ihren Kunden wissen.

Wie und wann setzen Sie Neugier ein?

Wichtig ist, dass Profis Neugier sehr oft in ihrem Verkaufsprozess erzeugen. Um dies zu verdeutlichen, machen wir einen kleinen Ausflug in die TV- und Fernsehlandschaft. Hier arbeitet man mit sogenannten Teasern. Ein Teaser (von englisch *tease* „reizen, necken“) oder Anrisstext ist in der Sprache der Werbung und des Journalismus ein kurzes Text- oder Bildelement, das zum Weiterlesen, -hören, -sehen, -klicken verleiten soll. Diese sollen den Zuhörer neugierig auf einen Fernsehprogramm- oder Film machen (Wikipedia 2017b).

Teaser sollen den Kunden neugierig machen und zur gewünschten Aktion führen. Ein bekanntes Beispiel hierfür sind Werbebriefe mit dem Aufdruck „Sie haben gewonnen. Sofort öffnen!“.

Teaser kann man auch nach ihrer inhaltlichen Funktion einteilen:

- Zusammenfassender Teaser: Als plakativer Leitsatz gibt er den Informationskern der nachfolgenden Nachricht wieder. *„Sehen Sie jetzt, wie wir Ihre Anforderungen mit einem kleinen Trick gelöst haben.“*
- Teaser in Frageform: Er verlangt die Wiederholung der Frage und eine umgehende Antwort im nachfolgenden Text. *„Wie werden wir morgen Auto fahren, wenn das Benzin auf der Welt ausgeht? Das zeige ich Ihnen gleich.“*
- Ankündigungs-Teaser: Er beschreibt möglichst anschaulich, aber ohne zu viel zu verraten, was folgt. *„Gleich präsentieren wir Ihnen unsere Messeneuheit, die drei Patente beinhaltet und Ihren Produktionsprozess im mindestens 56 % verkürzt.“*

Ein Teaser kann verschiedene Längen besitzen: von fünf Sekunden bis zu mehreren Minuten. Das bekannteste Beispiel des Einsatzes von Teasern liefern die Kinofilme der James-Bond-Reihe, die seit Liebesgrüße aus Moskau immer mit einem Teaser vor dem eigentlichen Vorspann begannen. Sie können diese Technik in Verkaufsgesprächen, Präsentationen, Vorträgen oder Verhandlungen einsetzen. Geben Sie Ihrem Gesprächspartner einen Ausblick auf das, was ihn erwartet und bauen Sie so einen Spannungsbogen auf.

Deshalb sollten Sie folgendermaßen mit den Neugier-Erzeugern umgehen:

- Bleiben Sie immer sehr vage.
- Machen Sie das Problem klar, zeigen Sie aber keine Lösung auf.
- Machen Sie vor jedem Verkaufsgespräch die Kunden neugierig auf das Produkt, das ihn erwartet.
- Arbeiten Sie mit einem Spannungsbogen, einer Dramaturgie, die nach einem festgesetzten Ablauf arbeitet.
- Üben Sie diese Dramaturgie immer wieder ein, um diese dann in Ihren Verkaufsgesprächen effektvoll einzusetzen.

10.3.3 Kleine Geschenke erhalten die Freundschaft

„Kleine Geschenke erhalten die Freundschaft“, sagt der Volksmund. Wenn wir eingeladen werden, laden wir zurück ein. Wenn uns jemand einen Gefallen erfüllt, erfüllen wir auch einen. Wenn wir etwas geschenkt bekommen, schenken wir etwas zurück.

Dahinter liegt ein Jahrtausend altes psychologisches Gesetz der Reziprozität. Wie schon beschrieben, strebt unser Gehirn immer nach Ausgleich und möchte in der Waage sein. Eine einseitige Schenkung bringt unser inneres Gleichgewicht durcheinander. Wir sind in einer moralischen Schieflage. Diese können wir nur dadurch wieder geraderücken, dass wir uns revanchieren. Schenkt uns jemand etwas, auch wenn es viel kleiner ist, als das, was später von uns gefordert wird, und nehmen wir das an, gehen wir eine moralische Verpflichtung ein, etwas zurückzugeben.

Dieses Instrument ist sehr mächtig und ist als Bestechung leider in Verruf geraten. Ich plädiere immer dazu, die Verhältnismäßigkeit zu beachten, denn dieses Prinzip ist ein tief in uns verankerter Wunsch nach Respekt und Anerkennung. Früher brachten Gäste dem Gastgeber ein Geschenk mit, um Respekt und Dankbarkeit Ausdruck zu geben. Der Gastgeber nahm dies dankend an und gab dies in Form von Verpflegung und Logis zurück. Dieses Prinzip funktioniert in fast allen

Kulturen sehr gut. Sind wir zum Abendessen bei Freunden eingeladen, bringt man ein paar Blumen oder eine Flasche Wein mit. Bittet uns ein Freund um einen Gefallen, freuen wir uns über eine kleine Aufmerksamkeit als Wertschätzung.

Wir im Vertrieb können dieses menschliche Bedürfnis umkehren und so für uns nutzen. Meist erfüllt uns ein Freund einen Gefallen und dann erhält er oder sie ein Präsent. Wir können dies umkehren, indem wir das Präsent vorab geben und dann beizeiten um einen Gefallen bitten. Ich gehe in diesem Buch davon aus, dass Sie alle beschriebenen Techniken für einen guten Zweck einsetzen werden.

Daher machen Sie Ihrem Kunden ein kleines Geschenk, geben Sie ihm einen Rat, stellen Sie einen Kontakt zu einem für Ihren Kunden wichtige Person her, laden Sie ihn auf eine Veranstaltung ein oder kommen Sie ihm in einem für ihn wichtigen Punkt entgegen. Selbst ein kostenloses E-Book wird schon als Geschenk interpretiert. Ihr Kunde wird darauf konditioniert sein, Ihnen als Dankeschön ein Gegengeschenk zu erbringen. Vielleicht ist es am Anfang nur seine E-Mail-Adresse, eine Information, der Kontakt zur Geschäftsführung, ein Präsentationstermin, eine Referenz für einen neuen Kunden oder die Empfehlung an Kollegen und Mitarbeiter. Wichtig ist, dass Sie das steuern und richtig einsetzen.

10.4 Analysephase oder Fragefrequenz

Frank hatte ein gutes Verhältnis zu seinem neuen Kunden aufgebaut. Innerhalb weniger Minuten war das Eis gebrochen und man unterhielt sich sehr angeregt. Nach einigen Minuten wurde es aber still. Beide Seiten merkten, dass die Eröffnungs- und Kennenlernphase abgeschlossen war und man nun wieder zum Geschäftlichen überging. Frank wollte erst einmal verstehen, was der Kunde erwartete und wo seine Produkte hilfreich sein könnten.

Die Analysephase gehört zu den wichtigsten Phasen des Verkaufsgespräches. Sie entscheidet über den weiteren Verlauf und ob Sie überhaupt ein Angebot abgeben dürfen. Die Analysephase ist daher die Grundlage für folgende späteren Verkaufssituationen:

1. Verstehen der Kundensituation
2. Verstehen des Kundenproblems
3. Verstehen des Kundenmotivs
4. Definieren des Angebotes
5. Verstehen des Kaufprozesses

Als Verkäufer benötigen Sie eine systematische Struktur, wie Sie die Situation Ihres Kunden analysieren und damit verstehen lernen.

10.4.1 Der Zweck vertrieblicher Fragen

Wer führt, wer fragt?

Vielleicht haben Sie diesen Spruch schon einmal gehört: „Wer fragt, der führt." Warum ist das so? Der Grund ist relativ einfach: Unser Gehirn ist darauf trainiert, Fragen sofort zu beantworten. *„Haben Sie sich früher schon einmal bewusst mit Fragetechniken befasst? Wenn ja, wann? Wenn nein, warum noch nicht?"* – Merken Sie etwas? Fragen lösen in unserem Gehirn einen Antwortreflex aus. Wir können gar nicht anders, als die Frage zu beantworten (Birkenbiehl 2002, S. 17). Hören wir eine Frage, beantworten wir diese sofort im Kopf. Dies ist eine evolutionsbedingte Verhaltensform. Hätten wir vor tausend Jahren auf diese Frage nicht sofort reagiert: *„Guck mal, ist die Schlange eigentlich giftig?"*, wäre die Rente nicht mehr ausgezahlt worden. Wir haben also gelernt: Fragen beantworten rettet Leben!

Die Harvard Forscherin Ellen J. Langer bestätigt das noch, wenn sie behauptet: Fragen öffnen den Geist, während Aussagen ihn schließen (Birkenbiehl 2002, S. 20).

Darüber hinaus passiert noch etwas anderes: Ihr Kunde redet am liebsten über sein Lieblingsthema: Über sich selbst. Sein Leben ist der Mittelpunkt seiner Welt und seine Erfahrungen und Erlebnisse das Weltgeschehen. Durch Fragen lernen Sie daher das Wertemodell Ihres Kunden kennen.

Ich nenne Ihnen hier mal zehn Gründe, warum Sie mehr Fragen stellen sollten:

1. Sogwirkung: Sie lassen den Kunden sprechen.
2. Sie führen das Gespräch. Ihr Kunde antwortet.
3. Sie erhöhen den Redeanteil des Kunden.
4. Sie zeigen Interesse an Ihrem Kunden.
5. Sie verstehen die Welt Ihres Kunden und sehen Verkaufschancen.
6. Sie öffnen den Geist Ihres Kunden.
7. Ihr Kunde findet durch die Antworten heraus, was er wirklich will!
8. Sie öffnen den Kunden für Ihre Lösung.
9. Sie versetzen Ihren Kunden in einen anderen Zustand.
10. Sie „reisen" mit Ihrem Kunden durch seine Welt.

Warum Fragen so effektiv sind

Um einem Menschen zu helfen, muss man zuerst sein Weltmodell erforschen und herausfinden, warum er macht, was er macht. Anders ausgedrückt: Sie als

Verkäufer müssen herausfinden, wie die „Insel" Ihres Kunden aussieht, damit Sie ihn überzeugen können, über die Brücke zu gehen und unsere „Welt" zu betreten.

In der Psychotherapie stehen dem Psychotherapeuten nur Fragen zur Heilung des Patienten zur Verfügung. Fragen sind daher ein mächtiges kommunikatives Instrument, um den Kunden kennenzulernen, sein Problem zu analysieren, um zu verstehen, was für ihn wichtig ist, welche Werte er verfolgt, können sein Denkmodell steuern und den Abschluss herbeiführen.

Ein guter Arzt oder Psychotherapeut würde Ihnen nie eine Lösung empfehlen, ohne Sie vorher ausführlich befragt zu haben. Ein Top-Verkäufer analysiert immer erst die Situation des Kunden und fragt nach den Anforderungen, bevor er eine Lösung oder ein Produkt vorschlägt.

Durch Fragen zeigen wir Interesse an unseren Kunden und damit Interesse an einer gemeinsamen Lösung. Ich nenne dabei immer gerne folgendes Beispiel:

Stellen Sie sich vor, Sie gehen zum Arzt, da Sie gesundheitlich angeschlagen sind. Sie kommen in das Behandlungszimmer und der Arzt schaut Sie an, senkt den Kopf und schreibt ein Medikament auf. Er gibt Ihnen wortlos den Zettel und sagt nur kurz: *„Drei Mal täglich."* Dann dreht er sich um und geht aus dem Raum. Würden Sie dem Arzt vertrauen? Würden Sie die Medizin nehmen? Es kann der beste Arzt der Welt sein, es können die richtigen Tabletten sein; sobald diese nicht sofort wirken, kommen Zweifel in Ihnen auf und Sie fragen sich, auf welcher Informationsgrundlage der Arzt seine Diagnose gestellt hat?!

Ich behaupte, dass die meisten Ärzte aufgrund ihrer Erfahrungen und umfangreichen Kenntnissen schnell erkennen, welche Krankheiten ihre Patienten haben. Vor allem, da die meisten Patienten mit den üblichen jahreszeitlich bedingten Erkrankungen zum Arzt kommen, wie Erkältungen oder Husten, Volkserkrankungen wie Bluthochdruck, Rückenbeschwerden oder Kinderkrankheiten und allgemeine Vorsorge. Trotzdem erwarten wir, dass der Arzt bei jedem Besuch durch Fragen unser Problem genauer definiert und schlimmere Krankheiten ausschließt.

Das Gleiche gilt für uns Verkäufer: Nur, wenn wir das Weltmodell des Kunden erfragen, ihn verstehen und seine Welt für uns transparent machen, können wir ihn dazu bewegen, eine Lösung von uns zu akzeptieren.

Folgendem Verkaufsgespräch zwischen einem jungen Autoverkäufer und einem etwas älteren Ehepaar durfte ich mal beiwohnen:

Beispiel

Kunde:	*„Wir möchten einen neuen Kleinwagen kaufen."*
Verkäufer:	*„Da haben wir dieses Modell hier. Sehr schön und praktisch."*
Kunde:	*„Ja, das ist schon in die Richtung, in die wir dachten."*

Verkäufer:	*„Ja, und der hat auch richtig Power unter der Haube."*
Kunde:	*„Ach nee, wir fahren nicht schnell. Das brauchen wir eigentlich gar nicht."*
Verkäufer:	*„Aber achten Sie auf die Alufelgen. Die sind richtig schön."*
Kunde:	*„Alufelgen brauchen wir nicht, die sehen wir sowieso nicht."*
Verkäufer:	*„Ja, der hat auch eine super Innenausstattung. Mit Leder und Klimaanlage und vielem mehr."*
Kunde:	*„Wir fahren gar nicht so viel. Wir nehmen den Wagen nur für die Stadt."*
Verkäufer:	*„Aber achten Sie auf die tolle Zusatzausstattung ..."*

Ich weiß nicht, wie das Gespräch ausging, aber ich denke, der Verkäufer wird es schwer gehabt haben, diesen Wagen zu verkaufen. Warum ist das so? Weil er vorher nicht gefragt hat, was für den Kunden wichtig ist, wie seine Welt funktioniert, wie er denkt und auf welcher „Insel" er lebt.

Jeder von uns lebt in einer subjektiven Welt. Jeder hat seine eigene „Insel", auf der er seine Anschauungen, Werte und Erfahrungen gespeichert hat. Reisen Sie nun von Ihrer Welt in die Ihres Kunden, müssen Sie erst erforschen, in welcher Welt Sie angekommen sind.

Fragen sind die Transmitter, mit denen wir die Welt des anderen erforschen und dadurch verstehen können. Fragen befähigen uns, aus der Landkarte des anderen ein Bild zu malen, das uns zeigt, wie es bei ihm aussieht.

Aber Fragen haben auch eine andere, starke Kraft: Sie können uns in eine andere Welt, in eine andere Situation transportieren. Dazu dienen uns sogenannte Anker.

Setzen Sie einen Anker

Psychologen beschreiben einen Anker als einen an bestimmte Erfahrungen gekoppelten Sinneseindruck, der einen besonders emotional intensiven Zustand auslöst. Dies kann eine Musik sein, die uns an einen schönen Moment in unserem Leben erinnert. Ein Bild, das uns ein Fest mit verstorbenen Familienmitgliedern ins Gedächtnis rufen lässt. Ein Geschmack auf der Zunge und wir erinnern uns an die Kochkunst unserer Großmutter.

Durch diese Erinnerungen sind Sie von einer Sekunde zur anderen in der Vergangenheit. Diese Transformation bezeichnet die Psychologie als Anker, also eine Art Kippschalter, der umgestellt wird, wenn wir diesen Reiz erleben. Anker sind mächtige psychologische Instrumente. Ein äußeres Ereignis/Umstand hat bei Ihnen eine Erinnerung ausgelöst.

Diese klassische Konditionierung kennen Sie vielleicht schon aus den Experimenten des russischen Psychologen Iwan Pawlow. Pawlow konditionierte Hunde folgendermaßen: Immer, wenn er ihnen etwas zu essen gab, klingelte eine Glocke. Nach einigen Tagen läutete er nur noch die Glocke, ohne den Hunden etwas zu Essen zu geben. Er bemerkte, dass bei den Hunden sofort die gleichen biochemischen Prozesse einsetzten, als wenn es wirklich etwas zu essen geben würde. Speichel wurde produziert, die Bauchspeicheldrüse arbeitete, obwohl es gar kein Futter gab, alles nur durch das Läuten der Glocke. Die Hunde verbanden das Futter untrennbar mit der Glocke. Wie schon zuvor im Gesetz der Reziprozität konnte man auch hier die kausale Kette umdrehen und alleine durch das Läuten der Glocke die gleichen biochemischen Effekte erzeugen, wie durch das Essen. In vielen Experimenten wurde dann bewiesen, dass auch wir Menschen konditioniert werden können. Ein großer Schritt für das Marketing und den Vertrieb. Pawlow erhielt für dieses Experiment 1904 den Nobelpreis für Medizin.

Sie können Anker für Ihren eigenen Vertrieb nutzen, um Menschen in eine gute Stimmung zu versetzen. Die Anker unserer Kunden sind ihre Hobbys, ihre Familie, ihre Urlaube und ihre Erfahrungen. Fragen Sie Ihren Kunden nach Hobbys, Erfahrungen, Familie, Arbeit und Erlebnisse und versetzen Sie Ihren Kunden in eine andere Stimmung und steuern Sie so seine Gefühle und setzen Sie dieses mächtige Instrument für Ihren Vertrieb ein. Menschen, die in guter, positiver Stimmung sind, sagen schneller ja. Aber Sie können dieses Instrument auch für negative Stimmungen einsetzen. Wenn Sie Versicherungen verkaufen, schüren Sie Ängste, indem Sie Ihren Kunden an eine traurige Situation erinnern: Den Verlust eines geliebten Menschen, eine Trennung, die Angst vor einem Unfall oder Krankheit. Gehen Sie damit aber sehr vorsichtig um; ich habe schon Situationen erlebt, wo Menschen bei dem Gedanken an Tod und Verlust zusammengebrochen sind. Denken Sie daran: Sie sind kein Psychotherapeut, sondern Verkäufer. Sie wollen nicht heilen, sondern verkaufen. Ihre psychotherapeutischen Mittel sind begrenzt. Versuchen Sie daher immer ein Verkaufsgespräch positiv zu beenden und hinterlassen Sie Ihren Kunden in einem positiven, sicheren Zustand.

Sie können ein Verkaufsgespräch zum Beispiel so beenden:

Verkäufer: „Aus diesem Grund ist es wichtig, dass wir eine professionelle Vorsorge treffen. Den lieben Menschen können wir nicht ersetzen. Was glauben Sie aber, um wie viel sich Ihre Kinder besser fühlen, wenn sie wenigstens finanziell gut abgesichert sind und ihre Ausbildung beenden können.“ (Verkaufen durch Freude).

Geführter Verkauf

Routine birgt die größte Gefahr, in die Annahmefalle zu tappen. Im Flugverkehr hat man diese Gefahr erkannt. Um Unfälle aus Routine auszuschließen, gehen Piloten immer mit Checkliste und zu zweit vor. Einer fragt, der andere prüft. Und wie ist das bei Ihnen im Vertrieb?

Bisher verlassen sich viele Unternehmen auf ihre Verkäufer, dass sie doch wohl im Verkaufsgespräch die richtigen Fragen stellen. Durch den Einsatz moderner Software hat sich dies aber radikal geändert.

Die erste „Checkliste“, mit welcher der Vertrieb arbeitet, ist das CRM-System. CRM steht für Customer-Relations-Management-System und ist besser bekannt als Kundendatenbank (Experten mögen mir diese Vereinfachung nachsehen).

Die ersten Fragen, die Sie als Verkäufer beantworten sollten, sind die, ob die Firma, der Kontakt und die Opportunity (Verkaufsmöglichkeit) in Ihrem CRM-System schon angelegt wurden. Gibt es hier schon Einträge oder generieren Sie eine Dublette (doppelter Eintrag). Sind alle Vor- und Nachnamen richtig geschrieben, sind die Zusatzinformationen, die Sie für Ihre Branche und Ihren Verkauf benötigen, vollständig und richtig eingetragen worden?

Die Qualität Ihrer Vertriebsarbeit fängt mit diesen Informationen an. Es gibt nichts Peinlicheres, als den Kunden mit einem falschen Namen anzusprechen.

Die nächste Stufe ist die geführte Analyse durch spezielle Angebots-Software. Insbesondere dann, wenn Sie Varianten- oder Lösungsfertiger sind. Hier können Sie durch das gezielte und geführte Fragen des Kunden die Fehlerquote in der Angebotserstellung und damit später in Produktion und Service deutlich reduzieren. Es gibt nichts Peinlicheres, als dass der Verkäufer im Gespräch mit dem Kunden ein Produkt konfiguriert, das technisch gar nicht produziert werden kann.

Beispiele für solche Lösungen finden wir heute im Internet immer mehr. Hersteller aus dem Maschinen- und Anlagenbau, aus der Produktion und dem Service nutzen diese Technologie, um ihre Kunden durch eine strukturierte und gezielte Fragetechnik zu einem individuellen und damit passenden Angebot zu führen.

Beispiele

Auf den Seiten der Autohersteller können Sie sich Ihr eigenes Auto konfigurieren. In mehreren Stufen wählen Sie das Modell aus, die Ausstattungslinie, den Motor und die technischen Daten (Leistung, Automatik), dann die Zusatzausstattung innen sowie außen und zu guter Letzt fragt man Sie noch zu Serviceleistungen wie Versicherungen und Wartungsintervallen. Sie erhalten ein individuell auf Ihre Anforderungen konfiguriertes Bild des Automodells.

Bei Online-Druckereien wie flyeralarm, „Die Druckerei“ oder anderen Online-Druckereien, wählen Sie als Kunde zwischen vielen verschiedenen Druckerzeugnissen, geben Ihre Druckwünsche an (Auflage, Papierqualität, und vieles mehr), laden Ihre Grafiken hoch, die automatisch geprüft werden und erhalten sofort Ihren individuellen Druckauftrag.

Im Baugewerbe können Sie Fassadenbeschichtungen, Balkongeländer, Hallenkonstruktionen und vieles mehr individuell konfigurieren.

Diese Konfiguratoren arbeiten idealerweise sofort in Kombination mit dem CRM- und ERP-System, sodass es hier keinen Bruch gibt. Durch die Konfiguration eines Angebotes durch den Vertriebsmitarbeiter, den Händler oder Kunden, werden sofort Opportunities (Verkaufschancen) im CRM-System angelegt und entsprechend der Verkaufsstufe bewertet. Diese führen automatisiert zu einem Reporting, woraus sich ein Forecast für die nächsten Monate erstellt.

Diese Techniken haben in den letzten Jahren durch die Weiterentwicklung von CRM und CPQ-Software deutlich an Möglichkeiten gewonnen und sind heute preislich und technisch schon für mittelständische Unternehmen einsetzbar.

So wird ein Vertriebsmitarbeiter wie ein Pilot durch den Vertriebsprozess geführt, stellt in jeder Phase die richtigen Fragen und vergisst keine wichtigen Punkte mehr. Die Fehleranfälligkeit des Produktionsfaktors Mensch wird so reduziert. Dieses Konzept des geführten Vertriebs (engl. Guided Selling) wird in Zukunft den Vertrieb revolutionieren, da die Qualität der Fragen und der Fragetechniken deutlich gesteigert wird.

10.4.2 Das Wesen der Analysephase

Das Wesen der Analysephase können Sie in vier Dimensionen gliedern:

1. Zahlen, Daten, Fakten
2. Erfahrungen der Vergangenheit
3. Ist-Situation
4. Erwartungen an die zukünftige Entwicklung

Zahlen, Daten, Fakten (ZDF)

Diese Phase kann am Anfang oder am Ende der Analysephase stehen. Hier geht es darum, faktische Informationen vom Kunden einzuholen, die Sie für die Erstellung Ihres Angebotes benötigen. Also alle Zahlen, Daten und Fakten (kurz ZDF).

Idealerweise fragen Sie die Fakten schon in der Vorbereitung ab (s. Abschn. 10.2.1). Sollte sich dazu keine Gelegenheit ergeben, wie es auf Messen oder in spontanen Verkaufsgesprächen der Fall ist, fragen Sie schnell, kurz und effektiv. Diese Fragen dienen nur Ihnen und nicht Ihrem Kunden. Er kennt seine eigene Situation schon und benötigt die Informationen nicht.

Arbeiten Sie bei Fakten vor allem mit geschlossenen Fragetechniken. Geschlossene Fragen können vom Kunden nur mit Ja oder Nein beantwortet werden. Dadurch werden die Antworten präziser und kürzer. Diese Phase sollte nicht zu lange dauern, da sie vom Kunden auch als Verhör empfunden werden könnte. Einleitungssätze für diese erste Fragephase können sein:

Zu Beginn der Analysephase: *„Lieber Kunde, bevor ich Ihre Kundensituation verstehe, möchte ich kurz ein paar Fakten abfragen, um Sie besser kennenzulernen. Ist das für Sie in Ordnung?“*

Am Ende der Analysephase leiten Sie es mit dieser Frage ein: *„Lieber Kunde, bevor ich nun ein Angebot abgebe, benötige ich noch ein paar Fakten von Ihnen. Darf ich Ihnen ein paar Zahlen abfragen? Herzlichen Dank.“*

Erfahrungen der Vergangenheit

„Nur wer die Vergangenheit kennt, hat eine Zukunft!“ *Wilhelm von Humboldt*

Um die Kundensituation zu verstehen, sollten Sie mit seinen Erfahrungen fortfahren. Sie müssen verstehen, woher Ihr Kunde kommt, welche Erfahrungen er schon gemacht hat, was er schon ausprobiert hat, wen er schon um Rat fragte.

Stellen Sie sich vor, Sie sind ein Arzt und müssen eine Krankheit therapieren. Dann müssen Sie doch zuerst wissen, ob es Vorerkrankungen gab, ob es erblich bedingt ist oder bestimmte Verhaltensweisen (Rauchen, Trinken, Sport) die Beschwerden und Symptome erklären können. Außerdem wollen Sie wissen, ob Ihr Patient vorher schon einen Arzt aufgesucht hat und vielleicht an Sie überwiesen wurde.

Überlegen Sie sich im Vorfeld, welche Erfahrungen der Vergangenheit für Ihren Verkauf wichtig sind. Sollten Sie Erfahrungen abfragen, die nicht sofort mit dem Verkauf in Beziehung stehen, erklären Sie Ihrem Kunden, warum Sie dies wissen wollen.

Bevor ich Ihnen einen Rasenmäher anbiete, möchte ich Sie fragen, ob Sie in der Vergangenheit schon Erfahrungen mit einem elektrischen oder benzingetriebenen Rasenmäher machten. Dann weiß ich, auf welchem Kenntnisstand ich aufsetzen kann.

Fragen zur Gegenwart oder Ist-Situation

Der nächste Analyseschritt ist die gegenwärtige Situation. Gehen wir mal davon aus, dass Ihr Kunde einen Grund hatte, in Ihr Verkaufsgeschäft zu kommen. Seine jetzige Problemlösung scheint nicht optimal zu sein. Vielleicht reicht sie aber heute noch aus, nur die Rahmenbedingungen werden sich in naher Zukunft verändern.

Ihre Aufgabe ist es nun, durch Fragen die jetzige Situation zu verstehen, seine Anforderungen zu klären und den Grund zu finden, warum er bereit ist, bei Ihnen Geld zu investieren, um seine Situation zu verändern.

Keine Annahme tätigen!
Vorsicht vor der Denkfalle, Sie würden die Welt Ihres Kunden schon kennen, da Sie die Welt vieler anderer Kunden schon kennen.

Aufgrund ihrer langjährigen Berufserfahrung fallen viele Verkäufer immer wieder in die *„ich weiß, was Sie brauchen"*-Denkfalle. Sie tätigen die Annahme, dass sie „schon wüssten", was der Kunde will. Diese Gefahr ist dann besonders groß, wenn es sich um Routinetätigkeiten handelt, die in einer gleichen oder ähnlichen Form immer wieder auftauchen. Dann arbeiten Sie mit Ihrem System 1 und nicht mit System 2 (s. Abschn. 6.2.2).

Machen Sie sich klar, dass Sie nach einigen Jahren Berufserfahrung mit großer Wahrscheinlichkeit wissen, was Ihr Kunde benötigt. Aber eben nur mit großer Wahrscheinlichkeit. Eben nicht mit letzter Gewissheit.

Die erfolgreiche Trainerin und Buchautorin Vera F. Birkenbiehl berichtet in ihrem Buch *„Fragetechnik schnell trainiert: Das Trainingsprogramm für Ihre erfolgreiche Gesprächsführung"*, ein kleines Rätsel, welches dieses Problem der Fehlannahmen sehr schön verdeutlicht (Birkenbiehl 1995). Sie benötigen dafür einen Moderator und eine Gruppe an Teilnehmern, welche das Rätsel lösen.

Das Rätsel
Ein Moderator liest Ihnen folgende Geschichte vor. Um das Rätsel zu lösen, dürfen die Teilnehmer nur geschlossene Fragen stellen, die mit Ja und Nein beantwortet werden können. Die Geschichte lautet wie folgt:

Sie kommen nach Hause und schließen die Tür auf. Vor Ihnen liegt der Flur, dahinter das Wohnzimmer. Nachdem Sie Ihre Jacke ausgezogen haben und an der Garderobe aufhängen, gehen Sie ins Wohnzimmer. Sie schauen sich im Raum um und stellen fest, dass das Fenster leicht offensteht, der Wind weht herein. Sie schauen sich um und erkennen schnell: Petra und Peter liegen tot auf dem Boden. Es ist kein Blut zu sehen. Der Teppich unter den Leichen ist nass. Außerdem befindet sich auf dem Teppich ein zerbrochenes Glas.

Frage an Sie: Was ist passiert? Wie kamen Peter und Petra zu Tode?

Wenn Sie dieses Rätsel kennen, wissen Sie, dass Sie es nur lösen können, wenn Sie keine Annahmen tätigen und ergebnisoffen in die Diskussion gehen. Sie müssen bereit sein, Dinge zu hinterfragen und das Offensichtliche nicht zu akzeptieren. Nur dann schaffen Sie es, dieses Rätsel zu lösen. Die Lösung finden Sie am Ende dieses Abschnitts.

Gehen Sie als Verkäufer immer offen in das Kundengespräch. Geben Sie Ihrem Kunden die Gelegenheit, Ihnen seine Geschichte zu erzählen. Auch wenn es für

Sie die immer gleiche Geschichte ist, für Ihren Kunden ist sie einmalig. Erst wenn Ihr Kunde seine Story erzählt hat, erarbeiten Sie gemeinsam mit ihm eine Lösung und entwickeln daraus ein Angebot.

Aber nochmals Vorsicht: Nur weil Ihr Kunde Ihnen seine Geschichte erzählt, heißt es nicht sofort, dass er auch eine Lösung von Ihnen erwartet. Es kann durchaus sein, dass er einfach sehr extrovertiert ist und sich gerne reden hört. Wenn Sie unsicher sind, was Ihre Aufgabe in dem Verkaufsgespräch ist, fragen Sie Ihren Kunden bitte, was er von Ihnen erwartet:

„Herzlichen Dank für die ausführliche und spannende Geschichte. Wie kann ich Ihnen nun helfen? Was kann ich für Sie tun?“ Ihr Kunde wird Ihnen nun erzählen, was er von Ihnen erwartet und das kann – muss aber nicht unbedingt – ein Angebot sein.

Fragen zur Zukunft

Fragen sind Zeitmaschinen, die uns Menschen in die Vergangenheit oder Zukunft versetzen. Aus diesem Grund sollten Sie abschließend eine Frage stellen, die Ihren Kunden in die Zukunft versetzt. Fragen Sie Ihren Kunden, wie sein Leben aussehen wird, wenn er Ihr Produkt/Ihre Dienstleistung erfolgreich einsetzt. Setzen Sie dabei bewusst auf die Technik der Imagination (Vorstellung).

Fragen zur zukünftigen Situation können wie folgt aussehen:

- *„Was ändert sich in Zukunft, wenn Sie unser Produkt/Dienstleistung einsetzen oder seit einiger Zeit besäßen?“*
- *„Was werden Sie als Erstes tun, wenn Sie wieder zu Hause sind?“*
- *„Wie werden Ihre Mitarbeiter/Familien/Freunde reagieren, wenn Sie dieses Problem gelöst haben (zum Beispiel wieder gesund sind).“*
- *„Was werden Sie mit der neugewonnenen Freizeit machen?“*

Lösung des Rätsels

Peter und Petra sind zwei Fische. Ihr Aquarium ist zerbrochen, das Glas liegt auf dem Boden und das Wasser ist überall verteilt.

10.4.3 Ihr Werkzeugkoffer der wichtigsten Fragearten

Um die Analysephase erfolgreich zu gestalten, sollten Sie als Vertriebsmitarbeiter Ihren Werkzeugkoffer mit den verschiedenen Fragetechniken kennen und situativ einsetzen. In diesem Abschnitt nenne ich Ihnen viele Fragetechniken, die Sie nach Bedarf im Verkaufsgespräch einsetzen können. Diese Fragearten finden Sie wieder beim bekannten Vertriebstrainer Marc M. Galal (Galal 2010). Wir fangen mit den bekanntesten Frageformen an, der geschlossenen und der offenen Frage.

Geschlossene Fragen
Auf geschlossene Fragen kann Ihr Kunde nur mit JA oder NEIN antworten. Dieser Fragetyp wird genutzt, um Ihren Kunden in eine bestimmte Richtung zu lenken und schnell bestimmte Informationen zu erhalten.

- Möchten Sie es sofort mitnehmen?
- Möchten Sie, dass wir es am ersten Wochenende nächsten Monat liefern?
- Wollen Sie es sofort einsetzen?
- Geschlossene Fragen haben den Vorteil, dass Sie damit schnell Zahlen, Daten und Fakten abfragen können. Daher sind sie für die Informationsphase sehr effektiv.

Offene Fragen
Eine offene Frage ist eine Informationsfrage, in dem man dem Antwortenden die Möglichkeit einräumt, frei zu antworten. Sie dienen dazu, so viele Informationen wie möglich von Ihrem Kunden heraus zu bekommen.

Typische offene Fragen sind:

- Was erwarten Sie von …
- Warum interessieren Sie sich für …
- Wie kommt es dazu, dass …
- Wie oft haben Sie schon …

Ja-Rhythmusfragen oder Ja-Straße
Hier setzen Sie eine Reihe an geschlossenen Fragen, die von Ihrem Kunden nur positiv beantwortet werden können. Das Ziel der Ja-Rhythmusfragen ist es, durch gezielte Ja-Antworten eine positive Stimmung zu erzeugen.

- Ist das Autofahren nicht richtig teuer geworden?
- Sind Sie auch der Meinung, dass Autoreparaturen heute sehr viel Geld kosten?
- Ist es richtig, dass ein neues Auto viele Jahre Sicherheit und Garantie bietet?
- Finden Sie nicht auch, dass es wichtig ist, wenn man im Winter im Dunkeln unterwegs ist, dass das Auto mit Sicherheit anspringt?
- Ist es nicht so, dass die Kosten für eine Autoreparatur oftmals den wirtschaftlichen Wert übersteigen?
- Also ist ein neues Auto eine wirtschaftlich richtige Entscheidung. Und zufällig hat der Verkäufer ein passendes Angebot für Sie parat.

Ja-Rhythmusfragen sind wie selbstverständlich aufeinander folgende Suggestiv-Fragen. Diese sollen den Kunden dazu bewegen, einen Abschluss zu tätigen.

Leider wurde diese Verkaufstechnik der Ja-Straße in den 90ern von einigen Verkäufergruppen, wie dem Versicherungswesen sehr intensiv eingesetzt. Daher ist die Ja-Straße in den letzten Jahren in Verruf geraten. Aber diese Technik wirkt heute immer noch sehr effektiv und bietet die Möglichkeit, schnell ein gutes Verhältnis zu Ihrem Gesprächspartner aufzubauen. Von daher setzen Sie diese Technik souverän und mit Bedacht ein, dann macht Sie ihnen viel Freude im Verkauf.

Direkte Fragen

Direkte Fragen sprechen den Punkt, welcher den Kunden noch zögern lässt, direkt an. Diese Fragen sind wie ein direkter Angriff auf den Kunden. Wenn Sie direkte Fragen zu früh einsetzen, kann es sein, dass Sie die Gefühle und Empfindungen von Ihrem Kommunikationspartner verletzen. Überprüfen Sie daher bitte, ob Sie wirklich alle offenen Punkte geklärt haben, bevor Sie direkte Fragen einsetzen.

Beispiele sind:

- Ist es nur noch der Preis, der Sie von einem Kauf abhält?
- Wollen Sie das Auto für sich selbst nutzen?
- Haben Sie an die Folgen gedacht?
- Sind es die Bedingungen, die Sie noch zögern lassen?
- Ist Ihnen die monatliche Rate zu hoch?

Backtracking-Fragen

Backtracking-Fragen sind Bestandteil der Kommunikationstechnik Paraphrasieren (s. Abschn. 6.2.2). Unter Paraphrasieren oder technisches Zuhören versteht man das Wiederholen des Gesagten mit eigenen Worten, um tiefer in das Gesagte einzusteigen. Sie zeigen damit, dass Sie das Gehörte verstanden haben. Wichtig ist, dass Sie die gleichen Worte und Sprachmelodie Ihres Gesprächspartners benutzen.

- Habe ich Sie da richtig verstanden, dass …
- Meinen Sie damit, dass …
- Verstehe ich Sie richtig, wenn ich …

Kontrollfragen oder offene Meinungsfragen

Kontrollfragen setzen Sie ein, um Ihren Weg und Ihre Richtung zu überprüfen. Die Antworten auf diese Fragen zeigen Ihnen, wo Ihr Kunde geradesteht und ob er Ihrer Meinung folgt. Die offene Meinungsfrage öffnet den Geist Ihres Kunden und lässt ihn über die von Ihnen gebrachten Argumente nachdenken. Völlig automatisch klassifiziert er Ihre Argumente in wichtig und unwichtig und erklärt ihnen danach, welche Kaufkriterien für ihn als Kunden wichtig sind.

Das tolle an diesen Fragen ist, dass Sie nach der Meinung Ihrer Kunden fragen, nicht nach einer Entscheidung.

- Wie wirkt das auf Sie?
- Wie interessant ist das für Sie?
- Wie finden Sie das?
- Was meinen Sie dazu?
- Was sagt Ihnen Ihr Gefühl?
- Was davon kommt für Sie infrage?
- Wie gefällt es Ihnen bisher?
- Was denken Sie?
- Wie finden Sie das?
- Wie sehen Sie das?
- Wie schaut es für Sie aus?
- Was halten Sie davon?
- Und?

Setzen Sie die Kontrollfragen immer wieder kurz im Verkaufsgespräch ein, um die Richtung zu überprüfen. So erkennen Sie schnell, ob Sie auf dem richtigen Weg sind und seine Anforderungen verstehen.

Nach den Meinungsfragen ist es wichtig, mindestens eine Minute lang NICHTS zu sagen und zu schweigen. Ihr Gesprächspartner benötigt nun Zeit, die Informationen auf sich wirken zu lassen und sich selbst darüber klar zu werden, wie er über die neuen Informationen denkt. Ein Vertriebskollege stellt immer die Meinungsfrage und gießt sich dann ganz langsam ein Glas Wasser ein, um so dem Kunden Zeit zu geben, ohne dass unangenehme Stille aufkommt.

Kontroll- und Meinungsfragen sind gut geeignet, um Kaufsignale zu erzeugen (s. Abschn. 10.7.1).

Bestätigungsfragen

Bestätigungsfragen sind Endungen, wodurch Sie Widerstände verringern können oder etwas Zusätzliches suggerieren. Diese Art von Bestätigungsfragen finden Sie in vielen Dialekten (ne, woll, gell) und damit in der Umgangssprache. Also vorsichtig einsetzen. Das stimmt doch, oder etwa nicht?

- …, oder nicht?
- …, nicht wahr?
- …, finden Sie nicht auch?

Bumerang-Fragen

Manchmal werden wir im Vertrieb mit konfusen Aussagen konfrontiert, bei denen wir denken: „Wo ist jetzt die versteckte Kamera?“ Aussagen, die so gar nicht unserem Weltbild entsprechen. Dann ist es wichtig, dass Sie die Welt des Kunden besser verstehen lernen.

Mit der Bumerang-Frage werfen Sie die Aussage wieder an den Kunden zurück, sodass er seine Aussage noch einmal überdenken kann. Sie zeigen ihm dadurch, wie seine Aussage bei Ihnen ankommt. Vielleicht ändert er dadurch noch einmal seine Meinung.

- Sind Sie wirklich der Meinung, dass …
- Wie kommen Sie zur Ansicht, dass …
- Finden Sie wirklich, dass …

Zurückstellungsfragen

Diese Fragen bieten Ihnen mehrere Möglichkeiten: Entweder Sie gewinnen Zeit, um über die Frage noch einmal nachzudenken, oder Sie sortieren Ihre Reihenfolge und stellen diese Fragen weiter zurück. Vielleicht haben Sie später mehr Zeit, die Frage zu beantworten. Oft erledigt sich die Frage auch von selbst.

- Danke für diese sehr gute Frage. Darf ich die am Ende meines Vortrags beantworten?
- Wäre es Ihnen recht, wenn ich diese Frage zu einem späteren Zeitpunkt beantworte?
- Sehr gute Frage. Ich schreibe die Frage auf und beantworte diese später.

Gegenfragen

Gegenfragen spielen den Ball zurück und geben Ihnen die Möglichkeiten, das Weltmodell Ihres Gesprächspartners zu erforschen. Sie gewinnen so Zeit und mehr Informationen über Ihren Kunden.

- Wie teuer ist das Produkt? – Was denken Sie denn, was so ein Produkt kostet?
- Wie schnell können Sie denn liefern? – Wann benötigen Sie denn das Produkt?
- Dieses Argument ist für uns nicht wichtig. – Welche Gründe sind Ihnen wichtig?
- Das überzeugt uns nicht. – Welcher Beweis würde Sie denn überzeugen?

Alternativfragen

Alternativfragen gehören schon zu den Abschlusstechniken. Sie sind nun im Verkaufsprozess so weit gekommen, bitte fragen Sie Ihren Kunden nun nicht mehr, „ob“ er noch kaufen möchte, sondern nur noch „was“ er kaufen möchte! Damit das Gehirn Ihres Kunden nun etwas zu entscheiden hat, geben Sie ihm zwei Alternativen vor. Damit führen Sie ihn in eine von Ihnen gewünschte Richtung.

- Möchten Sie a oder b?
- Sollen wir heute oder morgen liefern?
- Möchten Sie eine kleine oder große Portion?

Und hier eine die berühmteste Alternativ-Frage in Deutschland:

Hier essen oder mitnehmen? McDonalds fragt dies bei jedem Einkauf. Dahinter steckt die unterschiedliche Versteuerung von Gastronomiewaren, je nachdem, ob man die Speisen in der Gaststätte vor Ort isst (19 % Umsatzsteuer) oder mit nach Hause nimmt (7 % Umsatzsteuer) (Oswald 2010).

Dirk Kreuter weist in seinem Buch darauf hin, dass Sie als Verkäufer das Verkaufsgespräch nie mit einer offenen oder geschlossenen Frage schließen sollten, sondern mit einer Alternativfrage (Kreuter 2012, S. 105). So entscheidet sich Ihr Kunden zwischen den von Ihnen gewählten Alternativen, und entkommt Ihnen nur noch sehr schwer.

Multiple-Choice-Fragen

Wenn Ihr Kunde zu den schweigsamen Menschen gehört oder wenn Sie schnell einige faktische Informationen abfragen wollen, sollten Sie Multiple-Choice-Fragen stellen. Sie kennen diese aus Quizsendungen, wo Ihr Wissen abgefragt wird. Sie wollen aber kein Wissen, sondern eine Einstellung oder Meinung erfragen. Von daher sollten Sie die möglichen Antworten klar und deutlich kommunizieren:

- Möchten Sie den Wagen in rot, weiß oder schwarz?
- Tragen Sie normalerweise Größe 48, 50 oder 52?
- Welches Reiseziel ist Ihnen näher? Türkei, Spanien oder Tunesien? Oder möchten Sie ganz woanders hin?

Suggestivfragen

Suggestivfragen sind Fragen, in denen Sie eine Hypothese aufstellen und Ihren Kunden bitten, Ihnen diese zu bestätigen. Dadurch sind Sie in der Lage, Ihren Gesprächspartner zu steuern. Die Suggestivfragen sind Grundlage der Ja-Rhythmusfragen oder der Ja-Straße. Die Gefahr bei Suggestivfragen ist, dass Ihr Gesprächspartner herausbekommt, dass Sie ihn gerade in eine Richtung manipulieren wollen. Dann könnte ein anderer psychologischer Effekt eintreten: Das

Reaktanzverhalten. Unter psychologischer Reaktanz versteht man eine komplexe Abwehrreaktion, die als Widerstand gegen äußere oder innere Einschränkungen aufgefasst werden kann. Der Gesprächspartner wehrt sich gegen die Manipulation und Ihr Gesprächsverlauf ist stark gestört. Nun hilft nur noch eine Meinungsfrage, um langsam wieder Vertrauen aufzubauen.

- Sind Sie auch der Meinung, dass …?
- Sie stimmen mir doch sicher zu, dass …?
- Zeigt Ihnen nicht auch Ihre Erfahrung als Experte, dass …?
- Wie gefällt Ihnen das?
- Das klingt wie Musik in Ihren Ohren, oder?
- Welche großen Vorteile sehen Sie für sich dadurch?
- Toll oder toll?
- Können Sie ohne überhaupt noch leben?

Beschleunigungsfragen
Beschleunigungsfragen überspringen einige Hürden und versetzen unseren Gesprächspartner in die Zukunft. Durch diesen Fragetyp können Sie den Abschluss beschleunigen und Sie überprüfen, ob ihr Interessent überhaupt bereit ist, zu kaufen. Daher gehören Beschleunigungsfragen zu den sogenannten Vorabschlussfragen.

- Wenn wir diesen Punkt zu Ihrer Zufriedenheit lösen, wann würden Sie dann entscheiden?
- Unter der Voraussetzung, dass wir … würden Sie dann heute noch kaufen?
- Wenn wir diesen Punkt zu Ihrer Zufriedenheit klären, wie geht der Entscheidungsprozess dann in Ihrem Unternehmen weiter?

Welt-Fragen
Die Welt-Fragen oder Insel-Fragen kommen aus dem NLP. Im NLP gehen wir davon aus, dass jeder Mensch in seiner eigenen Welt lebt. Er hat andere Erfahrungen, Erlebnisse, Bedingungen und Ziele zu erfüllen. Von daher sieht jede Insel anders aus. Sie kommen quasi als „Besucher“ in die Welt Ihrer Kunden und erfragen seine Wertevorstellungen.

Welt-Fragen definieren aber auch Füllwörter. Dies ist besonders wichtig, um eine gemeinsame Definition der Begriffe zu finden. Ein Füllwort wie „Auto“ interpretiert jeder von uns anders. Die einen denken an einen Sportwagen, andere an einen Kleinwagen, an einen SUV, offen oder geschlossen, schnell oder geräumig. Erst wenn dies definiert ist, können wir als Verkäufer den Wunsch unseres Kunden nach einem Angebot erfüllen.

- Was verstehen Sie genau darunter?
- Was meine Sie mit …?
- Was bedeutet das für Sie …
- Welche Bedeutung hat das für Sie?

Eingebettete Fragen
Auch diese Fragen kommen aus dem NLP. Wenn Sie in der Analysephase viele Fragen gestellt haben, um die Situation Ihres Kunden und sein Problem zu verstehen, dann könnte es sein, dass sich Ihr Gesprächspartner wie in einem Verhör fühlt. Jetzt können Sie zum Auflockern eine eingebettete Frage stellen, um die Gedanken Ihres Kunden wieder zu aktivieren.

- Ich stelle mir die Frage, welchen Vorteil Sie durch unsere Lösung erzielen.
- Ich frage mich, wie wir sicherstellen können, dass unser Produkt wirklich Ihre Anforderungen erfüllt.
- Ich habe mich gefragt, wie wir Ihnen die Sicherheit geben können, dass unsere Lösung zu Ihnen passt.

Zirkuläre Fragen
Diese Fragen kommen aus der systemischen Therapie. Wenn Ihr Kunde sich nicht entscheiden kann, ist es vielleicht sinnvoll, einmal den Blickwinkel zu wechseln. Sie bitten Ihren Kunden, sich in eine andere Person zu versetzen. Idealerweise in jemanden, der von der Einführung Ihres Produktes oder Ihrer Lösung betroffen ist. Nun soll er das Problem einmal aus diesem Blickwinkel betrachten. Dabei kommen interessante Perspektivwechsel heraus.

- Was würde Ihr Steuerberater wohl zu Ihrer Entscheidung sagen?
- Was würde ihre Frau/Familie wohl zu Ihrem neuen Auto sagen?
- Wie würde der Fernseher wohl bei Ihren Freunden und Kollegen ankommen?
- Wie würde Ihr Mann das Problem angehen?

Skalierungsfragen
Genauso wie die zirkulären Fragen helfen die Skalierungsfragen einem Kunden, eine Antwort zu finden. Wenn Ihr Kunde sich nicht entscheiden kann, können Sie ihm helfen, indem Sie ihm eine einfache Aufgabe geben: Er soll das Problem oder

die Lösung einfach auf einer Skala einmal klassifizieren. Dadurch muss sich der Kunde mit sich, dem Problem und seiner Einstellung zur Lösung auseinandersetzen. Stellen Sie die Frage zwischendurch einfach einmal, um das Gespräch zu lockern oder wenn Ihr Kunde den Vorwand tätigt: *„Ich muss es mir noch überlegen."* Durch diese Fragen erkennen Sie, wo Sie gerade im Vertriebsprozess stehen.

- Auf einer Skala von eins für sehr gut bis fünf für unpraktisch, wo würden Sie unsere Lösung derzeit einsortieren?
- Wie viel Prozent Ihrer Anforderungen würde die vorgestellte Lösung wohl bei Ihnen abdecken? 0 % für gar nicht und 100 % für voll und ganz.
- Auf einer Skala von eins für gar nicht bis zehn für voll und ganz: Wie würden Sie unseren Vortrag weiterempfehlen?

Prozessfragen

Prozessfragen sind sehr wichtig, um den Entscheidungs- und Einkaufsprozess bei Ihrem Kunden oder in seinem Unternehmen zu verstehen. Gerade, wenn mehrere Mitglieder (ein sogenanntes Buying-Center) an der Entscheidung beteiligt sind. Sie erhalten durch Prozessfragen sehr gute Informationen, welche Stufen und Phasen Sie noch durchlaufen müssen, um zum erhofften Verkauf zu kommen.

- Wie sind Ihre unternehmerischen Entscheidungsprozesse, wenn Sie diese Software-Lösung in Ihrem Unternehmen installieren möchten?
- Was sind die nächsten Schritte, damit Sie eine Entscheidung treffen können?
- Wie gehen Sie vor, wenn Sie eine Entscheidung in der Form treffen möchten? Lesen Sie Testberichte, möchten Sie eine Probefahrt machen oder verlassen Sie sich auf Ihr Gefühl?

Diesen Fragetyp können Sie auch für einen Testabschluss einsetzen. Mit dem Testabschluss stellen Sie schnell fest, wo Sie im vertrieblichen Prozess stehen und vor allem, wie der Entscheidungsprozess bei Ihrem Kunden aussieht:

- Wenn wir die von Ihnen genannten Anforderungen erfüllen, wie sehen dann die weiteren Schritte in Ihrem Verkaufsprozess aus?

Sie erfahren, ob Ihr Kunde selbst kaufen kann, ob es ein Entscheidungsgremium gibt oder ob er erst seinen Vorgesetzten fragen muss, ob das Budget genehmigt wird. Für Ihren Forecast eine sehr wichtige Information.

Werte-Fragen

Wir erklären an einer anderen Stelle, warum Sie keine Warum-, Wieso- und Weshalb-Fragen stellen sollen, denn diese Fragen versetzen unseren Gesprächspartner in eine Rechtfertigungssituation. Viele von Ihnen kennen dies aus der Erziehung oder Schule: Warum hast du deine Hausaufgaben nicht gemacht? Warum kommst du zu spät? Wieso ist dein Zimmer nicht aufgeräumt?

Aber wenn wir diese Frage mit einer Wertefrage kombinieren, in denen Ihr Kunde Ihnen erklärt, warum ihm Ihr Produkt so wichtig ist, können Sie seine Wertewelt und Struktur erfragen.

- Lieber Kunde, worauf legen Sie besonderen Wert?
- Was ist Ihr Beweggrund für diese Entscheidung?
- Haben Sie das schon einmal erlebt? (Welche Geschichte verbirgt sich hinter seinen Aussagen?)

Diese Fragen können Sie auch hervorragend in der Einwandbehandlung einsetzen. Denn oftmals verbergen sich hinter den Einwänden Ihres Kunden eigene Erfahrungen oder eine Geschichte.

Fragen, die Sie vermeiden sollten

Es gibt aber auch Fragen, die Sie vermeiden sollten. Drei W-Fragen sind weniger gut:

1. Wieso?
2. Weshalb?
3. Warum?

Grund: Der Kunde kommt in eine Verteidigungshaltung und fühlt sich unter Druck gesetzt.

Sie: *„Schatz, warum ist der Müll immer noch nicht runtergebracht worden?“*

Er: *„Äh, ... weil ...“*

Setzen Sie diese Fragearten mit Vorsicht und Bedacht ein. Wenn Sie diese Fragearten in der Analysephase einsetzen möchten, dann erklären Sie Ihrem Gesprächspartner, dass Sie echtes Interesse an den Hintergründen seiner Entscheidung haben. Sie können zum Beispiel fragen: *„Lieber Kunde, ich möchte verstehen, warum man in Ihrem Unternehmen glaubt, dass automatisierte Prozesse keinen Vorteil in der Produktion bringen? Welche Erfahrungen haben Sie damit gemacht?“*

10.4.4 Die Master-Frage

In der Analysephase suchen Sie den Grund, warum Ihr Kunde bei Ihnen kaufen könnte. Die Fragen, die Sie sich stellen, ist die: Wofür ist Ihr Kunde bereit, viel Geld auszugeben? Was brennt ihm so sehr, dass er dafür sofort bei Ihnen kauft?

Ich nenne sie die Eine-Million-Dollar-Frage. Wofür ist der Kunde bereit, Ihnen eine Million Dollar zu überweisen? Welches Problem müssen Sie dafür für ihn lösen?

Andere Buchautoren bezeichnen diese Frage auch als Kittelbrennfaktor (KBF) oder Pain-Point (Schmerzpunkt). Eines haben diese Erklärungen gemeinsam: Der Kunde hat ein wirkliches Problem und wenn Sie dieses Problem des Kunden lösen, ist er bereit, Ihnen (viel) Geld zu überweisen.

1962 entzündet sich eine Gasquelle in der algerischen Sahara und brennt sechs Monate lang bis zu 250 m hohe Flamme. In der Weltpresse nennt man sie „des Teufels Feuerzeug".

Der texanische Feuerwehrmann Paul Neal Adair, wegen seiner roten Haare Red-Adair genannt, kalkuliert mehrere Monate für die Löschung: Dann zündet er mit seinem Team 340 kg Nitroglyzerin. Der Brand ist gelöscht, Adair muss nur noch die Auslassöffnung verschließen.

Nach sechs Monaten ist es so weit. Adair wird weltweit gefeiert. Hollywood verfilmt 1968 sein Leben mit John Wayne in der Hauptrolle. In den USA läuft der Film unter dem Titel „Hellfighters". In Deutschland kommt er unter dem Titel „Die Unerschrockenen" ins Kino. Wie viel Geld er verdient hat, ist unbekannt. Man geht von mehreren Millionen Dollar aus (Heidenreich 2017).

Suchen Sie daher den Punkt, der Ihrem Kunden am meisten brennt (auch ohne echtem Feuer), dann werden Sie (mehr) verkaufen.

10.5 Angebotsphase

Frank hatte nun genug Informationen über den Interessenten gesammelt. Der Kunde erwartete nun ein Angebot von ihm. Das Angebot würde nun entscheiden, ob Frank danach mit dem Kunden ins Geschäft kam oder ob alle Mühe umsonst war. Es musste das perfekte Angebot werden. Aber wie sah das perfekte Angebot eigentlich aus? Gibt es überhaupt ein perfektes Angebot?

Die Abgabe des Angebotes signalisiert den Höhepunkt in unserem fünfteiligen Verkaufsprozess. Ein Angebot ist die Abgabe eines Leistungsversprechens zu einer monetären Bewertung – dem Preis.

Beschäftigte sich der Kunde in den Phasen davor damit, WARUM er kaufen soll, wird er nach der Abgabe des Angebotes sich die Frage stellen, warum er NICHT kaufen soll. Zu diesem Zeitpunkt ist die emotionale Anspannung für beide Seiten – Käufer und Verkäufer – am höchsten.

Der Käufer zeigt Interesse an dem Produkt oder der Lösung und fermentiert mit der Nachfrage nach dem Angebot sein Kaufinteresse. Er erfährt nun, wie viel er investieren muss, um sein Problem zu lösen, das Produkt zu erwerben oder die Dienstleistung in Anspruch zu nehmen. Beachten Sie aber bitte immer, dass Ihr Kunde nicht nur Geld investiert, sondern auch Know-how, Ansehen und vor allem Lebenszeit.

Für den Verkäufer ist die Abgabe des Angebots der Höhepunkt des Vertriebsprozesses. Hier entscheidet sich, ob der Verkaufsprozess in die entscheidende Abschlussphase geht, oder ob er vorzeitig beendet ist. Bei einem unpassenden oder falschen Angebot könnte der Verkaufsprozess ins Stocken geraten oder sogar zum Erliegen kommen. Von daher ist es nun entscheidend, dass Ihr Angebot zum Kunden, zu seinen Anforderungen und zu seiner firmeninternen Situation passt.

Ein Angebot umfasst das Leistungsversprechen des Herstellers gegenüber dem Kunden. Und damit erfüllt es mehrere Aufgaben:

1. Zuerst ist das Angebot ein Informationsinstrument. Es informiert den Kunden über die erwartete Leistungserbringung. Dazu gehören Produkte, Beratungsleistungen, Serviceleistungen, Garantien sowie deren Preise und Konditionen.
2. Auf der anderen Seite ist ein Angebot ein Marketing- und Verkaufsinstrument. Der Kunde muss von den Vorteilen der Leistung überzeugt werden. Er hat noch nicht bestellt und kann den Verkaufsprozess noch jederzeit abbrechen. Ein Angebot muss den Kunden überzeugen, mit dem Hersteller ein Vertragsverhältnis einzugehen.
3. Zuletzt ist ein Vertrag auch immer ein juristisches Dokument, welches bei Beauftragung die Rechte und Pflichten von Käufer und Verkäufer regelt und vor Gericht als Beweis dient. Daher müssen alle wichtigen Konditionen, Pflichten und Rechte des Käufers und Verkäufers, sowie die Allgemeinen Geschäftsbedingungen dokumentiert werden.

Ganz schön viel für ein einfaches Dokument, was viele Verkäufer „mal eben schnell“ erstellen.

10.5.1 Die psychologische Funktion des Angebotes im Verkaufsprozess

Nach der Angebotsabgabe schwächt die emotionale Begeisterung aufseiten Ihres Kunden wieder ab. Für uns Verkäufer ist dies ein schwieriger Prozess, vor allem, wenn zwischen Abgabe des Angebotes und Beauftragung durch den Kunden mehrere Wochen oder sogar Monate vergehen.

Leider wird diese Phase immer noch von vielen Vertriebsmitarbeitern, auch von vielen Vertriebsleitern stiefmütterlich behandelt. Dabei kann mit der richtigen Angebotsstrategie der Umsatz

- fixiert werden,
- vergrößert werden,
- Zusatzprodukte verkauft werden (Up- und Cross-Selling).

Darüber hinaus ist das Angebot der Schlüssel für den gesamten weiteren Produktionsprozess. Vom richtigen, fehlerfreien Angebot geht die weitere Wertschöpfung, die weitere Sales-Supply-Chain, aus. Machen Sie im Angebot Fehler, wirkt sich das auf die Produktion, den Service, die Logistik, die Montage, ja bis zur Rechnungsstellung aus. Ein richtiges und professionelles Angebot bietet daher mehr, als nur die einfache Auflistung Ihrer Leistungen.

Haben Sie in der Analysephase die richtigen Fragen gestellt, kennen Sie den Bedarf und die Aufgabe, die Ihr Angebot beim Kunden lösen soll. In diesem Kapitel beschäftigen wir uns daher mit der Gestaltung, dem Inhalt und der verkäuferischen Überbringung von Angeboten. Doch wie sieht denn nun ein optimales Angebot aus?

10.5.2 Die richtigen Informationen zur richtigen Zeit

Bedenken Sie bitte, dass Käufer nur begrenzt aufnahmefähig sind. Dies gilt für die aufzunehmenden Informationen in der Angebotsphase, in der Anzahl der zu bewertenden Angebote und in den Informationen im Angebot selbst. Leider überfordern sich manche Interessenten selbst, in dem sie viel zu viele Alternativen in ihre Auswahl aufnehmen. Ihre Aufgabe als Verkäufer ist es, den Kunden durch die richtige Informationsauswahl durch den Verkaufsprozess zu leiten.

Im Konsumentenverhalten spricht man vom sogenannten „evoked set“. Darunter versteht man „eine begrenzte Zahl akzeptierter Produktalternativen innerhalb einer Produktkategorie, über die der Konsument ein klar profiliertes Meinungsbild besitzt und die bei einer anstehenden Kaufentscheidung berücksichtigt werden.“ Übersetzt heißt das, dass Sie zum Beispiel Milch kaufen wollen und sich zwischen drei Herstellern entscheiden müssen: Milch vom Bauer, vom Markenhersteller oder vom Discounter (Wübbenhorst und Esch 2017).

Das „evoked set“ ist ein sehr theoretischer Begriff. In meiner täglichen Vertriebsarbeit habe ich den Begriff „Short-List“ (engl. für kurze Liste) öfter gehört. Short-List bezeichnet einfach ausgedrückt die Top-Anbieter einer „Long-List“

(engl. lange Liste), die eingeladen werden, ihre Lösung vorzustellen oder ein Angebot abzugeben.

Wenn Kunden eine Entscheidung treffen sollen, hat sich eine Auswahl aus drei Alternativen als optimale Größe herausgestellt. Maximal können wir Menschen sieben bis acht Alternativen analysieren. Ich selbst habe es aber schon erlebt, dass Interessenten sich 20 (in Worten: ZWANZIG!!!) Anbieter angeschaut haben. Stellen Sie sich einmal vor, Sie müssten 20 verschiedene Essen bewerten. Nach dem wievielten Gang wüssten Sie gar nicht mehr, wie der erste geschmeckt hat? Ab wann ist Ihnen endgültig übel?

Darum ist es sinnvoll, eine Vorauswahl zu treffen und den Kreis der Anbieter auf wenige zu beschränken.

Für Sie als Verkäufer bedeutet dies: Sie müssen konsistent über alle Phasen des Angebotsprozesses Ihrem Interessenten die Informationen geben, die für ihn wichtig sind, damit Sie von Beginn bis Ende des Verkaufsprozesses auf der „Short List" bleiben. Dazu gehören Produktnutzen, Kundennutzen und die richtigen Informationen über den weiteren Angebotsprozess.

10.5.3 Ein Angebot, mehrere Bezeichnungen

Angebote können verschiedene Bezeichnungen tragen. Interessanterweise öffnen diese Bezeichnungen im Kopf Ihrer Kunden jeweils eine andere „Schublade" und werden anders eingeordnet. Eine Preisinformation klingt unverfänglicher als eine Auftragsbestätigung. Von einem Sonderangebot erwarten wir immer einen Top-Preis und meist eine zeitliche Befristung. Ist dies nicht der Fall, sind wir als Kunde enttäuscht.

Als Top-Verkäufer sollten Sie dieses Schubladendenken Ihres Kunden ausnutzen und mit den Bezeichnungen spielen. Damit führen Sie Ihren Kunden leichter durch den Verkaufsprozess.

Preisinformation

Die Preisinformation ist die erste Stufe der Angebotserstellung. Der Bedarf ist noch wenig konkret, es ist im frühen Stadium des Verkaufsprozesses, der Kunde möchte erst einmal ungefähr wissen, mit welchem Aufwand und Investition er rechnen muss. Viele kennen die Preisinformation auch als Kostenvoranschlag.

Trotz dieser frühen Phase sollten Sie erste Informationen über die Anforderungen Ihres Kunden eingeholt haben. Was wird benötigt? In welcher Ausprägung? Für welchen Zweck? Mit welchen Leistungen?

Die Preisinformation können wir auch zu Werbezwecken einsetzen. Wir präsentieren damit unser Angebot, unsere Leistung und unser Unternehmen. In dieser Phase dürfen wir den Interessenten überraschen, können Zugaben oder Give-aways hinzu packen, können ihn zu einem kostenlosen Test einladen oder Referenzen benennen. Seien Sie in dieser Phase kreativ und überraschen Sie ihren Kunden.

In dieser Situation geben Sie noch keinen Rabatt, Sie deuten diesen höchstens an. Wenn es passt, erleichtern Sie Ihren Kunden den Kauf durch typische zielgruppenspezifische Lösungen.

Angebot
Das Angebot bezeichnet die Phase nach der Preisinformation. Ab dieser Phase kann der Kunde bestellen. Es ist meist kürzer als die Preisinformation, geht konkret auf den Bedarf und den Nutzen Ihres Kunden ein, konzentriert sich auf die im nächsten Schritt zu bestellenden Leistungen.

Sie haben sich ausführlich mit der Situation des Kunden beschäftigt, haben den konkreten Bedarf Ihres Kunden gemeinsam mit ihm identifiziert, beide Seiten wissen, was Inhalt des Leistungsversprechens ist. Auf Basis dieser Information, die Sie sich zur Sicherheit noch einmal schriftlich von Ihrem Kunden bestätigen lassen, erstellen Sie ein individuelles Kundenangebot. Diese Individualität können Sie durch Angebotsnummern, Kundennummern, Auftragsnummern oder andere Symbole verdeutlichen. Sie können darauf schreiben: *„Nur für Herrn Müller von der Firma Meier, wie in unserem Gespräch vom … spezifiziert."*

Sie können einen ersten Rabatt einrechnen, eventuell auch zwei Alternativen anbieten, aus denen Ihr Kunde dann entscheiden kann. Das Angebot ist zeitlich begrenzt, und sollte je nach Branche und Situation nicht länger als drei Monaten gültig sein.

▶ Befristung: Befristen Sie immer Ihr Angebot, zum Beispiel bis zum voraussichtlichen Entscheidungstermin oder dem Ende eines Quartals oder Geschäftsjahres. Ihr Angebot sollte nie länger als zwölf Monate gültig sein. Dies hat mehrere Gründe: Zum einen können sich im Zeitverlauf die Konditionen verändern (Produktionsfaktoren, Preise, Kosten), sodass Ihre Kalkulation nicht mehr passt, zum anderen hat dies auch einen psychologischen Aspekt, da Ihr Kunde lernt, dass er sich zeitnah entscheiden muss.

Im Angebot können Sie ruhig schon mit den Rabattarten spielen. In meiner täglichen Arbeit erlebe ich es immer wieder, dass die Verkäufer viel zu wenig kreativ sind und sofort den typischen Barrabatt (Reduzierung des Kaufpreises um einen prozentualen Anteil) geben. Dabei gibt es so schöne Spielarten im Preis- und

Konditionenmix des Marketings, die Sie einsetzen oder miteinander kombinieren können:

- Waren- oder Naturalrabatt: Der Waren- oder Naturalrabatt bietet dem Anbieter den Vorteil, dass er vom Kunden den Gegenwert des vollen Rechnungsbetrags erhält (Wirtschaftslexikon24 o. J.a).
- Mengenrabatte (Abnahme einer größeren Liefer- bzw. Bestellmenge): Die Ersparnis an Fracht- und Lagerkosten leitet der Anbieter an den Abnehmer weiter (Wirtschaftslexikon24 o. J.b).
- Funktionsrabatte (auch Handelsrabatte genannt). Über diese Rabattart werden Leistungen (zum Beispiel akquisitorische Leistungen, Übernahme des Verkaufs- und Preisrisikos, Lagerhaltung) abgegolten (Wirtschaftslexikon24 o. J.c, d).
- Finanzierungsfunktionsrabatte: Hierzu gehören Skonto, Delkredere und Inkasso. Skonto ist ein Rabatt vom Angebotspreis, der bei Bezahlung des Rechnungsbetrags innerhalb eines kurzfristigen Zeitraums wirksam wird. Über Delkredere- und Inkassorabatte werden vom Handel übernommene Ausfallrisiken und zentral übernommene Regulierungsfunktionen (bei Handelsunternehmen mit Filialen führt zentrale Abwicklung des Zahlungsverkehrs zu Einsparungen beim Anbieter) abgegolten.
- Treuerabatte: Der Treuerabatt dient als Anreiz für einen Abnehmer, eine Ware nach Möglichkeit ausschließlich von einem Lieferanten zu beziehen.
- Kombinationsrabatt: Der Kombinationsrabatt kombiniert typische Produkte, die oft zusammen gekauft werden zu einem neuen Gesamtpaket. Der Kombinationsrabatt ist eine Abart des Mengenrabatts.
- Zeitrabatte: Zeitrabatte gelten für einen bestimmten Bestellzeitpunkt (-zeitraum) oder Abnahmezeitpunkt (-zeitraum). (Wenn Sie bis Uhrzeit bestellen, erhalten Sie kostenlos … dazu).
- Bonus: Einen Preisnachlass als Sonderform des Rabattes erhält der Abnehmer am Ende einer Bezugsperiode für alle bis dahin getätigten Einkäufe.

So gewähren Sie Nachlässe auf völlig verschiedene Arten. Einige Rabattarten binden Ihre Kunden stärker an Ihr Unternehmen (Naturalrabatt, Treuerabatt, Bonus, Kombinationsrabatt), andere sorgen dafür, dass Ihre Liquidität erhalten bleibt (Zeitrabatt, Finanzierungsfunktionsrabatte). Der weit verbreitete Barrabatt ist in dieser Auflistung eigentlich die schwächste und schlechteste Rabattart für Ihr Unternehmen, da Sie einfach nur weniger Geld für Ihre verkaufte Leistung erhalten, aber keine Steuerungsmöglichkeiten einsetzen.

Tim Taxis zeigt in seinem Buch „Die perfekte Preisverhandlung“ sehr gut auf, dass Barrabatt sofort die Marge (Deckungsbeitrag) und den Gewinn schrumpfen lässt. Im Ergebnis müssen Sie deutlich mehr Umsatz machen, um den verlorenen Deckungsbeitrag wieder zu erwirtschaften. Bei einem Produkt mit einer Marge von 15 % und einem Barrabatt von nur fünf Prozent benötigen Sie 50 % mehr Umsatz, um den Verlust wieder auszugleichen. Ist Ihre Marge nur fünf Prozent, sind fünf Prozent schon unmöglich, da Sie dann zum Einkaufspreis verkaufen.

Noch dramatischer ist es beim Gewinn: Wenn Sie ursprünglich mit fünf Prozent Gewinn kalkuliert haben, und fünf Prozent Nachlass geben, ist der gesamte Gewinn sofort aufgefressen (Taxis 2016, S. 46).

Sollte Ihr Interessent aber noch einmal nachverhandeln, kommen Sie in die letzte, entscheidende Phase: der Bestellung.

Bestellung

Die Bestellung oder Auftragsbestätigung sollte die letzte und damit kürzeste Befristung besitzen. Sie haben mit Ihrem Kunden die Konditionen und Modalitäten des Kaufs noch einmal verhandelt, nun sind alle Details geklärt, Sie haben Zugeständnisse gegeben, dafür hat Ihr Kunde eine Zusage über den Zeitpunkt der Bestellung gegeben. Jetzt fehlt nur noch die schriftliche Bestätigung der verhandelten Konditionen. In dieser Phase senden Sie Ihrem Kunden kein weiteres Angebot zu, sondern eine Bestellung. Dieser neue Titel macht mehrere Fakten deutlich:

- Es ist endverhandelt.
- Die Leistung liegt wie besprochen vor.
- Wir wollen starten, warten nur noch auf Ihre (schriftliche) Bestätigung.

Die Bestellung sollte zeitlich sehr kurz fixiert sein. Maximal bis Ende des Monats, am besten aber nur wenige Tage. So bauen Sie Druck auf den Kunden auf. Wenn bei mir endverhandelt wird, bitte ich den Kunden mir zu sagen, bis wann ich mit seiner Beauftragung rechnen kann. Dann wird die Bestellung genau bis zu diesem Datum und sogar Uhrzeit befristet. Nun ist Ihr Kunde in der Pflicht, zu liefern.

Sonderangebot

Eine besondere Spielart des Angebots ist das Sonderangebot. Auf diese Erscheinung treffen wir in unserem Kulturkreis in letzter Zeit leider viel zu oft. Letzten Dezember ging ich kurz vor Heilig Abend die letzten Weihnachtsgeschenke einkaufen. In allen Schaufenstern sah ich „SALE"-Plakate kleben. Die Sonderangebote waren schon vor Weihnachten in einem inflationären Ausmaß vorhanden. Damit macht man meiner Meinung nach diese tolle Spielart der Preisgestaltung kaputt.

Bei einem Sonderangebot wird ein Produkt für einen bestimmten Zeitraum zu einem niedrigeren Preis angeboten. Die Gründe dafür können vielfältig sein: Auslistung, Abverkauf, Restposten, Saisonverkauf, Sonderaktion, Neukundenaktion,

Bestandskundenaktion und vieles mehr. Sonderangebote können Kunden in Ihr Unternehmen locken, aus diesem Grund macht eine strategische Überlegung Sinn:

- Welches meiner Produkte/Leistungen brauchen viele meiner Kunden?
- Welches meiner Produkte/Dienstleistungen wird von unseren Kunden als „wertig“ angesehen.
- Was ist der im Markt günstigste Preis für das Produkt?
- Wie kann ich das Sonderangebot bewerben? Welche begleitenden Maßnahmen machen das Angebot bekannt?
- Bin ich in der Lage, das Produkt in ausreichender Menge zu liefern oder soll ich es künstlich verknappen (nur noch 100 Stück auf Lager, solange der Vorrat reicht)?
- Wie kann ich andere Produkte meines Sortiments mit dem Sonderangebot verbinden? (Cross-Selling oder Up-Selling)?

Bedenken Sie bitte auch: Durch ein Sonderangebot machen Sie aus einem Interessenten einen Kunden. Damit können Sie sofort die vertriebliche Ansprache anpassen.

Beispielstruktur eines Angebots

Viele Angebote kommen aus einem klassischen Warenwirtschaftsprogramm heraus. Diese sind praktisch (schnell und einfach zu erstellen), aber meist nicht schön anzusehen. Von der äußeren Form, so sagt der erfahrene Vertriebstrainer Ulrich Dietze in seinem Buch TQS, sind die Angebote eine „Katastrophe“ (Dietze und Mannigel 2014, S. 59).

Kunden finden in Tabellen und Absatzformen die technischen Beschreibungen und daneben die Preise. Meist sind diese Angebote praktisch für Angebotsinhalte nach dem Motto „Menge mal Preis“. Diese können Sie einsetzen, wenn es um einfache Angebote oder Nachbestellungen geht. Ansonsten sind diese Angebote mehr Pflicht als Kür.

Viele Trainingsteilnehmer fragen mich, wie denn nun ein ideales Angebot im B2B-Bereich aussieht. Wie gesagt ist diese Frage schwer zu beantworten, da dies situationsabhängig ist. Ich selbst habe aber einmal ein Angebot eines Beratungsunternehmens erhalten, das mich persönlich sehr beeindruckt hat. Diese Angebotsstruktur möchte ich Ihnen hier einmal exemplarisch aufzeigen:

1. Deckblatt mit Titel, Adressen, Logo des Kunden und Angebotsnummer
2. Editorial und Kontaktdaten

3. Inhaltsverzeichnis
4. Ausgangslage des Kunden
5. Zielsetzung des Projektes
6. Grafische Umsetzung der Zielerreichung
7. Lösungsvorschlag: Vorgehensweise und eventuelle Alternativen
8. Investitionsvolumen (nicht Kosten!)
9. Konditionen und Bedingungen
10. Anbietervorstellung
11. Kundenstimmen
12. Kundenerfolgsgeschichten
13. Nutzenargumentation
14. Zusätzliche Argumente für die Zusammenarbeit
15. Referenzen
16. Auftragsbestätigung
17. AGB
18. Abschluss

Sie können die meisten Inhalte des Angebots vorproduzieren und dann bei Bedarf einsetzen. In jedem Fall lernt Ihr Kunde Sie und Ihr Unternehmen durch das Angebot besser kennen. Ab einer gewissen Investitionssumme lohnt sich der Aufwand, denn dieses Angebot kommt professionell daher.

10.5.4 Umfang des Angebots

Wie lang oder kurz dürfen Angebote sein? Das heißt, wie viele Seiten sollte ein Angebot betragen? Dies hängt von mehreren Faktoren ab: Je früher Sie in der Angebotsphase sind, desto mehr Informationen benötigt Ihr Interessent, um sich ein Bild von der angebotenen Leistung und Ihnen als Anbieter zu machen. Je weiter fortgeschritten Sie in der Angebotsphase sind, desto konkreter wird der Bedarf und desto kürzer können Sie das Angebot gestalten.

Grundsätzlich gilt: Es gibt keine zu langen oder zu kurzen Angebote; Es gibt nur Passende und Unpassende. Wenn Ihnen jemand ein Auto schenkt und diese Schenkung verblümt auf vielen Seiten beschreibt, was für ein guter Mensch er ist, stören Sie sich auch nicht an dem großen Seitenumfang. Sie suchen schnell die Stelle, an der Sie unterschreiben müssen, um das ersehnte Produkt fahren zu können.

10.5.5 Die wichtigsten Preisstrategien

Zwei-Preis-Strategie
Einen zweiten Preis können Sie immer dann anbieten, wenn Ihr Kunde nach einem bestimmten Angebot fragt. Beispiel: Ihr Kunde fragt bei Ihnen eine bestimmte Maschine an, da er „glaubt", dass diese Maschine seine Aufgabe löst. Er hat sich schon informiert und ruft bei Ihnen an, um nun diese Maschine zu bestellen. Sie analysieren seine Situation und stellen fest, dass die Maschine seine Aufgabe zwar kurzfristig löst, er langfristig aber mit einer größeren Maschine effizienter arbeitet.

Nun bieten Sie ihm zwei Alternativen an.

1. Den Preis für das von ihm erfragte Produkt. Eventuell vervollkommnen Sie Ihr Angebot um wichtige Zusatzausstattungen, damit die Maschine auch sofort funktionsbereit ist. So erzählte mir ein Hersteller von Druckern, dass seine Kunden immer wieder die Druckerklappen vergessen. Mir selbst ist es schon passiert, dass ich eine Küche bei einem schwedischen Möbelhaus kalkulierte und die Griffe vergaß.
2. Nun stellen Sie diesem Angebot eine zweite Alternative gegenüber, die seine Anforderungen besser erfüllt. Dabei stellen Sie den Nutzen der zweiten, meist teureren Alternative, deutlich hervor. Sie beschreiben in der Sprache Ihres Kunden die Vorteile, den der Kunde durch die größere Maschine hat.

Nun passiert Folgendes: Wenn sich Ihr Kunde für eine Alternative entscheidet, haben Sie auf jeden Fall gewonnen:

- Entscheidet sich Ihr Kunde für Alternative A, gelten Sie als fairer und kompetenter Handelspartner, da Sie seine Anfrage zu einem Top-Preis kalkuliert haben.
- Entscheidet er sich für Alternative B, haben Sie ein Up-Selling durchgesetzt, einen noch zufriedeneren Kunden (weil die Maschine seine Anforderungen erfüllt) und genießen Vertrauen als Experte und Fachmann.

Egal für welches Angebot sich Ihr Kunde entscheidet, Sie sind immer der Gewinner, denn Sie haben einen neuen Auftrag. Interessanterweise entscheiden sich viele Kunden für die größere Variante und geben deutlich mehr Geld aus als vorher, weil Sie dem Expertenrat folgen.

Drei-Preis-Strategien
Es kommt aber auch oft vor, dass Sie von sich aus ein Angebot unterbreiten müssen, ohne zu wissen, was Ihr Kunden wirklich benötigt. Dies kann initiativ passieren, zum Beispiel in der Werbung, als Up- oder Cross-Selling-Variante oder als Affiliate (Empfehler). In diesem Fall setzen Sie die Drei-Preis-Strategie ein.

Diese Drei-Preis-Strategie finden Sie in vielen Branchen, in denen Produkte vorkonfiguriert werden. Wir Menschen tendieren immer in die Mitte. Man kennt dies aus der Mathematik, der Gaußschen Gleichverteilungskurve oder der Musik, wo die Pop-Musik als Mainstream bezeichnet wird. Die meisten Menschen wollen weder Haut Cuisine, noch Fastfood, sondern entscheiden sich meist für gute Hausmannskost.

So können Sie Ihrem Kunden bei einem Angebot drei Alternativen vorstellen, unter denen er dann selbst entscheiden kann:

1. **Der Einstiegspreis:** Hier bieten Sie Ihrem Kunden ein Basismodell an. Eine Minimalkonfiguration, mit der Ihr Kunde aber sofort starten kann. Das Angebot enthält wenig Zubehör, dafür ist der Einstiegspreis sehr niedrig.
2. **Der Optimalpreis:** Er ist die Ausstattung, die von den Kunden statistisch am häufigsten gewählt wird. Vielleicht ein stärkerer Motor, mehr Komfort oder Zubehör, ein besseres Aussehen sowie einen optimierten Service.
3. **Der Komplettpreis:** In dieser Alternative bieten Sie Ihrem Kunden eine Vollausstattung an. Man kann diesen Preis auch als Luxussegment oder Hochpreissegment bezeichnen. Denn an diesem Preis orientieren sich Ihre Kunden. In dieser Konfiguration integrieren Sie den stärksten Motor, die beste Ausstattung, den optimalen Service sowie eine umfangreiche Sonderausstattung.

Wie wird Ihr Kunde sich nun entscheiden? Ca. 20 % Ihrer Kunden entscheiden sich für den Einstiegspreis. Ihnen reichen die Grundfunktionen. Luxus und Komfort sind Ihnen nicht so wichtig. Weitere 20 % der Kunden werden sich für den Komplettpreis entscheiden. Sie wollen alles und noch viel mehr. Eine Komplettausstattung und viel Luxus sind für diese Zielgruppe wichtig. Die übrigen 60 % entscheiden sich für die goldene Mitte und nehmen die optimale Ausstattung, da diese aus ihrer Sicht die beste Kombination aus Preis und Leistung darstellt.

Lassen Sie einen Preis davon weg, kann es sein, dass Sie Kunden oder Umsatz verlieren. Wenn Sie den Einstiegspreis weglassen, kann ein Konkurrent günstiger anbieten. Ergebnis: Die preissensiblen Kunden kaufen bei Ihrem Wettbewerber. Lassen Sie den höchsten Preis weg, orientieren sich die Käufer der Mitte mehr nach unten als nach oben. Das bedeutet, Sie verlieren wichtigen Umsatz.

Referenzpreisstrategie
Bei der Referenzpreisstrategie nennen Sie Ihrem Kunden einen Preis, den er bei der Beurteilung Ihres Preises als Vergleichsmaßstab heranzieht. So können Sie Ihrem Kunden vorab einen „höheren" Wettbewerbspreis nennen. Damit sind Sie gefühlt günstig. Beispiel:

> Eine solche Maschine kostet bei dem großen Markenhersteller xy mehr als 1000 Euro. Dabei sind Support und Wartung noch nicht einmal eingeschlossen. Bei uns erhalten Sie die gleiche Maschine –inklusive Support und Wartung – für unter 600 Euro.

10.6 Wie Sie Kundeneinwände für den eigenen Vertrieb nutzen

Das Angebot war genannt. Frank war sich sicher, dass sein Angebot hervorragend dem Bedarf und Wunsch des Kunden entsprach. Umso überraschter war er über die Einwände, die ihn nun von Kundenseite erwarteten. Der Kunde überfiel ihn mit Fragen und Gründen, warum das Angebot anscheinend doch nicht die passende Lösung seines Problems war. Frank war frustriert und sah schon seine Auftragschancen dahinschwinden.

Herzlichen Glückwunsch, Sie haben nun ein Angebot beim Kunden platziert. Damit haben Sie den Höhepunkt im Verkaufsprozess erreicht. Sie verlassen nun die Vorverkaufsphase und begeben sich in die Argumentationsphase: Ihre gesamte Haltung und Kommunikation zwischen Ihnen und Ihrem Interessenten ändert sich ab jetzt.

Bis zur Angebotsphase war Ihr Kunde der Lieferant und Sie der Empfänger. Ihr Kunde lieferte Informationen und Sie verarbeiteten diese zu einem Angebot. Sie entwickelten eine Lösung und bewerteten diese mit Preisen. Heraus kam ein Leistungsversprechen mit monetärer Bewertung – kurz ein Angebot.

Mit dem Angebot verändern sich die Rollen. Wenn Sie in Verkaufsgesprächen Ihre Gesprächspartner beobachten, können Sie diese Veränderungen sogar an der Stimme und der Stimmung Ihrer Gesprächsteilnehmer wahrnehmen. Vor dem Angebot ist Ihr Kunde meist entspannt, freut sich darüber, dass ein Verkäufer an seinem Leben und seinen Problemen Interesse zeigt. Er redet viel und erklärt Ihnen gerne seine Sicht der Welt.

Sie dagegen sind in der Vorverkaufsphase angespannt, denn Sie wollen die Situation des Kunden verstehen. Sie hören interessiert zu, analysieren das Gesagte und konzipieren im Kopf vielleicht schon Lösungen.

Wenn Sie Ihren Job gemacht haben und den Bedarf und die Anforderungen Ihres Kunden sauber analysierten, dann passt Ihr Angebot wie die berühmte Faust auf das Auge. Ihr Kunde bräuchte nur noch zu unterzeichnen und zu bestellen. Aber jetzt kommen seine Ängste und Sorgen. Er fragt sich, wie sich seine Welt verändern wird, wenn er Ihr Produkt oder Ihre Lösung einsetzt. Das bedeutet, er beschäftigt sich im Geiste schon mit den Veränderungen, die sich durch den Kauf Ihres Produktes ergeben.

Viele Verkäufer denken so: *„Ich habe zum Kunden eine gute Beziehung aufgebaut, seine Situation analysiert, das Problem identifiziert und gemeinsam eine Lösung gefunden. Ich habe ihm dem Nutzen und die Vorteile des Kaufes erklärt. Der Kunde muss zwar Geld investieren, aber dafür erhält er ja auch ein entsprechend gutes Produkt und Lösung.“*

Der Kunde denkt aber anders:

> Wenn ich das jetzt kaufe, dann bedeutet diese Entscheidung, dass ich weniger Geld besitze, mein Verhalten (in Unternehmen sind das Prozesse und Abläufe) ändern muss, eventuell sogar etwas Neues lernen. Ich werde mit der Fachabteilung diskutieren und die Geschäftsführung überzeugen müssen. Wenn das Projekt erfolgreich wird, mache ich vielleicht einen Karriereschritt. Ist es erfolglos, macht man mich sicher dafür verantwortlich. Die Entscheidung zum Kauf bedeutet für mich: Viel Arbeit, hohes Risiko und bestehende und erlernte Prozesse müssen verändert werden.

Ab der Angebotsphase sind Sie der Lieferant (Ihrer Argumente) und Ihr Kunde wird zum Empfänger. Ab jetzt stellt Ihr Kunde Ihnen Fragen und Sie antworten.

Erinnern Sie sich noch an die Vertriebsdefinition vom Anfang dieses Buches (s. Abschn. 1.2)? Sie begleiten Ihren Kunden von seiner Welt zu Ihrer Welt über die Brücke. Sie haben Ihren Kunden davon überzeugt, seine Insel zu verlassen und auf Ihre Insel zu wechseln. Nun steht Ihr Kunde vor der Brücke, schaut wehmütig auf sein altes Verhalten zurück und blickt nach vorn auf das neue Verhalten. Schaut er nach unten, sieht er den reißenden Fluss des Scheiterns. Während einige Ihrer Kunden die Veränderungen als Chancen und Möglichkeiten sehen, empfinden andere diese als Gefahr und Risiko.

▶ Lieber das bekannte Unglück als das unbekannte Glück!

Denn wenn Ihr Kunde Ihr Produkt oder Dienstleistung kauft, dann kommen Veränderungen auf ihn zu. Diese Veränderungen artikuliert er als Einwand. Das heißt, bei jedem Einwand befasst sich Ihr Kunde im Kopf schon mit der Nutzung Ihres Produktes.

So gesehen sind Einwände völlig normaler Bestandteil eines Verkaufsprozesses. Wenn Sie keine Einwände hören, sollten Sie gewarnt sein. Ihr Kunde hat sich schon entschieden: Entweder, Ihr Produkt sofort zu kaufen oder es NICHT zu kaufen. Sie sollten diese Situation offen ansprechen und frühzeitig klären.

Sehr geehrter Herr Kunde, sind noch Fragen offen? Nein? Schön. Darf ich fragen, wie Sie sich entschieden haben?

Trotzdem empfinden viele Verkäufer Einwände oftmals als unangenehm. Sie sehen darin keine Verkaufschance, sondern eine Verkaufsverhinderung. Damit tun Sie dem Einwand aber Unrecht.

Top-Verkäufer sehen im Einwand die Chance, noch einmal die Vorteile des eigenen Produktes, der eigenen Dienstleistung oder des Services zu argumentieren. Sie erkennen die Chance, mit dem Kunden in einen Dialog zu treten und noch mehr über seine Welt und seine Werte zu erfahren. Einwände sind daher Verkaufschancen, die Sie für sich nutzen sollten.

▶ Einwände sind latente Ängste vor Veränderungen.

Einwände sind daher per se keine negative Grundhaltung, sondern genau das Gegenteil: Sie beweisen Ihnen, dass sich Ihr Kunde mit Ihrem Angebot auseinandersetzt!

Warum verbreiten Einwände dann bei vielen Verkäufern einen solchen Schrecken?

Der Grund liegt leider oftmals in der unprofessionellen Vorbereitung des Verkäufers vor dem Verkaufsgespräch. Einwandbehandlung müssen Sie genauso trainieren wie die Eröffnung oder Ihre Fragen. Ängste, Unsicherheiten, Bedenken lassen den Verkäufer schnell unsicher werden. Dies spürt der Kunde anhand von Sprache, Körperhaltung, Gesichtsausdruck und Atmung. Wie ein Raubtier riecht der Kunde die Unsicherheit und „beißt" zu.

10.6.1 Die Gefühle des Verkäufers bei einem Einwand

Entscheidend für den Ausgang der Einwandphase ist die Gefühlssituation des Verkäufers. Wenn Sie sich nicht wohl fühlen, hat Ihr Gegenüber leichtes Spiel mit Ihnen. Wenn Sie sich wohl fühlen, sind Sie unschlagbar.

▶ Ihre innere Einstellung entscheidet über den Ausgang eines Einwands.

Entscheidend für Ihre Einwandbehandlung ist Ihre persönliche Einstellung gegenüber Ihrem Produkt als Leistung, Ihrem Arbeitgeber als Anbieter und Ihnen selbst als Verkäufer. Wenn Sie von einem dieser drei Faktoren nicht zu 100 % überzeugt sind, bieten Sie Ihrem Verhandlungspartner schon eine Angriffsfläche. Sind Sie aber überzeugt, dass Ihr Angebot zu Ihrem Kunden passt und es seinen Preis wert ist, dann werden Sie Ihre Überzeugungen auch durchsetzen.

► Einwände testen Sie als Verkäufer.

10.6.2 Die beliebtesten Kundeneinwände

In meinen Seminaren sammle ich immer wieder die beliebtesten Kundeneinwände und stelle fest, dass es, unabhängig von Branche und Unternehmensgröße, immer die gleichen Einwände sind, auf die ein Verkäufer trifft:

1. Zeit Einwand: *„Ich habe gerade keine Zeit.“*
2. Bestandslieferanten-Einwand: *„Wir sind bestens versorgt.“*
3. Unterlagen-Einwand: *„Schicken Sie mir da mal was zu.“*
4. Kein-Bedarf-Einwand: *„Wir haben derzeit keinen Bedarf/kein Interesse.“*
5. Kein Interesse-Einwand: *„Wir haben derzeit keinen Bedarf.“*
6. Rückruf-Einwand: *„Ich überlege es mir und melde mich dann bei Ihnen…“*, alternativ: *„Herr Müller wird sich bei Ihnen melden, wenn er/sie Interesse daran hat.“*
7. Budget-Einwand: *„Dafür haben wir kein Budget.“*
8. Preis-Einwand: *„So etwas ist zu teuer für uns.“*

Schreiben Sie Ihre eigene Liste der häufigsten Einwände. Sie werden sehen, auch bei Ihnen gibt es eine Top-Ten der Einwände. Erstellen Sie Antworten und Argumentationen gegen diese Einwände und seien Sie so um keine Antwort mehr verlegen.

10.6.3 Die erfolgreichsten Einwandbehandlungen

Es gibt unzählige Einwandbehandlungen. Sie hier alle aufzuzählen, ist schier unmöglich. Ich möchte Ihnen einige Einwände vorstellen, die ich im täglichen Vertriebsalltag erfolgreich einsetzte. Am Ende verhält es sich mit einem Einwand wie mit einem Kleidungsstück: Nur, wenn Sie sich wohlfühlen, passt es zu Ihnen.

Judomethode

Judo ist eine der erfolgreichsten Kampfkünste weltweit. Im Judo (der sanfte Weg, japanische Kampfsportart) lenken Sie die Angriffskraft Ihres Gegners so um, dass Ihr Gegner zu Fall kommt. Wie im Judo nutzen Sie bei dieser Einwandbehandlung die Kraft Ihres Gegners, um Ihre Ziele zu erreichen. Sehen Sie den Einwand Ihres Kunden als eine Energie, die Sie für Ihre Ziele nutzen können.

Mit jedem Einwand Ihres Kunden liefert er Ihnen Argumente, die Sie weiterleiten, öffnen und dann durch geeignete Gegentechniken entkräften.

Die Einwandbehandlung bei der Judo-Methode basiert auf drei Schritten:

1. Energie weiterleiten
2. Energie umlenken
3. „Werfen“ und sich selbst in eine bessere Position bringen.

Kunde: *„Ich weiß gar nicht, ob wir alle Funktionen nutzen können.“*

Judo-Methode:

Ich höre heraus, dass Sie den maximalen Nutzen aus Ihrer Investition holen möchten. Das finde ich vernünftig und nachvollziehbar (Energie weiterleiten). Dann ist es aber auch wichtig, dass Sie die Möglichkeiten des Produktes einmal richtig kennenlernen(Umlenken). Mit einer Schulung verstehen Sie, wie gewaltig das Produkt ist, welche Möglichkeiten und Chancen sich für Ihr Unternehmen daraus ergeben und wie genial Sie damit Ihre Prozesse optimieren (das ist der Wurf). Wenn Sie mit der Schulung nicht zufrieden sind, gebe ich Ihnen persönlich das Geld für die Schulung zurück.

Achten Sie auf die Feinheiten: Am Ende entscheidet Ihr Kunde, ob er die Schulung benötigt oder nicht. Es ist nicht mehr die Frage, ob er das Produkt kauft. Das wird als gegeben vorausgesetzt.

Vorwegnahme-Einwand

Top-Verkäufer analysieren Verkaufsgespräche und lernen daraus für die nächsten Gespräche. Oftmals stellen Sie dann fest, dass Ihre Kunden Ihnen immer wieder die gleichen Einwände nennen. Top-Verkäufer versuchen nun, diese Einwände schon vor ihrem Entstehen zu entkräften. Dies machen Sie mit den Worten:

- *„Sicher stellen Sie sich nun schon die Frage …“*
- *„Für Sie ist es sicher wichtig, dass …“*
- *„Viele meiner Kunden fragen mich …“*

Beispiel: *„Sicher stellen Sie sich schon die ganze Zeit die Frage, warum wir das Produkt so günstig anbieten können? Sie profitieren hier von einer einmaligen Chance …"*

Vision

Trotzdem kann es sein, dass Ihr Kunde nicht so leicht zu überzeugen ist. Dann müssen Sie härtere Waffen einsetzen. Nun ist es wichtig, dass Sie im Kopf Ihres Kunden das Kopfkino anstellen. Darüber haben wir in diesem Buch schon oft geschrieben. Dieses Kopfkino führt dazu, dass der Kunde sich gedanklich mit der neuen Situation auseinandersetzt. Diese Neuausrichtung erfolgt durch Formulierungen wie:

- *„Was würde geschehen, wenn Sie dieses Produkt einsetzen?"*
- *„Was wäre, wenn wir eine einfache und kostengünstige Lösung finden würden, würden Sie sich dann dafür entscheiden?"*
- *„Wenn wir Ihnen eine Alternative zu diesem teuren Produkt anbieten könnten, würden Sie diese dann kaufen?"*

Fokussierung

Sollte Ihr Interessent auch danach immer noch blockieren und gegenüber allen Argumenten verschlossen sein, müssen Sie ihn erst einmal ent-fokussieren. Das heißt, Sie stoppen das Gespräch und entkräften seine Blockadehaltung. Das können Sie dadurch, dass Sie das Thema einfach mal ändern.

Vielleicht reden Sie einmal über ein anderes Thema, einen anderen Tagesordnungspunkt. Am besten einen, der unverfänglich ist.

- Stellen Sie eine neue, andere Frage (Die An- und Abreise sowie das Wetter sind dankbare Gesprächsthemen).
- Stehen Sie auf und holen Sie sich gemeinsam mit Ihrem Kunden einen Kaffee. Oder gehen Sie etwas essen. Machen Sie eine Toilettenpause und bitten Sie ihn um ein (außergewöhnliches) Getränk.
- Verändern Sie ihre eigenen Ziele und fokussieren Sie sich neu.
- Tun Sie etwas, was keiner erwartet, loben Sie Ihren Kunden, bedanken Sie sich für sein Engagement. Nicht übertrieben, aber ehrlich und nachvollziehbar.

Ich hatte mal eine schwierige Verhandlung. Die Vorverhandlungen verliefen sehr aggressiv und das Gespräch lag unter keinem guten Vorzeichen. In den ersten Minuten saßen sich alle Beteiligten aggressiv und abwartend gegenüber. Sie erwarteten nun Vorwürfe, Forderungen und andere negative Äußerungen. Aber ich wählte eine Strategie, in der ich mich als Erstes für die bisherige, konstruktive Zusammenarbeit bedankte und zeigte dann auf, dass wir eigentlich das gleiche Ziel verfolgten, wenn auch auf unterschiedlichen Seiten des Tisches. Und ich betonte, dass ich mir sicher war, dass wir gemeinsam eine Lösung finden, die beiden Seiten helfen wird.

Diese veränderte Sichtweise führte dazu, dass die Gegenseite in den nächsten Minuten ihre Aggressivität verringerte und sich entspannte. Das Gespräch verlief danach sehr gut, wir haben mehrere Jahre erfolgreich zusammengearbeitet.

Sollte Ihr Kunde bei seinem Problem bestehen bleiben, so können Sie das Gespräch dadurch führen, dass Sie es neu fokussieren. Sie verändern dadurch den Blick Ihres Kunden auf das neue Ziel. Dazu setzen Sie Sätze ein, wie:

- *„Stellen Sie sich einmal vor, dass …"*
- *„Nehmen wir einmal an, dass …"*

Im zweiten Teil des Satzes kommt dann die Neuausrichtung Ihres Kunden auf das für Sie eigentliche Ziel.

Angenommen, Sie verkaufen ein Auto an eine Familie. Der Wagen ist schon ausgesucht, Sie verhandeln nur noch über den Preis. Ihr Kunde und Sie sind nur noch 2000 EUR auseinander, aber keine Seite will beigeben. Nun fokussieren Sie Ihren Kunden neu:

Beispiel: *„Stellen Sie sich einmal vor, dass Sie mit Ihrem neuen Wagen in den Urlaub fahren. Wie viel Freude wird Ihnen dieser Wagen dabei wohl machen?"*

Durch die Entkräftung des Einwandes, verändern Sie die Fokussierung des Kunden und lenken diesen wieder in die für Sie richtige Bahn. Denn Ihr Kunde möchte ja ein schönes und sicheres Leben und nicht unbedingt das billigste Produkt. Mit dieser Technik fokussieren Sie Ihren Kunden auf das Wesentliche und führen ihn wieder zurück auf die Straße der Entscheidung.

Erfahrungstechnik

Im Verkaufsgespräch sind viele Kunden unter Stress und setzen sich im Kopf mit der neuen Situation auseinander. In dieser Situation sind sie nicht kreativ, ihr Gehirn arbeitet im Routinemodus. Aus diesem Grund basieren viele Einwände auf Erfahrungen und Erlebnisse unserer Vergangenheit. Haben Kunden mal eine schlechte Erfahrung gemacht, zum Beispiel ein Produkt gekauft, das nach kurzer Zeit defekt war, so fragen Kunden nach Garantie und Qualität der angebotenen Leistung. Haben Kunden mal ein Produkt gekauft, das sie später im Schlussverkauf oder im Internet günstiger gesehen haben, fragen sie nach Preis und Rabatt.

Sie können diesen Umstand nutzen und dem Kunden so einen Spiegel vor sein Gesicht halten:

- *„Haben Sie das schon mal erlebt?"*
- *„Ein guter Einwand, Herr Kunde. Haben Sie damit schon einmal schlechte Erfahrungen gemacht?"*
- *„Warum ist Ihnen dies so wichtig? Kennen Sie das Problem?"*

Beispiel Kunde: *„Ich möchte sicherstellen, dass ich nicht zu viel zahle."*

Erfahrungstechnik: *„Verstehe. Haben Sie das schon einmal erlebt, dass Sie ein Produkt erwarben, das Sie später günstiger gesehen haben?"*

Ihr Kunde wird Ihnen nun von seinen Erfahrungen berichten. Nun müssen Sie nur noch einen Weg finden, Ihren Kunden davon zu überzeugen, dass er einen guten Preis bekommt, zum Beispiel durch eine befristete Preisgarantie:

> Jetzt verstehe ich Ihre Sorge. Wie kann ich Ihnen Sicherheit geben? Passen Sie auf, ich garantiere Ihnen den besten Preis. Sehen Sie das Produkt in den nächsten vier Wochen irgendwo günstiger, erhalten Sie die Preisdifferenz erstattet.

Bitte nur die Preisdifferenz erstatten. Denn nun haben Sie mehrere Fliegen mit einer Klappe geschlagen: 1. Ihr Kunde kauft bei Ihnen und fühlt sich dabei gut. 2. Sollte er Ihr Produkt dennoch bei einem anderen Anbieter günstiger sehen, wird er nicht sauer, sondern das sportlich sehen. Er kann zu Ihnen kommen (Kundenbindung) und erhält die Differenz, nicht den Kaufpreis, erstattet. Idealerweise geben Sie ihm kein Geld, sondern locken ihn dann mit einem Gutschein, den er wieder bei Ihnen einlöst. Ergo: Mehr Kundenkontakte, mehr Kundenbindung, mehr Umsatz, mehr Gewinn.

Die bedingte Zustimmungstechnik

Bei der bedingten Zustimmungstechnik kommen Sie Ihrem Kunden entgegen, um dann mit aller Kraft in die eigene Richtung zu lenken. Durch das Entgegenkommen wiegt sich Ihr Kunde in Sicherheit, bevor Sie dann geschickt das Gespräch neu justieren.

Beispiel: *„Für mich ist es ganz wichtig, dass wir die xy-Technik einsetzen."*

Bedingte Zustimmungstechnik: *„Ah, verstehe... ich finde es gut, dass Sie sich dort schon informiert haben. Dann können wir ja etwas technischer werden. Für Sie ist es wichtig, dass Sie Technik xy einsetzen. Dann kennen Sie sicher auch schon den Nachfolger xyz. Der ist neu und hat noch mehr tolle Funktionen und basiert auf einer Weiterentwicklung der Technik xy ..."*

Die Loben-Methode

Bei der Loben-Methode (s. Abschn. 6.3.2) loben Sie Ihren Kunden zuerst für seinen intelligenten Einwand. Damit schätzen Sie ihn Wert und danach entkräften Sie den Einwand.

Beispiel: *„Wir nutzen schon einen anderen Anbieter."*

Loben-Methode: *„Sehr gut. Damit gehören Sie zu den wenigen Unternehmen, die ein solches System einsetzen. Das zeigt Ihre führende Stellung in dieser Branche. Die meisten arbeiten ja noch mit ... Darf ich fragen, was an Ihrem jetzigen Anbieter gut ist?"/„Gibt es denn etwas, was für Sie optimaler laufen könnte?"/ „Wie wichtig ist Ihnen das?"*

Storytelling

Storytelling heißt nichts anderes, als dass Sie eine Geschichte erzählen (Pyczak 2017, S. 12). Im Idealfall nehmen Sie ein Fallbeispiel von einem Kunden aus seiner Branche, einer bekannten Marke oder vergleichbaren Anforderungen. Sie erzählen, wie es vorher aussah, warum Ihr Kunde sich dann für Sie entschieden hat und wie es heute aussieht. Beschreiben Sie, wie es sich bei Ihrem Kunden verändern könnte.

Storytelling: *„Ihre Anforderungen erinnern mich an unseren Kunden Muster AG. Herr Meier und sein Team haben vorher mit Excel gearbeitet und die gleichen Probleme gehabt wie Sie. Wir haben dann unser neues Produkt eingesetzt und so die Prozesse um über 40 % verkürzt. Vorher arbeiteten zehn Leute zehn Tage daran, heute nur sechs Tage. Das sind 40 Arbeitstage, die eingespart wurden. Jeden Monat."*

Nutzenargumentation

Die Nutzenargumentation kommt allen Technikern entgegen. Hier können Sie logisch argumentieren, was passiert, wenn Ihr Kunde Ihr Produkt einsetzt bzw. NICHT einsetzt.

Zuerst wiederholen Sie das Entscheidungskriterium Ihres Kunden. Dann übersetzen Sie es, wie in Kap. 6 beschrieben, in einen Kundennutzen (für Sie bedeutet das ...). Und jetzt lenken Sie den Einwand um. So ergibt sich folgende Argumentstationsstruktur:

- Einwand technisches Merkmal
- Wiederholung des technischen Merkmals
- Übersetzung in Kundennutzen *„Für Sie bedeutet das ..."*
- *„Dadurch, dass ..."* Merkmal & Vorteil
- *„Das heißt für Sie ..."* mit Nutzen
- Geschlossene Meinungsfrage: *„Ist es das, was Sie wollen?"*

Beispiel: *„Ich weiß nicht, ob Ihre Küchenmaschine so viel Geld wert ist. Die Wettbewerber bieten die gleiche Technik für weniger Geld an."*

Nutzenargumentation:

Sie suchen eine Küchenmaschine, die Ihnen hilft, Ihre Küchenarbeit schnell und sicher zu verrichten. Hier haben wir eine zehnjährige Garantie, eine Mahlfunktion mit höchsten Drehzahlen, Rechts- und Linkslauf mit Impulsfunktion. Für Sie bedeutet das mehr Kochvergnügen, eine sichere Investition und vor allem erstklassige Ergebnisse. Sie können aus Zucker Puderzucker machen. Dadurch, dass wir auch noch ein Kochbuch digital integriert haben, probieren Sie leicht neue Rezepte aus. Das heißt für Sie mehr Spaß am Kochen und Backen, weniger Kochbücher im Schrank und immer neue Ideen und Inspirationen. Ist es das, was Sie suchen?

Andere Baustellen-Technik

Die andere-Baustellen-Technik ist eine Verschiebungstechnik. Sie nehmen den Einwand Ihres Kunden und schieben diesen nach hinten. Dafür ziehen Sie einen anderen Einwand nach vorne. Diese Einwandtechnik bedingt zwei Dinge: 1. Sie müssen den Einwand Ihres Kunden ernst nehmen, schieben ihn aber nach hinten. 2. Sie ziehen einen anderen Einwand vor. 3. Sie lösen den aufgeschobenen Einwand später auf, vielleicht wenn Ihr Kunde schon gar nicht mehr daran denkt (oder lassen ihn weg, wenn er nicht entscheidend war).

Verkäufer: *„Ja verstehe, der Preis ist Ihnen wichtig. Lassen Sie uns dazu später noch einmal kommen, dann erkläre ich Ihnen unser Preismodell. Sie fragten auch danach, wie wir unser Produkt technisch integrieren. Darauf würde ich jetzt gerne eingehen ..."*

Verkäufer später: *„Ich denke, wir haben nun alle Einwände erörtert. Sie fragten am Anfang noch nach dem Preis: Ich erkläre Ihnen einmal unser Preismodell, damit Sie verstehen, warum Sie bei uns am Ende mehr sparen als bei vermeidlich billigeren Anbietern."*

10.7 So schließen Sie Ihr Verkaufsgespräch richtig ab

Die Einwände hatte Frank gut gekontert. Er merkte nun, dass alle Argumente für den Kauf ausgetauscht waren und er langsam zum Abschluss kommen sollte. Doch wie leitete man den Abschluss ein? Wie konnte er sicherstellen, dass der Kunde nun auch wirklich kaufen würde? Wie bekam er jetzt die Unterschrift unter den Vertrag? Und was wäre, wenn der Kunde noch nicht so weit war, Frank unnötig Druck aufbaute?

Wann beginnt der Abschluss?

Stellen Sie sich bitte einmal vor, Sie sind Fußballspieler. Wann beginnen Sie Tore zu schießen? Mit dem Anpfiff, nach 15 min in der zweiten Spielhälfte oder in der Verlängerung? Wenn der Schiedsrichter abpfeift, ist es zu spät. Oder beginnt das Tore schießen schon mit der Vorbereitung und dem professionellen Training?

Der Abschluss beginnt meiner Meinung nach ab Ihrem ersten Kontakt mit Ihrem potenziellen Kunden und Ihrer Überzeugung, dass Ihr Kunde etwas braucht, für das Sie der richtige Partner sind oder Sie das passende Produkt oder Lösung anbieten.

Stellen Sie sich vor, Sie arbeiten bei der örtlichen Feuerwehr. Ein „Interessent" ruft bei Ihnen an und benötigt dringend Ihre Hilfe, da sein Wohnhaus gerade brennt. Was glauben Sie, erwartet ihr „Kunde" von Ihnen, dass Sie erst einmal Vertrauen aufbauen, seine Situation analysieren, ihm schriftlich ein Angebot zusenden, dann noch einmal nachfassen und eventuell Einwände (macht das Löschwasser nicht zu viel Dreck?) entkräften, um dann das letzte Feuer zu löschen oder die Asche einzusammeln? Oder dass Sie schnell die Situation analysieren und SOFORT einen Löschzug aussenden, der die entsprechenden Löschmaßnahmen ergreift, um Menschen, Tiere und Gebäude zu retten?

Die psychologische Hürde vor dem Abschluss

Bevor wir den Abschluss erzeugen, machen Sie sich bitte klar, in welcher Drucksituation sich beide Verhandlungspartner gerade befinden:

Der Verkäufer ist am Ende seines Verkaufsgespräches, vielleicht sogar seines gesamten Verkaufsprozesses, angekommen. Ein langer Weg liegt hinter ihm. Er erwartet nun die Beauftragung durch den Kunden. Wenn der Kunde jetzt nein sagt, hat das mehrere Auswirkungen auf den Verkäufer: Die ganze Arbeit war umsonst, er hat keinen Umsatz, damit keine Provision, seine Reputation ist gefährdet, seine Karriere ist in Gefahr, eventuell sogar sein Job. Der Verkäufer steht daher unter enormen Druck und hat „Angst" vor dem Nein des Kunden. Darüber hinaus mögen wir Menschen es, geliebt zu werden, schützen uns daher vor Abweisung. Ein Nein wäre eine Abweisung und damit auch emotional sehr unangenehm. Der Verkäufer steht unter starkem Druck.

Der Kunde ist am Ende des Verkaufsgespräches. Er muss nun eine Entscheidung treffen. Wenn er sich falsch entscheidet, muss er sich dafür in seiner Firma rechtfertigen. Er verliert Geld, seine Reputation ist gefährdet, seine Karriere in Gefahr. Er hat ein gutes Verhältnis zum Verkäufer aufgebaut, mag den Menschen und möchte ihn nicht abweisen. Er steht unter starkem Druck.

Vielleicht habe ich die Situation hier ein wenig übertrieben. Fakt ist aber, dass der Abschluss für beide Seiten emotional und auch rational sehr anspruchsvoll ist.

Für beide Seiten kann an der Beauftragung Erfolg oder Misserfolg hängen. Beide Seiten stehen im Zweifel unter Druck.

Darum ist es wichtig, sich emotional und faktisch auf die Phase vorzubereiten und dem Kunden das Gefühl zu geben, mit dem richtigen Partner an der Seite eine gute Entscheidung zu treffen.

10.7.1 Kaufsignale erkennen

Kaufen ist ein Prozess. Während des Verkaufsgesprächs ist Ihr Kunde permanent damit beschäftigt, sich mit dem neuen Produkt oder Lösung anzufreunden. Dabei sendet er immer wieder verbale und nonverbale Kaufsignale aus. Diese zeigen Ihnen, dass er sich innerlich schon mit dem Kauf befasst.

Wenn Sie diese Kaufsignale hören, sollten Sie überlegen, wie Sie vorgehen wollen. Sie können:

- Die Kaufsignale aufnehmen und sofort zum Abschluss kommen *(„Ja, das Sofa gibt es auch in braun. Soll ich mal schauen, ob wir es auf Lager haben?“)*
- Die Kaufsignale beantworten, wenn sie entstehen. Das kann im Gespräch aber zu einem großen Durcheinander führen.
- Die Kaufsignale sammeln und strukturiert abarbeiten, um danach sofort den Abschluss einzuleiten. *(„Danke für ihre Frage nach der Farbe. Ich höre heraus, dass Sie sich schon mit dem Produkt beschäftigen. Bevor ich Ihnen unsere Farbpalette zeige, lassen Sie mich eben noch meine Ausführung beenden. Vielleicht gibt es ja dann noch weitere Fragen, die wir dann beantworten können.“)*

Kaufsignale sind sehr wertvoll für Sie als Verkäufer. Sie zeigen Ihnen, dass Ihr Kunde sich innerlich schon mit dem Produkt auseinandersetzt. Die Kunst besteht nun darin, das Kaufsignal richtig einzuordnen und festzustellen, in welcher Phase des Verkaufsprozesses Sie sich gerade befinden. Dies erfordert Erfahrung, Intuition und Wissen. Probieren Sie es daher einfach einmal in der Praxis aus.

Verbale Kaufsignale
Positive Äußerungen und Zustimmungen sind ein erster Beweis, dass es in Richtung Abschluss geht. Diese können sich wie folgt anhören:

- Das finde ich gut …
- Es gefällt mir …
- Hört sich gut an …

- Das ist das, was wir suchen …
- Gibt es den auch in anderen Formen/Farben?
- Ich bräuchte aber eine kleiner/größere Maschine.
- Das kostet sicher sehr viel?
- Was ist, wenn das nicht passt und ich das zurückgeben möchte?
- Wann ist das lieferbar?
- Wie viel Schulung benötige ich dafür?

Haben Sie mehrere Personen auf Kundenseite, die ein kleines Buying-Center bilden, verkaufen diese sich das Produkt oftmals selbst. Diese erkennen Sie an folgenden Dialogen:

- Das haben wir doch gesucht …
- Ich denke, dass es uns hilft, unser Problem zu lösen …
- Damit kann unser Kollege weiter seine Excel-Tabellen nutzen, und wir haben das neue System …
- Technisch ist das moderner als unsere bisherige Lösung …

Im Bereich der erklärungsbedürftigen Produkte und Dienstleistungen können auch Aktionen auf den Abschluss hinweisen:

- Der Kunde gibt Ihnen einen Termin …
- Der Kunde macht einen Vorstellungstermin mit anderen Abteilungen aus …
- Der Kunde möchte, dass Sie seine Geschäftsführung kennenlernen …
- Er bespricht mit Ihnen die Schulungstermine und Projektdaten …

Bedenken Sie bitte immer Folgendes: Ein Mensch (egal ob Kunde, Lebenspartner oder Freund) sagt selten etwas ohne Hintergedanken. Meist sind das gesprochene Wort und unser Verhalten ein Ergebnis unseres Denkens und unserer Erfahrungen. Wenn das so ist, dann haben alle verbalen Aussagen eine Vorgeschichte.

> Als Verkäufer sollten Sie sich immer fragen: Warum gibt der Kunde mir genau in diesem Moment diese Information?

Kaufsignale durch Körpersprache

Der Kunde verrät auch durch seine Körpersprache, dass er sich wohl fühlt und sich mit der letzten Phase des Verkaufs beschäftigt.

- Der Kunde geht in eine symmetrische Köperhaltung und spannt den Körper an.
- Danach geht er wieder in eine entspannte Körperhaltung (Asymmetrie).

- Das zeigt, dass der Kunde sich entschieden hat. Allerdings ist unklar, ob er sich für Ihr Angebot oder gegen Ihr Angebot entschieden hat. Dafür benötigen Sie zusätzlich die verbalen Informationen Ihres Kunden.

Aus diesen Informationen erkennen Top-Verkäufer, dass ihre Kunden bereit sind für den Abschluss, daher läuten sie diesen nun ein.

Kaufsignale provozieren
Sie können die Kaufsignale aber auch aktiv bei Ihrem Kunden provozieren. Dies hat mehrere Vorteile:

- Sie erhalten früh Rückmeldung, wo Sie im Vertriebsprozess stehen.
- Sie fördern den Entscheidungsprozess im Gehirn Ihres Kunden.
- Bei negativen Antworten können Sie frühzeitig dagegen steuern und einen neuen „Kurs" einschlagen. Negative Antworten sind daher selten schlecht, sondern geben wertvolle Hinweise.
- Positive Rückmeldungen bringen Sie immer in eine bessere Position.
- Kaufsignale provozieren Sie durch geschicktes Fragen. Hier eine Übersicht, wie Sie Kaufsignale provozieren können:
  - Sie können Kaufsignale durch Meinungsfragen, Suggestivfragen (s. Abschn. 10.4.3) und geschlossene Kontrollfragen (s. Abschn. 10.4.3) provozieren. Durch diese Fragen erhalten Sie frühzeitig eine Rückmeldung, in welche Richtung sich Ihr Kunde orientiert. Hier drei Beispiele:
    Sehen Sie Einsatzmöglichkeiten für diese Lösung? (Meinungsfrage)
    Ist das keine tolle Lösung? (Suggestivfragen)
    Denken Sie, dass Sie das weiterbringt? (geschlossene Kontrollfrage)

10.7.2 Fragen zum Kaufprozess (FAQs)

Verdeutlichen Sie sich, dass Ihr Kunde nach dem Einwand und kurz vor dem Abschluss viele neue, offene Fragen hat, die er von Ihnen beantwortet haben möchte. Dies sind Fragen zum Bestellprozess, Installation, Schulung, Garantien oder der Rückgabe bei Reklamationen.

Diese offenen Fragen ergeben quasi Ihr Drehbuch für die Abschlussphase. Wir haben für Sie die meistgestellten Abschlussfragen einmal zusammengestellt. Diese Auflistung erhebt keinen Anspruch auf Vollständigkeit, da wir Ihre Branche und Leistungen ja nicht kennen. Ergänzen Sie die Fragen daher bitte um Ihre eigenen Abschlussfragen. Typische Abschlussfragen sind:

- Wie bestelle ich?
- Wie würden wir denn starten?
- Was muss ich tun, damit wir starten können?
- Was passiert nach der Auftragsbestätigung?
- Wann erhalte ich das Produkt?
- Wie sieht ein typischer Projektverlauf aus?
- Wie lange dauert der erste Projektschritt?
- Wer garantiert mir, dass es funktioniert?
- Gibt es Referenzen?
- Kann ich es testen?
- Gibt es ein Rückgaberecht?
- Was ist, wenn es nicht passen sollte?
- Bis wann muss ich bestellen?
- Gibt es Rabatte, Preisnachlässe, Konditionen?
- Wohin geht das unterschriebene Bestellformular?
- An welche Faxnummer/E-Mail muss ich den Auftrag senden?

Viele Fragen ergeben sich aus dem Gesprächsverlauf. Hier ein kleiner Tipp: Tauchen diese Fragen in Ihrem Verkaufsgesprächen öfter auf, gehen Sie folgendermaßen vor:

1. Sammeln Sie die meistgestellten Kundenfragen im Abschlussprozess.
2. Entwickeln Sie eine „Hitliste".
3. Für alle Fragen, die mehr als drei Mal von Kunden genannt werden, entwickeln Sie Antworten und stellen diese unter Ihren FAQs (Frequently asked Questions, engl. für meistgestellte Fragen).
4. Diese Antworten werden allen Verkäufern zur Verfügung gestellt und geübt.

Einige Fragen werden saisonal bedingt sein. Zum Beispiel dadurch, dass Ihr Wettbewerb eine besondere Funktion oder Service seiner Produkte stark bewirbt. Ergebnis: Sie erhalten auf einmal eine Frage, ob Ihr Angebot diese Funktion auch abdeckt. Wenn Sie beim ersten Mal „kalt" erwischt werden, ist das o. k. Beim dritten Mal sollten Sie Antworten entwickelt und parat haben.

Beispiel

Kunde: *„Ihr Wettbewerb bietet eine Sieben-Jahres-Garantie an. Haben Sie das auch?“*

Verkäufer: *„Gut, dass Sie fragen. Die Sieben-Jahres-Garantie unseres Wettbewerbers sind ein toller Service. Die hatten ja auch lange Zeit echte Qualitätsprobleme. Wir bieten fünf Jahre an. Dies setzt sich zusammen aus einer Zwei-Jahres-Garantie mit drei Jahren-Anschluss-Garantie. Darüber hinaus sind wir Testsieger im … XY-Qualitätsindex. Diese Autos sehen wir hier außerplanmäßig nie. So sind Sie auf der sicheren Seite.“*

10.7.3 Verstehen des Kaufprozesses

Für viele Verkäufer ist der Auftrag der Höhepunkt des Verkaufsgesprächs. An den akquirierten Umsätzen werden sie gemessen. Dementsprechend hoch ist der Druck in dieser Phase. Oft ist es hilfreich, sich zu verdeutlichen, dass der Auftrag immer nur ein Zwischenschritt zum großen Ziel ist. Und das wirkliche Ziel ist es nicht, dass Sie verkaufen, sondern dass Ihr Kunde das Produkt oder die Dienstleistung nutzt:

- Dass Ihr Kunde mit seinem neuen Telefon telefoniert.
- Dass Ihr Kunde mit seiner neuen Maschine produziert.
- Dass Ihr Kunde eine neue Technik erlernt.
- Dass Ihr Kunde Prozesse optimiert.
- Dass Ihr Kunde die Software aufspielt und anwendet.
- Dass Ihr Kunde einen schönen Urlaub hat.

Fragen Sie ihn, wo er das Produkt einsetzt, wem er dies präsentieren wird. Vereinbaren Sie die nächsten Schritte, wie Schulungen, Projekttage, Installationen. Beschreiben Sie ihm, wo er sein Produkt abholen kann, was dann passiert und wie viel Arbeitserleichterung oder Freude er damit hat.

10.7.4 Kein Halt mehr vor dem Ziel

Ab jetzt gibt es für Sie keine Option „Ausstieg“ aus den Verhandlungen mehr. Sie sind so weit gekommen, jetzt wollen Sie auch die Unterschrift. Und Ihr Kunde möchte, dass Sie ihm Ihr Produkt jetzt auch verkaufen. Ab hier gibt es die Frage nach dem OB nicht mehr, sondern nur noch die Frage nach dem WIE.

Werden Sie zum Abschluss konkret
Viele Verkäufer bleiben im Abschluss sehr oberflächlich. Sie bleiben nebulös und äußern sich nicht richtig. Das kann mehrere Gründe haben:

- Man sieht das Ziel vor Augen, die Aufmerksamkeit lässt nach.
- Die Sorge, dass der Kunde bei zu vielen Fragen noch abspringen könnte.
- Die „Angst“ vor der Ablehnung und dem NEIN des Kunden.
- Der Verkäufer verfügt über zu wenig Know-how über die weiteren Produktions- und Prozessschritte, die dem Auftrag folgen.

Wenn Sie Ihrem Kunden die Wahl lassen, ob er kaufen oder nicht kaufen möchte, dürfen Sie sich nicht wundern, wenn er nicht mehr kauft. Daher führen Sie Ihren Kunden nun durch den Abschluss und werden Sie zum Abschluss des Verkaufsprozesses ganz konkret. Trauen Sie sich und fragen Sie genau nach:

- Haben wir alle offenen Punkte besprochen?
- Sind alle verkaufsrelevanten Fragen gelöst?
- Ist das Angebot in Ihrem Budgetrahmen?
- Können Sie den Auftrag erteilen oder haben Sie Zugang zum Entscheider?

Viele Fragen sollten in vorherigen Phasen schon geklärt worden sein. Nun ist es wichtig, dass Sie diese noch einmal prüfen, damit der Kunde Ihnen bestätigt, dass alle offenen Punkte besprochen sind.

Mein Tipp: Arbeiten Sie mit Checklisten für die letzte Phase des Verkaufsprozesses. Arbeiten Sie die Checkliste mit dem Kunden aktiv durch. Eine solche Checkliste kann auch dazu führen, dass der Kunde weitere Zusatzoptionen bestellt, an die er nicht gedacht hat. (Viele von uns kennen das aus der Automobilbranche, bei der mit Sonderausstattung der Preis einer Basisausstattung oftmals verdoppelt wird.)

Fragen Sie einen Kollegen oder Ihren Vorgesetzten, alle wichtigen Abschlusspunkte noch einmal mit Ihnen zu besprechen. Scheuen Sie sich nicht, den Kunden noch einmal anzurufen und die fehlenden Informationen einzuholen. Für den Kunden beweist das, dass Sie sich um ihn kümmern. Dieses Engagement wird anerkannt.

10.7.5 Den Sack zu machen: Erfolgreich abschließen

Der Kaufabschluss ist nun zum Greifen nahe. Um diesen Prozess zu unterstützen, bringen Sie nun den Käufer verbal schon in den Besitz der Ware. Anstatt zu sagen:

Falsch: *„Wenn Sie das Produkt kaufen, können Sie gleichzeitig telefonieren und im Internet surfen."*

Richtig: *„Ab jetzt können Sie gleichzeitig telefonieren und surfen. Das macht richtig Spaß."*

Sie fragen ab jetzt nicht mehr, OB der Kunde kaufen möchte, sondern nur noch WANN er kaufen möchte. Dabei arbeiten Sie so, dass Sie eine oder zwei Alternativen nennen. Mehr nicht. Bei drei Alternativen hat der Kunde schon wieder zu viel Auswahl. Ideal sind zwei Alternativen, damit Ihr Kunde ohne längeres Nachdenken entscheiden kann (s. Abschn. 10.5.5).

- Sollen wir Montag oder Dienstag liefern?
- Möchten Sie den Express-Versand oder Standard?
- Soll es als Geschenk verpackt werden oder sofort zur Nutzung?
- Brauchen Sie acht oder zehn User?
- Welche Farbe bevorzugen Sie? Gelb oder Rot?

Fassen Sie nun das Besprochene zusammen und werden Sie richtig konkret: Zahlen, Daten und Fakten sind gefragt (kurz ZDF). Legen Sie den Fokus dabei auf das, was nach dem Kauf kommt.

Beispiel

„Ich fasse noch einmal alles zusammen. Sie, Herr Alex Müller, surfen ab jetzt zwei Jahre lang mit sechs Megabit durch das Internet, verfügen über eine Flatrate in alle Netze, auch ins internationale Ausland. Sie erhalten für einmalige Zahlung von 1,- Euro das nagelneue Mobilfunkgerät xyz im Wert von über 500 EUR und investieren dazu nur 29,90 EUR pro Monat. Die Aktivierungsgebühr haben wir gestrichen und Sie erhalten ein Guthaben von über 50 EUR als Neukunde. Die monatliche Pauschale wird von dem Konto 123 bei der abc-Bank in Musterstadt abgebucht. Das Mobilfunkgerät habe ich schon hier, die Karte lege ich ein und sie wird in den nächsten zwei Stunden aktiviert. Dann können Sie surfen und telefonieren so viel Sie wollen. Eine sehr gute Entscheidung, Herr Müller, viel Spaß."

NOA-Technik

Eine der Top-Abschlusstechniken, die sich aus den Alternativfragen ergibt, ist die sogenannte NOA-Technik (Kreuter 2012, S. 101).

Es fällt einem Kunden leichter nein zu sagen, als ja zu sagen. Ja-Sagen zieht immer Konsequenzen nach sich, weshalb wir das ungern tun. Ein Nein kommt dagegen unschuldiger daher. Kann ein NEIN lügen? Sie haben doch nein gesagt. Diesen psychologischen Trick nutzt die NOA-Technik.

Wie schon beschrieben, fragen Sie Ihren Kunden nicht mehr, OB er kaufen möchte, sondern nur noch WAS und WANN er kaufen möchte. Damit er aber trotzdem eine Entscheidung treffen kann, geben Sie Ihrem Kunden zwei Alternativen vor, zwischen denen er sich entscheiden kann. Ihr Kunde kann also NEIN sagen, obwohl er doch JA zu Ihrem Angebot sagt. Diese Alternativen werden durch die Worte NUR, ODER und AUCH verbunden.

Setzen Sie bei der NOA-Technik immer das Produkt oder die Dienstleistung, die Sie gerne verkaufen möchten, an die letzte Stelle Ihrer Argumentation. Ihr Kunde wird es schwerfallen, nur das kleine Produkt zu nehmen, wenn Sie ihm aufzeigen, dass das zweite Angebot besser ist. Noch besser sind Sie, wenn Sie das zweite Argument mit einem Kundennutzen untermalen, sodass Ihr Kunde die Vorteile für sich daran erkennt (s. auch zwei-Preis-Strategie im Angebot Abschn. 10.5.5).

Beispiel

„Möchten Sie nur dieses wunderschöne Mobiltelefon mit der gesetzlichen Herstellergarantie oder auch unsere umfangreiche Service-Garantie für vier Jahre, sodass Sie auch in vier Jahren bei einem Schaden oder Unfall sofort eine kostenlose Reparatur oder ein komplett neues Gerät erhalten, mit dem Sie dann wieder komfortabel telefonieren und surfen können?“

Egal, wie sich der Kunde entscheidet, Sie sind auf jeden Fall der Gewinner, denn Ihr Kunde entscheidet sich immer für den Kauf. Entweder kauft er „nur“ das Mobiltelefon oder sofort mit komplettem Servicevertrag. Diese Technik eignet sich besonders, um Zusatzverkäufe anzustreben und den durchschnittlichen Verkaufsumsatz zu heben.

Mit der NOA-Technik haben Sie darüber hinaus auch die Möglichkeit, Zusatzverkäufe zu generieren (Kreuter 2012, S. 102). Zusatzverkäufe, Zubehör, Sonderleistungen, gehören dann mit in die erste Variante der Fragestellung. Wichtig ist, dass Sie die Betonung auf die Produkte legen, nicht auf die Worte „nur“ oder „auch“.

Zukunftsvisionen aufzeigen

Zeigen Sie Ihrem Kunden auf, wie sich seine Situation verändert, wenn er sich nun positiv für einen Kauf entscheidet. Durch diese Autosuggestion erzielen Sie beim Kunden den Wunsch, das Produkt in Händen zu halten bzw. zu besitzen. Diese Technik kann sich so anhören:

Beispiel

„Mit diesem Wagen fahren Sie mit Ihrer ganzen Familie entspannt in Urlaub, Ihre Kinder haben hinten genug Beinfreiheit, Sie genießen vorne die Klimaanlage und das Navigationsgerät. Das Gepäck und die Fahrräder bringen Sie sicher unter, sparen viel Sprit gegenüber Ihrem alten Wagen und haben so noch Geld für den Urlaubseinkauf über. Und der Wagen sieht auch richtig gut aus. Sie und Ihre Familie werden stolz und glücklich sein."

Sie gehen mit Ihrem Kunden auf eine gedankliche Reise, und versetzen ihn in einen anderen Zustand. Sie lassen ihn spüren, wie es sich anfühlt, dieses Produkt zu besitzen.

Zeitdruck

Alle Punkte sind geklärt, Sie haben sich auf ein Maßnahmenpaket geeinigt. Nun verbinden Sie dieses Maßnahmenpaket mit einer zeitlichen Befristung. Überlegen Sie sich daher, wie viel Zeit Ihr Kunde wohl benötigt, bis er unterschrieben haben kann. Wenn Sie unsicher sind, fragen Sie Ihren Kunden:

Bis wann können Sie bestellt haben?

Bis wann haben Sie alle Unterschriften zusammen?

Dann befristen Sie das Angebot bis zu diesem Zeitpunkt und keine Sekunde länger. Ihr Kunde muss wissen, dass es jetzt an ihm liegt, das Angebot zu bestätigen, damit die weiteren Schritte (Versand, Installation, Schulung) zeitlich eingehalten werden. Machen Sie Ihrem Kunden deutlich, dass auch Sie sich gegenüber Ihrem Vorgesetzten verantworten müssen.

Tipp: Wenn alle Punkte geklärt sind und Ihr Kunde tolle Konditionen bei Ihnen verhandelt hat, dann setzen Sie ihn ruhig mal unter Druck. Ein Top-Verkäufer geht dann auch hin und begrenzt diese tollen Konditionen auf wenige Stunden Verfügbarkeit. Der Grund ist folgender: Unter Druck kann unser Großhirn nicht mehr richtig arbeiten. Das Kleinhirn übernimmt die Arbeit und das arbeitet intuitiv. Von daher fragt sich Ihr Kunde nicht mehr, ob er Ihr Produkt kaufen möchte, sondern nur noch wie.

Machen Sie es Ihrem Kunden so einfach wie möglich

Wenn Ihr Kunde jetzt bestellen möchte, machen Sie es ihm so einfach wie möglich. Es ist jetzt für den Abschluss hinderlich, wenn der Kunde erst noch die Bestelldaten raussuchen muss. Sagen Sie ihm:

- Wie er bestellen kann (Fax, Telefon, E-Mail, persönlich, Brief …)
- Wo er bestellen kann (E-Mail, Fax, Internet, Händler, Shop …).
- Bei wem er bestellen kann (Ihnen, Bestellannahme, Partner, Shop).
- Was Sie dafür benötigen (Auftragsbestätigung, Formulare …).
- In der Versicherungsbranche macht man Kreuzchen vor dem Feld, wo die Unterschrift zu leisten ist. In anderen Branchen bietet man einen Rückrufservice an. Bieten Sie an, beim Kunden vorbeizukommen, um die Unterschrift abzuholen und vieles mehr.

Wenn Sie den Auftrag haben

Wenn Sie den Auftrag haben, ist Ihre Arbeit als Verkäufer getan. Aber es ist wie beim Dating: Einfach abhauen hinterlässt kein gutes Gefühl beim Partner. Lassen Sie die intensiven Verkaufsverhandlungen langsam auslaufen. Sie können sich bedanken, etwas Small Talk führen, eine E-Mail senden, in dem Sie Ihren Interessenten jetzt als neuen Kunden begrüßen, ihm ein Geschenk unterbreiten (Rabatt auf Folgekauf) oder die nächsten Projektschritte noch einmal zusammenfassen. Alles das beruhigt Ihren Kunden und intensiviert die Beziehung zwischen Ihnen und Ihrem Kunden noch einmal deutlich.

10.8 So bereiten Sie Ihren Verkaufstermin effektiv nach

Frank hatte nun den Auftrag vom Kunden erhalten. Er kam wieder ins Büro und war stolz und glücklich. Sein Vorgesetzter gratulierte ihm und bat ihn, den Auftrag auch zu dokumentieren. Wie machte man das?

Genauso wichtig wie die Vorbereitung eines Verkaufsgespräches ist die Nachbereitung. Die gewonnenen Informationen des Verkaufsgespräches müssen für die nachfolgenden Prozesse festgehalten werden. Aus mehreren Gründen:

Wenn der Verkauf erfolgreich war, müssen die Auftragskonditionen für die Produktion, Logistik, Beratung, Buchhaltung oder Service dokumentiert werden. Wenn der Verkauf nicht erfolgreich war, gibt es zwei weitere Alternativen:

- Der Kunde hat sich noch nicht endgültig entschieden und den Kauf verschoben. Dann ist es wichtig, dass Sie mit ihm zu einem späteren Zeitpunkt wieder schnell in den Prozess einsteigen können. Da Sie nach dem Prinzip der großen Zahl viele Interessenten ansprechen, erleichtert Ihnen die Dokumentation des Verkaufsverlaufs die Aufnahme des Verkaufsprozesses. Durch kurze Wiederholung und Zusammenfassung der geschehenen Ereignisse kommen Sie mit Ihrem Gesprächspartner schnell wieder auf Betriebstemperatur. Ein Verkaufswiederaufnahmegespräch kann dann wie folgt aussehen:

Beispiel

Verkäufer:	*„Guten Tag Herr Kunde. Olaf Esters hier von der Firma xy."*
Kunde:	*„Ach ja, guten Tag Herr Esters. Was gibt es?"*
Verkäufer:	*„Sehr gut, dass ich Sie spreche. Bei unserem letzten Gespräch am (Datum) – also vor bald einem Jahr – haben wir festgehalten, dass Sie jetzt das Projekt starten wollen. Sie sagten damals … (Zusammenfassung des Gesprächsinhalts). Meine Frage ist nun, sind Sie nun soweit?"*
Kunde:	*„Das stimmt. Wir haben jetzt in unserer Abteilung zusammengesessen und Folgendes beschlossen …"*

- Der Kunde entscheidet sich für einen Wettbewerber: Hier sollten Sie dokumentieren, wieso und weshalb sich der Kunde für den Wettbewerber entschieden hat. Eine strukturierte Auswertung und Analyse der verlorenen Aufträge gibt oftmals enorme Erkenntnisse für den eigenen Vertrieb. So hat ein IT-Unternehmen festgestellt, dass der Interessent bis zur Produktpräsentation von der Lösung begeistert war. Erst mit der Vorstellung des Produktes durch die Produktmanager kam es zur Abwehr. Hier konnte man im Vertrieb ansetzen und die Präsentation neu strukturieren und trainieren. Es kann aber auch sein, dass Ihr Kunde sich aus internen, politischen Gründen für einen Wettbewerber entschieden hat. Es wäre nicht das erste Mal, dass man dann nach einem Jahr feststellt, dass dies eine Fehlentscheidung war und Ihre Lösung besser gepasst hätte. In diesem Fall können Sie wieder, wie zuvor beschrieben, den Faden aufnehmen und den Verkaufsprozess schneller einleiten.

Die Dokumentation können Sie nach Ihrem eigenen Ablagesystem machen. Heute werden die meisten von Ihnen die Informationen digital speichern. Entweder als Gesprächsbericht zu dem Kundenvorgang oder in Ihrem CRM (Customer-Relationship-Management-System) als Eintrag zum Gespräch.

Resümee

Das Verkaufsgespräch ist der Höhepunkt Ihres verkäuferischen Handelns. Alle Aktivitäten zielen darauf ab, ein persönliches Gespräch mit Ihrem Interessenten und Kunden zu führen. Umso wichtiger ist es, dass Sie in diesem Verkaufsgespräch dann überzeugen. Um sicher aufzutreten, strukturieren Sie Ihr Verkaufsgespräch in fünf Phasen: Der Eröffnung, der Analysephase, der Abgabe eines Angebotes, dem Einwand und dem Abschluss. Jede Phase hat eine eigene Struktur und Rolle im Verkaufsprozess und sollte vom Verkäufer systematisch abgearbeitet werden. Die definierten Phasen dienen Ihnen zur Orientierung im Verkaufsprozess, an denen Sie sich als B2B-Verkäufer orientieren können. Nach der Beauftragung sollten Sie den Auftrag ordnungsgemäß dokumentieren und nachfolgende Abteilungen, wie Buchhaltung und Produktion, informieren.

Literatur

Birkenbiehl VF (2002) Fragetechnik schnell trainiert, 13. Aufl. mvg-Verlag, Landsberg am Lech

Birkenbiehl VF (1995) Fragetechnik schnell trainiert: Das Trainingsprogramm für Ihre erfolgreiche Gesprächsführung. mvg Verlag, München

DeBruine LM (2005) Trustworthy but not lust-worthy: context-specific effects of facial resemblance, Proceedings of the Royal Society of London B

Dietze U, Mannigel C (2014) TQS- Total Quality Selling: Der nachvollziehbare Weg zu überdurchschnittlichem Verkaufserfolg, 3. Aufl. Gabal, Offenbach

Galal MM (2010) So überzeugen Sie jeden – Neue Strategien durch Verkaufshypnose, 3. Aufl. Gabler, Wiesbaden

Goleman D, Griese F (2007) EQ Emotionale Intelligenz, 19. Aufl. dtv Deutscher Taschenbuch Verlag, München

Heidenreich B (2017) Red Adair – Der berühmteste Feuerwehrmann der Welt. In: Planet Wissen. https://www.planet-wissen.de/gesellschaft/organisationen/feuerwehr/pwieredadairderberuehmtestefeuerwehrmannderwelt100.html. Zugegriffen: 10. Febr. 2018

Kreuter D (2012) Training für den Außendienst. Cornelesen, Berlin

Nielsen K, Nielsen N (2012) NLP – die Karten zur NLP-Ausbildung, 2. Aufl. Heragen, Freiburg

Oswald B (2010) Steuer für das Weggehen. In: sueddetusche.de. http://www.sueddeutsche.de/wirtschaft/mcdonalds-steuer-fuer-das-weggehen-1.821094. Zugegriffen: 10. Febr. 2018

Pyczak T (2017) Tell Me! Wie Sie mit Storytelling überzeugen. Rheinwerk, Bonn

Rackham N (1989) SPIN Selling-Major Account Sales-Strategie. MacGraw Hill Corporation, New York

Taxis T (2016) Die perfekte Preisverhandlung. BoD, Norderstedt

Wikipedia (2017a) https://de.wikipedia.org/wiki/US-Airways-Flug_1549. Zugegriffen: 16. Febr. 2018

Wikipedia (2017b) Teaser. https://de.wikipedia.org/wiki/Teaser. Zugegriffen: 16. Febr. 2018

Wikipedia (o. J.a) New York. https://de.wikipedia.org/wiki/New_York_City. Zugegriffen: 16. Febr. 2018

Wikipedia (o. J.b.) Seattle/Tacoma. https://de.wikipedia.org/wiki/Seattle-Tacoma_International_Airport. Zugegriffen: 16. Febr. 2018

Wirtschaftslexikon24 (o. J.a) Naturalrabatt. http://www.wirtschaftslexikon24.com/e/naturalrabatt/naturalrabatt.htm. Zugegriffen: 10. Febr. 2018

Wirtschaftslexikon24 (o. J.b) Mengenrabatt. http://www.wirtschaftslexikon24.com/d/mengenrabatt/mengenrabatt.htm. Zugegriffen: 10. Febr. 2018

Wirtschaftslexikon24 (o. J.c) Funktionsrabatt. http://www.wirtschaftslexikon24.com/d/funktionsrabatt/funktionsrabatt.htm. Zugegriffen: 10. Febr 2018

Wirtschaftslexikon24 (o. J.d) Lagerhaltung. http://www.wirtschaftslexikon24.com/d/lagerhaltung/lagerhaltung.htm. Zugegriffen: 10. Febr. 2018

Wübbenhorst, K, Esch, FR (2017) Evoked Set, Gabler Wirtschaftslexikon, 2017. http://wirtschaftslexikon.gabler.de/Archiv/7631/evoked-set-v6.html. Zugegriffen: 10. Febr. 2018

Elfte Woche: Verhandlungen sicher führen 11

Zusammenfassung

Neben den Kommunikations- und Argumentationstechniken ist die Verhandlungstechnik eine weitere kommunikative Grundtechnik des professionellen B2B-Vertriebs. Verkäufer sind erster Ansprechpartner des Kunden und dafür auch für die endgültige Konditionengestaltung verantwortlich. Um gegenüber geschulten Einkäufern und Kunden bestehen zu können, sollten sich Verkäufer mit den Grundtechniken der Verhandlungsführung auskennen. Dieses Kapitel beschreibt in zehn Stufen, wie Sie sich auf eine Verhandlung professionell vorbereiten, diese erfolgreich durchführen und am Ende als Sieger aus dem Gespräch gehen.

Frank war der Verkaufsprozess jetzt soweit geläufig. Aber er hatte vor den Verhandlungen großen Respekt. Als Techniker wurde er erst eingeschaltet, wenn der Auftrag vorlag. Als Verkäufer musste er den Auftrag mit dem Kunden und dessen Fach- oder Einkaufsabteilung verhandeln. Wie bereitete man sich auf Verhandlungen vor? Wann blieb man hart und wann gab man nach? Welchen Kundenaussagen konnte er vertrauen und wann wurde er über den Tisch gezogen?

Das Internet hat alles verändert. Früher war es eine Sache zwischen Verkäufer und Käufer: Zwei Geschäftspartner verhandelten die Konditionen, einigten sich auf einen Preis, mit dem beide Seiten leben konnten. Sie gaben sich einen Handschlag. Der Kauf war abgeschlossen, jeder Verhandlungspartner ging zufrieden nach Hause.

Durch das Internet haben Sie heute eine enorm gestiegene Preistransparenz. Raum und Zeit werden aufgehoben und Sie können Preise zwischen Regionen und im Zeitverlauf vergleichen. Da werden die Preise aus dem Internetshop mit dem Händlerpreis vor Ort verglichen. Oder man vergleicht die Preisentwicklung einzelner Produkte auf Preisbörsen.

O. Esters, *Kompaktkurs Verkaufen im B2B*,
https://doi.org/10.1007/978-3-658-15678-7_11

Kein Verkäufer, auch nicht ein Unternehmer im abgelegenen Städtchen, kann sich heute der Preistransparenz verschließen. Umso wichtiger ist es, dass Sie als Verkäufer mit den Verhandlungsmethoden vertraut sind. Denn schlussendlich verhandeln Sie als Verkäufer die Konditionen Ihres Kaufvertrages zwischen Ihnen und Ihrem Kunden. Von daher ist es wichtig, dass Sie als Top-Verkäufer sich mit den Grundtechniken professioneller Verhandlungsmethoden auskennen.

11.1 Die zwei Methoden der Verhandlung

Es gibt viele verschiedene Verhandlungsmethoden. Zwei gegensätzliche Methoden, die für Sie als Verkäufer interessant sind, möchte ich in diesem Kapitel beispielhaft erläutern:

- Das Harvard-Konzept (Fisher et al. 2013)
- Verhandlungsmethode nach Matthias Schranner (Schranner 2009)

Das Harvard-Konzept tendiert in Richtung einer Win-win-Situation, bei der beide Seiten einen Kompromiss finden, mit denen sie leben können. Diese Verhandlungstaktik ist in der Wirtschaft weit verbreitet, weil sie beide Seiten zu Gewinnern macht und damit ein Folgegeschäft deutlich vereinfacht. Nach dem Motto: „Man sieht sich immer zweimal im Leben", bauen Sie mit dem Win-win-Konzept eine nachhaltige Partnerschaft auf.

Matthias Schranner dagegen war früher Polizist der Schweizer Polizei und kommt eher von der Seite, dass es nur einen geben kann, der in der Verhandlung gewinnt. Seiner Meinung nach kann man eine Geisel nicht halb erschießen, entweder ganz oder gar nicht.

Ich persönlich halte beide Konzepte für sehr spannend. Und in der Praxis sind sie auch viel ähnlicher, als es in der Theorie erst einmal klingt. Persönlich fahre ich bei langjährigen Geschäftsbeziehungen mit der Win-win-Lösung sehr gut.

In der Praxis stelle ich aber oft fest, dass Verkäufer vor Verhandlungen „Respekt" haben und unvorbereitet und ohne Strategie in Verhandlungen gehen. Für viele sind Verhandlungen unangenehm oder sogar unwürdig. Sie nehmen es persönlich, dass der Kunde, nach eingehender, fairer und professioneller Beratung, jetzt auch noch den Preis, und damit die Marge drücken will. Doch was steckt psychologisch eigentlich dahinter?

Auch Kunden und Einkäufer haben Angst, gegenüber einem Verkäufer rhetorisch und fachlich benachteiligt zu sein. Wie zuvor schon beschrieben, müssen sich Kunden nach dem Kauf gegenüber Familienmitgliedern, Freunden oder

Arbeitskollegen für ihren Kauf rechtfertigen. Nur wenige halten einen Vorwurf, wie den *„da haben sie dich aber über den Tisch gezogen"*, aus. Die meisten wollen solche Vorwürfe vermeiden.

Es gibt aber auch Kunden, denen die Verhandlungen mit dem Verkäufer einfach Spaß machen. Diese Frage wurde in der größten Markt-Media-Untersuchung für Kleidung, Schuhe und Accessoires in Deutschland, der Outfit 6 im Jahre 2016, untersucht. Rund 15 % der Befragten antworteten auf die Frage nach der Aussage *„Beim Einkauf den Preis herunterzuhandeln, macht mir Spaß"*, dass diese Aussage voll und ganz zutrifft. 29 % gaben an, dass diese eher zutrifft. Nur jeder Zweite (56 %) gab an, dass ihnen die Preisverhandlungen keinen Spaß machen. Für Sie als Verkäufer heißt das, dass jeder zweite Kunde sich vor einer Preisverhandlung nicht scheut. Wenn Sie auch diese Kunden von sich überzeugen wollen, müssen Sie sich wohl auf Verhandlungen einlassen (Markt-Media-Untersuchung 2016).

In den letzten Jahren bietet das Internet ganz neue Möglichkeiten, Preise schnell und effektiv zu vergleichen. Der Preis ist eine volatile Variable, die leicht verglichen werden kann. 90 EUR sind weniger als 100 EUR. Das ist leicht nachvollziehbar. Die Aussage „LED-Fernseher sind technisch zweimal besser als LCD-Fernseher", ist dagegen von Kunden schwer zu überprüfen. Von daher steht der Preis in vielen Verhandlungen immer wieder im Blickfeld der Betrachter.

Wichtig Die Hälfte des Gewinns liegt im Einkauf.
Alte Kaufmannsweisheit

Auch Einkäufer haben keine andere Aufgabe im Unternehmen als Konditionen und Preise zu vergleichen. Ihre Daseinsberechtigung ist es, die Konditionen für das Unternehmen in Einkaufsverhandlungen zu optimieren.

Für Sie als Verkäufer sind diese Einkäufer oft unangenehm, weil Sie diese emotional nicht packen können. Nutzenargumentation, emotionale Aktivierung, Storytelling interessiert sie alles nicht. Für den Einkäufer zählen nur Fakten, Fakten, Fakten und immer an den Profit des eigenen Unternehmens denken. Dem gegenüber steht ein unter Verkaufsdruck stehender Verkäufer. Er muss den Deal reinholen, braucht den Umsatz für seine Zielerreichung. Für ihn hängen Provisionen, Reputation und nicht zuletzt der eigene Job am Auftrag.

Der Einkäufer weiß, welche positiven Auswirkungen ein Nachlass auf den Unternehmenswert hat. Wenn ein Einkäufer bei einem Volumen von einer Mio. Euro 0,1 % mehr Rabatt erzielt, spart er dem Unternehmen in fünf Jahren über 15.000 EUR an Kosten! (Scheible und Scheible 2016, S. 21).

Umso wichtiger ist es, dass Sie professionell und gut gerüstet in die Verkaufsverhandlungen eintreten. Auch hier gilt die alte Weisheit: Je austauschbarer Ihr

Produkt ist, desto schwieriger werden Ihre Verkaufsverhandlungen. Je individueller Ihr Produkt ist, desto weniger Alternativen hat der Einkäufer und desto besser können Sie Ihre Marge durchsetzen.

11.2 Die zehn Prinzipien guter Verhandlungsführung

Kennen Sie die Geschichte von dem Spaziergänger und dem Waldarbeiter? Ein Spaziergänger geht durch den Wald und sieht einem Baumfäller bei der Arbeit zu. Dieser schlägt unentwegt mit seiner Axt auf einen Baumstamm ein. Nach einiger Zeit bemerkt der Spaziergänger, dass der Waldarbeiter trotz vieler Schläge nicht weiterkommt. Schnell erkennt er, woran das liegt und ruft den Waldarbeiter an: *„Hallo Sie. Ihre Axt ist stumpf!"* Der Waldarbeiter ruft umgehend zurück: *„Ich weiß, aber ich habe keine Zeit zum Schärfen, ich muss Bäume fällen."*

Dieses Dilemma kennen Sie vielleicht auch aus dem Vertrieb: Sie müssten Verhandlungstechniken erlernen, haben aber keine Zeit, da Sie verkaufen müssen. Um Ihnen als Verkäufer die Vorbereitung auf eine Verhandlung so einfach wie möglich zu machen, habe ich für Sie hier zehn Schritte einer guten Verhandlungsführung aufgeschrieben:

11.2.1 Verhandeln braucht seine Zeit

Nehmen Sie sich für wichtige Verhandlungen Zeit. Setzen Sie dafür Gesprächstermine an und erledigen Sie wichtige Gespräche nicht zwischen Tür und Angel. Der Grund ist relativ einfach:

- Verhandlungen benötigen Konzentration. Sie müssen die von der Gegenseite vorgeschlagenen Konditionen prüfen, vergleichen, abschätzen.
- Verhandlungen benötigen Kraft. Sie müssen widerstehen können, entgegenstellen, argumentieren und vieles mehr. Dies alles benötigt viel Kraft. Kraft, auf welche Sie sich konzentrieren müssen.
- Verhandlungen benötigen Strategien. Sie müssen sich eine Verhandlungsstrategie zurechtlegen. Dies benötigt Zeit und Ruhe. Dafür sollten Sie Zeit einplanen.

Sie benötigen eventuell weitere Experten an Ihrer Seite, um spezielle Konditionen der Gegenseite zu überprüfen. Das können Produktion, Logistik, Controlling oder auch juristische Experten sein.

Aus all diesen Gründen sollten Sie sich für wichtige Verhandlungen Zeit nehmen.

11.2.2 Es zählt nur die Gewissheit, nicht die Wahrheit

„Jetzt sage ich mal die Wahrheit“. Dieser Satz wird von vielen Menschen gerne eingesetzt. Ich persönlich halte ihn in vielen Fällen für sehr schwierig. Wenn es sich nicht gerade um physikalische Gesetzmäßigkeiten handelt, ist die Wahrheit eine sehr subjektive Größe. Wessen Wahrheit hören wir denn gerade? Unsere Wahrheit oder die unseres Verhandlungspartners? Jeder Mensch hat eine andere Sicht auf die Dinge, jeder Verhandlungspartner andere Ziele und andere Erfahrungen. Je nachdem, ob Sie einem Ingenieur, einem Rechtsanwalt, einem Einkäufer oder einem anderen Fachmann gegenübersitzen, wird er vorwiegend seine Ziele in den Verhandlungen verfolgen.

Wenn Sie ein Haus bauen wollen, dann möchte der Ingenieur die Zeichnungen machen, der Maurer das Haus mauern, der Fliesenleger Ihnen ein Badezimmer fliesen, der Maler die Wände tapezieren, der Banker einen Immobilienkredit vergeben und das Finanzamt die Grunderwerbssteuer erheben. Wessen Wahrheit erleben Sie nun hier?

Von daher gibt es immer ein Wissen und ein Wollen. Sie wollen gewinnen und Sie wissen, dass es einen Verlierer geben wird. Nur – wer das sein wird – Sie oder Ihr Verhandlungspartner, das ist noch nicht sicher.

Die logische Schlussfolgerung daraus, dass es keine Wahrheit gibt, ist die, dass es auch kein Richtig oder Falsch gibt. Verlassen Sie die Ebene, in der Sie noch nach den richtigen Aussagen suchen. Wenn Ihnen Ihr Kunde sagt, dass Ihre Produkte zu 15 % falsch geliefert wurden, verschwenden Sie keine Zeit damit, diese Aussagen auf Richtigkeit zu überprüfen. Die wichtigere Frage ist die: Warum kommt die Information jetzt? Was will Ihr Verhandlungspartner damit bezwecken? Wie hilft Ihnen diese Information in Ihren Verhandlungen? Lernen Sie zu verstehen, dass jeder auf seine Weise Recht hat, aber nur einer sein Recht durchsetzen kann.

Machen Sie sich in jeder Phase der Verhandlung klar, was Sie wissen (Gewissheit), unabhängig davon, ob es die Wahrheit ist oder nicht. Wichtig ist, welches Ergebnis können Sie mit diesen Informationen erzielen. Wie helfen Ihnen diese Informationen in Ihren Verhandlungen?

11.2.3 Vorbereitung ist alles

Gute Vorbereitung ist der Garant für Ihren Erfolg in Verhandlungen. Je besser Sie vorbereitet sind, desto höher ist die Wahrscheinlichkeit, dass Sie auf unerwartete Situationen und Argumente Ihrer Verhandlungspartner reagieren können. Von daher ist eine professionelle und umfassende Vorbereitung für jede Verhandlung unabdingbar:

Analysieren Sie die Situation Ihres Kunden und Ihre eigene bis kurz vor dem Termin.

Überprüfen Sie alle Ihnen vorliegenden Informationen auf seinen Wahrheitsgehalt.

Kennen Sie Preise und Konditionen Ihrer Wettbewerber? Kennen Sie Ihre eigene Preisliste und Ihre eigene Preisstruktur? Viele Verkäufer kennen nicht die eigene Marge und wissen daher nicht, ab wann sie negativ verkaufen.

Kennen Sie Namen, Position und Lebenslauf Ihrer Ansprechpartner? Auch Persönliches, wie Hobbys, Familiensituation oder privates Engagement sollten Ihnen bekannt sein. Recherchieren Sie im Internet (Facebook, Xing, LinkedIn, Twitter, Homepage, Suchmaschinen), erforschen Sie deren Persönlichkeit und Wertehaltung, um Ihre Verhandlungsstrategie darauf abzustimmen.

Erforschen Sie die Situation des Unternehmens. Schauen Sie sich nicht nur die Homepage an, lesen Sie auch die Kommentare von Mitarbeitern (kununu) oder die Bilanz (E-bundesanzeiger.de). Presseberichte und Kundenmeinungen vervollständigen Ihr Bild.

Forschen Sie immer mehr, als Sie glauben zu müssen. Erst wenn Sie glauben, alles zu wissen, haben Sie gerade die wichtigsten Informationen zusammen. Lassen Sie Ihre Kollegen die unangenehmsten Fragen aufschreiben, die Ihnen einfallen. Wenn Ihnen die Antworten auf diese Fragen bekannt sind, sind Sie langsam vorbereitet.

Schreiben Sie in Vorgesprächen, Verhandlungen und Nachbesprechungen immer mit. Schreiben Sie Zitate ihrer Verhandlungspartner auf und dokumentieren Sie diese mit Verfasser, Ort und Uhrzeit. (Beispiel: *„Herr Müller aus dem Einkauf sagte am 15. Mai um 14:33 Uhr, dass wir bei einer positiven Lösung dieses Problems mit der Beauftragung rechnen können.“*)

11.2.4 Verhandeln können, heißt Schweigen können

Schreiben Sie die Fragen auf, welche Sie Ihrem Verhandlungspartner stellen möchten. Erstellen Sie so einen Fragekatalog und diskutieren Sie diesen mit Ihrem Verhandlungspartner in einem Vorgespräch. Die Antworten bilden das Grundgerüst Ihrer Agenda. Schon bei der Agenda entscheiden Sie über Ihre Verhandlungsstrategie. Streben Sie eine strategische Win-win-Lösung an, packen Sie die Gelegenheit beim Schopf und verabschieden gemeinsam die Agenda als Zeichen der Kooperation (Portner 2010, S. 82). Ansonsten schreiben Sie als erster die

Tagesordnungspunkte auf und senden Sie diese allen Beteiligten zu. Die Agenda kann ruhig relativ allgemein gehalten sein, wichtig ist, dass Ihr Verhandlungspartner der Agenda zustimmt. Damit übernehmen Sie die Führung in der Besprechung.

Sollte Ihr Verhandlungspartner auch dieses Buch gelesen haben und die Agenda vor Ihnen zusenden, dürfen Sie dieser nicht zustimmen. Sie akzeptieren keine Agenda, die jemand anderer Ihnen diktiert. Sie führen den Verkaufsprozess, Sie lassen sich nicht führen!

Wie in Verkaufsgesprächen, so auch in Verhandlungen, bringen Sie Fragen Ihrem Ziel näher. Der Spruch „Wer fragt, der führt", hat hier eine ganz besondere Bedeutung, da Sie am Ende die Beauftragung des Kunden haben wollen.

Professionelle Fragetechniken haben wir schon in Kap. 10 besprochen. Trotzdem möchte ich hier einige Besonderheiten in den Fragetechniken für Verhandlungen bemerken.

- Stellen Sie immer nur eine Frage nach der anderen. Stellen Sie niemals mehrere Fragen gleichzeitig. Fragen Sie Ihren Verhandlungspartner immer, warum etwas ist, wie es ist. Setzen Sie nie Gegebenheiten voraus, sondern ziehen Sie alle Aussagen Ihres Verhandlungspartners infrage.
- Geben Sie Alternativen vor, um Ihren Gesprächspartner durch das Gespräch zu führen und überlegen Sie sich zu jedem Zeitpunkt in der Verhandlung, welche Frage Sie Ihrem Ziel näherbringt.

Sie selbst stellen alle Fragen im vorsichtigen Konjunktiv. Das ist der größte Unterschied zu Verkaufs- und Werbetexten. Hier sollten Sie sich vorsichtig an die Antworten herantasten.

- *„Ist es möglich …"*,
- *„Können Sie sich vorstellen …"*,
- *„Ist es denkbar …"*.

Lernen Sie zu schweigen. Je mehr Sie reden, desto mehr reden Sie sich um Kopf und Kragen. Der ideale Verhandlungsführer ist analytisch, introvertiert, rational und zielorientiert. Das sind nicht unbedingt die besten Voraussetzungen für einen Verkäufer, die oftmals emphatisch, extrovertiert, emotional und ergebnisorientiert sind. Versetzen Sie sich daher in einen ernsten, konzentrierten und leicht angriffslustigen Zustand. Sie können vor einer wichtigen Verhandlung noch einmal Ihren Steuerberater anrufen und sich erklären lassen, wie viel Abgaben Sie dieses Jahr wieder zahlen müssen. Gute Stimmung vernebelt Ihre Sinne. Von daher ist in Verhandlungen auch absolut kein Spielraum für Humor, Witze, Anekdoten oder gute Laune. Sie haben eine Mission, die es zu erfüllen gilt. Die Zeit der guten Stimmung war in der Eröffnungsphase, jetzt wird verhandelt!

Walter Scheel, vierter Bundespräsident der Bundesrepublik Deutschland und eine rheinische Frohnatur, war berühmt für seine gute Laune und seine Sangesarien (*„Hoch auf dem gelben Wagen, sitz ich beim Schwager vorn …“*). Zu seinem Tod 2016 erzählten viele Wegbegleiter, wie beeindruckt sie waren, wie dieser lebenslustige Mensch in Verhandlungen umschalten und konzentriert und zielorientiert sein Anliegen durchsetzen konnte. Seine Verhandlungspartner waren alle verblüfft. Und Überraschung ist immer ein strategischer Vorteil für den Verhandler.

▶ Denken Sie immer daran: Ihre Kunden wollen bei Siegern kaufen und Sie sind ein Sieger!

Trotzdem sollten Sie Ihrem Verhandlungspartner nicht drohen. Seien Sie immer freundlich, aber zielorientiert in der Sache. Bleiben Sie bei allen Aussagen glaubwürdig und zeigen Sie Ihrem Gesprächspartner, dass Sie ihn akzeptieren und wertschätzen. Sie wollen auch später noch Geschäfte mit ihm machen. Nur eben zu Ihren Konditionen.

11.2.5 Sei ergebnisoffen aber zielorientiert!

Wenn Sie Profi-Kampfsportlern, wie den Judoka, zuschauen, dann sehen Sie am Anfang des Kampfes immer ein komisches Ritual: Sekundenlang schlagen sich beide Kämpfer gegenseitig die Hände von den Revers. Der Grund ist recht einfach: Der erste Judoka, der den anderen zu fassen bekommt, führt den Kampf und kann seine Techniken durchsetzen. Bei Verhandlungen ist es ähnlich.

Vorsicht vor zu schnellen Antworten und Festlegungen Ihrer Kunden. Vermeiden Sie und akzeptieren Sie keine zu frühe Festlegung. Mit einer Festlegung haben Sie keine EXIT-Möglichkeit mehr. Es ist viel schwerer, Ihren Kunden aus seiner frühen Festlegung zu lösen, als ihn zu einer von Ihnen gewünschten Antwort zu manövrieren. Stellen Sie sich das wie ein Boot auf dem Wasser vor. Solange das Boot im Hafen nicht angelegt hat, können Sie es noch in jede gewünschte Richtung manövrieren. Sobald es aber am Steg festgetaut ist, wird es deutlich schwerer, die Position zu wechseln.

Daher beantworten Sie gar keine Fragen. Sie stellen die Fragen, beantworten aber keine. Wenn Sie mit einer Frage konfrontiert werden, stellen Sie zur Not eine Gegenfrage.

Im Idealfall haben Sie Widersprüche notiert und können diese zur richtigen Zeit in der Verhandlung einsetzen.

Kunde: *„Können Sie mir das Produkt mit 30 % Nachlass verkaufen?"*

Verkäufer: *„Ihr Kollege, Herr Meier, sagte in unserem Gespräch heute Morgen um 9:33 Uhr, dass er sehr viel Wert auf höchste Qualität und eine professionelle Abwicklung legt. Was ist denn nun wichtiger, beste Qualität und Service oder ein billiger Preis?"*

Matthias Schranner zeigt in seinem Buch „Teure Fehler" (Schranner 2009), wie man Widersprüche in vier Schritten professionell auflöst:

1. Loben Sie Ihren Verhandlungspartner für die guten Gespräche. Loben Sie seine Arbeit, seine Professionalität und seine Vorbereitung (s. Abschn. 6.3.2).
2. Fragen Sie nach seinem Rat und bitten Sie ihn um Hilfe: *„Ich kann die derzeitige Situation nicht einschätzen und frage mich..."*. Fragen Sie ihn, was er an Ihrer Stelle tun würde.
3. Nun sprechen Sie den Widerspruch an und legen damit den Finger in die offene Wunde: *„Sie haben um 10:45 Uhr gesagt, dass Sie das alleine entscheiden dürfen ..., jetzt sagen Sie ..."*
4. Nun heißt es schweigen und Mund halten. Den definierten Widerspruch muss Ihr Gesprächspartner erst einmal auflösen. Sie haben Ihren Köder ausgeworfen. Nun gilt es abzuwarten.

Denken Sie daran: Erfolg und Misserfolg spielen sich nur in Ihrem Kopf ab. Damit entscheiden Sie über den Sieg!

11.2.6 Verhandlungen sind emotionsfreie Zonen

In Verhandlungen haben Ihre Emotionen nichts zu suchen. Emotionen schalten das Großhirn aus und lassen Sie mit dem Kleinhirn oder auch Stammhirn denken. Das Ergebnis ist eindeutig: Sie argumentieren nicht mehr sachlich, sondern lassen sich von Ihrem Verhandlungspartner (bewusst) provozieren und handeln dadurch nicht mehr rational, sondern impulsiv und emotional. So können Sie aber keine Verhandlungen gewinnen, sondern werden Spielball Ihres Gesprächspartners.

Ihre eigene innere Haltung ist ein wesentlicher Erfolgsfaktor für Ihre Verhandlung. Wollen Sie in jedem Fall gewinnen, verrät dies Ihre Gestik und Stimme. Ihr Verhandlungspartner merkt Ihre Aggressivität und geht selbst in Kampfposition. Wollen Sie Frieden um jeden Preis, wird dies auch erkannt und Ihr Verhandlungspartner lässt Sie auflaufen, schüchtert Sie ein oder stellt sich stur (Kellner 2005, S. 67).

Daher müssen Sie sich bewusst machen, dass Ihr Gesprächspartner – bei welcher Beleidigung auch immer – nicht Sie als Person meint, sondern dass er einfach seine Forderungen durchsetzen möchte. Sie befinden sich in der Schlacht, um die besten Konditionen und Ihr Gegenüber wird testen, ob er Sie emotional aus der Ruhe bringen kann. Sie aber verhalten sich wie ein Stein: Auch in der stärksten Brandung bringt Sie nichts aus der Ruhe.

Damit das gelingt, sollten Sie Menschen und Probleme voneinander getrennt betrachten. Egal, um welche Verkaufsverhandlung es sich handelt, oft wird vergessen, dass es sich bei beiden Seiten um Menschen handelt und dass die andere Seite bewusst oder unbewusst das Stilmittel der persönlichen Beleidigung einsetzt. Wir alle sind Menschen mit Werten und Gefühlen. Dieser Aspekt kann bei Verhandlungen nützen oder auch stören. Wenn Sie gleiche Wertevorstellungen vertreten, können die gemeinsamen Gefühle sich positiv auf das Ergebnis auswirken. Bei unterschiedlichen Wertevorstellungen wirken diese „störend", da Sie sich angegriffen fühlen (Fisher et al. 2013, S. 49).

Trennen Sie daher persönliche Beziehungen von den Sachfragen. Bleiben Sie selbst immer freundlich im Ton und zielorientiert in der Sache. Wenn Sie Ihr Ziel kennen, wird Sie der Weg finden.

11.2.7 Nur wer das Ziel kennt, wird den Weg finden

Stellen Sie sich vor, Sie machen sich mit einem kleinen Schiff auf den Weg. Aber Sie wissen gar nicht, wo Sie hinwollen. Was wird passieren? Sie werden Spielball der Winde und Wellen. Sie werden im Kreis und in der Gegend herumfahren, aber Sie werden nicht weiterkommen, weil Sie nicht wissen, was Ihr Ziel ist. Diese Methode gilt auch für Verhandlungen: Ohne Ziel sind Sie Spielball Ihres Verhandlungsgegners. Daher sollte Ihnen vorher klar werden, was Ihre Verhandlungsziele sind. Schreiben Sie zehn Verhandlungsziele auf, darunter den Preis und priorisieren Sie diese:

- Drei Forderungen sind für Sie unverhandelbar und wollen durchgesetzt werden.
- Vier Forderungen sind für Sie Nice-to-have, aber Sie lassen mit sich verhandeln.
- Drei Forderungen sind dazu da, an die Gegenseite geopfert zu werden.

Am Anfang empfehle ich immer, diese Liste schriftlich niederzulegen. Ihr Gesprächspartner darf die Einteilung selbstverständlich nicht kennen. Er muss die geopferten Forderungen als seinen Erfolg verbuchen. Immer, wenn Sie eine Forderung opfern, setzen Sie eine Forderung von sich durch.

Wenn wir da zustimmen, dann möchte ich diese Position aber durchsetzen.

Wenn Ihr Gesprächspartner auch so eine Liste niederschreibt, können Sie diese meist schnell abarbeiten, da beide gut vorbereitet sind. Strittig sind dann nur Schnittmengen der ersten Kategorie des Unverhandelbaren. Wenn Ihr Verhandlungsgegner keine Liste geschrieben hat, sind Sie klar im Vorteil, da Sie wissen, was für Sie wichtig ist.

11.2.8 Scheitern ist immer eine Option!

Einer der sieben Tugenden eines Samurai ist die Furchtlosigkeit. Die fehlende Angst vor dem Tod. Hans-Peter-Rentsch übersetzt diese wichtige Tugend für den Verkäufer in seinem Buch „Der Samurai-Verkäufer". Er erklärt, dass das Wichtigste im Leben eines Verkäufers die Freiheit vor Furcht ist. Vielleicht kennen Sie auch einen Verkäufer, der vor Angst, den Auftrag nicht zu erhalten, alles richtigmachen möchte und dann alles falsch macht (Rentzsch 2002, S. 22).

Eine andere Redewendung bestätigt dies auf einer anderen Art: Angst ist ein schlechter Ratgeber! Wenn Sie Angst haben, einen Auftrag zu verlieren, kommunizieren Sie diese Angst mit jeder Pore Ihres Körpers. Ihr Verhandlungspartner sieht es in Ihren Augen, in Ihrer Körperhaltung, in Ihrer Stimme, in Ihrem gesamten Verhalten. Ihr Verhandlungspartner kann es sogar riechen. Gefahr kann man riechen. Es ist ein besonderer Inhaltsstoff im Schweiß, der all das preisgibt: Der Botenstoff Pheromon. Er funktioniert bei Insekten, Wölfen, Vögeln und selbst beim Menschen, haben Wissenschaftler zweifelsfrei nachgewiesen (Walter 2013). Und Ihr Verhandlungspartner wird sich sagen: *„Ich bringe ihn nun soweit in Not, dass er sich entscheiden muss: Akzeptieren oder aufgeben."* Sie werden akzeptieren!

Sind Sie allerdings bereit zu scheitern, dann strahlen Sie diese Sicherheit auch aus. Sie haben ja nichts mehr zu verlieren. Sie können nur noch gewinnen. Das sieht Ihr Verhandlungspartner wieder in Ihren Augen, an Ihrer Körperhaltung, in Ihrer Stimme, in Ihrem gesamten Verhalten. Und er wird es nicht darauf ankommen lassen, denn Sie müssen von einem ausgehen: Auch Ihr Verhandlungspartner hat Angst sein Gesicht zu verlieren. Vielleicht ist er es ja, der nicht bereit ist zu sterben, dann sehen Sie das in seinen Augen, in seiner Körperhaltung, in seiner Stimme …

11.2.9 Geben Sie dem Verlierer das Gefühl des Siegers

Wenn Sie eine Verhandlung gewinnen sollten oder sich eine Verhandlung für Sie gut entscheidet, treten Sie trotzdem bescheiden und demütig auf. Die Gegenseite braucht immer die Möglichkeit, mit erhobenem Hauptes die Verhandlungen zu verlassen.

Ein Polizist hat nach langen Verhandlungen einen Selbstmörder überredet, seine Position am Dach aufzugeben und sich in psychiatrische Hilfe zu begeben. Allerdings schauten viele Schaulustige, Polizisten und Feuerwehrmänner zu. Wie sollte man den Selbstmörder dazu bewegen, durch diese Gruppe von Menschen zu gehen, die ihn wahrscheinlich anstarren und mit dem Handy Fotos und Videos für die sozialen Netzwerke machen würden? Er entschied sich dazu, dem Selbstmörder einen Feuerwehranzug auszuleihen. Damit kam er unerkannt durch die Schaulustigen und Einsatzkräfte. Er konnte sein Gesicht im wahrsten Sinne des Wortes bewahren und unerkannt entkommen (Schranner 2009).

Wie sehen Ihre „Feuerwehranzüge" aus? Was können Sie Ihren Verhandlungspartnern bieten, damit Sie erhobenen Hauptes den Verhandlungstisch verlassen?

Vielleicht so: Bedanken Sie sich bei allen für die fairen und guten Gespräche. Machen Sie deutlich, wie viel Respekt Sie Ihrem Verhandlungspartner schulden und wie hart er mit Ihnen gerungen hat. Schreiben Sie einen Brief an den Vorgesetzten, wo Sie sich für die harten, aber fairen Verhandlungen bedanken und machen Sie klar, dass Sie froh sind, endlich einen Kompromiss gefunden zu haben.

11.2.10 Feiern Sie nicht Ihren Sieg

Wenn Sie in Ihr soziales Umfeld zurückkommen, was wahrscheinlich Ihr Team oder Ihr Unternehmen sein wird, sollten Sie den Erfolg nicht groß feiern. Ich weiß, dass das schwer ist. Sie haben sehr hart dafür gearbeitet, stundenlange Verhandlungen geführt und endlich Ihre Position durchgesetzt. Aber es gibt sehr gute Gründe, die Bescheidenheit und Demut beizubehalten:

Sie wissen nie, ob es Kontakte in Ihrem Team zum Wettbewerber gibt. Denken Sie immer daran: Man sieht sich meistens zweimal im (Berufs)Leben. Wenn einer Ihrer Mitarbeiter Kontakte zum Wettbewerb hat, ist es besser, er oder sie kommuniziert, dass Sie Ihrem Verhandlungsgegner größten Respekt entgegen bringen. Ihr Wettbewerb wird Sie dafür schätzen und als vertrauensvollen Geschäftspartner in Erinnerung behalten.

Wenn Sie weiter Geschäfte mit Ihren Verhandlungspartnern machen möchten, ist es wichtig, dass Sie als vertrauenswürdig wahrgenommen werden. Aber auch Ihre Mitarbeiter sollen die neuen Verhandlungspartner wertschätzen. Ihre Wortwahl ist dafür entscheidend.

Resümee

Verhandeln ist eine kommunikative Grundtechnik des Top-Verkäufers. Bereiten Sie sich deshalb professionell auf das Verhandlungsgespräch vor. Recherchieren Sie alle wichtigen internen und externen Informationen, machen Sie sich eine Liste aus mindestens zehn Positionen und klassifizieren Sie diese in unverhandelbar, Nice-to-have und nicht wichtig. Treten Sie Ihren Verhandlungspartnern mit Respekt und Demut gegenüber, aber kämpfen Sie wie ein Samurai für Ihre Positionen. Ihr Verhandlungspartner erkennt sehr schnell, wie wichtig Ihnen die Positionen aus den Verhandlungen sind. So vorbereitet sind Sie in der Lage, Ihre Konditionen in Verhandlungen durchzusetzen.

Literatur

Fisher R, Ury W, Patton B (2013) Das Harvard Konzept, 24. Aufl. Campus, Frankfurt a. M.
Kellner H (2005) Verhandeln, hart aber herzlich. Hanser, München
Markt-Media-Untersuchung (2016) Kleidung, Schuhe und Accessoires in Deutschland, der Outfit 6. Spiegel Verlag: Hamburg
Portner J (2010) Besser Verhandeln, das Trainingsbuch, 2. Aufl. Gabal, Freiburg
Rentzsch H-P (2002) Der Samurai Verkäufer, die sieben Wege des Kriegers im gnadenlosen Wettbewerb. Redline Wirtschaft bei Verlag moderne Wirtschaft, München
Scheible K-G, Scheible K (2016) Verhandeln! Goldegg, Berlin
Schranner M (2009) Teure Fehler – Die 7 größten Irrtümer in schwierigen Verhandlungen. Econ, Berlin
Walter T (2013) Schweiß ist nicht nur fies, wie Schweiß nach Angst, Krankheit oder Sex riecht. RP-Online, 24. Juli 2013, 14:15 Uhr. http://www.rp-online.de/leben/gesundheit/medizin/hitze/wie-schweiss-nach-angst-krankheit-oder-sex-riecht-aid-1.3558339. Zugegriffen: 10. Febr. 2018

Zwölfte Woche: Reporting und Dokumentation

12

Zusammenfassung

Top-Verkäufer dokumentieren ihre Aktivitäten und Ergebnisse regelmäßig und berichten diese an das Management, Kollegen und sich selbst. So können sie ihre Aktivitäten jederzeit prüfen und informieren die Geschäftsführung, das Management, die Kunden oder Kollegen über ihre Aktivitäten. Die Dokumentation wird nach zeitlicher Ebene in Planung oder Ist-Daten unterschieden oder unterteilt in Standard- oder Ad-hoc-Reporting und durch Übersichten, wie Dashboards, vervollständigt.

Die ersten Wochen verliefen gut. Frank und seine Vorgesetzten waren mit den Ergebnissen sehr zufrieden. Die Geschäftsführung bat Frank nun einen regelmäßigen Bericht über seine Vertriebsaktivitäten anzufertigen. Als Techniker war er es gewohnt, seine Arbeit für den Kunden und seinen Vorgesetzten zu dokumentieren. Aber welchen Grund gab es für Vertriebsmitarbeiter, sich die Arbeit der Dokumentation zu machen? Und wenn ja, was sollte eigentlich dokumentiert werden?

Betrachten Sie den Vertrieb mal mit den Augen eines Produktionsleiters, dann erkennen Sie schnell, dass Vertrieb nichts anderes ist, als das Produzieren von Kunden. Ihre Rohstoffe sind Märkte, Ihre Halbzeuge sind Interessenten und Ihre Produktionsmaschinen die Internetseiten, Messen, Verkaufsgespräche und Angebote. Betrachten Sie Vertrieb aus diesem Blickwinkel, kann Vertrieb genauso über Kennzahlen und Hitlisten geführt werden, wie produzierende Abteilungen auch. Und was produziert wird, kann auch gemessen werden.

▶ Nur was Sie messen, können Sie auch steuern.

O. Esters, *Kompaktkurs Verkaufen im B2B*,
https://doi.org/10.1007/978-3-658-15678-7_12

Ihre Vertriebsaktivitäten und deren Ergebnisse (Erfolge und Misserfolge) dokumentieren Sie im Reporting oder auf Deutsch: Berichtswesen. Dies ist das Dokumentieren bestimmter Tätigkeiten und Gegebenheiten zu einem bestimmten Zeitpunkt (Bilanz) oder innerhalb eines bestimmten Zeitraums (zum Beispiel Gewinn und Verlustrechnung). Dabei können Sie die Dokumentation nach zwei Ebenen unterscheiden:

- Der wiederkehrenden Ebene: Standard-Reporting versus Ad-hoc-Berichte
- Der zeitlichen Ebene: Vergangenheit (Ist) versus Zukunft (Plan)

Die Berichte fassen Sie im Management-Reporting zusammen. Das Management-Reporting stellt in diesem Zusammenhang eine spezifische Form der Informationsversorgung innerhalb von Unternehmen dar (Fiedler und Gräf 2012, S. 327). Das Reporting dient verschiedenen Zwecken:

- Der Dokumentation der vertrieblichen Leistung
- Der Auslösung von Aktivitäten
- Der Vorbereitung und Kontrolle von Entscheidungen (Fiedler und Gräf 2012, S. 329)

Die Herausforderung bei der Dokumentation ist die Deutung der Ergebnisse und dem Umgang mit derselben. Im ersten Schritt dokumentieren die Zahlen und Werte erst einmal nur einen messbaren Tatbestand. Dieser ist neutral zu betrachten, also weder gut noch schlecht. Im zweiten Schritt müssen sich Vertriebsleiter und Verkäufer mit der Frage auseinandersetzen: Was kann ich tun, damit die Zahlen (weiter) in die gewünschte Richtung zeigen.

Wenn Sie tolle Verkaufsergebnisse erzielen, sollten Sie dafür sorgen, dass sich diese stabilisieren. Es kann durchaus sein, dass Sie als Vertriebsmitarbeiter mit Ihren Kollegen Überstunden machen und bald an der Überlastungsgrenze arbeiten. Oder die Ergebnisse sind noch nicht wie geplant und Sie müssen Aktivitäten starten (Werbung, Messen, Vertriebsaktivitäten), damit mehr Interessenten und Kunden auf Sie aufmerksam werden. Im dritten Schritt erst dienen die Ergebnisse der Vorbereitung von Maßnahmen, die unterschiedlicher Natur sein können, von einem Training bis zur ultimativen Kündigung des Vertriebsmitarbeiters. Diese ist definitiv eine der teuersten Maßnahmen und sollte immer mit Bedacht durchgeführt werden.

Wie der Köder dem Fisch schmecken muss und nicht dem Angler, so müssen Sie auch bei den Geschäftsberichten vom Informationsbedarf des Adressaten herdenken. Fragen Sie sich immer, was Sie oder Ihre Vertriebsleitung benötigen, um das Unternehmen zu steuern. Wenn Sie dies nicht wissen, fragen Sie bei Ihren Vorgesetzten nach.

Wenn Sie von Ihren Vorgesetzten zu einem Reporting aufgefordert werden oder wenn Sie von Ihren Mitarbeitern oder dem Vertriebscontrolling Reports erwarten, sollten Sie wissen, welche Art von Reporting für Sie wichtig ist. Im ersten Schritt wird unterschieden zwischen Standard- und Ad-hoc-Reporting. Beide unterscheiden sich erheblich und haben ganz andere Zielsetzungen.

12.1 Standard-Reporting

Unter dem Begriff Standard-Reporting versteht man regelmäßig wiederkehrende Berichte zur Steuerung des Unternehmens oder der entsprechenden Abteilungen. Zu dem Standard-Report gehören Tages-, Wochen, Monats-, Quartals- oder Jahresberichte. Das Standard-Reporting ist – wie der Begriff schon sagt – standardisiert. Das heißt, jeden Monat werden die gleichen Messgrößen und Kennzahlen im Reporting ausgewiesen und können dann in der Zeitfolge miteinander verglichen werden.

Andreas Taschner definiert in seinem Buch das Standard-Reporting wie folgt: „Standardberichte dienen dazu, den möglichst größten Teil des regelmäßigen anfallenden Informationsbedarfs des Managements effizient abzudecken." (Taschner 2012, S. 23).

Diese Berichte sind in mehrfacher Hinsicht standardisiert:

- Berichtsinhalte
- Berichtszeiträume
- Berichtsdarstellung und -layout
- Berichtsadressaten

Ein großer Vorteil der Standardberichte ist ihre Effizienz: Datenquellen müssen nicht neu gesucht werden, Datenextraktion und -transformation können automatisiert werden. Durch Templates werden eine raschere und einfachere Aktualisierung und eine einfachere Verarbeitung der Inhalte bei gleichbleibendem Empfängerkreis (Wiedererkennung der Berichtsformate und -inhalte) gewährleistet.

Ein weiteres Merkmal sind regelmäßige periodische Darstellungen. Meist sind das der Tag, die Woche, der Monat, das Quartal oder das Jahr. Standardberichte eignen sich für die regelmäßige Führung von Mitarbeitern, Institutionen und Unternehmen. Durch ihre Einheitlichkeit geben sie Orientierung und Kontinuität.

Zu den typischen Standardberichten eines Vertrieblers gehören der Tagesbericht, Soll-/Ist-Vergleiche und der Forecast-Bericht. Im Soll-/Ist-Vergleich werden die Planzahlen und die bis zum Berichtszeitraum erzielten Ist-Zahlen miteinander verglichen. Der Forecast-Bericht listet die vom Vertriebsmitarbeiter abgegebenen Angebote mit deren Abschluss-Wahrscheinlichkeit auf. Durch die Wahrscheinlichkeit errechnet sich ein wahrscheinlicher Umsatz.

So kann die Entwicklung des Umsatzes, die Anzahl der Mitarbeiter, die verkauften Produkte und vieles mehr in einer Zeitfolge betrachtet werden. Dadurch werden Entwicklungen und Trends im Vertrieb sehr gut deutlich.

12.1.1 Dashboards als schnelle Übersicht

Wir starten die Berichtsübersicht mit dem sogenannten Dashboard. Dashboards (engl. für Armaturenbrett) werden vor allem im Management eingesetzt. Wie ein Armaturenbrett im Auto, so zeigt auch ein Dashboard im Controlling die zur Steuerung der eigenen Tätigkeiten wichtigsten Leistungsgrößen an. Entweder als absolute Größe, gerne aber auch als Kennzahl (engl. Key Performance Indicator [KPI]). Im Auto überwachen Sie Geschwindigkeit, Drehzahl, Tankinhalt, Temperatur oder gefahrene Kilometer; Im Vertrieb gibt es kein Standard-Dashboard, daher müssen Sie für sich selbst definieren, welche Kenngrößen und Kennzahlen Sie zur Steuerung Ihres Geschäftes benötigen. Ein Vertriebs-Dashboard könnte Folgendes beinhalten:

- Planumsatz
- Aktueller Umsatz absolut und kumuliert
- Anzahl Präsentationstermine geplant und vergangen
- Anzahl Angebote
- Anzahl Kunden gesamt
- Anzahl neuer Kunden
- Umsatz pro Mitarbeiter
- Umsatz pro Kunde
- Umsatz pro Auftrag
- Auslastung

Diese Kennzahlen sind nur ein Vorschlag. Sie sollten aber nicht mehr als zehn Kennzahlen und Werte in Ihrer Übersicht definieren. So sehen Sie, ob alles im grünen Bereich ist oder ob Sie korrigieren müssen. Das Dashboard gibt Ihnen eine erste Übersicht, die Details prüfen Sie dann in den Detailberichten.

12.1.2 Soll-Ist-Vergleich zur Abweichung zwischen Plan- und Ist-Wert

Abweichungsberichte werden bei Erreichung einer vorab definierten Toleranzschwelle erstellt. Der Abweichungsbericht stellt somit den informatorischen Ausdruck eines „management by exception“ dar (Taschner 2012, S. 34).

Je größer das Unternehmen ist, in dem Sie arbeiten, desto häufiger wird mit Budgets und Planvorgaben gearbeitet, die es zu erreichen oder zu übertreffen gilt (Milz 2013, S. 247). Der Soll-Ist-Vergleich kommt aus dem klassischen Controlling und wird regelmäßig erstellt (Woche, Monat, Quartal oder Jahr). In dem Soll-Ist-Vergleich stellen Sie Ihre Planwerte (Soll) den bisher erreichten Ist-Werten gegenüber. Dann errechnen Sie die absoluten und relativen (prozentualen) Abweichungen. Fertig ist der einfache Soll-Ist-Vergleich.

	Plan	Ist	Differenz	Zielerreichung
Umsatz	1000,-	600,-	400,-	60 %

Um dies ein wenig transparenter zu gestalten, kann man den Soll-Ist-Vergleich noch erweitern. Der nächste Schritt ist der kumulierte Soll-Ist-Vergleich. Beim kumulierten Bericht addieren Sie zusätzlich die Werte bis zum heutigen Zeitpunkt zusammen. Ein einfaches Beispiel verdeutlicht das:

Sie wollen jeden Monat 100 EUR Umsatz machen. Dann sieht Ihr kumulierter Quartalsplan so aus:

	Monat 1	Monat 2	Monat 3
Normaler Umsatz	100,-	100,-	100,-
Kumulierter Umsatz	100,-	200,-	300,-

Auch in diesem Bericht stellen Sie Ihre Plan und Ist-Werte gegenüber. Dies kann man nun für jede Zeitperiode, jeden Mitarbeiter, jedes geplante Verkaufsgebiet oder Produkt gegenüberstellen. So ergibt sich schnell ein umfangreiches Berichtswesen.

Taschner rät, diese Berichte nicht zu oft im Vertriebscontrolling einzusetzen. Ein Abweichungsbericht im Januar macht noch nicht so viel Sinn, da das Jahr noch in den Startlöchern steht (Taschner 2012). Aus meiner eigenen Erfahrung ist der Abweichungsbericht dann sinnvoll, wenn es nicht darum geht, die positiven oder negativen Abweichungen gegenüber dem Personal lobend oder anklagend in Vertriebsrunden zu diskutieren, sondern wenn diese Berichte dazu genutzt werden, die Frage hinter den Aussagen der Abweichungen zu diskutieren und zu verstehen: Warum ist ein Verkäufer besser als der andere? Warum verkauft sich Produkt a sehr gut, während Produkt b ein Ladenhüter ist? Warum sehen viele Menschen die geschalteten Anzeigen, kaufen aber nicht (sogenannte Conversion Rate oder Umsetzungsquote)? Nur, wenn Sie diese Fragen beantworten, verstehen Sie, wo Sie Entwicklungspotenzial und damit Umsatzpotenzial haben. Sie können dann Maßnahmen entwickeln, damit alle Vertriebsaktivitäten zum vollen Erfolg werden.

▶ Denken Sie immer daran: Nur was Sie planen, können Sie auch messen!

Ein weiteres Risiko besteht im Selbstzweck: Wenn Sie etwas messen wollen, müssen Sie es auch vorher planen. Schnell wird dann die Planung zum Selbstzweck, wenn Sie alle Ihre Produkte, Leistungen, Vertriebsgebiete und Mitarbeiter über Tage, Wochen und Monate planen lassen. Dann planen Sie sich im wahrsten Sinne des Wortes „tot". Deshalb hier mein Tipp:

Planen Sie so wenig wie möglich und so viel wie nötig!

Planen Sie auf aggregierter Ebene und schauen Sie sich bei Bedarf die Abweichungen im Detail an. Lassen Sie sich von einem erfahrenen Controller dabei unterstützen.

12.1.3 Zeitvergleich

Der Zeitvergleich ist der in der Praxis wohl am häufigsten anzutreffende Verkaufsbericht (Milz 2013, S. 247). Der Zeitvergleich wie der Vorjahresvergleich vergleicht den aktuellen Zeitraum mit dem Zeitraum ein Jahr zuvor. Der Zeitvergleich kann auf Jahresbasis, Monatsbasis, Wochenbasis oder sogar Tagesbasis stattfinden. Der Handel vergleicht gerne die einzelnen Werktage. Hier ist nur zu berücksichtigen, dass die Tage im nächsten Jahr um mindestens einen Tag verschoben sind (Schaltjahr ab März sogar zwei Tage) und dass Feiertage und Sondereffekte (wie das Wetter) Einfluss auf den Vergleich haben. Hintergrund dieses Berichtes ist der Wunsch, saisonale Schwankungen in den Vergleich einfließen zu lassen.

12.1.4 Berichtslinien

Wenn Sie als Verkäufer wissen wollen, wie gut Sie verkaufen, müssen Sie bei komplexeren Vertriebskonzepten auch verschiedene Berichtslinien analysieren. Stellen Sie sich einmal ein einfaches Beispiel vor: Sie haben eine Unternehmensgruppe mit zwei Tochtergesellschaften a und b, die in jeweils zwei Gebieten (Nord und Süd) zwei Produktlinien x und y produzieren. Aus diesem einfachen Beispiel können Sie die drei gängigsten Berichtslinien ableiten:

Disziplinarlinie: Die Disziplinarlinie oder organisatorische Linie summiert die Unternehmen so auf, wie sie organisatorisch strukturiert sind. Das heißt in unserem Beispiel: Der Umsatz der Firma a und der Umsatz der Firma b. Damit können Sie überprüfen, wie gut diese beiden Unternehmen wirtschaften.

Divisionallinie: Nun möchten Sie aber wissen, wie gut sich die Produkte verkaufen lassen. Deshalb lassen Sie das Controlling einen zweiten Bericht erstellen, nach den Divisionen Produkt x und Produkt y, unabhängig davon, wo diese Produkte verkauft werden.

Funktionallinie: Wenn Sie nun noch wissen möchten, ob der Norden oder Süden oder ob der Außendienst oder Innendienst besser verkauft, können Sie sich einen dritten Bericht erstellen lassen, der, unabhängig von Organisationseinheit und Produkt, die Funktionen gegenüberstellen.

Um diese Berichte schnell und einfach auszuwerten, benötigen Sie moderne Business-Intelligence-Werkzeuge, wie sie in Kap. 3 beschrieben werden. In großen Konzernen gehören diese Berichte zu den Standard-Auswertungen, die monatlich erstellt werden (Vernohr 2006, S. 261).

12.1.5 Die wichtigsten Vertriebskennzahlen

Kennzahlen bezeichnen relative Steuerungsgrößen, welche aus Zähler und Nenner errechnet werden. Das heißt, man nimmt immer eine Messgröße im Zähler, zum Beispiel den Umsatz, und teilt diesen durch eine andere Kenngröße, zum Beispiel die Anzahl der Mitarbeiter.

Dadurch entsteht eine sogenannte relative Zahl, welche sich sehr gut zu Vergleichen verschiedener Einheiten heranziehen lässt. Im unteren Beispiel wurde die Kennzahl Umsatz pro Mitarbeiter errechnet. Dies ist ein sehr guter Indikator, um zu prüfen, wie produktiv ein Unternehmen ist.

Kennzahlen werden auch als KPIs abgekürzt. KPI steht für Key Performance Indicator oder auch Leistungskennzahl. Das Problem bei Kennzahlen ist, dass sie ohne Vergleichswert keine Aussage darüber treffen können, ob eine Kennzahl gut oder schlecht ist. Nehmen wir ein Beispiel:

Ihr Umsatz beträgt 1.000.000 EUR. Sie haben zehn Vertriebsmitarbeiter. Die Kennzahl Umsatz pro Mitarbeiter errechnet sich wie folgt:

▶ Umsatz/Anzahl Mitarbeiter = Umsatz pro Mitarbeiter

In unserem einfachen Fall: 1.000.000 EUR geteilt durch 10 ergibt einen Umsatz pro Mitarbeiter von 100.000 EUR. Da in diesem Beispiel bewusst keine Aussage darüber getroffen wurde, in welcher Branche das Unternehmen arbeitet, können Sie auch keine Aussage darüber treffen, ob dieser Wert pro Mitarbeiter gut oder schlecht ist. Sie benötigen für eine Aussage über den Wert einer Kennzahl immer einen Vergleichswert. Vergleichswerte werden als Benchmark bezeichnet (Milz 2013, S. 248). Benchmarking bezeichnet die vergleichende Analyse von Ergebnissen oder Prozessen mit einem festgelegten Bezugswert oder Vergleichsprozess (von engl. Benchmark). Das englische Wort *benchmark* ist eine Zusammensetzung aus den beiden Wörtern *bench* („Sitzbank“, „Werkbank“) und *mark* („Zeichen“) (Wikipedia o. J.). Ursprünglich bezeichnet *bench-mark* die Markierung eines trigonometrischen Punktes oder ein Nivellierzeichen im Vermessungswesen (Paraškevov 2015). Benchmarking ist heute in der Betriebswirtschaft ein systematischer und kontinuierlicher Prozess des Vergleichens von Produkten, Dienstleistungen und Prozessen im eigenen Unternehmen sowie mit denen in fremden Unternehmen in qualitativer und/oder quantitativer Hinsicht (WirtschaftsWoche 2016).

Sie erhalten Vergleichswerte für Ihre Benchmark auf verschiedenen Wegen:

- Fragen Sie in Ihrem Berufsverband nach Branchenkennzahlen.
- Spezialisierte Berater haben oft Vergleichskennzahlen bestimmter Branchen.
- Auch Institute, Universitäten und Professoren liefern Ihnen oftmals Informationen über maßgebliche Kennzahlen.
- Errechnen Sie sich die Benchmark anhand offizieller Veröffentlichungen Ihrer Wettbewerber (Geschäftsberichte, Presseberichte, Vorträge).
- Fragen Sie Kollegen nach Vergleichswerten.
- Prüfen Sie Benchmarks innerhalb Ihres eigenen Unternehmens. Nehmen Sie den besten Verkäufer in dieser Kennzahl als Vergleichsgröße für alle Kollegen.

Nur wenn Sie eine Vergleichszahl haben, können Sie daraus Entscheidungen treffen, ob Sie gut oder weniger gut unterwegs sind. Im Folgenden möchte ich Ihnen einen spannenden Vergleich einmal aufzeigen:

Beispiel

Professor Ferdinand Dudenhöffer, Direktor des CAR Center Automotive Research an der Universität Duisburg-Essen sowie Inhaber des Lehrstuhls für Allgemeine Betriebswirtschaftslehre, stellte im Jahre 2016 in einer Studie die Ertragsschwäche des Teilbereichs VW-Pkw des Volkswagen-Konzerns fest.

Seine Analyse zeigte: Die Marke VW-Pkw ist für den Konzern besonders wichtig, aber nicht sonderlich rentabel. 2014 betrug der Anteil der Marke VW 56 % am gesamten Umsatz des Konzernbereichs Automobile. Mehr als jeder zweite Euro kommt hier von VW-Pkw – doch nur 23 % des (operativen) Gewinns.

Während der Konzernteil VW-Pkw in den ersten drei Quartalen einen Gewinn von 667 EUR pro Fahrzeug erzielte, waren es bei GM, Skoda, Ford, Toyota und gar VW-China bis zu sechs Mal mehr. Obwohl Skoda im Vergleich zu VW-Pkw nur 810.000 Fahrzeuge im Jahr 2015 abgesetzt und einen Umsatz von 12,5 Mrd. EUR erzielt hat, schreibt die Konzernmarke eine Gewinn-Marge von 7,3 %. Skoda erzielt trotz niedriger Listenpreise der Fahrzeuge fast den doppelten Gewinn pro Fahrzeug wie VW-Pkw.

Völlig außer Reichweite für VW blieben die Gewinne pro Fahrzeuge von Toyota. Im reinen Autogeschäft (ohne Finanzdienstleistungen und anderer Aktivitäten) erzielte Toyota 9,7 % Gewinn-Marge oder 1862 EUR Gewinn pro verkauftem Fahrzeug. Fast drei Mal mehr als VW nach den ersten neun Monaten!

Würde die Marke VW die durchschnittliche Marge von GM, Ford, Skoda, Toyota erzielen (7,5 %), hätte sie im Jahr 2014 einen Gewinn vor Steuern und Zinsen von 7,5 Mrd. EUR verbucht. Tatsächlich waren es nur 2,5 Mrd. Die Rentabilitätsschwächen des Teilbereichs VW-Pkw lassen sich an mehreren Kennziffern illustrieren:

Fahrzeuge pro Mitarbeiter: Ein VW-Mitarbeiter produziert pro Jahr im Durchschnitt 17 Autos, ein GM-Mitarbeiter 46. Mit anderen Worten: General Motors produziert mit „nur" 215.000 Mitarbeiter fast so viele Autos wie VW mit fast 600.000 Mitarbeitern. VW hat also eine deutlich niedrigere Arbeitsproduktivität wie die Wettbewerber.

Gewinn pro Mitarbeiter: Die niedrigere Arbeitsproduktivität wäre kein Problem, wenn zumindest der gleiche Gewinn pro Mitarbeiter erzielt würde. Aber auch das ist nicht der Fall. Im VW-Konzern hat im Jahre 2014 ein Mitarbeiter einen Gewinn (EBIT) von 21.426 EUR erzielt, während etwa der GM-Mitarbeiter 45.313 EUR Gewinn im Jahre 2015 erzielte. Pro Toyota-Mitarbeiter wurde gar ein Gewinn von 62.756 EUR erzielt.

Personalkosten pro Mitarbeiter: Im VW-Konzern sind 2014 pro Mitarbeiter 7335 EUR Personalkosten pro Monat angefallen. Das ist sogar mehr als bei der Premiummarke Audi, mehr als im gesamten VW-Konzern und erst recht mehr als bei Skoda, wo 2407 EUR pro Monat pro Mitarbeiter an Personalaufwendungen angefallen sind (Eisert 2016).

Dieses Beispiel zeigt sehr schön, dass Sie erst durch einen Vergleich verschiedener Kennzahlen deren Aussagewert erkennen. Doch welche Kennzahlen sind für Sie als Vertriebsmitarbeiter relevant?

Stand heute sind über 100 Kennzahlen für Marketing und Vertrieb definiert (Buhr 2017). Welche für Sie und Ihr Geschäft interessant sind, muss im Einzelfall entschieden werden. Fakt ist, dass Vertriebskennzahlen fünf verschiedene Funktionen erfüllen sollen (Buhr 2017):

1. Sie sind Grundlage für Vertriebsplanung und Forccast.
2. Sie dienen dem Reporting und dem Controlling der Vertriebsmitarbeiter.
3. Sie können damit frühzeitig Trends und Marktbewegungen andeuten.
4. Sie dienen dem Risikomanagement, da sie Schwachstellen im Vertrieb oder Prozesskette aufdecken.
5. Sie unterstützten die Motivation der Mitarbeiter, da sie die Basis für Berechnung der variablen Vergütungsanteile sind.

Doch mit welchen Vertriebskennzahlen sollten Sie sich beschäftigen? Typische Kennzahlen für den Vertrieb sind:

- Anrufe pro Mitarbeiter und Tag
- Besuche bei Kunden pro Mitarbeiter und Woche/Monat
- Aufträge pro Mitarbeiter/Niederlassung/Produkt
- Umsatz pro Mitarbeiter/Quadratmeter/Standort/Mitarbeiter/Tag
- Deckungsbeitrag pro Mitarbeiter/Standort/Produkt
- Anzahl an Neukunden pro Monat/Quartal/Jahr/Kampagne
- Anzahl an Wiederverkäufe an Bestandskunden pro Monat/Quartal/Jahr/Kampagne
- Cross- und Up-Selling-Quoten
- Abschlussquote (Anzahl der Bestellungen zu Angeboten)
- Anzahl an Reklamationen und Stornos
- Marktquoten, Marktausschöpfung, Marktanteile/relative Marktanteile

Bernd Venohr erwähnt in seinem Buch (Wachsen wie Würth) eine sehr spannende Kennzahl, die seit über 40 Jahren den Service-Grad der Würth-Vertriebsmitarbeiter misst: Die durchschnittliche Klingeldauer! (Venohr 2006, S. 111).

Eine Mitarbeiterin in der Zentrale führt einmal im Monat an unterschiedlichen Wochentagen Kontrollanrufe durch. Auf eine Strichliste hakt sie ab, wie oft es geklingelt hat, bis der Hörer abgenommen wurde. Die Rangliste der Klingelzahl wird monatlich in der Mitarbeiterzeitschrift veröffentlicht. Das Schlagwort „Kundenorientierung“ wird dadurch greifbar.

Sie erkennen schon, dass sich so ein umfangreiches Set an Standard-Kennzahlen für den Vertrieb ermitteln lässt. Der Kreativität sind keine Grenzen gesetzt. Wichtig sind aber immer zwei Ziele:

- Erstens: Was wollen Sie mit dem Messen dieser Kennzahl erreichen? Welchen Mangel möchten Sie beheben? Bei dem Beispiel „Klingeldauer" ist es das Ziel, den Service zu verbessern. Bei der Kennzahl Umsatz pro Mitarbeiter wohl die Produktivität.
- Zweitens: Brauche ich die Kennzahl wirklich? Wenn nicht, lenkt sie nur von den wichtigen Kennzahlen ab. Wenn Ihre Produktivität sehr gut ist, benötigen Sie diese Kennzahl nur noch als Indikator. Dann werden Sie andere Kennzahlen in den Vordergrund heben.

Schauen Sie sich die wichtigsten Kennzahlen monatlich an. Andere halbjährlich, wieder andere jährlich. Vielleicht verbinden Sie das mit einem Vertriebsmeeting oder einer Kick-off-Veranstaltung. Vergleichen Sie die Kennzahlen mit Ihren Kollegen und Wettbewerbern und prüfen Sie so Ihre Performance. So haben Sie mit Ihren Kollegen abends an der Bar sicher viel zu diskutieren.

12.2 Ad-hoc-Reporting

Ist das Standard-Reporting einmal aufgebaut, wird es dann regelmäßig mit gleichem Inhalt ausgedruckt. Im Gegenteil dazu funktioniert das Ad-hoc-Reporting. Das Ad-hoc-Reporting (Berichtswesen auf Anfrage, Bedarfsberichte) bezeichnet aktuelle Reporting-Anfragen, die situativ bearbeitet werden. Sie haben den geringsten Standarisierungsgrad und sollen den kurzfristigen Informationsbedarf des Anfragers decken (Taschner 2012, S. 123).

Sollte ein Ad-hoc-Bericht regelmäßig wiederkehrend angefragt werden, kann aus dem Ad-hoc-Bericht ein Standardbericht werden. Für einen Ad-hoc-Bericht werden Tabellenkalkulationsprogramme oder Business-Intelligence-Produkte eingesetzt.

Ein Beispiel für einen Ad-hoc-Bericht kann die Analyse des Erfolgs einer Werbekampagne sein, die Sie geschaltet haben. Diese Kennzahlen würden Sie sicher nicht ins Standard-Reporting übernehmen, da sie situativ auftauchen, sind aber für die temporäre (monatliche) Vertriebsanalyse sehr interessant.

12.2.1 Der Forecast-Bericht

Der Forecast listet die vom Vertrieb für einen bestimmten Zeitraum erwarteten Umsätze auf. Also alle Umsätze, die noch kein Auftrag geworden sind. Um den Forecast genauer zu berechnen, werden alle Aufträge mit Abschlusswahrscheinlichkeiten versehen. Je nach Phase des Auftrags, wird der Auftragswert mit einer Prozentzahl versehen.

Aber warum machen sich Verkäufer überhaupt diese Mühen eines wahrscheinlichen Verkaufs? Warum rechnen sie nicht einfach die realisierten Umsätze zusammen? Sie müssen sich das so vorstellen:

Produzierende Unternehmen oder Berater arbeiten nach der Kennziffer: Menge mal Preis. Sie multiplizieren die erbrachte Leistungsmenge mit dem Preis und errechnen so ihre Gesamtleistung/Umsatz. Ein Berater, der pro Monat zehn Beratungstage zu einem Preis von 1000 EUR durchführt, hat am Ende des Monats 10.000 EUR Umsatz erzielt.

Ein Vertriebsmitarbeiter tickt aber ganz anders. Um Umsätze zu generieren, müssen sie im Vertrieb erst einmal Interessenten finden, die sich für ihr Produkt und ihre Leistung interessieren. Dazu rufen sie potenzielle Interessenten an, vereinbaren Termine und schreiben Angebote. Diese Angebote werden mit Verkaufswahrscheinlichkeiten hinterlegt. Je nachdem, wie weit ein Verkäufer im Verkaufsprozess ist, erhält das Projekt eine Wahrscheinlichkeit von 0 % (unverkäuflich) bis 100 % (verkauft). Diese Wahrscheinlichkeiten sind in vielen CRM-Systemen heute schon standardisiert hinterlegt und errechnen sich von selbst. Eine solche Wahrscheinlichkeitspyramide kann wie folgt aussehen:

Verkaufsphase	Verkaufswahrscheinlichkeit (%)
Erstinformation versandt	20
Projekt analysiert	40
Präsentationstermin	50
Angebot erstellt	60
Verhandlungen	80
Abschluss verkauft	100
Abschluss verloren	0

Nun nehmen sie ihre gesamten Angebote (alle), die sie aktuell für Kunden erstellt haben, und weisen diese einer der Forecast-Phasen zu. Dann multiplizieren sie den erwarteten Umsatz mit der prozentualen Wahrscheinlichkeit und erhalten den Forecast-Wert.

Ein einfaches Beispiel:
Verkäufer 1, aktueller Forecast

Kunde und Projekt	Angebotswert (EUR)	Wahrscheinlichkeit (%)	Forecast-Wert (EUR)
Angebot 1	100.000	20	20.000
Angebot 2	80.000	80	64.000

In unserem Fall hat der Verkäufer zwei Angebote abgegeben: Ein Angebot über 100.000 EUR, bei dem aber bisher nicht mehr als Erstinformationen versandt wurden und eins über 80.000 EUR, bei dem er zeitnah mit einem Auftrag rechnet. So ergibt sich ein gewichteter Forecast von 64.000 EUR.

Wenn alle Verkäufer ihre Angebote nach diesen Wahrscheinlichkeiten berechnen, ergibt sich für den Verkaufsleiter ein vollständiges Gesamtbild, mit welchem Umsatz er in den nächsten Monaten rechnen kann.

▶ Mein Tipp: Arbeiten Sie mit einem CRM-System und tragen Sie Ihren Forecast dort ein. Moderne CRM-Systeme errechnen Ihnen sofort die Wahrscheinlichkeiten und addieren diese zu einem Standardbericht für den Vertriebsleiter zusammen. So erhalten Sie schnell und ohne großen Aufwand eine komplette Übersicht über Ihre Vertriebsaktivitäten.

Und noch ein Tipp: Der von einigen Herstellern unterstützte Guided-Selling-Ansatz (s. Abschn. 3.3 und 10.4.1) lässt Mitarbeiter eine Checkliste ausfüllen, in denen die bisher durchgeführten Angebotsaktivitäten abgefragt werden und sich dann aus dem Gesamtbild eine Wahrscheinlichkeit errechnet. Dies ist noch genauer – und leider manchmal auch frustrierender. Denn wir Verkäufer neigen dazu, unsere Verkaufschancen zu positiv einzuschätzen. Durch diese Checkliste wird die wahre Erfolgschance errechnet und die liegt oftmals unter der gefühlten.

12.2.2 ABC-Analysen und Hitlisten

Hitlisten oder auch ABC-Analysen dienen dem Verkäufer als Benchmark (Vergleichsgröße), um seine Verkaufserfolge einzuordnen. Die ABC-Analyse kommt aus der Materialwirtschaft. Bei der ABC-Analyse vergleichen Sie stets Mengen mit Werten. Die Praxis zeigt immer wieder, dass eine vergleichsweise kleine Menge (zum Beispiel Kunden) einer Gesamtmasse (zum Beispiel Kundengruppe) einen relativ großen Wert ausmacht. Aus Vertriebssicht lohnt es sich, sich mit den Mengen zu befassen, die große Wirkungen erzielen (Top-Werte) (Erichsen 2008, S. 10).

Bei der ABC-Analyse teilen sich die Werte in drei Klassen: A, B und C. Bei A-Objekten handelt es sich mit Objekten mit großer Bedeutung, bei B-Werten mit mittlerer und bei C mit geringer Bedeutung. Im Vertrieb kann das so aussehen: A-Kunden sind Stammkunden mit viel Umsatz, B-Kunden sind wiederkehrende Kunden mit mittlerem Umsatz und C-Kunden als Laufkundschaft.

In vielen Unternehmen werden Vertriebshitlisten geführt: Welcher Verkäufer hat in einem gemessenen Zeitraum (Tag, Woche, Monat oder Jahr) wie viel Umsatz erzielt? Wo stehen die besten Verkäufer und wo sind die schlechtesten? Gemessen werden können verschiedene Kenngrößen:

- Umsatz (der Klassiker, weil er einfach und schnell zu rechnen ist).
- Die Marge oder Deckungsbeitrag (belohnt den Vertriebsmitarbeiter, welcher den besten Umsatz und die geringsten Nachlässe gibt).
- Stückzahlen (bei Produktions- oder Handelsunternehmen interessant, wenn diese vergleichbar sind).
- Die Planerfüllung (meist in Prozentangaben).
- Die Anzahl an Kundenbesuchen (aufgeteilt nach Bestands- und Neukunden).
- Renner-Pennerlisten bei Produkten und Dienstleistungen.
- Die Zielerreichung von befristeten Kampagnen und Marketingaktionen.
- Jede weitere individuelle Kenngröße, die dazu dient, den Vertrieb zu steuern.

Psychologischer Nutzen von Hitlisten

In erster Linie dienen Listen dem Ansporn des einzelnen Vertriebsmitarbeiters, Höchstleistungen abzugeben. Wer nicht den Weltrekord im 100 m-Laufen kennt, glaubt mit seinen 13 s ein Medaillenfavorit zu sein. Nur wer weiß, wo die Messlatte liegt, kann seine eigene und die Leistung anderer daran messen.

Spannend und für das Unternehmen sinnvoll sind solche Listen dann, wenn sie folgende Regeln einhalten:

1. Die Listen sollten objektiv und für jeden nachvollziehbar erstellt werden.
2. Die Listen sollten von der Geschäftsführung nicht genutzt werden, um die Vertriebsmitarbeiter gegeneinander auszuspielen.
3. Die Listen sollten regelmäßig veröffentlicht und dann besprochen werden.
4. Dabei sollen die Listen den schwächeren Vertriebsmitarbeiter als Ansporn und Anreiz dienen, sich und seine Strategien zu verbessern.

5. Die besten Vertriebsmitarbeiter sollten dazu angehalten werden, ihre Techniken, ihre Erfahrungen und ihr Wissen mit den Kollegen zu teilen.
6. Die Zahlen und Ergebnisse sollten in der Gruppe besprochen und dann Optimierungspotenzial erschlossen werden.

Viele Vertriebsmitarbeiter sind wie spielende Kinder: Sie wollen sich messen und wissen, wer der beste, schnellste und effektivste ist. In vielen Unternehmen werden dann zu bestimmten Anlässen (zum Beispiel Jahres-Kick-off) die besten Mitarbeiter mit einer Auszeichnung gewürdigt. Diese Auszeichnung bedient das Ego des einzelnen Mitarbeiters und bestätigt ihn in seiner Leistung. Es führt zu einem positiven emotionalen Erlebnis, von dem viele Vertriebsmitarbeiter noch Jahre zehren.

Sie können folgende Besten ehren (oftmals Platz 1 bis 3):

- Bester Umsatz
- Beste Marge
- Bester neuer Mitarbeiter
- Die meisten Neukunden
- Den größten Einzelumsatz
- Bester Umsatz in einer Kampagne
- Bester Umsatz mit neuen Produkten
- Und so weiter …

Aber Achtung: Hitlisten sollen motivieren, nicht demotivieren! Aus diesem Grund ist es wichtig, dass Sie als Vertriebsleiter oder Teamleiter Ihre Mitarbeiter nicht bloßstellen oder vor der Gruppe „zur Sau“ machen. Ziel ist es, alle Mitarbeiter zu motivieren, mehr zu verkaufen. Loben Sie deshalb jedes Quartal die drei besten Vertriebsmitarbeiter aus. Prämieren Sie aber auch den besten Neueinsteiger, den besten Bestandskundenpfleger, den besten Cross-Seller, den besten Innendienstmitarbeiter und so weiter. Seien Sie kreativ; eine Fußballmannschaft besteht auch nicht nur aus Stürmern. Loben Sie auch mal Ihre Abwehr bzw. Ihren Innendienst und Service. Sie werden es Ihnen danken und engagieren sich noch mehr für Ihr Unternehmen. So reduzieren Sie die Mitarbeiter-Fluktuation und sparen durch eine kleine Ehrung viel Geld für die teure Suche nach neuen Mitarbeitern.

Kritiker werfen Hitlisten vor, dass Einzelkämpfer bevorzugt und Mitarbeiter, die sich in der Firma sozial engagieren und damit für einen Zusammenhalt sorgen, benachteiligt werden. Dem können Sie entgegenwirken, indem Sie neben den zuvor beschriebenen Bestenlisten auch einen Social-Award vergeben. Sie können auch die Vertriebsmitarbeiter belohnen, die sich in besonderer Weise für die Kollegen, das Team, die Firma oder die Verbesserung interner Prozesse (zum Beispiel IT-Prozesse) eingesetzt haben. Als Vorgesetzter werden Sie sicher Höchstleistungen finden, die nicht monetär bewertbar, aber für das Team bedeutend sind.

> Die Bestenlisten sind oftmals auch Basis für Vergütungsmodelle, Incentiv-Veranstaltungen und Boni. In einigen Vertriebsorganisationen werden Zielerreichung, Überperformance und Top-Platzierungen mit Sonderprämien und -boni honoriert. Von daher dienen diese Listen auch oftmals als Basis für die Gesamtvergütung des Vertriebs.

12.3 Vertriebsplanung

Frank wurde vom Controlling aufgefordert, seine Vertriebsplanung für das nächste Geschäftsjahr abzugeben. Frank hatte schon von Kollegen gehört, dass einmal pro Jahr die Planung anstand. Er fragte sich nun, wie und was er eigentlich planen sollte? Warum war Planung überhaupt nötig? In diesem Jahr überraschten ihn auch viele Einflüsse und Entwicklungen, die er nicht vorhersehen konnte. Planung war für ihn noch ein Buch mit sieben Siegeln …

Einmal im Jahr wird in vielen Unternehmen das kommende Geschäftsjahr geplant. Die Planung wird meist über die Finanzabteilung oder dem Controlling organisiert. Nur der Vertriebscontroller sitzt auf der Schnittstelle zwischen Vertrieb und Controlling. Die Planung hat eine bedeutende steuernde Aufgabe im Unternehmen und ist für das Management ein wesentliches Navigationsinstrument.

12.3.1 Warum wird überhaupt geplant?

Die Planung der wirtschaftlichen Entwicklung eines Unternehmens ist Teil der Unternehmenssteuerung und dient dazu, das Unternehmen systematisch auf die Zukunft auszurichten. Hier sind fünf Gründe, warum Sie eine Vertriebsplanung durchführen sollten:

1. Mit der Planung legt ein Unternehmen seine strategische Ausrichtung fest. Planung heißt auch immer Konzentration und Konzeption der avisierten Ziele.
2. Mit der Planung legen Sie Ihre monetären und strategischen Ziele fest.
3. Mit der Planung bewerten Sie Ihre fixen und variablen Kosten und Investitionen, die Sie für die Erreichung Ihrer Ziele investieren müssen.

4. Mit der Planung erkennen Sie schnell Minimumfaktoren, die Sie in den nächsten Monaten bewältigen müssen. Das können Kapitalbedarf, Personal, Kunden, Produktionsfaktoren oder -mittel sein.
5. Mit der Planung geben Sie externen und internen Mitarbeitern Orientierung, in welche Richtung und mit welcher Geschwindigkeit sich Ihr Unternehmen entwickeln will. Dazu gehören externe Berichtsempfänger, wie Gesellschafter, Banken, Kapitalgeber, Lieferanten, aber auch andere interne Abteilungen, wie Forschung und Entwicklung, Einkauf, Personalwesen, Marketing und natürlich der Vertrieb!

Wenn Sie als Vertriebsmitarbeiter aufgefordert werden, Ihre Vertriebsziele zu planen, sollten Sie die Vertriebsplanung einordnen können.

12.3.2 Vertriebsplanung als Teil der Unternehmensplanung

▶ „Planung ist schwierig, besonders wenn es um die Zukunft geht." (unbekannt).

Das Wirtschaftslexikon24 definiert Planung oder Planungsrechnung als „gedankliche Vorwegnahme zukünftigen Handelns zur Vorbereitung unternehmerischer Entscheidungen." (Wirtschaftslexikon24 o. J.). Sie kann sich auf alle Unternehmungsbereiche beziehen (Beschaffungsplan, Produktionsplan, Absatzplan, Investitionsplan, Finanzplan oder eben auch Vertriebsplanung).

Planung kann sich aber auch auf viele Teilbereiche konzentrieren: Zwecke, Ziele, Potenziale und auch Verhaltensweisen von Mitarbeitern können geplant werden. Umgangssprachlich wird unter Unternehmensplanung zumeist die monetäre Planung bestimmter Ziele und Kennzahlen, wie Kosten und Umsätze, verstanden. Die Maßnahmenplanung ist Folge der monetären Planung und Teil der Umsetzungsplanung.

Die Unternehmensplanung besteht einmal aus der finanzwirtschaftlichen Planung, wie Gewinn und Verlustrechnung, Liquiditäts- und Bilanzplanung als Abbildung der Vermögenssicht eines Unternehmens. Um die Gesamtplanung eines Unternehmens zusammenzuführen, werden von den einzelnen Unternehmensbereichen einzelne Teilpläne benötigt, welche dann zu einem Gesamtbild aggregiert werden (s. Abb. 12.1). Zu diesen Teilplänen gehört auch die Vertriebsplanung, der eine wesentliche Funktion eingeräumt wird.

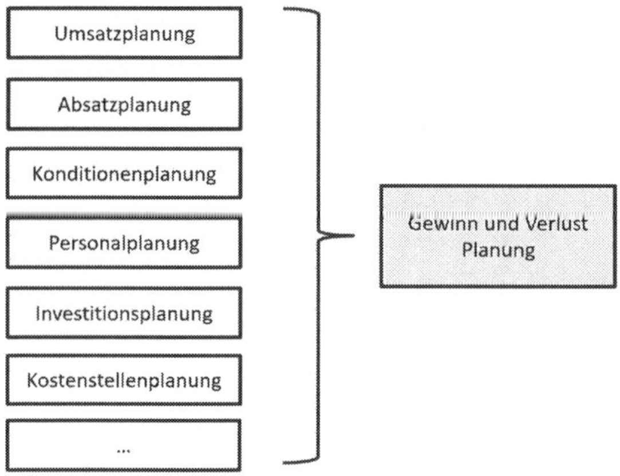

Abb. 12.1 Vertriebsplanung als Teil der Gesamtplanung

Einfacher ausgedrückt: Wollen Sie wissen, was Ihr Unternehmen für das nächste Geschäftsjahr an Umsatz plant, müssen Sie sich zuerst fragen, welche Produkte und Leistungen Sie wo an wen verkaufen wollen.

Das Controlling erhält von der Geschäftsführung die Aufgabe, die geschäftliche Entwicklung des Unternehmens für das nächste Geschäftsjahr so genau wie möglich einzuordnen. Ziel ist es, den Liquiditätsbedarf des Unternehmens anhand von Gewinn- und Verlust-Rechnung, Liquiditätsplan oder einer Vermögensaufstellung (Bilanz) für interne und externe Gesellschafter so genau wie möglich zu prognostizieren.

Für alle Vertriebsmitarbeiter, die mit diesen Kostenrechnungsbegriffen nicht so viel anfangen können, habe ich immer eine einfache Erklärung: Wenn Sie monatlich Ihren Lohn erhalten, können Sie ausrechnen, wie viel Geld Sie verdienen und welche Kosten auf Sie zukommen (zum Beispiel Miete). Das ist die einfache Gewinn- und Verlust-Rechnung. Sie wissen aber noch nicht, wann die Kosten abgebucht werden. So kann es sein, dass Sie Ihren Lohn schon am 28. des Vormonats erhalten, die Miete aber erst am ersten Tag des Folgemonats abgebucht werden. Dann hätten Sie zwischen dem 28. und Ersten zu viel Geld auf dem Konto. Deshalb müssen Sie eine Liquiditätsplanung aufstellen, die berücksichtigt, wann Geld eingezahlt und wann Geld abgebucht wird. Von dem ersparten Geld kaufen Sie sich einen Fernseher. Nun wollen Sie wissen, wie viel Sie besitzen, deshalb stellen Sie heute eine Vermögensaufstellung auf. Dies nennen die Betriebswirte Bilanz. Darin enthalten ist auch der Fernseher, den Sie sich neu angeschafft haben.

Um genau zu planen, fragt das Controlling in den Fachabteilungen nach und bittet diese, die eigenen Leistungen und den daraus entstehenden Investitionsbedarf so genau wie möglich zu prognostizieren. Zu den Fachabteilungen gehören die Personalabteilung mit der Personalplanung, die Produktion mit der Produktionsplanung oder eben der Vertrieb, in der Sie Ihre Vertriebsplanung abgeben müssen.

Diese Teilpläne (Absatz-, Umsatzplanung, Kostenstellenplanung, Personalplanung, Investitionsplanung und viele mehr) werden dann vom Controlling zum Gesamt-Unternehmensplan aggregiert. Je komplexer ein Unternehmen aufgestellt ist (denken Sie nur an internationale Aktivitäten, Vielzahl an Produkten und Absatzwegen), desto komplexer wird in der Regel auch die Planung des Unternehmens.

12.3.3 Zeitliche Einordnung

Die Planungen eines Unternehmens werden in drei zeitlichen Dimensionen unterschieden:

- der strategischen Planung, mit einem Zeithorizont zwischen drei und zehn Jahren,
- der mittelfristigen Unternehmensplanung (abgekürzt MIFRI), mit einem Zeitraum von zwei bis drei Jahren und
- der operativen, kurzfristigen Unternehmensplanung, mit einem Zeitraum von zwölf Monaten.

Die strategische Planung hat einen Zeithorizont von rund drei bis zehn Jahren und dient dazu, das Unternehmen langfristig auszurichten. Die Frage, die es hier zu beantworten gilt, ist die: Wie sieht die Welt, der Markt und Ihr Unternehmen in sieben Jahren aus? Welche technischen Entwicklungen sind neu? Welche Wettbewerber hinzugekommen? Mit welchen Produkten und über welche Verkaufswege verdienen Sie Ihr Geld? Dies ist gerade im Zeitalter der digitalen Transformation, in der wir uns bei Drucklegung des Buches befinden, eine sehr spannende Frage! Sie können aber auch Spezialfragen aufwerfen. So hat ein großes Logistik-Unternehmen festgestellt, dass in fünf Jahren eine bedeutende Menge an Mitarbeiter in den Altersruhestand wechselt. Viele der Mitarbeiter waren aber Spezialkräfte mit Zertifizierungen, deren Schulung mehrere Jahre dauerte. Das Unternehmen musste sofort handeln und junge Mitarbeiter suchen, einstellen, schulen und zertifizieren, um in fünf Jahren nicht in eine Kompetenzlücke zu fallen.

Würth, die ich immer wieder gerne zitiere, erzielte 1966 mit 220 Mitarbeitern 9,2 Mio. EUR Umsatz. Würth legte in der Langfristplanung fest, im Jahre 1974 über 100 Vertriebsmitarbeiter eingestellt zu haben. Das Jahr 1974 schloss Würth mit 170 Mio. EUR Umsatz und über 100 angestellten Verkäufern ab (Venohr 2006, S. 192). Seitdem wurden die Zehn-Jahrespläne nicht nur jedes Jahr erreicht, sondern im Durchschnitt auch noch um ca. 9,5 % übertroffen, wobei die Pläne mit teilweise 25-prozentigen jährlichen Wachstumsraten immer sehr aggressiv formiert waren (Venohr 2006, S. 95).

Die strategische Planung ist Aufgabe des Managements und sollte regelmäßig, zum Beispiel alle drei Jahre, in Strategiemeetings erörtert werden.

Ich empfehle Ihnen die Ergebnisse der strategischen Planung zu dokumentieren und regelmäßig (alle drei bis fünf Jahre) anzupassen. Die Ergebnisse der strategischen Planung dienen dem mittleren Management (auch dem Vertrieb) als Vorlage für die Mittelfristplanung (Mifri) und muss entsprechend vom Top-Management an das mittlere Management kommuniziert werden!

Bei der Mifri-Planung geht es darum, die strategische Planung in erste operative Maßnahmen zu übersetzen. Das bedeutet: Wenn Sie planen, in fünf Jahren einen bestimmten Umsatz über den eigenen Webshop zu erzielen, sollten Sie spätestens nach drei Jahren die interne und externe Organisationsstruktur für den Betrieb eines Webshops entwickelt haben. Dazu gehören IT-Infrastruktur, Knowhow, Personal, Prozesse, Strukturen und vieles mehr.

Aus der Mittelfristplanung leitet sich dann die einjährige operative Planung ab. Diese beinhalten klaren Zielvorgaben und Maßnahmenplanungen mit Terminen und messbaren Ergebnissen für jede einzelne Abteilung und Projekten.

Die operative Planung beträgt in der Regel ein Geschäftsjahr oder zwölf Monate. Bei einem Kalenderjahr als Geschäftsjahr beginnt das Jahr im Januar und endet im Dezember. Aber es gibt auch abweichende Geschäftsjahre. Hier in Europa sind abweichende Geschäftsjahre sehr oft von Juli bis Juni, in asiatischen Gebieten auch April bis März.

Die Planung beginnt in vielen Unternehmen drei bis sechs Monate vor Beginn des Geschäftsjahres. Damit ist ein Ausblick von über 15 bis 18 Monaten nötig, um den gesamten Planungszeitraum zu betrachten.

In den meisten Branchen plant der Vertrieb auf Monatsebene, in einigen Branchen aber auch auf Wochenebene. Auch hier sollten Sie sich überlegen: Was ist für meinen Vertrieb eine wichtige Planungsbedingung? In der Brauereibranche habe ich schon erlebt, dass das Controlling die Anzahl der Montage pro Monat plante. Fallen drei, vier oder fünf Montage in einen Monat? Die Zahl der Montage beeinflusst wesentlich den Monatsumsatz einer Brauerei. Warum ist das so? Weil viele von uns am Wochenende das Grillen durch Bier verfeinern und deshalb am Samstag noch eben Getränke einkaufen gehen. Am Montag geben die Händler die Nachbestellungen bei den Brauereien ab. Für Ihre Vertriebsplanung kann es daher entscheidend sein, ob Sie drei, vier oder sogar fünf Montage im Monat verbuchen. Ihr Umsatz wird entsprechend variieren.

12.3.4 Aufgabe und Rolle der Vertriebsplanung im Controlling

Warum aber überhaupt Planung? Planung ist die Prognose der Zukunft und der Bereitstellung der Ressourcen und benötigen Mittel auf dem Weg zum erklärten Ziel. Und da haben wir schon zwei Herausforderungen: Zeit und Ziel.

Die Vertriebsplanung ist ein Teilplan der Unternehmensplanung und wird im Planungsprozess meist relativ früh im Rahmen der Umsatz- und Absatzplanung eingesetzt. Ziel der Vertriebsplanung ist es, einen Überblick über die erwarteten Gesamtumsätze des Unternehmens zu erhalten. Um sich dem Gesamtumsatz eines Unternehmens so genau wie möglich zu nähern, müssen im ersten Schritt die Umsätze und Kostenstrukturen einzelner Sparten, Produkte, Absatzkanäle und Kunden geplant und diese Absatzmengen mit dem entsprechenden Verkaufspreis multipliziert werden.

Die Daten der Vertriebsplanung dienen dem Unternehmenscontrolling in vielfältiger Weise:

- In aggregierter Form dienen sie dazu, die Gesamtunternehmensplanung fortzuführen. Die Daten der Vertriebsplanung finden sich in der Gewinn- und Verlust-Rechnung wieder.
- Als Steuerungsgröße dient die Vertriebsplanung dazu, die Absatzmengen der einzelnen Artikel, der einzelnen Vertriebsmitarbeiter oder der einzelnen Länder zuzuordnen
- Die Vertriebsplanung kann als Basis für die Marketingplanung eingesetzt werden. Bei welchen Produkten rechnen Sie mit großen Absatzmengen? Welche Produkte werden neu gelauncht (in den Markt gebracht)? Welche Produkte werden relauncht (überarbeitet)? Welche laufen nicht mehr und sollten ausgelistet werden?
- Die Vertriebsplanung dient als Basis für die Produktion. Die Produktion muss wissen, was in welcher Menge produziert werden muss, um dementsprechend die Produktionseinsatzfaktoren vorzuhalten.

12.3.5 Was wird im Vertrieb geplant?

Die Umsatzplanung ist bei jedem Unternehmen individuell und abhängig von Unternehmensgröße, Branche und organisatorischen Faktoren. Ein börsennotiertes Unternehmen unterliegt anderen Formalitäten als ein inhabergeführtes Unternehmen. Eine typische Unternehmensplanung beantwortet viele verschiedene Fragen. Dazu gehören typischerweise:

- Welche Länder sollen geplant werden?
- Welche Vertriebsabteilungen oder -mitarbeiter sollen die Planung durchführen?
- Welche Artikelgruppen oder Artikel sollen beplant werden?
- Welche Sonderleistungen (Service, Dienstleistung oder anderes) sollen geplant werden?
- Welche neuen Artikel, Mitarbeiter oder Länder sollen hinzugenommen werden?

Die technischen Herausforderungen in der Umsatzplanung liegen nicht in der betriebswirtschaftlichen Komplexität, sondern in den Mengen an Daten, die in der Umsatz- und Absatzplanung anfallen. Die betriebswirtschaftliche Komplexität der Umsatzplanung ist meist durch die vier Grundrechenarten (Addition, Subtraktion, Multiplizieren und Division), Prozentrechnung und einigem mehr abzubilden. Aber schnell kommen in der Umsatzplanung große Datenmengen zusammen, die es in ihrer Komplexität zu bewältigen gilt.

Beispiel für eine Vertriebsplanung

Gesamtumsatz des Unternehmens: 6.000.000 EUR

Filiale 1	Summe: 4.000.000 EUR	
1.	Produkt 1	1 Mio. Stück mit einem Verkaufspreis von 1,- Euro
2.	Produkt 2	2 Mio. Stück mit einem Verkaufspreis von 1,50 EUR
Filiale 2	Summe: 2.000.000 EUR	
3.	Produkt 1	500.000 Stück mit einem Verkaufspreis von 1,- Euro
4.	Produkt 2	1 Mio. Stück mit einem Verkaufspreis von 1,50 EUR

Dieses einfache Beispiel zeigt schon die Herausforderungen der Vertriebsplanung: Die Addition der einzelnen Umsatzwerte in der Hierarchie nach oben ist relativ einfach. Viele Unternehmen haben aber nicht eine Filiale, sondern 100, nicht nur einen Verkäufer, sondern 50 und nicht nur zwei Produkte, sondern 10.000. Um die möglichen Kombinationen zu errechnen, müssen Sie die Werte miteinander multiplizieren. So kommen schnell große Mengen an Daten zusammen. Im genannten Beispiel sind dies 100 Filialen mal 50 Verkäufer mal 10.000 Produkte. So ergeben sich rund 50.000.000 mögliche Kombinationen.

Diese Mengendaten werden heute im Controlling mit sogenannten multidimensionalen Datenbanken (OLAP-Datenbanken) beplant. OLAP steht für Online Analytical Processing (s. Kap. 3). In dieser multidimensionalen Welt können Sie allen Dimensionen (Suchbegriffe) wie Zeit, Verkäufer, Produkt, Menge und vielen mehr, eine eigene Dimension zuordnen und dann in Berichten auswerten und analysieren.

Was kann man im Vertrieb alles planen? Wie gesagt, ist dies abhängig von Ihrem Geschäftsmodell und Ihrem Unternehmen. Dabei sind Ihrer Kreativität grundsätzlich keine Grenzen gesetzt:

- Umsatz
- Absatz
- Deckungsbeitrag
- Länder
- Regionen
- Vertriebsgebiete
- Vertriebsmitarbeiter
- Artikelgruppen
- Artikel
- Neue Produkte
- Auslaufende Produkte
- Werbeaktionen
- Rabatte und Konditionen
- Kunden

So plant jeder Vertrieb anders. Überlegen Sie sich, was für Sie wichtig ist und beplanen Sie diese Kenngrößen in der Vertriebsplanung.

Spannungsfeld Marketing- versus Vertriebsplanung

In vielen Unternehmen gibt es immer wieder Spannungen zwischen der Marketing- und Vertriebsplanung. Grund für diese Spannungen sind unterschiedliche Sichtweisen auf ein und dasselbe Endergebnis. Ziel ist es, eine genaue Herleitung für den Gesamtumsatz des Unternehmens zu errechnen.

Das Marketing plant dazu oftmals auf Artikelebene:

- Verkauf Artikel A: 100 Einheiten
- Verkauf Artikel B: 200 Einheiten
- In Summe: 300 Einheiten.

So weit so gut. Der Vertrieb plant aber auf Kundenebene:

- Kunde A: 75 Einheiten
- Kunde B: 150 Einheiten
- Kunde C: 75 Einheiten
- In Summe: 300 Einheiten.

Der aufmerksame Leser stellt schnell fest: Es ist nicht gesagt, welche Produkte an welchen Kunden verkauft werden. Der Gesamtumsatz muss aber der Gleiche sein. Aber wer – außer dem Kunden – entscheidet, welche Produkte welcher Kunde bestellt? Das Controlling versucht hier durch moderne IT-Systeme einen Planungsprozess abzubilden, in dem beide Seiten sich gegenseitig bedingen. So wird das Spannungsfeld zwischen Marketing- und Vertriebsplanung zwar nicht gelöst, aber deutlich reduziert.

12.3.6 Wann beginnt die Vertriebsplanung?

Mit der Unternehmensplanung wird bei Unternehmen mit dem Kalenderjahr als Geschäftsjahr (Januar bis Dezember) meist im Spätsommer oder Herbst begonnen und gilt dann für ein bis drei Jahre. Bei einem abweichenden Geschäftsjahr beginnt die Planungsrunde meist um die drei bis sechs Monate vor dem Beginn des Geschäftsjahres. Um die Planung aktuell zu halten, wird die Planung in vielen Unternehmen regelmäßig aktualisiert. Diese Aktualisierungen werden dann als Forecast (Vorschau) bezeichnet. In vielen Unternehmen finden diese Forecast-Runden quartalsmäßig statt und werden dann als Forecast eins (Frühjahr), zwei (Sommer) und drei (Herbst) eingeordnet (s. Abb. 12.2).

Abb. 12.2 Der Forecast-Prozess im Vertrieb

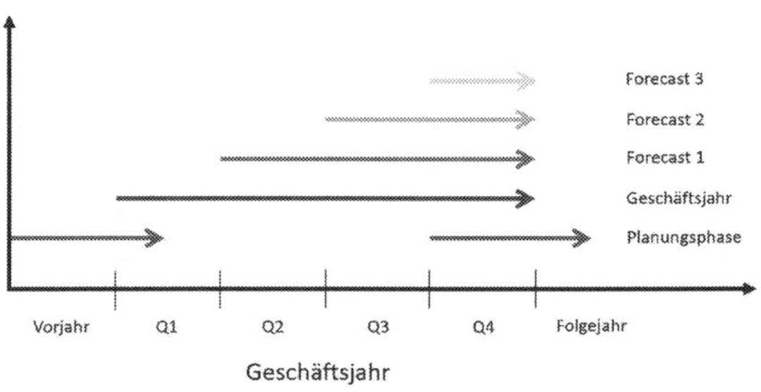

Tab. 12.1 Beispiel für einen Forecast 1 Ende März/Anfang April des laufenden Geschäftsjahres (Kalenderjahr gleich Planungsperiode)

	Januar	Februar	März	April	Mai	Juni	Juli	August	Sept	Okt	Nov	Dez
Umsatz	120	110	90	**80**	**90**	**130**	**110**	**60**	**80**	**130**	**140**	**130**

Ein Forecast setzt sich zusammen aus den aktuellen Ist-Werten bis zur aktuellen Periode und den Planungsvorgaben bis zum Ende der Planungsperiode (Tab. 12.1).

Eine andere Alternative ist es, die Planung jeden Monat zu aktualisieren und dann immer einen zukünftigen Zeitraum von zwölf Monaten zu betrachten. Dies wird als rollierender Forecast bezeichnet (Rolling Forecast).

▶ Die **rollierende Planung** (auch *Rollende Planung,* engl. *Rolling Wave Planning*) bezeichnet eine periodenorientierte Planungsform, bei der nach bestimmten Zeitintervallen eine bereits erfolgte Planung aktualisiert, konkretisiert und überarbeitet wird (Wikipedia o. J. a).

Die rollierende Planung betrachtet immer die voraus liegenden zwölf Monate (zum Beispiel Januar bis Januar, aber auch September bis September). Der rollierende Forecast ist organisatorisch und technisch aufwendiger, gibt aber eine realistischere Abbildung der Geschäftsentwicklung über die nächsten zwölf Monate wieder (s. Abb. 12.3).

Abb. 12.3 Funktionsweise der rollierenden Planung

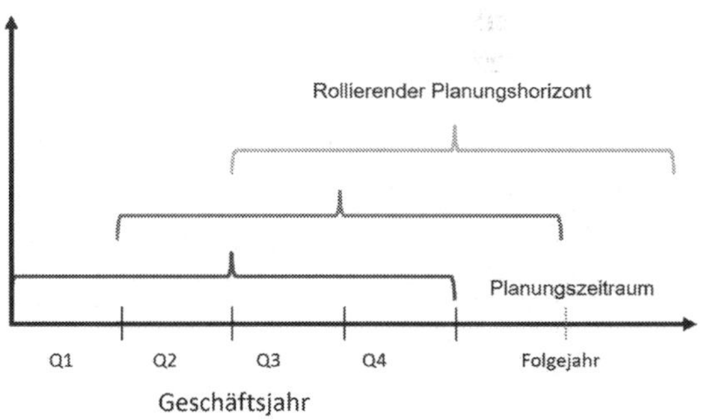

12.3.7 Planungsverfahren

Management und Vertrieb haben manchmal unterschiedliche Ansichten über die zukünftige Entwicklung des Unternehmens. Wie im Kap. 11 Verhandlungen sicher führen schon beschrieben, legt derjenige, der als Erstes plant, die wichtigen Zielvorgaben (Umsatz, Gewinn, Marge) fest. Startet das Management mit der Planung und gibt dem Vertrieb Zielvorgaben vor, die zu erreichen sind, nennt man das das Top-Down-Verfahren. Beginnen die einzelnen Vertriebseinheiten und addieren sich dann hoch zum Gesamtumsatz, nennt man dies Bottom-up-Verfahren. Nutzt man abwechselnd beide Prozesse, um zu einem Kompromiss zu kommen, nennt man das Gegenstromverfahren (s. Abb. 12.4).

Top-Down-Ansatz

Im Top-Down-Ansatz werden die Ziele und Vorgaben von der Geschäftsführung (top) vorgegeben. Das bedeutet: Die Geschäftsführung beschließt, im nächsten Jahr den Umsatz um 20 % zu steigern und gibt diese Steigerungsrate an die einzelnen Vertriebsgebiete und Vertriebsmitarbeiter weiter. Die Planung der einzelnen Regionen und Vertriebsgebiete sollte nun das Ziel haben, eine Steigerung von 20 % pro Jahr zu erreichen. Die Verteilung nach unten kann auf verschiedener Art erfolgen:

Verteilung nach Verteilungsschlüssel (Sie suchen sich einen Verteilungsschlüssel, zum Beispiel Umsatz des letzten Jahres, Anzahl Kunden, Anzahl Mitarbeiter, Größe des Marktpotenzials) und verteilen die Vorgaben nach den Verteilungsschlüsseln.

Das Problem dabei ist: Machen Sie sich klar, dass jeder Verteilungsschlüssel immer ungerecht sein wird. Wenn Sie die Zielvorgaben zum Beispiel nach dem erzielten Umsatz des letzten Jahres verteilen, erhält die Abteilung, die im letzten Jahr am fleißigsten war, wieder die größte Vorgabe. Vielleicht arbeitet diese

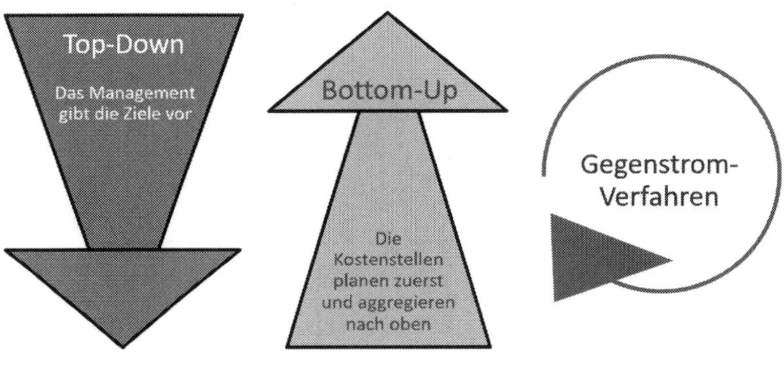

Abb. 12.4 Verschiedene Planungsverfahren

Abteilung aber schon am Limit, während die anderen Abteilungen noch deutliches Potenzial haben. Dies alles sollten Sie bei der Verteilung berücksichtigen.

Sie können die Zielvorgaben aber auch im sogenannten Gießkannenprinzip (gleichmäßig) auf Ihre Artikel runterbrechen. In unserem Beispiel erhält jede Abteilung und Mitarbeiter 20 % mehr Vorgaben. Dies ist eine sehr gängige Praxis, aber hier ist das gleiche Dilemma wie bei einem Verteilungsschlüssel: Es kann durchaus sein, dass es nicht gerecht ist, da vielleicht neue Gebiete eine Steigerung von 50 % und mehr erreichen können, bestehende Gebiete mit hartem Verdrängungswettbewerb aber eine Steigerung von fünf Prozent schon als Erfolg verbuchen würden.

Das größte Problem des Top-Down-Ansatzes ist aber, dass es sein kann, dass die Ziele von den Mitarbeitern nicht akzeptiert und verstanden werden. Es entsteht eine Front gegenüber „denen da oben". Im Ergebnis werden die Ergebnisse von den meisten nicht verinnerlicht und damit nicht akzeptiert. Von daher ist es wichtig, dass das Management seine Vorgaben erklärt und kommuniziert, damit alle Mitarbeiter die gleichen Ziele haben. Kommunikation ist hier das Zauberwort.

Vorteile des Top-Down-Ansatzes sind:

- Kontrolle über die Unternehmensentwicklung
- Zentrale Vorgaben
- Klare Definitionen

Nachteile des Top-Down-Ansatzes:

- Ziele können realitätsfern sein
- Ziele werden von Mitarbeitern nicht verstanden oder akzeptiert
- Ablehnung der Ziele durch die Mitarbeiter (sind nicht meine)

Der österreichische Verhaltensforscher und Nobelpreisträger Konrad Lorenz hat das Akzeptanzproblem sehr schön verdeutlicht:

Gedacht heißt nicht immer gesagt,
gesagt heißt nicht immer richtig gehört,
gehört heißt nicht immer richtig verstanden,
verstanden heißt nicht immer einverstanden,
einverstanden heißt nicht immer angewendet,
angewendet heißt noch lange nicht beibehalten.
(Zitate-Online 2018)

Wäre es da nicht einfacher, die Mitarbeiter würden ihre eigenen Ziele definieren? Also von unten (Bottom) nach oben (up). Dann wäre das Akzeptanzproblem jedenfalls behoben, da jeder Vertriebsmitarbeiter ja hinter „seinen eigenen" Zielen stehen müsste.

Bottom-up-Ansatz
Im Bottom-up-Ansatz werden die Ziele von den Mitarbeitern selbst erstellt und dann nach oben aggregiert. Das heißt: Jeder planende Mitarbeiter erhält die Aufgabe, die Ziele für sein Gebiet, seine Produktpalette und seine Kunden bis zu einem bestimmten Zeitpunkt zu planen. Diese Ziele werden dann zusammenaddiert und ergeben ein Gesamtverkaufsziel für das Unternehmen.

Der Vorteil dieses Planungsvorgehen ist, dass die Mitarbeiter selbst einschätzen können, was sie sich, ihren Kunden und ihrem Vertriebsgebiet zutrauen. So kann jeder Mitarbeiter nach eigenen Erfahrungen, Erkenntnissen und Vorgaben entscheiden, welche Steigerungsraten seiner Meinung nach möglich sind. Eine hohe Akzeptanz der selbst gesteckten Ziele kann vorausgesetzt werden.

Nachteil dieser Methode ist, dass der „Faktor Mensch" hier mit großer Wahrscheinlichkeit mitspielen wird. Dazu gehört:

1. Die Mitarbeiter könnten zu vorsichtig planen, werden sie doch daran gemessen und hängt ihre Reputation oder sogar ihr Verbleib in der Firma davon ab.
2. Die Mitarbeiter könnten nach ihrem Charakter planen: Ein motivierter Vertriebler überschätzt sich, ein vorsichtiger Techniker unterschätzt seine Möglichkeiten.
3. Die Mitarbeiter sehen nur die Probleme und nicht die Chancen in einem Gebiet und schätzen daher das Potenzial nicht richtig ein.
4. Die Mitarbeiter erkennen oder wissen nicht, welche Marktveränderungen in den nächsten Jahren ihr Geschäft beeinflussen könnten.
5. Die Mitarbeiter kennen den geplanten Marketing- und Werbeaufwand nicht, den das Unternehmen in der nächsten Planungsperiode investieren möchte. Ihre Planungen werden daher ohne Berücksichtigung des Werbeumsatzes durchgeführt. Planen sie aber, Fernsehwerbung in Millionenhöhe zu buchen, erwarten sie auch positive Effekte auf ihren Werbeeinsatz. Das heißt: Mehr Umsatz im Vertrieb. Der einzelne Verkäufer kann diese Effekte aber nicht berücksichtigen.

Von daher bietet diese Methode einen guten Überblick über die Markteinschätzung durch den Vertrieb, bleibt aber eventuell hinter den Möglichkeiten des Machbaren zurück.

Vorteile:

- Die Vertriebsmitarbeiter definieren ihre eigenen Ziele.
- Die Vertriebsmitarbeiter akzeptieren die Ziele, da sie ja von ihnen selbst erstellt wurden.
- Es ergibt sich ein realistisches Bild, was sich die Mitarbeiter im Vertrieb zutrauen.

Nachteile:

- Vertriebsmitarbeiter planen entweder zu vorsichtig, andere überschätzen sich.
- Der einzelne Mitarbeiter hat das Große und Ganze nicht im Blick: Neue Produkte, Marktentwicklungen, Markterschließungen oder Werbemaßnahmen sind von ihm nicht berücksichtigt worden.

Gegenstromverfahren

Das Gegenstromverfahren ist eine Kombination aus Top-Down- und Bottom-up-Verfahren und wird in der Praxis häufig eingesetzt. Hierbei gibt die Geschäftsführung einen zu erreichenden Gesamtwert vor und bittet nun die einzelnen Vertriebsmitarbeiter in einer dezentralen Planung, sich diesen Werten anzunähern. In Gesprächsrunden und Diskussionen werden gemeinsam Maßnahmen entwickelt, um die vorgegebenen Ziele zu erreichen.

Das Gegenstromverfahren hat viele Vorteile: Die Mitarbeiter können sich erklären und bekommen erklärt, warum die Geschäftsführung bestimmte Vorgaben und Annahmen tätigt. Gemeinsam werden Ziele vereinbart und sich darauf verständigt. Geschäftsführung und Vertrieb sind für die Erreichung der Ziele gemeinsam verantwortlich. Die Geschäftsführung durch Bereitstellung der entsprechenden Rahmenbedingungen, die Vertriebsmitarbeiter durch die gemeinsam definierten Vorgaben. Die Ziele werden von allen akzeptiert und damit auch verinnerlicht.

Dies ist insbesondere dann sehr gut umsetzbar, wenn eine gemeinsam verabschiedete Unternehmensvision vorliegt, an der sich die Ziele und Vorgaben orientieren.

Das Problem beim Gegenstromverfahren ist immer der Kompromiss. Beim Kompromiss verzichten beide Seiten auf Teile ihrer Zielvorgaben, um dann ein neues, gemeinsames Ziel zu definieren. Dieses definierte Ziel liegt entweder unter dem absolut machbaren oder über den realistischen Ergebnissen. Nach dem Prinzip des kleinsten gemeinsamen Nenners (Mathematik) ist aber zu befürchten, dass das Ergebnis unter den Möglichkeiten bleibt.

Vorteile des Gegenstromverfahrens:

- Kombination aus Top-Down- und Bottom-up-Verfahren
- Akzeptiert von Geschäftsführung und Mitarbeitern

Nachteile des Gegenstromverfahrens:

- Eventuell kleinster gemeinsamer Nenner
- Eher vorsichtiges, als risikofreudiges Vorgehen zu erwarten
- Benötigt viel Zeit für Gespräche und Vereinbarungen

Wie geht man nun als Vertriebsmitarbeiter bei einer Vertriebsplanung vor? Hier eine Anleitung für eine Vertriebsplanung nach dem Gegenstromverfahren.

12.3.8 Wie wird geplant?

Vertriebsplanung in zehn Schritten nach dem Gegenstromverfahren

1. Definieren Sie als erstes alle Parameter der Unternehmens- und Vertriebsplanung. Dazu gehören: Planungszeitraum, Planungsverfahren, Planungsgegenstand (Einheit) und vereinbaren Sie mit allen Abteilungen eine einheitliche Definition der eingesetzten Begriffe, wie Umsatz, Deckungsbeitrag, Gewinn und aller eingesetzten Kennzahlen.
2. Holen Sie sich von der Geschäftsführung die festgelegten Unternehmensziele und leiten Sie daraus die entsprechenden Ziele für den Vertrieb ab. Definieren Sie den Planungsprozess (wer macht was bis wann) und die Techniken, die Sie bei der Planung einsetzen.
3. Überlegen Sie sich, wie genau und detailliert Sie Ihre Planung durchführen wollen: Auf Artikelebene (sehr fein), pro Gebiet oder Abteilung, nach Kunde, pro Vertriebsmitarbeiter oder im Team, auf welcher Zeiteinheit (Jahr, Quartal, Monat oder sogar Tag).
4. Nehmen Sie sich, wenn vorhanden, die Zahlen aus dem Vorjahr. Prüfen Sie die Zahlen, ob sie für Sie einsetzbar sind (wenn das Produkt schon lange eingeführt ist, können Sie davon ausgehen) oder ob Sie die Werte noch einmal überarbeiten sollten, weil Sie zum Beispiel nur ein halbes Jahr abdecken.
5. Setzen Sie Ihre Zahlen auf den Fixkosten auf, auf feste Größen mit denen Sie rechnen können und müssen. Messen sind meist lange im Voraus planbar.

6. Sprechen Sie mit Ihrer Marketingabteilung und schauen Sie sich den Marketingplan für Ihr Vertriebsgebiet an. Es ist wichtig, dass Marketing und Vertrieb eng vernetzt sind und zusammenarbeiten. Aus der Marketingplanung erkennen Sie, mit welcher Unterstützung Sie rechnen können, welche Produkte und Themen zu bestimmten Zeiten beworben werden. Umgekehrt: Informieren Sie die Marketingabteilung über Ihre Vertriebsplanung und beschreiben Sie Ihren Eindruck vom Markt und der Entwicklung.
7. Arbeiten Sie nach dem Pareto-Prinzip: Bedenken Sie, dass Sie mit großer Wahrscheinlichkeit 80 % Ihres Jahresumsatzes mit nur 20 % Ihres Sortimentes machen werden. Konzentrieren Sie sich in der Planung auf die 20 % der Produkte und Kunden und kalkulieren Sie bewusst eine Grauzone ein. Legen Sie die Parameter fest nach dem Motto: So detailliert wie nötig, so grob wie möglich.
8. Wenn die Zahlen brauchbar sind, fragen Sie sich, welche Marktentwicklungen, Produktentwicklungen und welche Trends Ihren Absatz steigern oder verringern könnten. Entwickeln Sie dann auf Basis dieser Werte die Zielgrößen für den Vertrieb.
9. Planen Sie nun die neuen Produkte, Dienstleistungen und Ergebnisse. Planen Sie diese nach dem Stammgeschäft, damit Sie sichergehen können, dass dies noch on top kommt.
10. Nun stellen Sie drei Planungsansätze vor: Best Case, Worst Case und Realistic Case. Fragen Sie sich, was dazu führen könnte, dass Sie ein richtig gutes Vertriebsergebnis hinlegen. Wo landen Sie dann in der Vertriebsplanung? Was passiert, wenn der Markt einbricht und Ihre Produkte nicht so gut ankommen? Welche Auswirkungen hat das für Ihr Geschäft und wie wirkt sich das auf Ihre Planung aus? Und was ist, wenn Sie einen völlig „normalen“ Geschäftsverkauf unterstellen.

12.3.9 Welche IT-Systeme unterstützen die Vertriebsplanung?

Das meist eingesetzte Planungssystem ist Excel. Es ist aus dem Controlling nicht wegzudenken. Es gibt aber auch professionellere Systeme. Diese reichen von einem Feature eines ERP-Systems, bis zum professionellen multidimensionalen Planungssystem. Die Controlling-Systeme fallen unter den Oberbegriff Business

Intelligence. Im Kap. 3 lesen Sie, welche Systeme der Business Intelligence Sie bei der Planung unterstützen.

Resümee

Ihr Reporting (Berichtswesen) dokumentiert Ihre Vertriebsaktivitäten und Ergebnisse. Nur wenn Sie Ihre Aktivitäten messen, können Sie diese korrigieren oder optimieren. Ihr Vertriebs-Reporting besteht aus der Vertriebsplanung, mit der Sie Ihre Vergleichsgrößen definieren. Die Vertriebsplanung dient auch dem Marketing und der Produktion als Basis für weitere Aktivitäten (zum Beispiel eine Antwort auf die Frage zu geben: Was soll nächste Periode wie viel produziert werden?). Darauf aufsetzend basiert das Vertriebs-Reporting, welches die Ergebnisse der eigenen Vertriebsaktivitäten dokumentiert. Die Ergebnisse des Vertriebs-Reporting sind Ausgangspunkt für die Vertriebsanalyse, in der Zusammenhänge und Korrelationen analysiert, erkannt und für weitere Verkaufsmaßnahmen bereitgestellt werden.

Die Neukundenakquise wird im Sales-Funnel berichtet, in dem jede Stufe der Neukundenakquise reportet wird. So erhält der Verkäufer einen Überblick über die Stufen der Neukundengewinnung und kann frühzeitig eingreifen.

Der Forecast dokumentiert die Anzahl die abgegebenen Angebote und deren Wahrscheinlichkeit, mit der sie vom Angebot zum Auftrag werden könnten. Die Anzahl und Qualität des Forecasts geben der Verkaufsleitung einen Überblick über den zu erwartenden Vertriebsumsatz.

Literatur

Buhr A (2017) Vertriebsführung. Gabal, Offenbach

Eisert R (2016) VW produziert zu teuer und verdient zu wenig, Wiwo.de, 13. April 2016. http://www.wiwo.de/unternehmen/auto/volkswagen-werke-vw-hat-keine-schlanken-strukturen-im-gegenteil/13441788-2.html. Zugegriffen: 10. Febr. 2018

Erichsen J (2008) Controlling-Instrumente von A-Z, Haufe Praxisratgeber, 8. Aufl. Haufe Lexware, Freiburg

Fiedler R, Gräf J (2012) Einführung in das Controlling. Oldenbourg, München

Milz M (2013) Vertriebspraxis Mittelstand. Leitfaden für systematisches Verkaufen. Springer Gabler, Wiesbaden

Paraškevov BD (2015) Wörter und Namen gleicher Herkunft und Struktur. Lexikon etymologischer Dubletten im Deutschen. DeGruyter, Berlin

Taschner A (2012) Management-Reporting – Erfolgsfaktor internes Berichtswesen. Springer Gabler, Wiesbaden

Venohr B (2006) Wachsen wie Würth. Campus, Frankfurt a. M.

Wikipedia (o. J.) Benchmark. https://de.wikipedia.org/wiki/Benchmark. Zugegriffen: 10. Febr. 2018

Wikipedia (o. J. a) Rollierende Planung. https://de.wikipedia.org/wiki/Rollierende_Planung. Zugegriffen: 11. Febr. 2018

WirtschaftsWoche (2016) VW produziert zu teuer und verdient zu wenig. WirtschaftsWoche, 13, April 2016. http://www.wiwo.de/unternehmen/auto/volkswagen-werke-vw-produziert-zu-teuer-und-verdient-zu-wenig/13441788.html. Zugegriffen: 10. Febr. 2018

Wirtschaftslexikon24 (o. J.) http://www.wirtschaftslexikon24.com/d/planungsrechnung/planungsrechnung.htm. Zugegriffen: 10. Febr. 2018

Zitate-Online (2018) Konrad Lorenz. http://www.zitate.de/autor/Lorenz%2C+Konrad. Zugegriffen: 26. Febr. 2018

Ausblick: Wie die Digitalisierung den Vertrieb verändern wird

Die Digitalisierungswelle, die wir heute erleben und die damit verbundene Transformation, hat auch Auswirkungen auf den Vertrieb. Die Unternehmensberatung Roland Berger hat in Zusammenarbeit mit Google eine Studie herausgegeben, welche die Veränderungen im Vertrieb durch die Digitalisierung beleuchtet (Berger 2015, S. 4 ff.). Darin stimmen 60 % der Befragten der Aussage zu, dass die Digitalisierung des Vertriebs künftig in ihrer Branche ausschlaggebend für den Geschäftserfolg sein wird. Wer sich nicht verändert, kann der Wettbewerbsposition langfristig schaden. Denn gleichzeitig entwickeln sich Marktumfeld, Kundenanforderungen und Produkt rasant weiter.

Einige dieser Entwicklungen sind:

- Die zunehmende Globalisierung und die dadurch steigende Komplexität im internationalen Vertrieb
- Die steigende Anzahl an Varianten und die dadurch immer unüberschaubare Anzahl an möglichen Kombinationen.
- Die zunehmende Komplexität an Konfigurationen aus Produkten, Zubehör und Service, die sich in Angeboten und Produktionsprozessen niederschlägt.
- Die Kommunikation von Maschinen untereinander (Industrie 4.0) und in der Folge das Verlagern von Umsatz und Absatz auf Serviceleistungen und die damit veränderten Konditionen für den Vertrieb.
- Das veränderte Kaufverhalten des neuen digitalen Kunden, der selbstsicher und informiert dem Verkäufer gegenübertritt. In den USA sind schon 46 % derjenigen, die B2B-Entscheidungen beeinflussen, unter 35 Jahre alt, in Deutschland liegt die Zahl nur leicht darunter. Ihr Informations-, Kommunikations- und Beziehungsverhalten unterscheidet sich von dem der vorherigen Generation. Sie informieren sich lieber im Internet („googlen") als persönlich beim Ansprechpartner im Vertrieb oder im Katalog. Sie kommunizieren

O. Esters, *Kompaktkurs Verkaufen im B2B*,
https://doi.org/10.1007/978-3-658-15678-7

mobil über Skype, WhatsApp, E-Mail, sie sind immer ansprechbar und erwarten Antworten zu jeder Zeit. Sie knüpfen Netzwerke und Beziehungen über Facebook, Xing und LinkedIn. Durch ihre Erfahrungen mit Onlineshopping von Konsumgütern (Amazon, Zalando, etc.) haben sie bereits hohe Erwartungen an den Komfort eines Einkaufs. Diese verändern ihr berufliches Entscheidungsverhalten. (Berger 2015, S. 5).
- Neue Marktplayer setzen traditionelle Unternehmen unter Druck. Neue digitale Player, wie Amazon, aus dem B2C-Geschäft beanspruchen heute schon Teile des B2B-Segments.
- Die Chancen durch Big Data, neue Kunden durch ihr Internetverhalten frühzeitig zu identifizieren und zu akquirieren.
- Die verkürzte Time-to-Market-Zeit für neue Produkte und den dadurch gestiegenen Druck auf den Vertrieb.
- Den gestiegenen Preis durch Internetportale und Internet-Suchmaschinen.
- Den Fachkräftemangel, der sich auch im Vertrieb durch Personalmangel zeigt.

Diese Auswirkungen sorgen dafür, dass sich auch der Vertrieb durch die Digitalisierung (Industrie 4.0, Internet-of-Things, Big Data) verändern wird. Der Vertrieb muss sich den neuen Anforderungen anpassen und agiler und flexibler reagieren können. Vertriebsorganisationen müssen schneller auf Veränderungen reagieren und Verkäufer mehr Verantwortung übernehmen, Die größten Veränderungen finden wir aber bei den Vertriebsleitern, deren Jobprofil sich komplett verändern wird.

- *Vertriebsleiter werden zu Vertriebstechnikern:* In vielen Unternehmen hat man den besten Vertriebsmitarbeiter zum Vertriebsleiter gemacht. Nach dem Motto: Du kannst gut verkaufen, du organisierst den Vertrieb. Dies wird in Zukunft so nicht mehr funktionieren. Die neuen Vertriebsleiter müssen neben Verkaufen und Vertrieb auch E-Commerce, Internet, Innendienst und Social Media beherrschen. Der neue Vertriebsleiter wird so zum Vertriebstechniker.
- *Innendienst übernimmt immer mehr Aufgaben des Außendiensts:* Der Innendienst übernimmt immer mehr Aufgaben des Außendienstes und wird dadurch zum wichtigsten Ansprechpartner für Kunden und der eigenen Organisation. Da das Wissen in die IT-Systeme wandert, müssen die neuen Innendienstmitarbeiter in Vertriebstechniken und Kommunikation geschult werden. Durch die IT-Systeme hat der Innendienst zu jedem Zeitpunkt einen Überblick über die Vertriebsaktivitäten aller Mitarbeiter und Kunden. Sie können wie eine Einsatzleitzentrale agieren.

- *Außendienst wird zum gleichwertigen Experten für den neuen Kunden:* Anders sieht es beim neuen Außendienst aus. Durch das Internet steht der Vertrieb einem informierten und aufgeklärten Kunden gegenüber. Aus diesem Grund wird der Außendienst zum Sparringspartner für den digitalen Kunden. Der Außendienst muss Fach- und Produktwissen haben, um mit dem Kunden die für ihn beste Lösung zu erarbeiten.
- *Die Organisation wird dreidimensional:* Neben der „funktionalen Organisation“ werden Projekte in der dritten Dimension angeordnet. Immer mehr zeitlich befristete Projekte helfen dem Vertrieb, die Komplexität zu beherrschen. Dabei werden die Projektmitarbeiter fachbezogen eingesetzt, unabhängig von ihrer Funktion und Rang im Unternehmen. Dadurch ergibt sich eine dritte Dimension der Führungsorganisation. Gerade dieser Wechsel von der klassischen, hierarchischen Struktur zur projektorientierten Struktur lässt sich bei TRIVAGO, dem Reiseportal, sehr gut beobachten. Der Gründer von TRIVAGO, Rolf Schrömgens, hat in seinem Unternehmen alle Hierarchien abgeschafft und trennt in seinem Unternehmen strikt zwischen Fachwissen und Führung. In der Sparte, die er als Vorstand verantwortet, löst er jegliche Struktur auf. Wer findet, dass eine Aufgabe erledigt gehöre, pflegt sie in ein Kommunikationssystem ein und hofft, genug Mitstreiter zu finden. Findet er diese, ist der Initiator bis zum Ende Projektleiter. Dadurch möchte TRIVAGO flexibler, schneller und agiler werden als klassische Unternehmen (Prange 2017).
- *Wissen wandert vom Verkäufer zum Kunden und in die Software:* Durch das Internet wandelt Vertriebs-Know-how in Software, wie Internet, CRM, CPQ, DMS, ERP ab. Dadurch wird der Kunde immer mehr Wissen und auf „Augenhöhe“ mit dem Vertrieb sprechen. In Zukunft wird sehr viel Vertriebswissen (Preise, Konditionen, Varianten, Margen und vieles mehr) in den Vertriebssystemen liegen. Das bedeutet, dass Verkäufer sich verstärkt auf ihre Arbeit des Verkaufens konzentrieren können und das Basis-Wissen des Vertriebs in der IT gespeichert wird.

Diese Veränderungen sollte der Verkäufer immer im Auge behalten, um zeitnah darauf zu reagieren.

Sie haben nun einen kompletten Überblick über Ihr Aufgabengebiet als Verkäufer im Technischen Vertrieb. Egal, ob Sie Sales Manager, Inside-Sales, Pre-Sales oder Key Account-Manager sind: Wichtig ist, dass Sie sich auf den Weg gemacht haben und mit viel Ausdauer und Kontinuität Ihre persönlichen Ziele erreichen. Vertrieb ist eine extrem komplexe und umfassende Aufgabe. Das Bild vom „Klinkenputzer“, der von einer Tür zu anderen rennt und seine Produkte an den Mann bringen muss, ist schon lange durch einen komplexen Lösungsvertrieb ersetzt worden. Wichtig ist, dass Sie als technischer Verkäufer Ihre Rolle und Aufgabe im Unternehmen kennen, verstehen und ausfüllen. Immer wenn Sie im Beruf unsicher sind oder nicht mehr weiterwissen, dient Ihnen dieses Buch als Nachschlagewerk, Inspiration und Motivation. Nehmen Sie dieses Buch alle paar Monate zur Hand und versuchen Sie, vielen beschriebenen Techniken immer weiter zu verbessern. Prüfen Sie regelmäßig Ihr Handeln und optimieren Sie so Ihre Vertriebsaktivitäten. So wird Ihnen dieses Buch ein guter Begleiter während Ihrer Laufbahn und hilft Ihnen, ein sorgenfreies und zufriedenes Leben im Vertrieb zu führen.

Ich freue mich über Ihr Feedback zu diesem Buch. Über Ihr Lob, Ihre eigenen Erfahrungen, Ihre Verbesserungsvorschläge oder neuen Ideen zu neuen Entwicklungen im Vertrieb. Das Berufsbild des technischen Verkäufers ist so vielschichtig, komplex, abwechslungsreich und kreativ, dass ich mir sicher bin, dass Sie eigene Erfahrungen und Erlebnisse einbringen können.

Schreiben Sie mir was Ihnen am Buch gefällt, was Sie vermissen und welche Erfahrungen Sie gemacht haben. Sie erreichen mich auf Facebook oder unter der E-Mail olaf.esters@esters-management.de Ich freue mich auf den Austausch mit Ihnen.

Ihr
Olaf Esters

Literatur

Berger R (2015) Google: Die digitale Zukunft des B2B-Vertriebs, Warum Industriegüterunternehmen sich auf veränderte Anforderungen ihrer Kunden einstellen müssen. Roland Berger GMBH, München

Prange S (2017) Die vier Führungsprinzipien des TRIVAGO-Gründers. WirtschaftsWoche Online, 21. Juli 2017. http://www.wiwo.de/erfolg/management/management-die-vier-fuehrungsprinzipien-des-trivago-gruenders/20054118-all.html. Zugegriffen: 10. Febr. 2018

41116835R00201

Printed in Poland
by Amazon Fulfillment
Poland Sp. z o.o., Wrocław